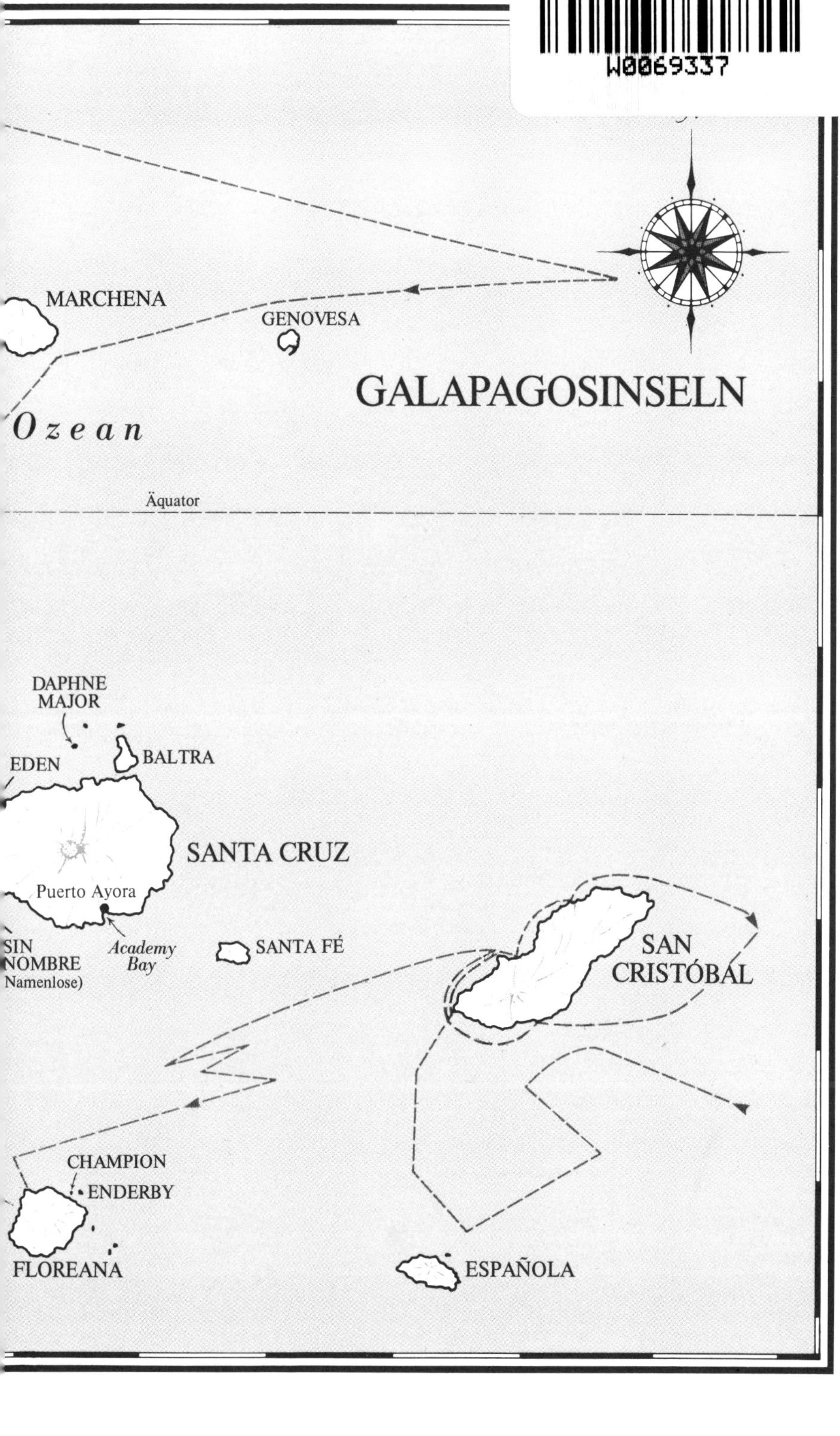

MARCHENA

GENOVESA

Ozean

GALAPAGOSINSELN

Äquator

DAPHNE
MAJOR

EDEN

BALTRA

SANTA CRUZ

Puerto Ayora

SIN
NOMBRE
(Namenlose)

*Academy
Bay*

SANTA FÉ

SAN
CRISTÓBAL

CHAMPION

• ENDERBY

FLOREANA

ESPAÑOLA

Jonathan Weiner

Der Schnabel des Finken
oder
Der kurze Atem der Evolution

Jonathan Weiner

Der Schnabel des Finken oder Der kurze Atem der Evolution

Was Darwin noch nicht wußte

Aus dem Amerikanischen
von Matthias Reiss

Droemer Knaur

Originaltitel: The Beak of the Finch. Evolution in Real Time
Originalverlag: Alfred A. Knopf, New York

Die Deutsche Bibliothek – CIP-Einheitsaufnahme
Weiner, Jonathan:
Der Schnabel des Finken oder der kurze Atem der Evolution :
was Darwin noch nicht wusste / Jonathan Weiner.
Aus dem Amerikan. von Matthias Reiss. –
München : Droemer Knaur, 1994
Einheitssacht.: The beak of the finch < dt. >
ISBN 3-426-26536-2

Die Folie des Schutzumschlags sowie die Einschweißfolie sind
PE-Folien und biologisch abbaubar.
Dieses Buch wurde auf chlor- und säurefreiem Papier gedruckt.

Umschlaggestaltung: Graupner & Partner, München
Satz: Ventura Publisher im Verlag
Druck und Bindearbeiten: Ebner Ulm
Printed in Germany
ISBN 3-426-26536-2

2 4 5 3 1

Für Deborah

Woher kommt denn die Weisheit?
Und wo ist die Stätte der Einsicht?
Sie ist verhüllt vor den Augen aller Lebendigen,
auch verborgen den Vögeln unter dem Himmel.

HIOB 20, 20–21

Inhalt

Inhalt

Epilog

Teil 1

Evolution in natura

———

Wie wir es gehört haben, so sehen wir es.

PSALM 48

1

Daphne Major

Die Schöpfung ist niemals vollendet. Sie hat zwar einmal angefangen, aber sie wird niemals aufhören. Sie ist immer
geschäftig, mehr Auftritte der Natur, neue Dinge und neue
Welten hervor zu bringen.

IMMANUEL KANT
Allgemeine Naturgeschichte und Theorie des Himmels

Es ist halb sieben auf Daphne Major. Peter und Rosemary Grant
setzen sich nur wenige Schritte entfernt von ihren Vogelfallen auf
den steinigen Boden. Peter schlägt ein gelbes Notizbuch mit wasser-
undurchlässigem Papier auf. »Gut«, sagt er, »heute ist der 25.«
Es ist der 25. Januar 1991. Im Augenblick gibt es 400 Finken auf der
Insel, und die Grants kennen jeden einzelnen der Vögel von seinem
Aussehen her, so wie Hirten jedes einzelne Schaf ihrer Herde von einem
beliebigen anderen unterscheiden können. In früheren Jahren hatte es
mehr als 1000 Finken auf Daphne Major gegeben; doch Peter und
Rosemary konnten noch immer jeden einzelnen von ihnen identifizieren.
Irgendwann einmal hatte sich der Schwarm auf dreihundert Vögel ver-
ringert, und auch jetzt näherte er sich wieder dieser Zahl. In den letzten
44 Monaten hatte es kaum Regen gegeben, in 1320 Tagen nur fünf
Millimeter.
Die Grants, die kleinen Töchter der Grants und eine ganze Gruppe von
Assistenten kehren, als wären sie Wachtposten, immer wieder auf diese
Wüsteninsel zurück. Über fast zwei Jahrzehnte hinweg beobachten sie
nun schon die Finken auf Daphne Major, also über zwanzig Finkengenerationen hinweg. Inzwischen kennen Peter und Rosemary Grant zahlreiche Vogelstammbäume auswendig – wiederum wie Schafhirten oder auch
wie Bibelkundler, die wissen, daß Abraham Isaak zeugte und Isaak Jakob
und daß Abraham auch Jokschan zeugte, der Dedan zeugte, welcher

wiederum die Asschuriter, die Letuschiter und die Lëummiter zu Nachkommen hatte.

In jeder Vogelgeneration gibt es immer einige, vielleicht ein oder zwei von 100 Vögeln, die sich von den Grants fernhalten oder denen es gelingt, sich nicht einfangen zu lassen. Erst heute morgen hat Rosemary, nachdem sie sie Woche für Woche beobachtet und ihnen nachgestellt hatte, zwei der scheuesten und geschicktesten Finken auf der Insel eingefangen. Oben an der Nordküste der Insel gingen beide innerhalb einer einzigen Minute in die Falle, in der Nähe eines umgestürzten Kaktus in einem jener schwarzen Fallenkästen, die mit grünen Bananen locken. »Na, so was!« rief sie, als die Falle zuklappte. Und als Peter durch die Kakteen und über das Lavafeld herbeieilte, hielt Rosemary ihre Trophäe hoch, die in einem blauen Beutel mit den Flügeln schlug. »Dafür habe ich eine Flasche Wein verdient!«

Jetzt sitzen die Grants neben den Fallen am Rande der Klippen, 100 Meter über dem Pazifischen Ozean. Wenn man einmal von dem Rufen und Pfeifen der beiden Tölpel absieht, die auf einem nahen Felsen balzen, ist die Szene ausgesprochen ruhig. Der Ozean ist mehr als still, er ist glatt wie ein Teich. Das Wetter an diesem Morgen ist so, wie es Charles Darwin in seinem Tagebuch als »beständige sanfte Brise & dunkler Himmel« in dem Augenblick beschrieb, da er die Galapagosinseln zum ersten Mal sah.

Von der oberen Steilküste von Daphne Major aus können Rosemary und Peter Grant morgens, wenn die Sicht klarer ist als an diesem Tag, die Insel Santiago sehen, auf der Darwin neun Tage lang kampierte, und auch die Insel Isabela, auf der er einen Tag verbrachte. Außerdem sind an klaren Tagen mehr als ein Dutzend anderer Inseln und schwarze Lavaruinen am Horizont zu erkennen, die Darwin nie besuchen konnte. Zu ihnen gehört eine kleine Insel, die man Sin Nombre, die Namenlose, nennt, und ein anderer kleiner schwarzer Punkt namens Eden.

»Wenn ich Fortschritte gemacht habe«, schrieb Isaac Newton mit aufgesetzter Bescheidenheit, »so ist dies nur möglich gewesen, weil ich auf den Schultern von Riesen gestanden habe.« Für Darwin waren die schwarzen Vulkane der Galapagosinseln diese Schultern. Die Inseln bedeuteten ihm mehr als alles andere, was er auf seiner fünfjährigen Weltreise gesehen hatte. »Ursprung all meiner Auffassungen« nannte er sie einst – der Ursprung der *Entstehung der Arten*. Die Grants tun das, was Darwin nicht möglich war, sie kehren Jahr für Jahr auf die Galapagosinseln zurück, und sie sehen dort etwas, von dem Darwin sich nicht vorstellen konnte, daß es je zu sehen sei.

Rosemary holt ihren Utensilienkoffer hervor, eigentlich eine Anglerkiste. Peter nimmt eine Juweliersbrille heraus, eine Plastikmaske mit nach vorne gewölbten Linsen, die ihn wie einen Robinson Crusoe vom Mars aussehen läßt. »Nun denn, berühmter Vogel«, sagt Peter und unmittelbar darauf: »Au! Der berühmte Vogel hat beschlossen, in die Hand desjenigen zu beißen, der ihn füttert.« Er greift den Finken mit einer Hand; dessen Kopf lugt nun aus der Faust hervor, der Vogel schaut aufmerksam umher. Er hat ungefähr die Größe eines Spatzen, ist kohlrabenschwarz, mit einem schwarzen Schnabel und glänzenden dunklen Augen.

Rosemary gibt Peter einen Meßzirkel. »Los geht's«, sagt Peter, »Länge der Flügel: 72 Millimeter.«

Rosemary kritzelt die Zahl in das gelbe Notizbuch.

»Tarsuslänge: 21,5.« (Der Tarsus ist das Vogelbein.)

Rosemary notiert es.

»Schnabellänge: 14,9 Millimeter«, diktiert Peter, »Schnabelhöhe: 8,8. Schnabelbreite: 8 Millimeter.«

»Gefieder: schwarz 5.«

Die Grants stufen das Gefieder eines Vogels von 0, das bedeutet braun, bis 5, vollständig schwarz, ein. »Schwarz 5« deutet auf einen ausgewachsenen männlichen Vogel hin.

»Schnabel: schwarz.« Normalerweise sind die Schnäbel dieser Vögel bläßlich, hornfarben. Wenn der Schnabel schwarz ist, bedeutet dies, daß der Vogel bereit ist, sich zu paaren.

Peter bugsiert den Vogel in eine kleine Waagschale. »Gewicht: 22,2 Gramm.«

»Dieser Vogel lebt schon eine ganze Weile«, sagt er nachdenklich, »13 Jahre.« Es gibt nur drei weitere Vögel seiner Generation auf der Insel, die noch am Leben sind, und keiner ist älter. »Aber ich glaube nicht, daß noch ein einziger seiner Nachkommen hier herumfliegt. Nicht einer hat bis zur Brutzeit durchgehalten.« Der Vogel ist schon häufig Vater, aber noch kein einziges Mal Großvater geworden.

Peter streift einen grauen und einen braunen Ring über das linke Fußgelenk des Vogels. An dessen rechtem Fußgelenk schiebt er einen hellgrünen Ring über einen metallenen. Ringe wie diese und eine geniale Farbkodierung helfen den Grants und ihren Mitarbeitern dabei, ihre Vogelschwärme von morgens bis abends zu verfolgen, von den Klippen am Fuß der Insel bis zum Geröllfeld an der Steilküste, das mit Guano übersät ist. Peter hält den Vogel noch einmal in seiner Faust und inspiziert seinen Schnabel von der Seite. Während er zu Rosemary an die Felsen eilt, vergißt er seine Kamera. Sonst hätte er den Vogel jetzt aus einer Entfernung von 27 Zentimetern fotografiert. Dies ist der Standardschnappschuß, den die Grants von einem Darwinfinken machen.

*Ü*ber die Entstehung der Arten enthält recht wenig über die Entstehung der Arten. Darwins vollständiger Titel lautet *Über die Entstehung der Arten durch natürliche Zuchtwahl oder die Erhaltung der begünstigten Rassen im Kampf ums Dasein.* Doch das Buch bringt nicht den geringsten Beleg für die Entstehung einer einzigen Art, schildert keinen einzigen Fall natürlicher Zuchtwahl und geht auch nicht auf die Erhaltung einer begünstigten Rasse im Kampf ums Dasein ein. Darwin beschreibt, wie Tauben brüten, er ergeht sich über Malthus, über Fossilien, über Muster, nach denen sich Flora und Fauna auf der Welt geographisch verteilen. Er trägt eine unglaubliche Menge von Belegen zusammen, daß die Evolution stattgefunden hat, doch hat er nie gesehen, wie sie sich vollzog, weder auf den Galapagosinseln (wo er nur fünf Wochen verbrachte) noch anderswo.

»Man kann metaphorisch sagen«, so schreibt er in einer berühmten Passage, »daß sich die natürliche Selektion täglich und stündlich genau beobachten läßt, überall auf der Welt, mit nur geringfügigen Variationen; diejenigen, die schlecht sind, werden benachteiligt, die, die gut sind, bleiben erhalten und vermehren sich – im stillen und fast unmerklich, *überall wo und wann immer sich die Gelegenheit dazu bietet. ...* Wir können diese allmählichen Veränderungen nicht erkennen, bis die Zeit von unsichtbarer Hand den Anbruch eines neuen Zeitalters markiert, und dann – so unzulänglich ist unsere Fähigkeit, lange geologische Zeitspannen zu erfassen – sehen wir nur, wie sich die Lebensformen nun von denen unterscheiden, die sie früher einmal waren.«

So stellt sich der Darwinismus für Darwin dar: Veränderungen des Lebens über Generationen hinweg. Der Hauptvorgang der Veränderung ist der Prozeß, den Darwin natürliche Selektion nannte. Dieser Prozeß spielt sich in jedem Moment um uns herum ab, »überall wo und wann immer sich

Opuntienfinken.
Aus: Charles Darwin, Reise um die Welt.
Erlebnisse und Forschungen in den Jahren 1832–1836.
The Smithsonian Institution

die Gelegenheit dazu bietet«, wie Darwin durch die Kursivierung dieser Worte betont: nicht beschränkt auf einen Augenblick der Schöpfung in dunkler Vergangenheit. Sie geht in diesem Jahr genauso vor sich wie im letzten, jetzt und für immer, hier und überall, wie Newtons Gesetze der Bewegung. Aber das Geschehen und die Reaktionen darauf vollziehen sich viel zu langsam, als daß man sie beobachten könnte.

Weil der Prozeß unsichtbar vonstatten geht, hatte Darwin große Schwierigkeiten, ihn zu belegen. Dennoch stellte sich der Naturforscher Thomas Henry Huxley, Darwins selbsternannter Wachhund und Greif (»Ich wetze meinen Schnabel und meine Klauen, ich bin bereit«, schrieb er bei Erscheinen der *Entstehung der Arten)*, den Kritikern entgegen. »Es ist zum Beispiel die Behauptung aufgestellt worden, Herr Darwin beweise in seinen Abschnitten über den Existenzkampf und über die natürliche Selektion weniger, daß die natürliche Selektion stattfindet, als daß sie stattfinden muß«, schrieb Huxley, »doch ist in der Tat keine andere Argumentation zur Hand. In der Natur zieht eine Rasse aller Wahrscheinlichkeit nach unsere Aufmerksamkeit nur auf sich, wenn sie eine beträchtliche Zeit existiert hat, und dann ist es zu spät, die Bedingungen ihrer Entstehung zu untersuchen.«

Huxley hielt eine öffentliche Vorlesung mit dem Titel »Der eindeutige Beweis für die Evolution«. Sein Beweis bestand aus einer Reihe ausgestorbener Vorfahren des heutigen Pferdes, beginnend mit *Eohippus*, dem sogenannten Pferd der Morgenröte, das wir jetzt unter dem Namen *Hyracotherium* kennen und das vor ungefähr 50 Millionen Jahren lebte und dann ausstarb. Der Naturforscher Alfred Russel Wallace veröffentlichte »Ein Beleg für die Entstehung der Arten durch natürliche Selektion«, ein Beitrag, der im wesentlichen aus einer kleinen Tabelle mit zwei Spalten bestand. Die linke Spalte listete die Schlüsselsätze im Prozeß der natürlichen Selektion auf (wie bei Newtons Gesetzen der Bewegung handelt es sich um so wenige und so simple Gesetze, daß sie auf der Rückseite eines Briefumschlages Platz hätten). Die rechte Spalte beschreibt die logischen Schlußfolgerungen aus diesen Gesetzen und schließt mit den »Veränderungen der organischen Formen«, also mit der Evolution. Wallace versah die Angaben auf der linken Seite mit der Überschrift »Erwiesene Tatsachen« und die Angaben auf der rechten Seite mit der Überschrift »Notwendige Schlußfolgerungen« (sie wurden später als erwiesene Tatsachen betrachtet).

Die Fossilien sprachen dafür, daß die Evolution stattgefunden hatte. Die Logik sprach dafür, daß sie sich durch natürliche Selektion vollzog; aber weder Knochenfunde noch die Logik konnten zeigen, daß das eine zum anderen führt, daß die natürliche Selektion die Evolution verursacht. Im Jahre 1893 bekannte ein deutscher Biologe namens August Weismann in einem Aufsatz mit dem Titel »Die Selbstgenügsamkeit der natürlichen Selektion«, »daß *es wirklich recht schwierig ist, sich diesen Prozeß der natürlichen Selektion in all seinen Einzelheiten vorzustellen;* und bis heute ist es unmöglich, ihn in irgendeinem Punkt zu beweisen«.

Dennoch versuchten es einige Biologen um die Jahrhundertwende. Ein amerikanischer Biologe namens Hermon Carey Bumpus meinte, er sähe an einem Spatzenschwarm in Providence im Bundesstaat Rhode Island, wie dort die natürliche Selektion vor sich gehe. Andere Forscher berichteten darüber, wie die natürliche Selektion sich bei Krabben in der Meerenge von Plymouth, bei Motten auf den Birken von Yorkshire, bei Mäusen auf den Sanddünen einer Insel in der Bucht von Dublin und bei Küken in einer Geflügelfarm auf Long Island vollziehe. Aber die meisten dieser Berichte waren kurz und widersprüchlich (die Datensammlung von Bumpus war ein einziger Faktensalat). Sowohl Gegner als auch Befürworter neigten dazu, über der Debatte die Arbeit zu vernachlässigen.

Über die Theorie der Evolution wurden Berge von Büchern und Beiträgen veröffentlicht – manche eher wissenschaftlich, andere eher populär. Viele dieser Publikationen erreichten das Abstraktionsniveau mittelalterlicher Scholastiker, die sich Gedanken darüber machten, wie viele Engel auf einer Nadelspitze Platz fänden. Einige der bedeutendsten Interpretationen von Darwin waren mehr oder minder unbeeinflußt von der Realität. In vieler Hinsicht war die Theorie der Evolution durch natürliche Selektion trotz der Berge von Büchern und in ihren Grundzügen noch immer ein Beweis auf der Rückseite eines Briefumschlags, und die Entstehung der Arten blieb, wie Darwin es in seinem Journal der *Beagle*-Reise ausdrückte, »jenes Mysterium der Mysterien«.

»Wenn jemals eine Idee« ein experimentelles Forschungsprogramm geradezu herausforderte, lamentierte ein Genetiker im Jahre 1934, »so war es sicherlich diese, aber es gab nur äußerst wenige Ansätze, sie systematisch zu untersuchen.« Ein Vierteljahrhundert später, im Jahre 1960, konnte ein anderer Genetiker immer noch schreiben, daß »die Beobachtungen und Experimente zur Evolution freilebender Populationen, die bis heute durchgeführt wurden, in überraschend geringer Zahl« vorliegen. Er fand diesen unbefriedigenden Stand der Forschung verwirrend, weil »die Evolution ein grundlegendes Problem der Biologie ist und Beobachtung und Experiment die elementaren Hilfsmittel der Naturwissenschaft darstellen.« Im Jahre 1990 schrieb ein Anthropologe in einer einbändigen *Enzyklopädie der Evolution,* daß die »Klagen, die vor einem halben Jahrhundert laut wurden, immer noch berechtigt sind: Die Zahl experimenteller Überprüfungen der natürlichen Selektion ist kläglich. Die wenigen, die durchgeführt wurden, sind eher exemplarischer Natur und unzulänglich.«

Dies ist aber auch die Bürde, die auf dem Aufschrei der Kreationisten »Es ist doch nur eine Theorie!« lastet, wie er sich in einem kleinen Taschenbuch mit dem Titel *Handliche kleine Widerlegung der Evolution* findet, dessen Titelseite das goldene Siegel der »Chapel of the Air« in Wheaton im US-Bundesstaat Illinois ziert. Dort heißt es: »Weder die Evolution noch die Schöpfung können durch eine wissenschaftliche Theorie überprüft werden. Deshalb müssen die, die von der Evolution oder von der Schöpfung überzeugt sind, ihre Auffassung mit Hilfe des Glaubens akzeptieren.« Duane Gish, heute der prominenteste Vertreter der Kreationisten, erklärt in seinem Buch *Evolution – Stumme Zeugen der Vergangenheit*: »Unter Schöpfung verstehen wir, daß ein übernatürlicher Schöpfer den wichtigsten Tier- und Pflanzenarten durch einen Vorgang plötzlicher Erschaffung (fiat) zur Existenz verholfen hat. Wir wissen nicht, wie sie der Schöpfer schuf, welche Vorgänge es waren, die er nutzte, *weil er Prozesse nutzte, die heute nirgendwo im natürlichen Universum vorkommen*« (Hervorhebungen von Duane Gish).

Heute gibt es immer mehr Evolutionisten, die genau das tun, was Darwin für unmöglich hielt. Sie untersuchen den evolutionären Prozeß nicht anhand von Fossilien, sondern in der Gegenwart, direkt in der Wildnis: Evolution in natura. Evolution kommt von dem lateinischen Wort *evolutio* (Aufrollen, Entfaltung, Öffnung). Biologen beobachten Jahr für Jahr und manchmal sogar Tag für Tag, Stunde um Stunde Einzelheiten des sich in diesem Augenblick entfaltenden und öffnenden Lebens.

Infolgedessen kommen ständig so viele neue Untersuchungen heraus, daß ein Wissenschaftler jetzt ein Handbuch für Evolutionsforscher veröffentlicht hat, ein Buch, das mit Details gespickt ist und mit methodischer Strenge vorgeht. Es trägt den Titel *Natürliche Selektion in der Wildnis.*

Kern dieses Buches ist eine Tabelle:»Direkte Beweise natürlicher Selektion«. Sie beginnt mit dem, was Darwin, Huxley, Wallace und Weismann nie belegen konnten. Sie führt mehr als 140 Fälle auf, die Entwicklungsschritte des Darwinschen Evolutionsprozesses dokumentieren. Bei einigen dieser Fallstudien – wie Bumpus' Spatzen – handelt es sich lediglich um Momentaufnahmen, kurze Einblicke in einen Prozeß, der sich um uns herum abspielt. Aber zahlreiche neuere Studien, wie die der Grants, sind bemerkenswert vollständig und geben uns eine Vorstellung von der Bandbreite der Forschungsergebnisse.

Trägt man dies alles zusammen, so deuten die neueren Studien darauf hin, daß Darwin um die Stärken seiner eigenen Theorie nicht wußte. Er unterschätzte den Einfluß der natürlichen Selektion außerordentlich. Es ist weder so, daß man diesen Prozeß selten in der Realität vorfindet, noch stimmt es, daß er zu langsam vonstatten geht. Der Prozeß führt stündlich und täglich zur Evolution, überall um uns herum, und wir können dies beobachten.

Die Grants sind führend auf diesem Gebiet und besitzen die seltene Fähigkeit, ihr Forschungsgebiet auch nach außen hin darzustellen. Jahr für Jahr kehren sie an den Ort zurück, der sich am besten dazu eignet, die Evolution zu erforschen, an den Ort, der dem jungen Darwin zu seiner Theorie verhalf: auf die Galapagosinseln, die verzauberten Inseln. Dort beobachten sie die Darwinfinken, die Vögel, die Darwin als erster Naturforscher sammelte und deren Schnäbel ihm erste versteckte Hinweise für seine revolutionäre Theorie lieferten. Es sind die Vögel, deren Abbildungen in Lehrbüchern und Lexika zahlreiche Generationen in den Darwinismus eingeführt haben, so daß sie zu internationalen Symbolen des Entwicklungsprozesses geworden sind, zu Totems der Evolution. Inzwischen hat auch die Arbeit der Grants über die Darwinfinken Eingang in die Lehrbücher gefunden. Ihre Untersuchung ist eine der gründlichsten und wertvollsten Tierstudien, die jemals unter natürlichen Bedingungen durchgeführt wurden. Zoologen und Evolutionsforscher betrachten sie bereits als Klassiker. Bis zum heutigen Tage veranschaulicht die Arbeit der Grants am besten und am detailreichsten, welche Auswirkungen der Evolutionsprozeß hat.

Um die Evolution des Lebens über mehrere Generationen hinweg verfolgen zu können, braucht man eine nach außen hin abgeschottete Population, eine Population, die nicht wegläuft, eine, die sich nicht leicht mit anderen vermischen kann und dadurch die Veränderungen, die an einem Ort hervorgerufen werden, und jene, die anderswo entstanden sind, ununterscheidbar macht. Wenn man feststellt, daß sich die Flügelspannweite eines Vogels, die Zähne eines Bären, die Flossen eines Fisches und die Freßwerkzeuge einer Ameise verändern, dann möchte man erklären können, warum diese Veränderungen erfolgten. Man möchte die Geschehnisse kennen, auf die diese Reaktion erfolgte. Dazu braucht man auch in der Natur etwas, das so einfach und abgeschlossen ist wie ein Labor.

Inseln sind für diesen Zweck ideal, denn es ist für die beobachtete Population außerordentlich schwer, sie zu verlassen, und Einflüsse von außen gelangen nur unter Schwierigkeiten dorthin. Inseln sind wie Schlösser, Gemeinschaften, die von hohen Mauern umgeben sind. Evolutionsforscher beobachten im Augenblick, wie sich Leben auf der Ostseeinsel Gotland, auf Mandarte in der Georgia-Straße von British Columbia, auf Trinidad als Teil der Westindischen Inseln und auf der Hauptinsel von Hawaii mitten im Pazifik entwickelt. Doch für die Evolutionsforscher sind von allen Inseln dieser Welt die Galapagosinseln noch immer dem Paradies am ähnlichsten.

Es gibt ungefähr ein Dutzend große und ein Dutzend kleinere Galapagosinseln. Es handelt sich dabei um die Gipfel von Vulkanen, die am Meeresboden ausgebrochen sind. Während der letzten fünf Millionen Jahre durchbrachen sie den Boden des Pazifik und sind damit viel jünger als die Felsplatten, aus denen sich die Kontinente zusammensetzen. Tatsächlich stecken einige dieser Inseln noch in den Geburtswehen: Sie gehören zu den heißesten Vulkanen unseres Planeten. Und weil sie so jung sind, ist die Entstehung neuer aus alten Formen auf den Galapagosinseln noch im Anfangsstadium: Das Leben entwickelt sich so schnell und so wild wie die Vulkane selbst. Und weil ein Großteil dieses Lebens auf voneinander getrennten Inseln eingeschlossen ist – der Gipfel eines Vulkans ist für die meisten Lebewesen, die dort leben und sterben, ein Gefängnis – und es dort nie eine Brücke zum Festland gab (Südamerika liegt 1000 Kilometer östlich der Inseln), folgen die Lebensformen dieses Archipels ihren eigenen fremdartigen Wegen.

Die Insel Daphne Major, auf der die Grants den größten Teil ihrer Zeit verbringen, ist klein und einsam, selbst wenn man sie mit den übrigen Galapagosinseln vergleicht. Es gibt nur einen einzigen Weg zur Insel. Die Grants und ihre Forschergruppe müssen bei Ebbe dorthin fahren, so früh am Morgen wie nur möglich, wenn das Meer noch vergleichsweise ruhig ist. Sie müssen mit dem Boot um den Hauptteil der Insel bis zu einem bestimmten Punkt an der Südseite herumsegeln und können nicht anlegen, weil es auf Daphne Major keinen Strand gibt. Entlang der gesamten Küstenlinie gibt es nichts, was auf Meereshöhe liegt, sondern nur Klippen, so hoch wie ein zwei- oder dreistöckiges Haus. Die meisten dieser Klippen sind steiler als Hausmauern, weil die Wellen sie eingekerbt haben, so daß das Profil des Vulkans an der Wasserlinie so stark nach vorne kippt wie die buschigen Augenbrauen in Darwins Profil. Die Grants können noch nicht einmal vor Anker gehen, weil das Wasser um die Insel herum mit 2000 Metern extrem tief ist und es außerdem vor Haien nur so wimmelt. Die Grants müssen ihren Kapitän auf dem Boot zurücklassen, der vor der Küste mit seinem Boot Achten beschreibt, während sie selbst die Südseite der Insel mit einem Ruderboot absuchen. Das Boot heißt im spanischen Slang der Galapagosfischer *panga*. (Der Ursprung dieses Wortes ist unbekannt, obwohl ein hölzernes Ruderboot oder ein Ding, das sich an den schwarzen Galapagosklippen abmüht, so zerbrechlich aussieht wie das Deckblatt eines Maiskolbens, das ebenfalls *panga* heißt.) Sie halten Ausschau nach einer Stelle, an der die Klippe sich zum Wasser neigt und der Aufstiegswinkel etwas einladender ist. Gerade an dieser Stelle befindet sich ein nasser schwarzer Vorsprung an der Wasserlinie. Ein erfahrener *pangero* kann ihn leicht finden. In der Nacht wird dieser Vorsprung häufig von Seelöwen, von Kraken und von Nachtreihern besucht, doch tagsüber wird er nur von Entenmuscheln bewacht.

Der erste, der die *panga* verläßt, muß hochspringen, wenn eine hohe Welle das Boot bis zur Spitze des Vorsprungs treibt, der ganz oben wie eine große Fußmatte aussieht, auf der »Willkommen« steht. Häufig wird die *panga* einige Meter über die »Fußmatte« geschleudert und sinkt dann in einem Schwung einige Meter unter diese Matte oder sogar noch tiefer – das hängt davon ab, wie der Ozean gestimmt ist, der »fälschlicherweise als Stiller Ozean bezeichnet« wird, wie Darwin in seinem *Beagle*-Tagebuch notierte, da dieses Meer nicht immer so ruhig ist wie an diesem Morgen. Von der *panga* aus scheint der Vorsprung so hoch über uns zu

Daphne Major im Herzen des Galapagosarchipels.
Zeichnung: Thalia Grant

liegen wie eine Zimmerdecke und dann so tief herunterzufallen wie in den Keller.

Die Grants und ihre Mitarbeiter springen auf die »Fußmatte« und klettern auf eine kleine Klippe, einen Fuß vor den anderen setzend auf dem dunklen, feuchten und vielgestaltigen Felsgrund, der von den Wellen zerklüftet ist, bis sie auf einen oberen Vorsprung gelangen, der Landungsbrücke genannt wird. Dann stellen sie sich nebeneinander und reichen das Material, das sie brauchen, nach oben weiter: Zeltbahnen aus Segeltuch, Bambusstangen, Kleidung, Kisten mit Dosensuppen, ihren gesamten Proviant für die nächsten sechs Monate einschließlich der gewaltigen Wasserfässer, die *chimbuzos* genannt werden. Ohne diese Vorbereitungen können die Grants nicht an Land gehen, weil es weder Eßbares noch Wasser auf Daphne Major gibt. An vielen Tagen fühlt man sich auf der kleinen Insel so wie auf der Sonnenseite des Merkur. Die Hitze auf der schwarzen Lava reicht aus, um ein Spiegelei zu braten. Ein Wasserkanister, den man mittags in der Sonne vergessen hat, kann so nahe an den Siedepunkt herankommen, daß das Wasser zu heiß wird, um auch nur davon zu kosten. Jeder Tropfen, der getrunken werden soll, muß in den *chimbuzos* auf dem Rücken die Klippen hinaufgetragen werden. Und jeder *chimbuzo* wiegt 100 Kilogramm.

Jedes einzelne Mitglied der Gruppe um die Grants verflucht den Tag, an dem sie an Land gehen. »Niemand redet über Wissenschaft«, sagt Rosemary.

»Niemand redet einfach nur so«, sagt Peter.

»Es ist durchaus möglich, daß sich einige streiten«, sagt Rosemary lachend.

Natürlich haben die Grants die Insel teils gerade wegen der Unbequemlichkeiten ausgesucht. Der ganze Archipel wurde erst recht spät in der Hochzeit der weltweiten Erkundungsreisen entdeckt. Die erste historische Erwähnung findet sich im sechzehnten Jahrhundert, als der dritte Bischof von Panama auf dem Weg nach Peru vom Kurs abkam und auf den Galapagosinseln fast umkam. (Der Bischof gab nicht nur die erste, sondern auch die beste Beschreibung der Inselgruppe in einem Satz: »Sie sah aus, als ob Gott Steine hätte regnen lassen.«) Im darauffolgenden Jahrhundert wurde sie zum Versteck für Seeräuber. Als Darwin dann das Archipel besuchte, fand er einige Siedler vor, die auf den Inseln »ein Leben nach der Art des Robinson Crusoe« führten; sie jagten die Abkömmlinge der Wildschweine und der Ziegen, die die Seeräuber dorthin gebracht hatten. Auf der Insel Floreana gab es sogar eine Strafkolonie.

Aber auch damals hatten nicht viele Soldaten, Matrosen, Gefangene, Piraten oder Walfänger die Mühe auf sich genommen, auf diesen steilen kleinen Felsen herumzuklettern, die die Insel ausmachen. Diejenigen, die es trotzdem taten, brauchten lediglich eine Stunde, um die Insel vollständig zu begehen, beziehungsweise 20 Minuten, um die Küstenlinie abzulaufen. Es ist unwahrscheinlich, daß auch nur ein einziger Mensch je versucht hat, wirklich dort zu leben, bevor die Grants und ihre Gruppe eintrafen. Und obwohl die Insel mitten im Archipel liegt, ist sie auf einer der frühesten Karten nicht zu finden. (Sie könnte einer der namenlosen Flecken auf der Karte sein, die der Seeräuber Ambrose Cowley im Jahre 1684 anfertigte; mehr als ein Jahrhundert später ist sie dagegen nicht auf der Karte von Alonzo de Torrés, einem Kapitän der königlich-spanischen Kriegsmarine, verzeichnet.) Und auch Darwin selbst sah Daphne Major nicht. Die *Beagle* verfehlte sie um mehr als ein Dutzend Kilometer. Die Insel mag vielleicht kurz am Horizont zu erkennen gewesen sein, als die *Beagle* vorbeizog. Sogar heute noch ist Daphne auf den Touristenkreuzfahrten, die das Gebiet der Galapagosinseln durchqueren, trotz der zentralen Lage ein seltener und recht begrenzter Zwischenstopp. Der Durchschnittstourist würde wahrscheinlich gleich von der Insel fallen.

An dem Tag, an dem sie an Land gehen, verstauen die Grants und ihre Mitarbeiter einen Teil ihrer Vorräte in Höhlen oberhalb der »Fußmatte«. Den Großteil ihrer Sachen müssen sie jedoch bis zum Kraterrand schleppen. Dies ist die einzige Gegend auf der Insel, die flach genug ist, um ein Zelt aufzubauen, sieht man einmal vom Grund des Kraters selbst ab, der verbotenes Gelände ist, weil hier Blaufußtölpel nisten. Der Pfad, der von der »Landungsbrücke« zum Lager ansteigt, ist nicht sehr steil. Aber selbst wenn der Himmel bedeckt ist und ein leichter Wind weht, ist es immer noch heiß, schwül und extrem hell. Ein Großteil der Felsbrocken, festgefügt oder brüchig (und fast alle von ihnen sind locker und bis zu einem bestimmten Grade zerbröselt), ist weiß oder fast weiß, da sie schon lange von mehreren Schichten Guano bedeckt sind. Die weißesten Vögel der Welt, die Maskentölpel, schreien, pfeifen und tröten aus ihren Nestern am Wegesrand oder mitten auf dem Weg. Aber sie bewegen sich nicht vom Fleck. Manchmal ist es schwer, um die Tölpel herumzugehen und nicht ins Meer zu stürzen, weil der Weg so schmal ist, die Felsbrocken so locker und die Tölpel so ohrenbetäubend laut – lange Hälse, lange spitze Schnäbel, verärgertes Tröten und Pfeifen. (Als der Kapitän der *Beagle*, Robert FitzRoy, auf seiner ersten Galapagosinsel an Land ging, nannte er sie »eine Küste, die in die Hölle paßt«.)

Im Lager befestigen die Grants Sonnensegel an Bambusstangen und sichern die Stangen mit Seilen, die sie noch einmal an ganzen Haufen von Felsbrocken festbinden. Heute können sie Materialien verwenden, die der hochstehenden Äquatorsonne trotzen. Bei früheren Expeditionen nahmen sie einfaches Segeltuch, doch Sonne und Wind zerfetzten es, bis das Sonnensegel – so der alte Finkenbeobachter Trevor Price – »zu einer symbolischen Flagge auf Halbmast an der Bambusstange verkommen war. Wenn ›Weißlinge‹ im Lager ankamen«, so erinnert sich Price verschmitzt, »machten sie alle möglichen Verrenkungen, um im Schatten zu bleiben und Hautrötungen zu vermeiden.«

Ist das Lager einmal aufgebaut, richten sich die Grants und ihre Mitarbeiter jedoch auf die Welt der Galapagosinseln ein. Bei Sonnenuntergang können sie am Klippenrand sitzen und beobachten, wie die nahegelegenen Inseln in Gold gehüllt werden. Sie können beobachten, wie die Haie der Galapagosinseln an der »Landungsbrücke« entlangpatrouillieren, wie große Manta-Rochen aus dem Wasser springen, wie Delphinschulen vorbeiziehen und manchmal prustende Wale. Lava-Eidechsen huschen über die Felsen. Eulen tauchen aus Felsspalten auf, ebenso Skorpione. Manche Finkenbeobachter hängen ihre Stiefel an den Bambusstangen auf, um zu verhindern, daß Skorpione hineinkriechen.

Aus den Überresten der zahlreichen auseinanderfallenden Schiffswracks können die Inselbesucher sich einen Thron bauen, der von Schnüren zusammengehalten wird. Nach Einbruch der Dunkelheit kann jeder auf seinem Thron sitzen und bei Kerzenlicht die *Entstehung der Arten* lesen. Ein einzelnes schwarzes Finkenmännchen sitzt oben auf einem Kaktusbaum und flötet langanhaltende Töne mit vielen Wiederholungen, sehr einsam und melancholisch. Bevor sie zu Bett gehen, können sie bisweilen am Himmel große Fregattvögel erkennen, deren Umrisse vor der blassen Scheibe des Mondes wie schwarze Engel aussehen.

Die Beschränkungen, denen man auf der Insel ausgesetzt ist, machen sie fast zum geeigneten Rahmen für eine Tragödie, in der jemand versucht hat, alles, was mit Leben und Tod zusammenhängt, an einem einzigen Ort wie aus einem Guß in einem einzigen Schauspiel zu versammeln. Der

Ort verkörpert blanke Notwendigkeiten, diese weißlichen und bläßlichen Felsen, die gesprenkelten Lavafelsen, alle auf einem Haufen unter einem dunkelgrauen Himmel, aus dem dunkelblauen Meer emporsteigend, mit der länglichen Narbe, die der Weg zum Kraterrand darstellt. Es ist der Inbegriff einer Insel, mit einem nur halbwegs sicheren Landeplatz, mit gerade einmal einer Kuhle, um darin das Zelt aufzuschlagen.

Die Grants und ihre Gruppe leben und arbeiten dort wie Schiffbrüchige in einem Cartoon, die auf einem einzelnen kleinen Eiland mit einer Palme in der Mitte sitzen, das nicht größer ist als eine Galapagos-Schildkröte. Nur daß es hier keine Palme gibt und die Schiffbrüchigen so geschäftig, voller Energie und Eifer sind, daß sie kaum Zeit haben, miteinander zu sprechen.

Die ganze Insel ist ein Sinnbild für Kargheit. Wenn eine Burg das Symbol der Uneinnehmbarkeit ist und Alcatraz oder die Teufelsinsel die Unmöglichkeit der Flucht versinnbildlichen, dann legt Daphne Major den Gedanken nahe, daß das Leben eine nahezu unmögliche Entwicklung ist und daß auch seine Erforschung durch den Menschen nahezu unmöglich scheint. Und dennoch haben das Leben und der Mensch triumphiert. Dürre um Dürre, Flut für Flut blieb die bizarre Flora und Fauna erhalten. Und Jahr für Jahr kehren die Biologen, eine Gruppe nach der anderen, mit wahren Schätzen zurück – aus dem Gefängnis ist eine Schatzkammer geworden.

»Laß uns mit dem Messen weitermachen, Liebling; auch dieser Vogel brütet nämlich gerade«, sagt Peter Grant.

Der Schnabel des Vogels in der zweiten Falle ist so schwarz wie der erste, nur ein wenig größer. Er ist 15,8 Millimeter lang, 9,7 Millimeter hoch und 9 Millimeter breit. Dieser Vogel ist auch schwerer als der erste, und zwar genau um 2,2 Gramm. »Wahrscheinlich hat er eine Menge Bananen gefressen«, scherzt Rosemary.

Sie und Peter beringen das linke Bein des Vogels mit den Farben Orange über Schwarz (»Das ist wohl ein Vogel aus Princeton«, sagt Rosemary) und das rechte Bein mit Weiß über Metallfarben.

Die letzten vier Jahre auf der Insel waren beredtes Beispiel für das, was Darwin als »Kampf ums Dasein« bezeichnet hatte. Es hatte fast nicht geregnet. Die Vögel hatten praktisch nicht gebrütet, und deshalb gab es fast keinen Vogel, der naiv genug gewesen wäre, sich fangen zu lassen.

Trotz der Netze und Fallen, die die Grants ausgelegt hatten, trotz des nahezu unbegrenzten Interesses, das sie selbst und ihre jüngeren Mitarbeiter an der Insel hatten, wollte es ihnen nicht gelingen, diese beiden Vögel zu fangen. Rosemary hatte an diesem Morgen nur deshalb Erfolg, weil sie sich die meiste Zeit dieser Aufgabe gewidmet hatte. Sie war die ganze Woche über an diese Stelle gekommen. Am Montag tat sie nichts anderes, als ihr Opfer zu beobachten. Am Dienstag brachte sie zwei Fallen herauf und legte einen Köder hinein, ließ aber die Türen offen. Am Mittwoch und noch am Donnerstag machte sie die Türen weit auf und wechselte jeden Morgen die Bananen aus. Nun ist es Freitag, und die Vögel sind gefangen.

Ihre kurzen Hosen und ihr rosa Hemd sind zerrissen und haben Flecken vom braunen Saft des Krotonbaumes, die charakteristische Zierde der Kleidung jedes Wissenschaftlers auf den Galapagosinseln seit Darwin. Rosemarys Haar ist so hell, daß man nicht so leicht sagen könnte, ob es blond oder grau ist. Und trotz der Jahre unter der Äquatorsonne sind ihre Wangen so rosig, wie man es auf der anderen Seite der Erdkugel schätzt, auf den Britischen Inseln, wo sie geboren und aufgewachsen ist.

Auch Peters Hemd hat Flecken vom Saft des Krotonbaumes. Peter ist groß, sportlich, drahtig und hat einen beeindruckenden Bart. Er ist Mitte Fünfzig, und seit kurzem trägt er eine Brille. Er wuchs am südlichen Rand von London auf, eine Stunde von dem Haus entfernt, in dem Darwin gelebt hat, und da seine Bartspitze weiß wird, nimmt die Ähnlichkeit mit Darwin auf geheimnisvolle Weise zu. Allerdings war Darwin in diesem Alter schon Invalide. (Seine Gesundheit wurde möglicherweise durch eine tropische Krankheit ruiniert oder durch seine eigene Theorie, an der er nach seiner Reise mit der *Beagle* 20 Jahre lang mehr oder weniger im geheimen arbeitete, wobei ihn die tägliche Sorge um sie fast umbrachte.) Peter klettert den Vulkan mit einer Geschwindigkeit hinauf, die man in England oder Neuengland schon für recht beachtlich halten würde. Seine nackten Beine sind so gut gebräunt wie die Beine eines Sportlers um die Zwanzig. Um den Hals trägt er ein kleines schwarzes Fernglas, mit dem er Vögel identifizieren kann – ihre Identität feststellen kann –, wenn sie noch ein Dutzend Schritte von ihm entfernt sind. Und er scheucht sie oft auf, wenn er spazierengeht.

Rosemary tupft die Flügelspitzen des Finken mit etwas in Alkohol getränkter Watte ab, um die Haut zwischen den Federn zu reinigen.

Während sie tupft, spricht sie mit ihm, ungefähr so, wie das ein Arzt tut, wenn er seinen Patienten auf eine Spritze vorbereiten möchte. Nur ein kurzer Schmerz – der Vogel scheint es kaum zu bemerken. Sie saugt den Blutstropfen mit demselben Filterpapier auf, das Säuglingsschwestern in Entbindungskliniken benutzen, und drückt für einen Augenblick den Alkoholtupfer auf die Federn.

Wenn die Grants die Insel verlassen, werden dieser Blutstropfen und die Daten dieses Morgens mit ihnen in ihr anderes Leben in Princeton zurückkehren, um dort analysiert zu werden. Auch an der Universität von Princeton arbeiten Rosemary und Peter Seite an Seite. Dort haben sie zwei nebeneinanderliegende Büros. Rosemary ist Dozentin an der Fakultät für Ökologie und Evolution, Peter ist dieses Jahr Dekan der Fakultät.

Die Werkzeuge, die sie auf Daphne Major benutzen, sind Low-Tech-Instrumente: Die Werkzeuge müssen einfach sein, um Monat für Monat auf einer Wüsteninsel, über die ein Robinson Crusoe nur gelacht hätte, zuverlässig zu arbeiten. Aber die Instrumente, mit denen ihre Resultate in Princeton und anderswo ausgewertet werden, gehören zu den raffiniertesten aus dem Arsenal der Naturwissenschaften: natürlich Computer, um die Dekaden tanzender Zahlen zu speichern und zu analysieren, und genauso wirkungsvolle, aber noch ausgefallenere Maschinen, um die kodierten Nachrichten zu lesen, die in jedem einzelnen Tropfen Vogelblut zu finden sind, als ob es sich um Myriaden verdrehter, ineinandergeschobener Schriftrollen handelte. Zwischen den Zahlen in den Notizbüchern und den Botschaften im Blut lesen die Grants und andere die Geschichte des Lebens wie in einem Buch. Sie beobachten in Fleisch und Blut die Evolution.

»Für die weitere Zukunft sehe ich offene Fragen, die neue, noch wichtigere Forschungsansätze begründen werden«, schreibt Darwin auf den letzten Seiten seines Buchs *Über die Entstehung der Arten.* »Die Dunkelheit um den Ursprung des Menschen und seine Geschichte wird erhellt werden.« Die Beschäftigung damit, wie sich die Evolution vollzieht, bringt uns Erkenntnisse über unseren Ursprung und unsere Geschichte, über die schweigenden Knochen der Olduvai-Schlucht und von Koobi Fora. Ebenso erscheinen das Auf und Ab der Gegenwart und unsere Zukunft in einem neuen Licht.

Während sich die Lebensbedingungen auf diesem Planeten überall immer schneller ändern, nimmt der Zwang zur natürlichen Auslese an Intensität zu, überall, täglich und stündlich, selbst auf so entlegenen Inseln wie dem Galapagos-Archipel. Ob wir uns nun entscheiden, sie zu beobachten oder nicht, die Evolution formt uns alle.

Dies ist die Auffassung vom Leben, wie sie sich jetzt denjenigen darbietet, die auf Darwins Schultern stehen. Sie können weiter in die Zukunft sehen, als es sich Darwin jemals hat träumen lassen, und vieles liegt noch am Horizont oder jenseits des Horizonts.

2

Was Darwin erkannte

Wie im Märchen, schicksalsträchtig.

HERMAN MELVILLE
Der heraufziehende Sturm

$\mathcal{E}$s gibt dreizehn Finkenarten auf den Galapagosinseln. Sie sehen einander so ähnlich, daß es ihnen selbst während der Paarungszeit schwerfällt, sich gegenseitig auseinanderzuhalten. Aber sie sind auch in erstaunlicher und eigenartiger Weise unterschiedlich. Die schwarzen Männchen, die Rosemary heute morgen gefangen hat, sind Opuntienfinken. Opuntienfinken können mehr mit einem Kaktus anfangen als Prärieindianer mit einem Büffel. Sie bauen ihre Nester im Kaktus, schlafen dort, paaren sich häufig auch dort, sie trinken Kakteennektar, fressen Kakteenblüten, Kakteenpollen und Kakteensamen. Zum Ausgleich verbreiten sie, wie Bienen, die Pollen.

Zwei andere Arten von Darwinfinken verwenden Werkzeuge. Sie suchen sich einen Zweig, einen Kaktusstachel oder einen Stengel und bearbeiten ihn mit ihrem Schnabel, bis er die geeignete Form hat. Dann stochern sie damit in der Rinde toter Äste herum und stöbern Insektenlarven auf. Ein Fink frißt grüne Blätter, was Vögel eigentlich nicht tun. Ein anderer, der Vampirfink, den man hauptsächlich auf den rauhen, weit entfernten, von Klippen umgebenen Inseln Wolf und Darwin findet, hockt sich auf den Rücken eines Tölpels, hackt auf Schwanz und Flügel ein, bis das Blut kommt, und trinkt es. Vampirfinken werfen sogar die Eier der Tölpel gegen die Felsen und trinken das Eigelb. Ja, selbst das Blut ihrer eigenen Toten trinken sie.

Aber es gibt auch eine vegetarische Finkenart, die sich darauf versteht, wie beim Schälen einer Banane die Rinde eines Zweiges in langen, gekräuselten Streifen abzupellen, um an die nahrhaften Zwischenschichten zwischen Rinde und Holz, das Kambium und die Flüssigkeitskanäle,

1   2

3   4

Vier Darwinfinken, aus Darwins Forschungsjournal:
1. Großer Bodenfink; 2. Mittlerer Bodenfink;
3. Kleiner Baumfink; 4. Laubsängerfink.
The Smithsonian Institution

zu gelangen. Es gibt indessen auch Arten, die sich auf den Rücken von Leguanen niederlassen und sie von Parasiten befreien. Der Leguan lädt den Finken gewissermaßen zum Aufsitzen ein, indem er eine Körperhaltung einnimmt, die ihn wie eine Katze aussehen läßt, die gestreichelt werden möchte.

Der gesamte Familienstammbaum der Darwinfinken ist durch eine derartig exzentrische Spezialisierung gekennzeichnet, und jede Art hat ihren eigenen spezialisierten Schnabel. Robert Bowman, ein Evolutionsforscher, der sich schon vor den Grants mit den Finken beschäftigte, hat einmal eine Zeichnung angefertigt, auf der die Vogelschnäbel mit unterschiedlichen Typen von Zangen verglichen werden. Opuntienfinken haben schwere Zangen wie jemand, der Telefonleitungen repariert. Andere Arten haben einen Schnabel, der wie eine Schmiedezange mit ihren langen Griffen aussieht, wieder andere sehen aus wie eine lange Greifzange, wie eine Wasserpumpenzange mit Papageienkopf, wie eine gebogene oder wie eine gerade Rundzange.

So werden sie häufig in Lehrbüchern dargestellt: als Ansammlung von dreizehn unterschiedlichen Schnabelformen, als der berühmteste Werkzeugkasten der Natur. Manchmal werden die Vögel auch in voller Größe als Gruppenporträt mit dreizehn Paaren – männlich und weiblich, schwarz und braun – abgebildet, als ob sie auf den Zweigen ihres Stammbaumes säßen. Wie auch immer ihr Familienporträt dargestellt sein mag, *en miniature* stehen sie für das Rätsel aller Rätsel, ein Mikrokosmos der erstaunlichen Vielfalt des Lebens auf der Erde.

Außerhalb ihres Fachgebiets sind die Grants wenig bekannt, aber unter Fachleuten sind sie durch ihre Arbeiten über diese berühmten Vögel schon vor Jahren zu Berühmtheiten geworden. »Die Grants sind die Gurus für Darwinfinken«, sagt William Provine, ein Wissenschaftshistoriker an der Cornell University. »Das ist keine Frage. Große Güte! Man kennt sie überall unter Evolutionsbiologen, überall auf der Welt, wo sich Menschen mit den Problemen der Evolution beschäftigen.«

»Die Geschichte der Forschung auf den Galapagosinseln ist schon für sich genommen ein interessantes Thema«, sagt Frank Sulloway, ein weiterer Wissenschaftshistoriker, der eine gründliche Studie dazu verfaßt hat. »Sie sprechen hier eine ganze Gruppe von Organismen und meist auch eine ganze Gruppe von Problemen an. Wir reden hier ja nicht über Probleme der Physiologie oder Endokrinologie: Es geht um Probleme der Evolutionsbiologie. Und wenn man sich die Untersuchungen ansieht, die von jeder neuen Forschergeneration durchgeführt wurden, dann erkennt man, daß die Forschung immer raffinierter geworden ist, und dies in einem unglaublichen Ausmaß. Die Grants machen Sachen, von denen Leute wie Swarth oder Lack nur geträumt hätten«, sagt er und nennt die Autoren der klassischen Studien über Finken, die in der ersten Hälfte dieses Jahrhunderts veröffentlicht wurden. »Es ist wie der Unterschied zwischen einer Rechenmaschine und einem Personal Computer«, fährt Sulloway fort. »Man konnte diese Berechnungen in den zwanziger und dreißiger Jahren nicht durchführen. Man konnte in den Zwanzigern und Dreißigern nicht einmal daran denken, diese Berechnungen auszuführen. Die Untersuchungen der Grants haben dieses ganze Forschungsgebiet auf ein völlig neues Niveau gehoben. Es ist wirklich eine ganz außerordentliche Leistung.«

»Der Dienst, den Peter Grant der Biologie erwiesen hat, ist kaum zu überschätzen«, sagt William Hamilton, ein Evolutionsforscher an der Universität Oxford. »Er hat gezeigt, daß die wichtigste und weitreichendste Theorie, die die Biologie zu bieten hat, *tatsächlich Gültigkeit besitzt* und daß nahezu jedes einzelne der unterschiedlichen kleinen Details der Evolution, die er vorgefunden hat, mit Hilfe dieser Theorie erklärt werden kann, und soweit wir sehen, ist wohl keine andere Theorie vonnöten ... Ich denke, man kann mit Fug und Recht behaupten, daß die Arbeit [der Gruppe um die Grants], als Ganzes genommen, die detailreichste, kohärenteste Bestätigung der neodarwinistischen Evolutionsauffassung darstellt, die dieser Theorie bisher zuteil wurde.«

»Das Problem bei der Arbeit auf Daphne besteht darin, daß sie Studien über Vögel auf die Dauer den Garaus macht«, sagt David Anderson, einer der früheren Mitarbeiter der Grants bei ihren Feldforschungen, im Ton eines jungen russischen Erzählers, der über *Krieg und Frieden* in Wehklagen ausbricht. »Gegen diese Untersuchungen wird niemand ankommen. Aber trotzdem wird jeder es versuchen, weil alle die Studie über Daphne gelesen haben. In einem gewissen Sinne ist es ein Desaster für die Vogelkunde. Die Insel ist klein genug, so daß die Grants jeden einzelnen Vogel kennen, und zugleich groß genug, so daß sie eine ausreichende Anzahl studieren können. Und sie haben dies kontinuierlich seit 1973 getan! Niemand wird jemals wieder etwas Ebenbürtiges bewerkstelligen können.«

Charles Island

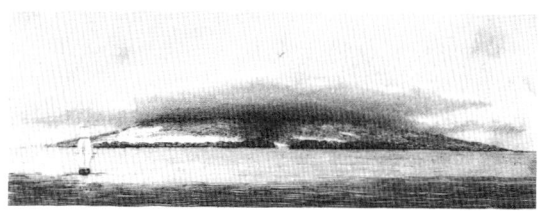

Chatham Island

Landeplatz

Albemarle Island

Ansichten der Galapagosinseln.
Aus: Robert FitzRoy, Bericht über die Erkundungsfahrten
der Schiffe Seiner Majestät »Adventure« und »Beagle«.
The Smithsonian Institution

Jahr für Jahr enthüllen die Darwinfinken den Grants neue Aspekte. Die neue Sichtweise ist stets umfassender als die vorausgegangene. Die Grants sehen aus, sprechen und bewegen sich wie Menschen, die einen Jungbrunnen entdeckt haben. Und wenn sie ihr Forschergeist einmal für eine Stunde verläßt oder sie sich einen Abend lang ein wenig alt und allein auf ihrer Felseninsel fühlen, dann hält sie der Gedanke daran hoch, wo sie sich befinden.

Die Stelle, an der Darwin zuerst an Land ruderte, befindet sich eine Tagesreise mit dem Segelschiff entfernt von Daphne Major auf der kleinen Insel San Cristóbal, die von den Engländern Chatham genannt wird. Die Gruppe, die hier an Land ging, bestand aus Kapitän FitzRoy, dem Bootsmann Philip Gidley King und einigen anderen Seeleuten von der *Beagle*, wie es in dem Eintrag in Darwins Tagebuch vom 17. September 1835 heißt.

Darwin hatte die Reise als Zweiundzwanzigjähriger vier Jahre zuvor angetreten, als unbezahlter Begleiter des Kapitäns, der ebenfalls recht jung war und Angst vor der Einsamkeit seines Postens hatte; denn der vorherige Kapitän des Schiffs hatte Selbstmord begangen. Als die *Beagle* die Galapagosinseln erreichte, hatte FitzRoy seine Hauptaufgabe bereits erfüllt, nämlich die Küste des südamerikanischen Kontinents zu vermessen. Dann waren er und seine Mannschaft von der Küste Perus aufgebrochen; auf ihrer langen Heimreise nach England begannen sie nun, den Pazifik zu durchqueren.

Die Männer hofften, bei ihrem Landgang riesige Schildkröten zu finden. Sie freuten sich auf geröstetes Schildkrötenfleisch und Schildkrötensuppe. Aber sie sahen keine einzige Schildkröte am Strand von San Cristóbal. In FitzRoys Reiseerinnerungen beschreibt er »schwarze, häßlich aussehende Haufen auseinandergebrochener Lava ... Unzählige Krabben und scheußliche Leguane liefen in allen Richtungen davon ... Dieser erste Ausflug war nicht dazu geeignet, einen guten Eindruck von den Galapagosinseln in uns hervorzurufen.«

Darwin hatte die steil abfallenden schwarzen Konturen der Insel vom Schiff aus gesehen und aus der Entfernung gedacht, die Bäume seien allesamt tot. Aber nun, da er sich den Weg entlang der Küste suchte, konnte er sehen, daß nahezu jede Pflanze »in Blüte & Laub« stand. Er betrieb ein bißchen Botanik und fand zehn verschiedene Blumen, »doch so bedeutungslose, häßliche kleine Blumen«, daß es ihm schien, sie seien eher in der Arktis zu Hause als hier in der Hitze des Äquators. Unter den Büschen sah er kleine Vögel über die Lava hüpfen und nach Samen suchen. »Die Vögel kennen den Menschen nicht & halten ihn für genauso unschuldig wie ihre Mitbewohner, die riesigen Schildkröten«, schreibt Darwin in sein Tagebuch. »Kleine Vögel, nur etwa einen Meter entfernt, hüpften still von einem Busch zum anderen & hatten keine Angst vor den Steinen, die nach ihnen geworfen wurden. Mr. King tötete einen mit seinem Hut ...«

Auf diesem Wege geraten die Darwinfinken in Darwins Tagebuch – unter einem Hut. Und in den nächsten fünf Wochen schreibt Darwin eher beiläufig über die Vögel. Eigentlich erwähnt er sie kaum. Es gibt zu viele andere Abenteuer, über die er berichten muß. Er trifft auf ganze Herden riesiger Schildkröten und reitet sogar auf einer. Er greift sich einen der Leguane (»Ausgeburt der Finsternis«) und wirft ihn wieder und wieder ins Wasser; und immer wieder schwimmt der Leguan direkt zu ihm zurück. Er kneift einen anderen Leguan, der geschäftig eine Höhle gräbt, in den Schwanz. Die Echse kehrt an die Oberfläche zurück und starrt ihn an, als ob sie sagen wollte: »Wie kommst du dazu, mich am Schwanz zu ziehen?«

Wie schon auf der ganzen Reise sammelte Darwin auch auf den Galapagosinseln akribisch »Fisch in Alkohol«, »Reptilien in Alkohol«, »Insekten in Alkohol« usw. Insgesamt schoß er 31 Finken aus neun verschiedenen Arten von drei der vier Inseln, die er besuchte, und verstaute sie alle an Bord der *Beagle*. (Von einem freigelassenen amerikanischen Sklaven, John Edmonstone, hatte Darwin gelernt, wie man Vögel ausstopft; dieser gab am Museum in Edinburgh preiswerte Unterrichtsstunden in dieser Kunst.) All dies ist von so großer Bedeutung für den Verlauf, den das menschliche Denken genommen hat, daß der Historiker Frank J. Sulloway vierzehn Jahre damit verbracht hat, herauszufinden, was auf den Inseln tatsächlich geschah. An jedem einzelnen Fink, den Darwin mit auf die *Beagle* nahm, hat er seine Version überprüft. Aufgrund seiner detektivischen Recherche ist die Episode nun eine der berühmtesten, aber auch am besten belegten Wendemarken in der Geschichte der Naturwissenschaft.

Entgegen der Legende hat Sulloway gezeigt, daß Darwin die Finken nicht für etwas Besonderes hielt. Ja, er hielt sie nicht einmal alle für Finken. Die

Opuntienfinken schienen ihm eine Amselart zu sein, und andere Finken sahen aus wie Zaunkönige und Laubsängerfinken. Darwin nahm an, daß es noch sehr viel mehr von ihnen an den Abschnitten der südamerikanischen Küste gäbe, die die *Beagle* nicht aufgesucht hatte. Mit anderen Worten: Genau die Eigenschaft, die die Finken heute so interessant macht, ließ sie Darwin unbedeutend erscheinen. Ihre Vielfalt verbarg ihre Einzigartigkeit.

In der Folgezeit verstaute Darwin, was er später sehr bedauern sollte, die Finken von den ersten beiden Inseln in demselben Sack und machte sich nicht die Mühe zu kennzeichnen, welcher Vogel woher kam. Da die Lebensbedingungen auf den Inseln anscheinend mehr oder minder identisch waren, nahm er an, auch die Vögel seien identisch.

Er bemerkte allerdings, daß die Spottdrosseln, die er auf der zweiten Insel geschossen hatte, leichte Unterschiede zu denen von der ersten Insel aufwiesen. Aus diesem Grund nahm er es auf sich, diese Exemplare sowie all die anderen Spottdrosseln, die er gefangen hatte, nach dem Ursprungsort zu kennzeichnen. Als aber der Vizegouverneur der Inselgruppe Darwin berichtete, daß sich auch die Schildkröten von Insel zu Insel unterschieden (er behauptete, er könne anhand des Panzers sagen, von welcher Insel eine Schildkröte komme), ignorierte ihn Darwin mehr oder minder. »Eine Zeitlang habe ich dieser Aussage nicht genügend Aufmerksamkeit gewidmet«, bekannte er später, »auch hatte ich teilweise schon die Sammlungen von den ersten beiden Inseln durcheinandergebracht. Ich hätte niemals auch nur im Traum daran gedacht, daß Inseln, die nur etwa 80 bis 100 Kilometer voneinander entfernt sind, die meisten in Sichtweite voneinander, geformt aus genau demselben Felsen, einem recht ähnlichen Klima unterworfen, von ungefähr gleicher Höhe, daß solche Inseln unterschiedliche Bewohner beherbergen würden …«

Kurz, Darwin war wohl noch kein richtiger Evolutionsforscher. Er hing zu Teilen noch immer der Schöpfungstheorie an. Schließlich wollte er ja Landpfarrer werden. Dies war die Laufbahn, für die er auf dem Christ's College in Cambridge ausgebildet worden war, wo er die Heilige Schrift studiert und Käfer gesammelt hatte. Eigentlich hatte er sich mehr für Käfer als für die Heilige Schrift interessiert, doch damals hielt man die leidenschaftliche Beschäftigung mit der Natur für das angemessene Hobby eines Pfarrers.

Als Darwin auf die Galapagosinseln kam, konnte er nicht auf ein eigenständiges Werk zurückschauen. Er mußte auf den Schultern der Riesen stehen, die vor ihm geforscht hatten. Ein Jahrhundert zuvor hatte der schwedische Botaniker Karl von Linné in einem gewaltigen Akt religiöser Gläubigkeit versucht, die Verwandtschaftsbeziehungen zwischen allen irdischen Lebensformen aufzuschlüsseln. Mit dieser Arbeit hoffte Linné, Einblick in den Plan des Schöpfers und in die Bedeutung des Lebens zu erhalten, genauso wie Heilige und Gelehrte nach kosmischen Zusammenhängen gesucht hatten, indem sie die Beziehungen zwischen allen Versen, Abschnitten und Büchern der hebräischen und griechischen Bibeln zu ergründen suchten.

Linné, der seine Schriften unter dem lateinischen Namen Carolus Linnaeus veröffentlichte, unterteilte das Leben auf der Erde in Reiche, die Reiche in Klassen, die Klassen in Ordnungen, die Ordnungen in Gattungen und die Gattungen wiederum in Arten. Es war ein so hervorragendes, praktisches System, daß alle westlichen Naturforscher es übernahmen, obwohl sie immer mehr Arten entdeckten, für die sie erst eine Begrifflichkeit entwickeln mußten. (Heute heißen die wichtigsten Kategorien: Reich, Stamm, Klasse, Ordnung, Familie, Gattung und Art.)

Das System von Linnaeus wird oft als Baum des Lebens dargestellt. Der Stamm des Baumes teilt sich nahe der Wurzel, um Reiche zu formen, und jeder mächtige Ast teilt sich in immer feinere Zweige und Ästchen auf, in Arten, Unterarten, Rassen, Varietäten und schließlich, wie die Blätter auf den Zweigen, in Individuen. Mit anderen Worten: Wir stellen die Ordnung des Lebens als einen Stammbaum, als eine Genealogie dar, in der sich alle Zweige in einen gemeinsamen Stamm zurückverfolgen lassen. Alle Lebewesen sind entweder entfernt oder nah miteinander verwandt. Und jedes Tier oder jede Pflanze hat dieselben Vorfahren an der Wurzel.

Wir haben uns (seit Darwin) so an diese Sichtweise des Lebens gewöhnt, daß ein Diagramm zum Stamm der Galapagosfinken sich für uns sofort als Familiengeschichte darstellt, mit einem einzigen Finken als Vorfahren, der in vielfacher und sich verändernder Form Generation für Generation herausbildet bis zu den heute dreizehn Zweigen.

Linnaeus selbst sah sein System indessen anders. Für ihn und die anderen, im Glauben verwurzelten Naturforscher seiner Generation stellten die Myriaden von Verwandtschaftsbeziehungen und Familienähnlichkeiten, die Linnaeus nutzte, um Ordnung in die Natur zu bringen, keine Genealogie der Abstammung dar. Vielmehr standen sie für einen Plan Gottes,

der die Arten in einer einzigen Woche schuf, wie es auf den ersten Seiten
der hebräischen Bibel geschrieben steht:»Und Gott schuf große Walfische
… und alle gefiederten Vögel nach seiner Art: Und Gott sah, daß es gut
war.« Darwin konnte diese Geschichte in seiner Ausgabe von Miltons *Das
verlorene Paradies* nachlesen, die er auf all seinen Reisen über Land mit
sich trug. Jede Art von Lebewesen wurde in dieser einen bedeutsamen
Woche geschaffen. Es ist eine großartige Vision, als ob der große Baum
des Lebens in nur einem Augenblick gekeimt wäre, sich nach oben Bahn
gebrochen hätte und jeden einzelnen Ast nach dem Schöpferhimmel
ausstrecken würde. Oder als ob alle Finken, Löwen, Tiger und Eichen in
einem Durcheinander aus dem Füllhorn des Leibes der Erde heraus
geboren worden wären, wie Milton es sich vorstellt:

> Die Erde folgte gleich
> Und brachte unzählbare Lebewesen
> Aufs Mal zur Welt, vollendete Gebilde,
> Gegliedert, ausgewachsen.

Und all diese perfekten Formen hatten sich seit dem Tag der Schöpfung,
eben weil sie perfekt waren, nur geringfügig oder überhaupt nicht verändert.

In der riesigen botanischen Sammlung von Linnaeus fand Darwin zahlreiche Beispiele lokaler Pflanzenarten, Variationen desselben Themas.
Aber in seinem System waren diese Varietäten nicht halb so bedeutsam
wie die wahren Arten. Örtliche Varietäten waren eher Beispiele dafür, wie
eine vom Herrn geschaffene Art in ihre besondere Umgebung eingepaßt
war. Definitionsgemäß war diese Abweichung vom ursprünglichen Typ
bereits in dem Augenblick aufgetreten, in dem Gott die Erde schuf.
Deshalb hingen Varietäten mit der Zeit und unserer sterblichen Erde
zusammen, während die Arten selbst Inkarnationen heiliger Gedanken
Gottes während des Schöpfungsaktes darstellten.

In seinen späteren Jahren kamen bei Linnaeus Zweifel über diesen metaphysischen Unterschied zwischen Varietäten und Arten auf. Einige Pflanzenarten in seiner Sammlung, einschließlich bestimmter südafrikanischer
Geranien, waren anscheinend durch Kreuzung entstanden, also durch
eine hybride Entwicklung. Andere Arten waren scheinbar durch wech-

selnde Umweltbedingungen so beeinflußt und verändert worden, daß aus ihnen etwas Charakteristischeres geworden war als eine örtliche Besonderheit: Sie waren so neuartig, daß sie es eindeutig verdienten, in seinem Schema Arten genannt zu werden. Linnaeus ging diesem Problem nicht weiter nach, machte allerdings einige Andeutungen in seinem Tagebuch und in späteren Ausgaben seiner Schriften. Und er begann sich zu fragen, ob nicht nur Varietäten, sondern auch diese Arten, wie er sich ausdrückte, »Töchter der Zeit« waren.

Während Linnaeus sich selbst die Frage stellte, ob Varietäten und Arten langfristig Bestand hätten, schien sein eigenes Lebenswerk dank seiner Klarheit bei anderen auf Zustimmung zu stoßen. In den Augen seiner Zeitgenossen hatte Linnaeus Ordnung in die überbordende Vielfalt der natürlichen Welt gebracht. Er hatte für das Leben auf der Erde das geleistet, was Newton für die Sterne, Planeten, Monde und Kometen am Himmel vollbracht hatte (»Von Gott geschaffen«, sagten sie, »von Linnaeus arrangiert«). Die Lebewesen in Linnaeus' Folianten über die Naturgeschichte schienen für die Naturforscher nach ihm das zu sein, was die Sterne einst für die Astronomen zu sein schienen, nämlich Fixpunkte im Universum: keiner Entwicklung oder Veränderung unterworfen, nie alternd oder sterbend, doch am Firmament leuchtend, wie sie es seit dem Tag der Schöpfung getan hatten.

Nicht jeder unterwarf sich dieser orthodoxen Auffassung vom Leben. Darwins eigener Großvater, Erasmus, argumentierte im Gegensatz dazu, daß das Leben sich von Generation zu Generation verändere und daß die wunderbare lebendige Verwobenheit und Anpassung, die wir um uns herum sehen, Stück für Stück aufgebaut und nicht in ihrer Gesamtheit in einem Moment geprägt werde. Ein anderer, der im Sinne dessen argumentierte, was wir heute Evolution nennen, war der große französische Naturforscher Lamarck. Ein weniger bekannter Abweichler war einer von Darwins Lehrern, Robert I. Grant (»Kein Verwandter, soweit ich weiß«, sagt Peter). Grant wurde mehr oder weniger aus der wissenschaftlichen Gemeinschaft ausgeschlossen, weil er glaubte, daß die Formen des Lebens sich über die Generationen hinweg verändern.

Während Darwins Studienzeit in Edinburgh und Cambridge kamen solche Gedanken auf. Trotzdem stieß die orthodoxe Sicht auf so große Zustimmung, daß die meisten Naturforscher zu Darwins Zeiten, einschließlich Darwin selbst, ihre Musterexemplare im wesentlichen paarweise sammelten, jeweils ein Männchen und ein Weibchen. Dieser Annahme nach war der Typ das Durchschnittliche, das Repräsentative, das *Typische*, ein Beispiel der Gedanken Gottes im Augenblick der Schöpfung. Jedes Detail jedes einzelnen Käfers enthielt eine heilige Botschaft, wenn es uns gelang, sie zu entschlüsseln; selbst der armseligste Wurm hatte seinen Ursprung im Bewußtsein Gottes. Das herrlichste Geschöpf von allen war natürlich der Mensch, wie es im Ersten Buch Mose geschrieben steht:»Gott schuf den Menschen zu seinem Bilde, zum Bilde Gottes schuf er ihn.«

Als Darwin Finken, Spottdrosseln und Schildkröten auf den Galapagosinseln sammelte, war es folglich der Phänotyp, nach dem er suchte: das Thema selbst, nicht die Variationen. Er stellte Pflanzen und Tiere auf der *Beagle* nach demselben Prinzip zusammen, nach dem Noah sie für seine Arche sammelte, nämlich paarweise. Auf den Galapagosinseln war Darwin noch immer halb befangen in Miltons Universum.

Neben *Das verlorene Paradies* nahm Darwin auf seine Seereise den ersten Band von Charles Lyells *Principien der Geologie* mit. Und obwohl ihn seine Lehrer in Cambridge ermahnt hatten, das Buch mit der notwendigen kritischen Haltung zu lesen, hatte Darwin es verschlungen. Lyell argumentierte, daß der Planet selbst, obwohl Pflanzen und Tiere auf diesem Planeten tatsächlich von Gott in einem Augenblick geschaffen worden seien und sich seitdem niemals verändert hätten, sich rastlos unter ihnen verändere. Die Erdkruste habe sich seit der Schöpfung gehoben und gesenkt, habe sich überall allmählich aufgebaut und sei wieder erodiert. Auf der ersten Station der *Beagle*, in São Tiago auf den Kapverdischen Inseln im Atlantik, hatte Darwin die Korallenschichten untersucht, die man an der Längsseite der Insel sehen kann, und er fand so starke Indizien für eine langsame geologische Veränderung, daß er mehr oder minder auf der Stelle schloß, Lyell habe recht. Alles, was Darwin danach auf seiner Seereise entlang der Küste Südamerikas sah, bestätigte immer wieder die Auffassung, die damals nur eine Minderheit vertrat, daß die Oberfläche der Erde ständig neu gebildet und wieder zerstört wird.

Darwin erschien die Vorstellung, daß die Erdoberfläche sich immer wieder neu formt, neu und ungeheuerlich. Er war fasziniert von dem Gedanken, daß auf diesem Gebiet kleine Veränderungen große Auswirkungen haben können. Lyell zeigte, daß man die Schöpfung wie auch die Vernichtung der Erdkruste nicht in Tagen, sondern in Zeitaltern messen muß und daß dieser Vorgang heute genauso vor sich geht, wie er schon immer vor sich gegangen ist, mit derselben ausgesprochen langsamen Geschwindigkeit.

Berge bewegten sich, Flüsse bewegten sich, Ozeane bewegten sich, doch die Arten des Lebens blieben für immer dieselben. Im zweiten Band der *Principien* (die Darwin per Post in einem südamerikanischen Hafen erhielt) griff Lyell Lamarck scharf an, weil er das Gegenteil behauptete. »Es ist nutzlos, über die abstrakte Möglichkeit der Verwandlung einer Art in eine andere zu streiten«, schrieb Lyell, »wenn es doch bekannte Ursachen gibt, die soviel aktiver in der Natur vorkommen, die immer eingreifen und das tatsächliche Eintreten eines solchen Wandels verhindern müssen.« Worin diese Barrieren bestanden, sagt Lyell nicht, doch ist er überzeugt davon, daß sie existieren. »Es gibt feste Grenzen, jenseits derer die Abkömmlinge gemeinsamer Eltern niemals von einem bestimmten Typ abweichen können.«

Aus diesem Grund steckte Darwin die Finken von den beiden Galapagosinseln in einen Sack. Wie Linnaeus war er sich durchaus im klaren darüber, daß unterschiedliche örtliche Bedingungen eine Art in örtlichen Varietäten auftreten lassen können. Er und FitzRoy hatten dies bereits bei den Füchsen auf den Falklandinseln festgestellt, und Darwin dachte, er sähe das gleiche Phänomen bei den Ratten auf Galapagos. Aber Darwin konnte sich nicht vorstellen, daß sich eine Art unter nahezu identischen Bedingungen, unter dem gemeinsamen Himmelszelt benachbarter Inseln, in unterschiedliche Varietäten aufspaltete; und selbst wenn dies der Fall gewesen wäre, konnte sich Darwin nicht vorstellen, daß solche Varietäten eine so außerordentliche Bedeutung haben würden.

Neun Monate später befand sich die *Beagle* auf einem Zickzackkurs über den Pazifik und zurück nach England. Darwin arbeitete gerade an einer Aufstellung seiner vogelkundlichen Präparate einschließlich der Galapagosfinken und der Spottdrosseln, die alle gemeinsam mit ihm in der bis obenhin vollgestopften Kabine unter dem Vorderdeck des Schiffes Richtung Heimat fuhren. Da kam ihm ein neuer Gedanke, und er machte sich schnell eine Notiz. Zu diesem Zeitpunkt (so will es die Legende) arbeitete er über die Spottdrosseln auf den Galapagosinseln.

»Ich habe Exemplare von vier der größeren Inseln«, schrieb Darwin. Die Spottdrosseln von San Cristóbal und Isabela sahen für ihn sehr ähnlich aus, doch die Exemplare von Floreana und Santiago waren allem Anschein nach verschieden, und jede Gruppe kam ausschließlich auf ihrer eigenen Insel vor.»Wenn ich mich recht erinnere, ist es eine Tatsache, daß die Spanier von der Körperform, der Gestalt des Panzers & der allgemeinen Größe her sofort bestimmen können, auf welcher Insel eine beliebige Schildkröte gefangen wurde. Wenn ich mir diese Inseln ansehe, die in Sichtweite voneinander liegen & von nichts als einem spärlichen Bestand an Tieren in Besitz genommen wurden, bewohnt von diesen Vögeln, die sich von ihrer Struktur her nur leicht unterscheiden und denselben Platz in der Natur einnehmen, dann muß ich vermuten, daß es sich nur um Varietäten handelt.«

Nur Varietäten. Wenn dem so wäre, würden sie sich bequem in die orthodoxe Auffassung vom Leben auf der Erde einordnen. Aber was wäre, wenn es sich um mehr als um Varietäten handelte? Was, wenn die Spottdrosseln von den Winden vor der Küste Südamerikas zu den Galapagosinseln getragen worden wären und sie sich dann, Generation für Generation, von ihren Vorfahren fortentwickelt hätten? Was, wenn es keine Beschränkungen einer solchen Fortentwicklung gäbe? Was, wenn sie sich zunächst zu Varietäten entwickelt hätten und dann dazu übergegangen wären, sich in Arten auszudifferenzieren, in neue Arten, jede für sich auf einer eigenen Insel?

»Gäbe es auch nur den Anflug einer Begründung für solche Bemerkungen«, schrieb Darwin, »dann wäre es die Zoologie der Archipele wert, daß man sie untersucht; denn solche Tatsachen untergraben die Auffassung von der Stabilität der Arten.« In Vorwegnahme zweier Jahrzehnte quälender Bedenken kritzelt Darwin dann ein Wort hinein: »... würden die Auffassung von der Stabilität der Arten untergraben.«

Man sprach bereits über Darwins Sammlung, noch bevor er das Schiff verließ, weil er während seiner Reise Briefe und Kisten voller Präparate nach Hause geschickt hatte. Die *Beagle* legte im Oktober 1836 in Falmouth an (Darwin hatte den Kapitän mit ein wenig Diplomatie dazu gebracht, dort anzulegen; er war nicht der erste Forscher, der Pflanzen und Tiere aus entfernten Winkeln der Erde mit sich führte). Einige der fähigsten Naturforscher der Welt begannen sofort damit, seine Befunde akribisch zu studieren und sie nach dem System von Linnaeus zu klassifizieren.

Am 4. Januar 1837 schenkte Darwin all die ausgestopften Vögel von den Galapagosinseln (und andere Trophäen) der Londoner Zoologischen Gesellschaft. Innerhalb einer Woche gerieten die Spezialisten der Gesellschaft über dieser neuen Schatztruhe in eine Diskussion. Gleich in der nächsten Sitzung verkündete der Vogelkundler John Gould, so steht es zumindest in den *Akten der Zoologischen Gesellschaft*, daß er sich besonders gefreut habe über »eine Reihe von *Bodenfinken,* die eine so eigenartige Gestalt aufweisen, daß er dazu neigt, sie als eine völlig neue Gruppe mit vierzehn neuen Arten zu betrachten; sie kommen anscheinend ausschließlich auf den Galapagosinseln vor.« Goulds Beschreibung der Darwinfinken findet sich dann auch am nächsten Morgen in den Zeitungen. Der Londoner *Daily Herald* erwähnte »elf Arten von Vögeln, die Mr. Darwin von den Galapagosinseln [sic] mitgebracht hat, allesamt neuartige Formen, wie sie in diesem Land zuvor unbekannt waren.«

Kurz darauf nahm sich Darwin eine Wohnung in London: Er wollte in der Nähe Goulds und der anderen Spezialisten sein, die sich intensiv mit seiner Sammlung beschäftigten. Mitte März besuchte er Gould in der Zoologischen Gesellschaft und fragte nach seinen Exemplaren von den Galapagosinseln. Das Stück Papier, auf dem sich Darwin von dieser Sitzung Notizen machte, ist in der Bibliothek der Universität Cambridge erhalten geblieben. Beide Seiten des Blattes sind voller kurzer Kritzeleien, die ihrerseits auf jeder Seite von einem großen, hastig dahingeschriebenen Wort überdeckt werden: *Galápagos.*

Gould faßte zusammen, welche Erkenntnisse er bis dahin über die Exemplare von den Galapagosinseln gewonnen hatte. Nahezu alle Landvögel seien neuartig, sagte Gould; sie seien nie zuvor beschrieben worden und anscheinend lebten sie ausschließlich auf den Galapagosinseln. Drei der Spottdrosseln waren nach Goulds Meinung nicht nur örtliche Varietäten, nein, wie Gould bereits den Mitgliedern der Zoologischen Gesellschaft mitgeteilt hatte, stellten sie eigene Arten dar. Dies war das Verdikt, von dem Darwin vermutet hatte, es würde »die Stabilität der Arten untergraben.«

Mehr noch, auch die zahmen kleinen Vögel, die Darwin zwischen den Büschen herumhüpfen sah, waren einzig. Sie waren keine Verwandten der Amseln, Zaunkönige, Grasmücken oder Finken, wie Darwin gedacht hatte, als er sie einfing. Es handelte sich bei allen um Finken, eine eigenartig vielfältige Gruppe von Finken, und sie kamen nur auf den

Galapagosinseln vor. Darwin fügte die Namen, die Gould ihnen gab, ganz unten auf der Rückseite seines Notizzettels an. Dies war der Augenblick, als alles seinen Lauf nahm – nicht draußen auf den Inseln, sondern in einem unaufgeräumten Londoner Bürozimmer.

Oder besser noch: Es war eine schnelle Abfolge solcher Augenblicke, von intellektuellen Erschütterungen, die Darwin den Kopf schwirren ließen, als ihm Experten auf dem Gebiet der Naturkunde immer weitere Einzelheiten über seine Funde schilderten. Auch die Riesenschildkröten gab es lediglich auf den Galapagosinseln, ebenso die Meeresleguane, Darwins »Ausgeburten der Finsternis«, oder auch die Büsche und Kakteenbäume. Für eine Art nach der anderen stellte sich auf den Galapagosinseln eine Familienähnlichkeit mit Verwandten vom südamerikanischen Festland heraus; aber die Tiere von den Galapagosinseln unterschieden sich deutlich von allem, was man jemals dort gefunden hatte. Jahr für Jahr entfachten diese Enthüllungen immer aufs neue Darwins geheimste Gedanken. Nach Darwins Vorstellung waren all diese Arten, auf einem einsamen Archipel von der restlichen Welt abgeschnitten, aus dem Stamm ihrer Vorfahren hervorgegangen und hatten sich dann kontinuierlich weiterentwickelt. Sie hatten die Grenze zu einer anderen Art durchbrochen.

Auch Darwins Fossilien aus Südamerika hatten sich als aufregender Fund erwiesen, obwohl er sich, als er sie ausgrub und in Kisten verpackte, gefragt hatte, ob die alten Knochen die Mühe überhaupt wert waren. Viele stellten sich jetzt als ausgestorbene Verwandte noch lebender Formen heraus. Der südamerikanische Kontinent ist die Heimat des Gürteltieres, des Lamas und des Wasserschweins, bei dem es sich um ein Nagetier in der Größe eines Schweines handelt. Unter den Fossilien, die Darwin gefunden hatte, waren ein Riesengürteltier, ein Riesenlama und ein Nagetier von der Größe eines Rhinozeros. Die Fossilien stützten Hypothesen, die Lyell und andere Geologen bereits aufgrund von Funden in Australien aufgestellt hatten. Danach gibt es ein »Gesetz der Nachfolge«, durch das die Lebendigen mit den Toten verbunden sind. Es ist dasselbe Gesetz, das Fossilien in einer Erdschicht mit Fossilien in der Schicht darunter verbindet.

Wenn die Riesen, die er in der Erde gefunden hatte, Abkömmlinge von Tieren waren, die man auf der Erde beobachten konnte, dann war es möglich, aus ihnen dieselbe spannende Geschichte herauszulesen, die

Darwin schon an den Galapagosinseln abgelesen hatte. Ob er nun seinen Funden in horizontaler Richtung nachging, also die Ausbreitung von Pflanzen und Tieren an der Erdoberfläche entlang verfolgte, oder ob er dies in vertikaler Richtung tat, sie also in den Abgrund der Zeit zurückverfolgte, stets wurde er mit demselben Geheimnis konfrontiert.

»Es war einleuchtend, daß diese Tatsachen, wie ja auch zahlreiche andere, mit der Prämisse erklärt werden können, daß sich Arten allmählich verändern«, schrieb Darwin viel später, »und dieses Thema verfolgte mich.« In diesem Frühjahr skizzierte er seine ersten Ideen zur Evolutionstheorie in einem roten Notizbuch, das er schon auf der *Beagle* benutzt hatte. Und im Sommer begann er mit einem Notizbuch zur »Transmutation der Arten«.

In den Memoiren, die er auf der Grundlage seines Tagebuchs ausarbeitete, dem *Forschungsjournal,* eher bekannt als *Reise um die Welt,* schreibt er ausführlich über die Vögel auf den Galapagosinseln, insbesondere über die Finken, »das Einzigartigste von allem auf dem Archipel«. Er notiert in einer berühmten Passage, daß man »innerhalb der dreizehn Arten von Bodenfinken eine nahezu perfekte Abstufung verfolgen kann: von einem außerordentlich dicken Schnabel bis hin zu einem, der so fein ist, daß man ihn mit dem einer Grasmücke vergleichen kann. Ich habe den starken Verdacht, daß gewisse Mitglieder dieser Gruppe auf unterschiedliche Inseln beschränkt sind.«

Als nächstes folgt der erste veröffentlichte Hinweis auf seine geheime Theorie: »Betrachtet man diese Abstufung und Unterschiedlichkeit der Struktur in einer kleinen, nahe miteinander verwandten Gruppe von Vögeln, dann könnte man sich wirklich vorstellen, daß von einer ursprünglich kleinen Anzahl von Vögeln auf dem Archipel eine Art ausgewählt und für unterschiedliche Ziele modifiziert wurde.«

Dann bricht er ab: »Aus Platzgründen möchte ich jedoch in dieser Arbeit nicht näher auf dieses merkwürdige Thema eingehen.«

Darwin beschließt seine Memoiren mit einer Zeile über die Galapagosinseln, die zugleich Selbstzweifel und Freude zum Ausdruck bringt: »Deshalb sind wir anscheinend sowohl räumlich als auch zeitlich einem großen Ereignis etwas näher gekommen – diesem Rätsel aller Rätsel –, dem ersten Auftreten neuer Lebewesen auf der Erde.«

Zwei Jahre nach seiner Reise heiratete Darwin; er und seine Frau Emma bezogen ein Haus in London. Darwin wurde krank. Sein Magen war nur selten 24 Stunden lang »in Ordnung«. Darwin litt nicht nur an Furunkeln, Schwindel, Ekzemen, Blähungen, Gicht und Kopfschmerzen sondern auch an Schlaflosigkeit und Übelkeit. Sein restliches Leben verbrachte er im wesentlichen damit, im Kreis seiner größer werdenden Familie seinen Forschungen nachzugehen und Veröffentlichungen vorzubereiten, zunächst in London, dann in der ländlichen Abgeschiedenheit von Downe in der Grafschaft Kent.

Erst nach seinem elektrisierenden Zusammentreffen mit Gould hatte er erkannt, von welch herausragendem Interesse eben diese Galapagosfinken möglicherweise für ihn sein konnten, weil sie in diesem bemerkenswerten Archipel bei weitem die zahlreichsten und formenreichsten Landvögel waren. Er hatte um die Erlaubnis gebeten, sich die Finken in der Sammlung von Kapitän FitzRoy und in denen anderer Seeleute anschauen zu dürfen, einschließlich der seines eigenen Dieners auf der *Beagle*, Syms Covington. Sowohl der Kapitän als auch sein Diener hatten ihre Finken getrennt nach jeder einzelnen Insel gekennzeichnet, ironischerweise, weil sie die Vögel nicht auf der Grundlage einer wissenschaftlichen Theorie sammelten – sie sammelten eben einfach nur. Mit Hilfe dieser sorgfältig gekennzeichneten Exemplare versuchte Darwin herauszufinden, wo er jeden einzelnen seiner eigenen Finken gefangen hatte, doch es gelang ihm nicht.

Aber Darwin verschwendete seine Zeit nicht damit, wie Lord Jim [die Hauptfigur des gleichnamigen Romans von Joseph Conrad, A. d. Ü.] zu lamentieren: »Was für eine verpaßte Gelegenheit!« Selbst zu Hause in Kent war er in der Lage, ausreichend Beweise zu sammeln, so daß er in der *Entstehung der Arten* schreiben konnte: »Die großartige Kraft dieses Selektionsprinzips ist nicht hypothetisch.«

Was Darwin als lebendige Demonstration seiner Theorie entwickelte, war eine Analogie. Er untersuchte den Einfluß von Züchtern. Menschen haben Tiere und Pflanzen lange vor der Zeit der Hirten im Lande Israel gestaltet und geformt. Es gibt Hinweise darauf im Ersten Buch Mose; auch gibt es Abhandlungen über Tierzucht in alten chinesischen Enzyklopädien. Es waren gerade englische Züchter, die zu Darwins Zeit in ganz besonderer Weise aktiv waren. Sie beschäftigten sich mit der Zucht neuer Rassen von Schafen und Rindern sowie neuer Sorten von Erdbeeren und Rosen. Die besten Neuzüchtungen wurden in die ganze Welt ausgeführt. Britische Rennpferde und Bulldoggen mit gutem Stammbaum erzielten hohe Preise. Darwin wußte, daß die Züchter nicht nur die Körperform der Tiere beeinflussen konnten, sondern sogar deren Instinkte. In der *Entstehung der Arten* schreibt er, daß »die Kreuzung mit einer Bulldogge für zahlreiche Generationen den Mut und die Ausdauer eines Windhundes beeinflußt; ebenso ließ die Kreuzung mit einem Windhund bei ganzen Familien von Schäferhunden die Neigung aufkommen, Hasen zu jagen.« Darwin berichtet von einem Hund, »dessen Urgroßvater ein Wolf war, doch bei diesem Hund gab es nur in einem Punkt einen Hinweis auf seine wilden Vorfahren: Er kam nicht auf geradem Wege zu seinem Herrchen, wenn er gerufen wurde.«

Sicherlich gab es Menschen, die glaubten, daß Gott jede Art einheimischer Pflanzen und Tiere getrennt geschaffen habe; sie behaupteten, daß »jede Varietät eine ursprüngliche Schöpfung darstellt«. Aber Darwin wußte aus Veröffentlichungen von Züchtern, daß diese einen erheblichen Einfluß ausübten. Das Geheimnis wurde die Macht der »Auswahl« oder »Selektion« genannt. Die fruchtbarste Henne in einem Hühnerstall, das schnellste Pferd auf der Koppel oder die schönste Rose im Garten auszusuchen, versetzt, so eine Abhandlung, die Darwin las, »den Landwirt in die Lage, nicht nur den Charakter seiner Herde leicht zu modifizieren, sondern ihn von Grund auf zu verändern. Dies ist der Zauberstab, mit dessen Hilfe er jedwede Körperform und Größe mit Leben erfüllen kann, so wie er es sich gerade wünscht.« Die Ergebnisse waren selbst ein Akt der Schöpfung. Ein britischer Lord schrieb, als er die Arbeit von Schafzüchtern pries: »Es schien, als hätten sie an einer Mauer eine Körperform skizziert, die in sich selbst vollkommen war, und ihr dann Existenz verliehen.«

Weil Züchter die Kunst des Auswählens »Selektion« genannt hatten, nannten sie alle Veränderungen in einer Herde, die sie nicht durch bewußte Anstrengungen herbeigeführt hatten – alle zufälligen, frustrierenden und unerklärlichen Veränderungen, die sich ohne ihr Zutun in ihren Herden ereigneten –, »natürliche Selektion«.

Um den Selektionsvorgang selbst direkt beobachten zu können, fing Darwin die Taubenzucht an. Im Jahre 1855, zwanzig Jahre nach seinem Besuch auf den Galapagosinseln, begann Darwin in einem Stall hinter Down House eine Mischung unterschiedlicher Tauben zu halten. Obwohl er das Reisen jetzt verabscheute, fuhr Darwin nach London zur Freimau-

Kröpfer und Pfautaube.
Aus: Charles Darwin, Das Variieren der Tiere und
Pflanzen im Zustande der Domestikation.
The Smithsonian Institution

rerloge, um sich mit den vornehmen Taubenfreunden der Philoperisteron Society zu treffen. Er besuchte Taubenschauen und Geflügelschauen. Er bat den Vorsitzenden der Philoperisteron Society, William Tegetmeier, für ihn Tauben und deren Skelette im Covent Garden zu kaufen. »Vielen & aufrichtigen Dank, daß Sie an mich wegen der Tauben gedacht haben«, schrieb er am Neujahrstag des Jahres 1856 an Tegetmeier. Und zwei Wochen später heißt es in einem Entschuldigungsbrief an einen Nachbarn: »Ich wollte Ihnen am Sonntag schreiben, aber habe es ganz vergessen. – Wir sind tatsächlich alle krank & elend, & ich kümmere mich nicht einmal um die Tauben. Sie können sich also vorstellen, in welchem Zustand ich mich befinde!«

Im April 1856 stand Darwin zusammen mit dem Geologen Charles Lyell vor seinem Taubenschlag. Zu diesem Zeitpunkt hatte Darwin fünfzehn Züchtungen in seinem Schlag, darunter Purzeltauben, Trompetentauben, Trommeltauben, Luchstauben, Römer, Dragoons und Nürnberger Bagdetten. Diese Vögel unterschieden sich so außerordentlich voneinander, wie Darwin Lyell erklärte, daß sie, wenn man sie in der freien Natur gefunden hätte, von Biologen in unterschiedliche Arten eingeordnet worden wären – oder sogar in unterschiedliche Gattungen, voneinander getrennte *Gruppen* von Arten. Doch all diese Züchtungen waren durch nichts Geheimnisvolleres geschaffen worden als durch Selektion. Wenn die Selektion in der kurzen Spanne der menschlichen Geschichte bei Tauben derart viel bewirken konnte, um wie vieles stärker konnte sich dann dieselbe Kraft im Laufe von Millionen und Abermillionen von Jahren, also in Zeitspannen, die Berge versetzen können, in der Natur auswirken?

Lyell ließ sich durch Darwins Tauben nicht von seiner Auffassung abbringen, doch er war beeindruckt. Er drängte Darwin, schnell etwas darüber zu publizieren, um seinen Auffassungen von der Evolution und der natürlichen Selektion Nachdruck zu verleihen. Auf Lyells Drängen hin begann Darwin dann jenes umfangreiche Veröffentlichungsprojekt, das schließlich zur *Entstehung der Arten* führte. Er nannte es sein »großes Buch«, der Arbeitstitel lautete »Natürliche Selektion«.

Darwin war klug genug, die Finken, die er als junger Mann eher willkürlich auf weit entfernten Inseln gesammelt hatte, ins Zentrum seines Buches zu rücken. Zwar beschreibt er die Finken in der »Natürlichen Selektion«, der ersten Langfassung seines Manuskripts, doch in der veröffentlichten

Version erwähnt er sie nicht einmal. Statt dessen beginnt Darwin die *Entstehung der Arten* mit den Tauben. Dabei schließt er die englische Brieftaube ein (»stark verlängerte Augenlider ... einen breiten Schlund«), die kleingesichtige Kurzpurzeltaube (»mit Schnabelumrissen ähnlich denen eines Finken«) und die gewöhnliche Purzeltaube (»mit der einzigartigen angeborenen Angewohnheit, in großer Höhe in einem Schwarm eng zusammen zu fliegen und dann in der Luft Purzelbäume zu schlagen«).

Generationen von Lesern haben sich (während ihnen langsam die Augen zufielen) gefragt, warum sich Darwin so lange bei den Tauben aufhält, wo doch sein wirkliches Thema viel aufregender ist. Warum schreibt er über Veränderung im Taubenschlag und im Gewächshaus, wenn sein Thema im Grunde das Auf und Ab in der natürlichen Welt ist? Doch Bauernhöfe und Baumschulen waren die einzigen Orte, an denen Darwin beobachtet hatte, wie es geschah, und überhaupt die einzigen Orte, von denen er glaubte, daß Menschen es dort beobachten konnten.

»In Darwins Darstellung des Themas wird kein Beweis dafür angeführt, daß jemals ein selektiver Prozeß in der Natur beobachtet wurde«, schrieben die britischen Evolutionstheoretiker Guy C. Robson und Owain W. Richards in ihrem einflußreichen Buch *Variation bei Tieren in freier Natur,* das im Jahre 1936 veröffentlicht wurde. »Es zieht sich wie ein roter Faden durch seine ganze Arbeit, daß ein solcher Prozeß behauptet und angenommen wird. Es wird an keiner Stelle gezeigt, daß er sich tatsächlich vollzieht. Kurz gefaßt, argumentiert er folgendermaßen: Bei Haustierrassen hat die Selektion schlicht und einfach ›funktioniert‹, vergleichbare Ergebnisse und geeignete Bedingungen sowie entsprechende Vorgänge finden sich in der Natur. Deshalb können wir annehmen, daß die Selektion auch in der Natur funktioniert. Kurz, der Beweis beruht eher auf Indizien als auf unmittelbaren Beweisen, und der entscheidende Punkt ist die Analogie zwischen künstlicher und natürlicher Selektion.«

Robson und Richards fügen hinzu: »Es ist für die Biologie als Wissenschaft ziemlich unbefriedigend, daß eine erstklassige Theorie immer noch den Gegenstand dominiert, mit dem sie sich beschäftigt, obwohl sie in starkem Maße auf Glaubenssätzen beruht oder unter Berufung auf Vorurteile zurückgewiesen wird.«

Die Geschichte, die sich um Darwin und seine Finken entspann, ist die Hollywoodversion einer romantischen Forschergeschichte. Die Gedan-

Englische Brieftaube,
eine von Darwins Tauben.
Aus: Charles Darwin, Das Variieren der Tiere und
Pflanzen im Zustande der Domestikation.
The Smithsonian Institution

kenführung wird vereinfacht, indem all diese Tauben und Spottdrosseln in den Hintergrund treten (Schaffen Sie all diese Vögel beiseite!); die Handlung wird kurzweiliger gemacht, indem man das Ganze zu einer Liebe auf den ersten Blick erhöht, zu einem archimedischen *Heureka*. Darwin ist so beeindruckt von den Finken und ihren Schnäbeln, daß ihm seine Evolutionstheorie sofort aufblitzt. Mit kreisenden Gedanken und gottlosen Visionen im Kopf verläßt er die Insel, als ob er gerade einen Apfel vom Baum der Erkenntnis probiert hätte.

In einer populären Darstellung läßt sich der junge Mann neben einem Wasserloch der Riesenschildkröten nieder und starrt auf die grauen Schildkrötenpanzer, eigentlich eher so, wie der junge Hamlet auf einem dänischen Friedhof sitzt und nachdenklich einen Schädel betrachtet. »Wenn es denn Unterschiede zwischen den Schnäbeln von Finken und den Panzern von Schildkröten gibt, dann muß ich sorgfältig darauf achten, die Sammlung von jeder einzelnen Insel akribisch genau zu kennzeichnen«, sinniert Darwin. »… dies könnte die wichtigste Entdeckung meiner Reise sein. Was verursacht diese Unterschiede? ›Ach, da liegt der Hase im Pfeffer!‹«

Eine andere populäre Darstellung lädt uns dazu ein, uns Darwin vorzustellen, wie er in der engen Schiffskabine Kapitän FitzRoy seine Finkentheorie erklärt, »oder, wenn Ihnen das lieber ist, auf dem Hinterschiff in einer ruhigen Nacht, als sie gerade von den Galapagosinseln fortsegelten und ihre Gedanken fortspannen, mit all der Verve junger Männer, die einander leidenschaftlich überzeugen wollen und die absolute Wahrheit erfahren möchten.« FitzRoy stellt Darwins Vorstellungen als »blasphemischen Unsinn« hin, doch Darwin schleudert seine Gedanken zurück gegen »die nackte Wand von FitzRoys kompromißlosem Glauben«, als ob er »die Kirche selbst niederbrennen wollte.«

Millionen von Studenten hat man diese Geschichte erzählt, und Tausende hören sie Jahr für Jahr zum ersten Mal. »Tatsächlich entwickelte sie sich zu einer der verbreitetsten Legenden in der Geschichte der Biowissenschaften«, schreibt der Historiker Frank J. Sulloway, »auf einer Stufe mit den berühmten Geschichten über Newton und den Apfel oder über Galileis Experimente am schiefen Turm von Pisa, ein klassisches Beispiel für die Ursprünge der modernen Naturwissenschaften in allen Lehrbüchern.« Sulloway versuchte, zum hundertsten Todestag von Darwin den Bann zu brechen. Er veröffentlichte eine ganze Reihe brillanter Artikel über Darwins langsamen Sinneswandel und über die Entstehung der Legende. Aber die Legende ist noch immer weit verbreitet.

Obwohl Darwin niemals auf die Galapagosinseln zurückkehrte, sammelten zahlreiche Naturforscher, die auf seinen Spuren dorthin segelten, Finken: im Jahre 1868 sammelten sie 460 Exemplare, 1891 ungefähr 1100 Exemplare, 1897 3075 Exemplare. Die ehrgeizige Expedition der Kalifornischen Akademie der Wissenschaften brachte es 1905 und 1906 auf insgesamt 8691 Exemplare. Zu dieser Zeit waren die Darwinfinken eine der bekanntesten Vogelfamilien der Erde geworden. Bei ihren Studien über diese Vögel haben schon drei Generationen von Biologen die Vorstellung gehabt, sie sähen gewissermaßen die Evolution in Aktion – nachdem ihnen Darwin erst einmal die Augen für diesen Prozeß geöffnet hatte. Doch die Grants sind die ersten Wissenschaftler mit ausreichend Geduld, Sturheit, Boden- und Seeunterstützung, Logistik für Computer und Flugzeuge und vor allem mit genügend Sitzfleisch, um diesen Vorgang beobachten zu können, wie er wirklich vor sich geht.

Die Felsentaube, Urform all der Züchtungen Darwins, der Kröpfer,
Trommeltauben, Pfautauben und Nürnberger Bagdetten.
Aus: Charles Darwin, Das Variieren der Tiere
und Pflanzen im Zustande der Domestikation.
The Smithsonian Institution

3

Unendliche Vielfalt

… dort, wo die Fabrik der Arten, wenn es erlaubt ist,
diesen Ausdruck zu gebrauchen,
einmal in Betrieb gewesen ist, sollten wir im allgemeinen
diese Fabrik auch weiterhin in Betrieb finden …

CHARLES DARWIN
Über die Entstehung der Arten

Während seines Grundstudiums an der Universität Cambridge begann Peter Grant, über Veränderung bei Tieren und Pflanzen nachzudenken; schließlich war dies die Universität, an der Charles Darwin mit gutem bis mäßigem Erfolg Theologie studiert hatte. Nach dem Examen ging Grant die Veränderung der Arten nicht aus dem Kopf. Zugleich forschte er über Stieglitze und Kardinäle auf den Tres-Marías-Inseln in Mexiko, über Kleiber in der Türkei und im Iran, Buchfinken auf den Kanarischen Inseln und den Azoren sowie über Mäuse und Wühlmäuse in der Gegend um die McGill-Universität in Kanada.

Rosemary beschäftigte sich noch viel früher mit diesem Thema. Sie wuchs in einem Dorf im Lake District auf, einer ziemlich entlegenen Gegend. Sie erinnert sich daran, wie sie hinter dem alten Gärtner herlief, der für die Familie arbeitete, als sie vier Jahre alt war, und ihn fragte, warum sich die einzelnen Pflanzen, Vögel und Menschen so sehr voneinander unterschieden. Ein Gemüsespalier, und man findet keine zwei Pflanzen darin, die genau gleich sind. Die Vögel konnte man auseinanderhalten. Und das galt auch für alle Bäume, die Buchen, Birken, Eichen und Eschen; und natürlich für all die häufig zu beobachtenden Vögel, die Meisen, Rotkehlchen, Amseln und Finken. »Was für ein Tier zutrifft, wird über alle Zeiten hinweg für alle Tiere zutreffen – das heißt, wenn sie sich unterscheiden –, denn ansonsten kann die natürliche Selektion nichts bewirken«, schrieb Darwin in der *Entstehung der Arten*. Nach Darwins Auffassung sind es die geringfügigen Variationen, die der Vorgang der natürlichen Selektion täglich und stündlich einer Prüfung unterwirft. Variationen sind die Eckpfeiler der natürlichen Selektion, der Anfang vom Anfang der Evolution. Und wie Darwin in den ersten beiden Kapiteln der *Entstehung der Arten* anhand von Knochen der Wildente, von Eutern bei Kühen und Ziegen, von Katzen mit blauen Augen, Hunden ohne Haare, Tauben mit kurzen Schnäbeln und anhand von Armfüßer-Muscheln zeigt, gibt es diese Variationen überall.

Am intensivsten untersuchte Darwin das Variationsproblem nicht bei Vögeln, sondern bei Entenmuscheln. Im Oktober des Jahres 1846 begann er versuchsweise mit der Klassifizierung eines einzelnen eigenartigen Exemplars der Entenmuscheln, das er an der Südküste Chiles gefunden hatte. Es war das letzte seiner Präparate von der *Beagle,* ein »mißgebildetes kleines Monstrum«, die kleinste Entenmuschel der Welt. Um sie zu klassifizieren, mußte er sie mit anderen vergleichen. Schon bald waren die Arbeitstische seines Studierzimmers mit Entenmuscheln von allen Küsten der Erde übersät.

Die typische Entenmuschel ist ein Tier mit einem Körperbau, der einem Vulkan ähnelt: ein Kegel, der ganz oben einen Krater hat. Sie lebt in Kolonien an Felsen, Hafenanlagen und Schiffsrümpfen. Täglich, immer wenn die Flut kommt, entrollt jede einzelne Entenmuschel aus ihrem Krater einen langen Fuß, der wie ein Staubwedel aussieht, und sammelt Nahrung. Bei Ebbe zieht die Entenmuschel den Staubwedel ein und verschließt den Krater mit einem Knochenplättchen – sozusagen mit einem Muscheldeckel. Um sich zu paaren, läßt die Entenmuschel einen langen Penis aus dem Krater herausragen und stößt ihn in den Krater einer Nachbarmuschel. Weil jede Entenmuschel in der Muschelkolonie sowohl männlich als auch weiblich ist, ist dies nicht so riskant, wie man zunächst meinen könnte.

Was könnte eine größere Ähnlichkeit aufweisen als eine Kolonie von Entenmuscheln? Als Darwin jedoch durch ein einfaches Mikroskop schaute, fand er sich plötzlich in einer Welt filigran ausgestalteter und unendlich unterschiedlicher Einzelheiten wieder. Er schrieb an Kapitän FitzRoy:»Die letzten zwei Wochen habe ich täglich hart gearbeitet, um ein kleines Tier von der Größe eines Stecknadelkopfes zu sezieren ... Und ich könnte einen weiteren Monat damit verbringen und täglich schönere Strukturen sehen.«

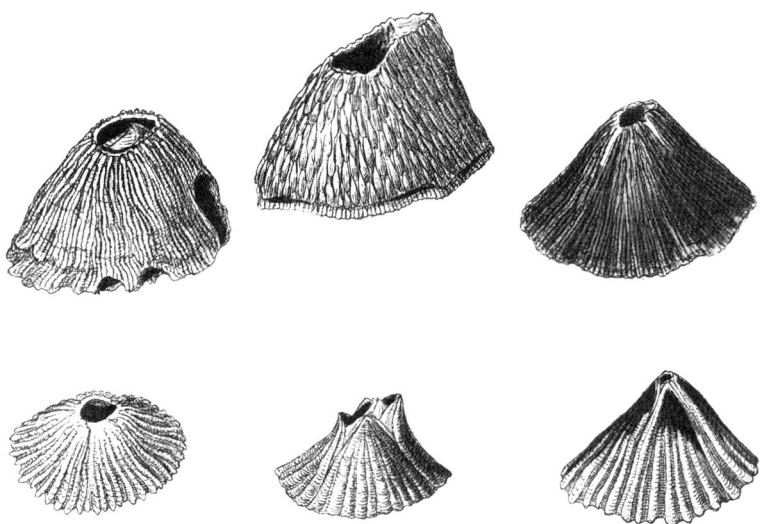

Einige Exemplare von Darwins Entenmuscheln.
Aus: Charles Darwin, Abhandlung über die Unterklasse
der Cirripedia, Band 2.
The Smithsonian Institution

Bei jeder Entenmuschelgattung fand er erstaunliche Variationen. Bei einer Gattung »unterscheiden sich die Deckelöffnungen (die normalerweise recht konstant sind) in wunderbarer Weise bei den unterschiedlichen Arten«. Anderswo fand er Variationen in Gestalt von »eigenartigen ohrähnlichen Anhängseln« und »hornähnlichen Vorsprüngen« sowie bei einer fremden Art »die schönsten gebogenen Greifzähne«.

Überall, wo er hinschaute, ließen sich die individuellen Unterschiede in Unterarten und weitere Unterarten einteilen, gingen die Unterarten in Varietäten und die Varietäten in Arten über. Welche Exemplare aber waren die reinen Exemplare? Wo sollte er die Grenze ziehen? »Nachdem ich eine Gruppe von Formen als unterschiedliche Arten beschrieben hatte, zerriß ich mein Manuskript und gruppierte sie zu einer Art. Ich zerriß auch dieses Manuskript wieder und gruppierte sie zu getrennten Arten. Dann fügte ich sie wieder zu einer Einheit zusammen (das ist mir wirklich unterlaufen). Ich habe mit den Zähnen geknirscht, die Arten verflucht und mich gefragt, welche Sünde ich wohl begangen hatte, um so bestraft zu werden.«

(Darwins Freunde wußten, wie ihm zumute war. Der Botaniker Joseph Hooker schrieb Darwin über den oberen Rand eines Briefes: »Ich kann Sie gut verstehen und empfinde große Sympathie für Ihre Entenmuscheln. Sie sind wahrscheinlich genau wie Farne!«)

Dieser verschwenderische Reichtum an Entenmuscheln und deren verwirrende Vielfalt stützten Darwins Auffassung, daß eine Art in eine andere übergehen kann, daß es keine Barriere zwischen den Arten gibt. In zahlreichen Fällen entdeckte Darwin eine Unterart, Varietät oder Rasse der Entenmuschel (er wußte nicht, wie er sie bezeichnen sollte) auf den Felsen an der südlichen Grenze einer Artengruppe und eine andere Unterart, Varietät oder Rasse an der nördlichen Grenze einer Gruppe. In »Natürliche Selektion«, der sich ständig erweiternden ersten Fassung der *Entstehung der Arten,* bemerkt er, daß in zahlreichen dieser Fälle »natürliche Selektion wahrscheinlich eine Rolle gespielt hat & nach meiner Auffassung gerade dabei ist, zwei Arten entstehen zu lassen«.

Natürlich nahm Darwin an, daß diese Aufspaltung, der Schöpfungsakt, viel zu allmählich vor sich geht, als daß man in der Lebensspanne eines Menschen irgendeine Veränderung beobachten könnte, da die Evolution mit der Geschwindigkeit einer Entenmuschel voranschreitet. Darwin arbeitete sich mit einer ähnlichen Geschwindigkeit durch seine Entenmuscheln hindurch. »Ich schreibe gerade am zweiten Band über die Rankenfußkrebse, Kreaturen, die mich in wunderbarer Weise ermüden«, schrieb er im Jahre 1852, nachdem er sich sechs Jahre lang mit Entenmuscheln beschäftigt und noch ein weiteres Jahr vor sich hatte. »Ich hasse Entenmuscheln, wie sie noch niemand vor mir gehaßt hat, noch nicht einmal ein Seemann auf einem langsam dahinsegelnden Schiff.« Die Variation ist sowohl universal als auch geheimnisvoll. Sie ist eines der tiefgründigsten Probleme in der Natur, und lange stellte sie sich für Darwin als vollkommen verwirrend dar. Er fragte sich, weshalb man, wenn seine Gedankenführung richtig war, überhaupt irgendeine Art definierte. Warum nimmt man nicht eine kontinuierliche Spielbreite von kleinen individuellen Varietäten bis hoch zu den Reichen an? Warum gibt es beispielsweise einen Vampirfinken und einen vegetarischen Finken? (Ein Beispiel, an dem Darwin Spaß gehabt hätte, wenn er sich bei Vampiren ausgekannt hätte.) Warum gibt es zwischen diesen beiden nicht eine ganze Reihe von Allesfressern mit einer perfekten Abstufung von Schnäbeln? Warum sollte es keine Unklarheit geben, kein Chaos, kein unendliches Netz oder keinen japanischen Fächer kontinuierlicher Variationen?

In der sechsten und letzten Ausgabe der *Entstehung der Arten* stand für Darwin in dem Kapitel »Schwierigkeiten mit der Theorie« folgendes Gegenargument ganz oben auf der Liste: »Erstens, warum sehen wir nicht überall unzählige Übergangsformen, wenn die Arten fein abgestuft von anderen Arten abstammen? Warum ist nicht die gesamte Natur in Unordnung begriffen, statt, so wie wir es bei den Arten sehen, wohldefiniert zu sein?«

Sehr verkürzt besteht Darwins Erklärung darin, daß derselbe Prozeß, der Varietäten erzeugt, sie auch zerstört. Im Kampf ums Dasein ergeht es manchen Varianten besser als anderen. Wenn wir uns auf den Galapagosinseln, auf Jersey oder in New Jersey umsehen, dann sind die Tier- und Pflanzenarten, die wir beobachten, stets die Überlebenden. Varietäten, die von ihnen abweichen, sind ausgestorben und verschwunden, so daß wir, nachdem lange Zeit vergangen ist, nur noch die Sieger sehen und nicht die Myriaden von Formen dazwischen. Wir sehen die Wirbelsäulen, aber nicht die Struktur des japanischen Fächers. »Deshalb«, schreibt Darwin in der *Entstehung der Arten,* »gehen Aussterben und natürliche Selektion Hand in Hand.«

Wenn wir anwesend wären, wie eine neue Art entsteht, wenn wir einen Ursprungspunkt festlegen könnten, einen Ort, an dem der Baum des Lebens gerade jetzt neue Zweige treibt, dann würden wir nach dieser Argumentation etwas weniger Eindeutiges, etwas Chaotischeres sehen. Wir würden sehen, wie die Variationen verschwimmen, in der ganzen Bandbreite vom Individuum bis hinauf zum Niveau der Arten oder sogar zum Niveau der Gattungen. Überall dort, wo Naturforscher solche Vorgänge beobachten, sollte ihnen der Verdacht kommen, daß es sich hier um einen Ort handelt, an dem die Evolution sich schnell vollzieht und an dem Arten im Entstehen begriffen sind. Darwin nahm ganz selbstverständlich an, daß selbst dieser schnelle Ablauf zu langsam sei, um ihn beobachten zu können. Wir wüßten, daß wir an einem Punkt stünden, an dem neue Formen ihren Anfang nehmen, aber nicht etwa, weil wir eine turbulente Bewegung beobachten, sondern nur, weil wir gewissermaßen den gefrorenen Schaum erkennen, von dem ausgehend wir auf den Wasserfall schließen können: »ein unentwirrbares Chaos unterschiedlicher Verbindungen und Zwischenformen«.

Auch die dreizehn Galapagosfinken stellen ein solches unentwirrbares Durcheinander unterschiedlicher Verbindungen dar. Darwin wußte nicht, wie viele Verbindungen es wirklich gibt, kannte nicht die chaotische, fast ununterbrochene Variation bei seinen Galapagosfinken, weil er nur 31 Exemplare mitbrachte. Aber er begann, die Schwierigkeiten zu ahnen, als er sah, wie die Fachleute mit ihnen kämpften. Zunächst gab der Ornithologe James Gould einem Finken den Namen *Geospiza incerta*, was soviel bedeutet wie »Bodenfink, würde ich meinen«. Später änderte Gould seine Meinung und ordnete dieses Exemplar zusammen mit einem anderen in eine eigene Gruppe ein. Die Tatsache, daß Gould schließlich dieselbe Gesamtanzahl von Finkenarten auf den Galapagosinseln angab, wie es Taxonomen heute tun, ist reiner Zufall, da Goulds dreizehn Finkenarten nicht den gegenwärtig dreizehn Arten entsprechen.

Auch die Systematiker, die solche Einteilungen vornehmen, lassen sich klassifizieren, nämlich in solche, die alles immer weiter aufgliedern, und in solche, die alles in einen Topf werfen. Angesichts der Unterschiedlichkeit der Darwinfinken fanden solche Systematiker, die immer alles aufgliedern müssen, Dutzende von Arten und Unterarten. Systematiker, die dazu neigten, alles in einen Topf zu werfen, gingen hingegen so weit, sie allesamt als eine einzige Art anzusehen. Eine Generation von Naturforschern nach der anderen unternahm kurze Pilgerreisen auf die Galapagosinseln oder zerbrach sich den Kopf über die verschiedenen Exemplare im Britischen Museum und in der Kalifornischen Akademie der Wissenschaften. Es gab so viele eigentümliche Exemplare, so vieles, was sich in die Ordnung der Sammlung im Museum nicht einfügte. »Die außergewöhnlichen Varianten«, erklärte ein Vogelkundler im Jahre 1934, »vermitteln eine Vorstellung von dem Wandel und dem Experiment, die dort ablaufen.« Immer wieder lasen Naturforscher die Berichte derer, die Darwinfinken in freier Natur gesehen hatten. Und immer wieder sortierten sie die Präparate der Museen neu und fragten sich, was auf Darwins Inseln wohl vor sich ging.

Heute betrachtet die Mehrheit der Taxonomen die dreizehn Arten als eine einzige Familie der Vögel (einige sagen Unterfamilie). Innerhalb dieser Familie oder Unterfamilie sind nach Meinung der Taxonomen vier Gruppen der Arten besonders eng miteinander verwandt, und deshalb unterscheiden die meisten Taxonomen – im Augenblick zumindest – innerhalb der Familie der Galapagosfinken vier Gattungen.

Bei der einen Gattung leben alle Vögel auf Bäumen, fressen Früchte und Käfer. Auch die Vögel der zweiten Gattung leben auf Bäumen, doch sind sie strenge Vegetarier. Bei der dritten Gattung leben die Vögel wiederum auf Bäumen, aber sie sehen wie Grasmücken aus und verhalten sich auch so. Die Vögel der vierten Gattung verbringen hingegen den größten Teil der Zeit damit, auf dem Boden hin und her zu hüpfen und nach Nahrung zu suchen.

Diese letzte Gruppe ist mit sechs Arten die größte. Aus naheliegenden Gründen ist sie auch am einfachsten zu beobachten, und von Anfang an haben die Grants und ihre Mitarbeiter sich auf sie konzentriert. Der lateinische Name dieser Gattung lautet *Geospiza*: Boden- oder Grundfinken. Bei den Bodenfinken handelt es sich um eine kleine Gesellschaft eigener Art: ein Mikrokosmos innerhalb eines Mikrokosmos. Auf der Mitgliederliste wird der spitzschnäblige Bodenfink, *Geospiza difficilis*, geführt, der Opuntienfink, *Geospiza scandens*, und auch der Große Opuntienfink, *Geospiza conirostris*. Schließlich gibt es da noch ein Trio, das den Grants so vertraut ist wie Goldlöckchen und die drei Bären. Da gibt es den großen Bodenfinken, *Geospiza magnirostris*, den mittleren Bodenfinken, *Geospiza fortis*, und den kleinen Bodenfinken, *Geospiza fuliginosa*. Der große Bodenfink hat einen großen Schnabel, der mittlere

Darwins Bodenfinken:
1. Mittlerer Bodenfink, Geospiza fortis;
2. Großer Bodenfink, Geospiza magnirostris;
3. Spitzschnäbliger Bodenfink, Geospiza difficilis;
4. Kleiner Bodenfink, Geospiza fuliginosa;
5. Großer Opuntienfink, Geospiza conirostris;
6. Opuntienfink, Geospiza scandens.

Zeichnung: Thalia Grant

Bodenfink einen mittelgroßen Schnabel und der kleine Bodenfink einen kleinen Schnabel. Die Schnäbel der Vögel sind innerhalb jeder dieser drei Arten durchaus individuell unterschiedlich. Dies hat zur Folge, daß die Unterschiede zwischen ihnen verschwimmen, wie wir dies eben bei einer Gegend erwarten, in der die kosmischen Mühlen schnell mahlen. So ist die Art in der Mitte dieses Trios, der mittlere Bodenfink, *fortis*, manchmal der Art *Geospiza magnirostris* oder auch der Art *Geospiza fuliginosa* zum Verwechseln ähnlich. Die größten Exemplare von *fortis* sind genauso groß wie die kleinsten Exemplare von *magnirostris*, und diese Aussage trifft auch auf ihre Schnäbel zu. Gleichzeitig sind die kleinsten Exemplare von *fortis* ebenso klein wie die größten von *fuliginosa*, und auch hier verhält es sich bei den Schnäbeln genauso.

Einige der weltweit größten Exemplare von *fortis* findet man auf der Insel Isabela; einige der kleinsten Exemplare von *magnirostris* leben auf der Nachbarinsel Rabida. Die größten Exemplare von *fortis* auf Isabela sind nach Peter und Rosemary Grant »fast ununterscheidbar« von den kleinsten Exemplaren von *magnirostris* auf Rábida.

Man kann diese drei Arten nicht nach ihrem Gefieder und gewöhnlich auch nicht nach ihrem Körperbau oder ihrer Körpergröße unterscheiden. Man muß sie nach ihren Schnäbeln unterscheiden. Für die Taxonomie, die spröde Kunst der Klassifizierung, ist der Schnabel des Bodenfinken diagnostisch bedeutsam. Er stellt die wichtigste taxonomische Eigenschaft des Vogels dar. Aber gerade weil die Finken und ihre Schnäbel so variabel sind, liegen viele von ihnen »in ihrer Erscheinungsform derart zwischen den Arten, daß sie nicht sicher bestimmt werden können – ein wirklich bemerkenswerter Umstand«, wie es der Vogelkundler David Lack in seiner berühmten Monographie über die Darwinfinken auf den Punkt bringt. »Bei keiner anderen Vogelart sind die Unterschiede zwischen den Arten so schlecht definiert.«

»Vorsicht« heißt es darum in einem neueren Bestimmungsbuch für Vögel auf den Galapagosinseln: »Wer glaubt, alle Finken, die er sieht, bestimmen zu können, muß entweder ein Weiser oder ein Narr sein.« Unter Mitarbeitern der Charles-Darwin-Forschungsstation auf der Insel Santa Cruz kursiert die Redensart: »Nur Gott und Peter Grant können Darwinfinken bestimmen.«

Nachdem Peter Grant über Buchfinken, Kleiber, Mäuse und Wühlmäuse geforscht hatte, fragte er sich, warum einige Tier- und Pflanzenarten so überaus variabel sind und andere nicht. Er fragte sich, warum einige der variabelsten Arten sich sogar in ihrer Variabilität unterscheiden, der eine Schwarm voller Exzentriker, der andere voller Konformisten.

Als sich Peter Grant in den frühen siebziger Jahren nach einem Thema für sein nächstes Forschungsprojekt umzusehen begann, waren dies die Grundsatzfragen der Biologie. (Damals kümmerte sich Peter um die Forschung und Rosemary um die Logistik.) In angesehenen Zeitschriften lieferten sich theoretische und mathematische Biologen Gefechte auf dem Papier. Grant hingegen wollte beobachten, was tatsächlich in der Natur vor sich geht. Was er brauchte, war eine Gruppe überaus variabler Arten, die bereits gut erforscht war; auch sollte diese Gruppe unterschiedlich in ihrer Variabilität sein und möglichst verstreut in einer Gegend leben, die entlegen und auch vom Menschen unberührt war. »Die Galapagosinseln waren ideal«, sagte er, »und die Darwinfinken waren noch idealer.«

1973 unternahmen die Grants ihre erste Reise auf die Galapagosinseln. In diesem ersten Jahr arbeiteten sie unter anderem mit Ian Abbott zusammen, einem von Peters Studenten, der gerade seine Doktorarbeit abgeschlossen hatte, und mit dessen Frau Lynette. Zum Entsetzen ihrer Familien in England nahmen die Grants auch noch ihre beiden Töchter Nicola und Thalia, die damals acht und sechs Jahre alt waren, auf die Galapagosinseln mit. Die Mädchen hatten sie bereits nach Griechenland, in die Türkei und nach Jugoslawien begleitet, wo die Grants Kleiber beobachtet hatten. (Bei diesen frühen Feldstudien war es Rosemarys schwierigste Aufgabe, Nicola und Thalia einzufangen.)

Die Vögel kamen ihnen genauso zahm vor, wie sie es zu Darwins Zeiten gewesen sein mußten oder zu Zeiten des Bischofs Berlanga, der dort 1535 Schiffbruch erlitten hatte. Der Bischof hatte sich über die Vögel gewundert, »die nicht vor uns wegflogen, sondern zuließen, daß man sie ergriff«. Dies ist mit das Eigenartigste auf den Galapagosinseln, gefolgt von der Eigenart der Tiere selbst; fast alle, die jemals etwas über die Inseln geschrieben haben, merken dies an, so etwa Cowley, der Seeräuber, oder Lord Byron (ein Nachkomme des Dichters), der dort an Land ging, als er ein verstorbenes polynesisches Königspaar zu den Sandwich Inseln überführte.

So schrieb Cowley im Jahre 1699: »Es gab auch eine Unmenge von Vögeln, namentlich Flamingos und Turteltauben. Letztere waren so zahm, daß sie sich oft auf unseren Hüten und Armen niederließen; so konnten wir sie lebend einfangen. Sie fürchteten den Menschen nicht, bis einige aus der Mannschaft auf sie schossen; erst dadurch wurden sie etwas scheuer.«

Byron bemerkte im Jahre 1826: »Dieser Ort ist wie eine neue Schöpfung. Vögel und andere Tiere gehen uns nicht aus dem Weg. Pelikane und Seelöwen schauen uns ins Gesicht, als ob wir kein Recht hätten, in ihre Einsamkeit einzudringen. Die kleinen Vögel sind so zahm, daß sie auf unsere Füße hüpfen, und dies alles inmitten von Vulkanen, die überall um uns herum Feuer speien.«

»Vor den Falken und Eulen haben die Finken viel mehr Angst als vor uns«, erzählt Peter Grant Freunden in Princeton. »Wenn wir uns ihnen nähern, machen die Vögel einfach weiter mit dem, was sie gerade machen; wenn aber eine Eule in der Nähe ist, flüchten sie sich auf einen Kaktusbaum. Kürzlich überquerte Rosemary eine baumlose Stelle, eine Eule glitt darüber hinweg, und die Finken flogen von überall herbei und landeten auf Rosemary!«

»Sie setzen sich immer auf unsere Schultern, unsere Arme und unsere Köpfe. Wenn ich einen von ihnen ausmesse, dann kommt es vor, daß andere auf meinem Handgelenk und meinen Armen landen, um zu beobachten, was ich da mache. Einmal habe ich mit dem Fernglas aufs Meer geschaut, als ein Falke auf meinem Hut landete. Wir haben ein Foto davon.«

»Oder man greift einen Bambusstock, legt ihn über die Schulter und will ihn mitnehmen«, sagt Rosemary. »Plötzlich fällt es dir schwer, den Pfahl überhaupt noch zu halten. Du gehst weiter und wunderst dich, warum der Pfahl auf einmal so schwer ist. Du drehst dich um und stellst fest, daß ein Falke auf dem Stock Anhalter spielt.«

»Ich hatte einmal eine Warze auf meinem Rücken; sie ist jetzt nicht mehr da«, erzählt Peter, »eine kleine schwarze Warze, oben an der rechten Schulter. Ich lief damals in Shorts herum, und auf der Insel Genovesa pickten die Finken auf der Warze herum.«

»Was für ein Unterschied«, pflichtet ein älterer Mitarbeiter der Finkenforscher, Dolph Schluter, bei. (Schluter prägte einige der beliebtesten Namen, die die Gruppe sich gab, z. B. *El Grupo Grant*, die »Finkeneinheit« und, noch erhabener,»Internationales Kommando zur Erforschung der Finken«.)»In Kenia fliegen die Finken bereits auf, wenn man sich ihnen bis auf 30 Meter nähert, auf den Galapagosinseln hingegen landen sie auf dem Rand deiner Kaffeetasse. Wenn noch etwas Kaffee drin ist, werden sie sogar mittendrin landen und davon nippen. Man kann mit der Hand zugreifen und den Vogel ausmessen. Die Spottdrosseln auf Genovesa haben an unseren Schnürsenkeln herumgepickt. Auf wirklich einsamen Inseln wie Wenman kann man die Vögel einfach so mit der Hand fangen. Man muß nur die Hand ausstrecken und zufassen.«

Peter hat einmal bei einem Aufenthalt im iranischen Shiraz ein paar Kleiber ausgemacht, die in der Nähe eines Felsens nach Nahrung suchten. Er legte Nüsse auf den Felsen und versteckte sich in der Hoffnung, die Schnäbel der Vögel sowie die Nahrungssuche aus der Nähe beobachten zu können. Obwohl er drei Stunden wartete, konnte er die Vögel nicht anlocken. (»Es wäre besser, mit Vögeln in Käfigen zu arbeiten«, schrieb Peter kurz und bündig in seinem Bericht.) Auf der Insel Daphne pickten ihm hingegen die wohl berühmtesten Schnäbel der Welt auf der Schulter herum. Darwinfinken saßen auf seinen Knien und studierten ihn eingehend.

Obwohl die Vögel so berühmt waren und eine zentrale Bedeutung für die Geschichte seines Fachs besaßen, war sich Peter durchaus der Tatsache bewußt, daß bisher niemand viel Zeit damit verbracht hatte, sie wirklich zu beobachten. Darwins Einsichten waren lediglich Rückblicke. Die Hypothesen von David Lack beruhten hauptsächlich auf logischen Folgerungen, Untersuchungen an Vögeln in Museen und einer viermonatigen Feldstudie. Bob Bowman verbrachte weniger als ein Jahr auf den Inseln. »Ich glaube, Peter erkannte sehr schnell, daß die Galapagosinseln eine Goldmine waren«, kommentiert Schluter.»Sie sind nicht nur wunderschön, so daß man sich hier gerne aufhält, sondern obendrein eine Goldmine, eine Schatztruhe. Blickt man heute auf dieses Unternehmen zurück, das man getrost die erfolgreichste Feldstudie nennen könnte, die jemals im Bereich der Evolution ausgeführt worden ist, so fragt man sich, wie früh Peter Grant dies wohl alles vorausgesehen hat. Vor 20 Jahren? Ich glaube, er hat es von Anfang an geahnt.«

Galapagosfalken.
Aus: Charles Darwin, Reise um die Welt,
Erlebnisse und Forschungen in den Jahren 1832–1836.
The Smithonian Institution

Jn diesem ersten Jahr hatten die Grants und die Abbotts geplant, nur eine Jahreszeit lang auf den Inseln zu bleiben, deshalb arbeiteten sie trotz der Hitze recht schnell. Sie untersuchten 21 Populationen von Darwinfinken auf sieben Inseln. An jeder Stelle breiteten sie abends nach Sonnenuntergang zwei oder drei Nebelnetze aus. Nebelnetze sehen wie Badminton-Netze auf Bambusstangen aus, sind aber aus einem so feinen Gewebe, daß sie für Vögel nahezu unsichtbar sind. Bis zum frühen Morgen blieben die Nebelnetze aufgestellt. Sie wurden wieder zusammengelegt, wenn es auf der Insel so heiß wurde, daß die gefangenen und mit den Netzen kämpfenden Vögel Gefahr liefen, an Überhitzung zu sterben. Meistens war es bereits um acht Uhr morgens so heiß.

Mit Handzirkel, Greifzirkel und Federwaage ausgerüstet, gingen die Mitglieder der Gruppe mit jedem Finken, den sie fingen, ziemlich genauso zu Werke, wie sie es auch heute noch tun. Niemand hatte je zuvor die Darwinfinken so häufig den unterschiedlichsten Messungen und anderen Unliebsamkeiten ausgesetzt; und nie zuvor waren so viele Finken vermessen worden. Über die Jahre hinweg hat die Forschergruppe um die Grants in der Tat mehr lebende Finken vermessen, als sich Exemplare von ihnen in allen Museen der Welt befinden. Vor der Küste der Insel Isabela gibt es beispielsweise vier kleine Inseln, die als Los Hermanos, die Brüder, bekannt sind. Allein auf Los Hermanos führte Trevor Price Messungen an doppelt so vielen Exemplaren von *fuliginosa* durch, als es sie heute in den verschiedenen Museen gibt. (Es sei angemerkt, daß die Gruppe um die Grants auch so gut wie jedes der vielen tausend Exemplare in Museen vermessen hat.)

Bei einer Studie über Variation hängt nahezu alles von der Genauigkeit der Messungen ab. Einige Merkmale – wie etwa die Wölbung des Schildkrötenpanzers, die netzartigen Füße einer Ente, die durchscheinenden Kiemen eines Fisches – lassen sich nur schwer genau vermessen. Man mißt das erste Mal, man mißt ein zweites Mal, und die erste Zahl unterscheidet sich beträchtlich von der zweiten. Wenn die Messungen nur mit einer Genauigkeit von plus oder minus einigen Prozent durchgeführt werden können, die Variation von Individuum zu Individuum aber eigentlich viel kleiner als diese Größe ist, dann ist eine solche Untersuchung von Anfang an zum Scheitern verurteilt.

Glücklicherweise stellte sich heraus, daß die Finken nicht nur leicht zu fangen, sondern sie und ihre Schnäbel auch leicht zu vermessen waren.

Ein Finkenforscher nach dem anderen konnte daher auf die Insel zurückkehren und denselben Vogel ausmessen, und alle erhielten dieselben Werte mit einer Schwankung von weniger als einem Prozent. Dabei stellte sich allerdings die Gewichtsmessung als unzuverlässig heraus, da sich das Gewicht eines Vogels im Laufe eines Tages nach oben und nach unten verändert. Was die übrigen Messungen betraf, so waren die Unterschiede jedoch fast immer zu vernachlässigen; bei der Schnabellänge betrug die Abweichung höchstens ein Zehntelprozent.

»Harte Fakten« sind jene seltenen Details in dieser eher verwirrenden Welt, die so eindeutig und klar dokumentiert sind, daß jeder sich auf sie verständigen kann. Die äußere Gestalt eines Finkenschnabels stellt ein solches »hartes Faktum« dar.

Die Messungen des »Finkenkommandos« bestätigten nicht nur das, was man über die Variabilität dieser Vögel bereits wußte, sondern erbrachten sogar neue Beweise. Immer deutlicher wurde, wie außergewöhnlich Darwinfinken sind. Der Vergleich mit einem Spatzenschnabel drängt sich geradezu auf. Die Spatzen sind nahe Verwandte der Darwinfinken, ja einige Taxonomen ordnen sogar alle Spatzen und Finken derselben Familie zu. Einer von Peter Grants Mitarbeitern auf der Insel in diesem ersten Jahr war der kanadische Biologe Jamie Smith. Schon seit den frühen siebziger Jahren führten Jamie Smith und seine Gruppe eine Kontrollstudie durch, bei der sie die Schnäbel von Spatzen auf der kleinen, abgelegenen Insel Mandarte in British Columbia maßen.

Jamie Smith hatte herausgefunden, daß die Spatzenschnäbel auf Mandarte allesamt ungefähr dieselbe Länge hatten. Es war ein außerordentlich seltenes Ereignis, wenn einmal ein Spatz gefangen wurde, dessen Schnabel auch nur 10 Prozent vom Durchschnitt abwich. Die Wahrscheinlichkeit, einen Spatzen mit einem so abweichenden Merkmal zu finden, lag bei 4 Exemplaren auf 10 000 Spatzen.

Auf den Galapagosinseln jedoch fand die Gruppe um die Grants heraus, daß die Wahrscheinlichkeit, einen Opuntienfinken mit einem Schnabel zu finden, der 10 Prozent vom Durchschnitt abweicht, viel größer ist als vier auf tausend, nämlich vier auf hundert Finken. Den Weltrekord im Hinblick auf die Streubreite bei einem Merkmal fanden die Grants beim mittleren Bodenfinken, als sie auf der Insel Daphne Major Messungen anstellten, wie groß dessen Oberkieferknochen ist. Hier ergab sich eine Wahrscheinlichkeit von eins zu drei für eine zehnprozentige Abweichung.

Es handelt sich hier um eine der variabelsten Eigenschaften, die jemals bei Vögeln gemessen wurde; dabei sind die Darwinfinken ohnehin schon außerordentlich variabel, nicht nur was die Höhe, Länge und Breite ihres Kieferknochens beziehungsweise die relativen Längen des Ober- und Unterkiefers betrifft, sondern auch bezogen auf die Spannweite, das Körpergewicht und die Länge der Beine. Darwinfinken unterscheiden sich voneinander sogar in der Länge des Hallux, also des großen Zehs.

Darwin erkannte nicht, daß diese Finken so ungewöhnlich variabel sind, da er nicht genügend Vögel von den Galapagosinseln mitnahm, um dieser Frage nachgehen zu können. Außerdem hätte Darwin ein solches Ergebnis auch gar nicht erwartet. Er dachte, eine kleine Population würde nur wenige Variationen zu bieten haben, aus denen die Natur dann auswählen könnte. Deshalb nahm er auch an, daß auf einer kleinen Insel mitten im Ozean, wie Daphne Major es ist, die natürliche Selektion besonders langsam vor sich geht.

So konnten die Grants und die Abbotts schon bei ihrem ersten Aufenthalt auf den Galapagosinseln feststellen, daß die Darwinfinken weitaus interessanter waren, als Darwin es sich hatte träumen lassen. Und während dieser ersten Feldstudie gab die Insel Daphne Major den Finkenforschern ein Zeichen, ein Omen, einen symbolischen Hinweis auf den Unterschied, den ein einziger Millimeter ausmachen kann.

Eines Tages im April, während des ersten Jahres auf den Galapagosinseln, stieg Ian Abbott nach einem harten Arbeitstag, an dem er wieder Finkenschnäbel vermessen hatte, herunter zur »Landungsbrücke« von Daphne Major, um den Blick zu genießen. Der Felsvorsprung ist immer von Entenmuscheln überzogen; und jede von ihnen ist in etwa ein Abbild von Daphne selbst, ein Kegel mit einem Loch ganz oben. Weil Abbott den Vorsprung mit diesen großen, scharfen Entenmuscheln teilen mußte, trug er alte Schuhe, doch weil seine Frau und Peter Grant zu diesem Zeitpunkt die einzigen menschlichen Wesen auf der Insel waren, trug Abbott außer diesen Schuhen nichts.

Es war sechs Uhr abends, und die Flut kam. Abbott ging in die Hocke und beobachtete, wie die Sonne hinter der Nachbarinsel Santa Cruz langsam unterging und Hunderte von Seevögeln zurück nach Daphne Major flogen. Nur einen Millimeter unterhalb von Ians Mannesstolz ragte eine einzelne Entenmuschel über die anderen hinaus. Als die ersten Wellen über die »Fußmatte« schwappten, machte diese große, weiße Entenmuschel ihre Öffnung frei, fuhr ihren Staubwedel aus, stieß auf irgend etwas und schnappte so kräftig zu, wie dies nur das Prachtexemplar einer Entenmuschel kann.

Zumindest erzählt man es sich so auf Daphne Major, wo die Geschichte von einer Generation von Finkenforschern zur nächsten weitergereicht wird. Es heißt, daß Abbott aufschrie, brüllte und wie wild auf der »Fußmatte« hin und her sprang. In diesem Augenblick haßte er die Entenmuscheln wie niemand je zuvor.

4

Darwins Schnäbel

Was für ein winziger Unterschied entscheidet
oft darüber, was überleben
und was untergehen wird.

CHARLES DARWIN
Brief an Asa Gray

Zu Darwins Studienzeiten war das Christ's College als die Universität des John Milton und des Pastors William Paley bekannt. Paleys Arbeiten waren Pflichtlektüre für den Abschluß als Bachelor of Arts, und Darwin las sie immer wieder,»entzückt und überzeugt von seiner langen Argumentationskette«. Paleys Bücher *Beweise für das Christentum* und *Natürliche Theologie* bereiteten Darwin in der Tat»genausoviel Vergnügen wie die Werke des Euklid«.
Natürliche Theologie oder Beweise für die Existenz und die Eigenschaften Gottes gesammelt anhand der Erscheinungsformen der Natur war ein Bestseller, als das Buch im Jahre 1802 erstmals erschien. Die ersten Zeilen werden manchmal sogar heute noch zitiert.»Nehmen wir einmal an, ich durchquerte eine Heidelandschaft, stieße mit meinem Fuß gegen einen *Stein* und würde gefragt, wie der Stein dorthin gekommen ist«, beginnt Paley,»dann könnte ich, bis man mir das Gegenteil beweist, antworten, daß er schon immer dort lag. Und es wäre vielleicht auch gar nicht leicht, die Absurdität dieser Antwort zu zeigen. Aber nehmen wir einmal an, ich hätte eine *Uhr* auf dem Boden gefunden …«
Eine Uhr würde eine ausführlichere Erklärung als ein Stein erfordern. Eine Uhr, so argumentierte Paley, setzt einen Uhrmacher voraus, irgend jemand mußte sie erfunden haben, irgend jemand mußte sie zusammengebaut haben. Und wenn diese Argumentation für eine Uhr richtig ist, so fragt Paley, muß sie dann nicht um so mehr auf alle Lebewesen zutreffen, die wir in der Heide finden? Selbst die einfachsten Bestandteile der

kleinsten Pflanzen und Tiere gehen so weit über die Kunstfertigkeit von uns Sterblichen hinaus, daß sie einen »ursprünglichen Künstler«, einen Schöpfer aller Schöpfer, einen Gott voraussetzen.

Auch Darwin und FitzRoy teilten diese Auffassung, als sie auf der schwarzen Lava der Galapagosinseln standen, auf der ein lebender Vogel fast so unwirklich anmutet wie eine Uhr in der Heide. FitzRoy erinnerte sich später an die Schnäbel der Galapagosfinken. »All diese kleinen Vögel, die auf den lavabedeckten Inseln leben, haben kurze Schnäbel, sehr dick am Ansatz, vergleichbar dem Schnabel eines Dompfaffs«, schreibt er in seinen Erinnerungen über die Reise mit der *Beagle* (drei Bände, der vierte Band sind Darwins Memoiren). Wir wissen inzwischen, daß FitzRoys Beschreibung zu kurz greift; sie trifft nur auf einen von dreizehn Galapagosfinken zu, auf die Hochleistungsbeißwerkzeuge von *magnirostris*. FitzRoy führt weiter aus, daß ein so kräftiger Schnabel sich wirklich ideal dafür eigne, auf der eisenharten Lava zu jagen und etwas aufzupicken, und auch dafür, Beeren wegen ihres Saftes zu zerdrücken. »Dies scheint eine der bewundernswerten Vorkehrungen der unendlichen Weisheit zu sein, daß sich jedes Geschöpf an den Ort anpaßt, für den es gedacht war.« Von gläubigen Menschen wird der Darwinismus oft als teilweise atheistisch oder gar als Eckpfeiler des Atheismus abgelehnt. Doch Paley inspirierte Darwin mindestens ebensosehr wie FitzRoy; und es war genau diese Tradition einer Theologie der Natur, die Darwin zum originellsten und unkonventionellsten Schritt seiner Argumentation führte, zu seiner Theorie von der Bedeutung der Variationen.

Wenn der Bauplan eines Lebewesens besonders ausgefeilt ist, argumentierte Darwin – wenn es also auf wunderbare Weise an seine natürliche Umgebung angepaßt ist, ihr Plan also von höherer Kunstfertigkeit ist als der von Uhren –, dann muß die kleinste Variation bei den einzelnen Tieren und Pflanzen, bei denen sie auftritt, einen Unterschied ausmachen. Einige Variationen werden sie besser mit ihren Lebensbedingungen zurechtkommen lassen, einige schlechter, und wieder andere – äußerst wenige Variationen, die lediglich einmal in Tausenden von Generationen auftreten – helfen ihnen möglicherweise dabei, sich an einer völlig anderen Stelle in die Ökonomie der Natur neu einzupassen.

Der Schnabel eines Vogels stellt sich somit als natürlicher Test für diesen Schritt in Darwins Argumentation dar, nicht nur, weil er sich so leicht messen und damit klassifizieren läßt, sondern auch, weil er für den Vogel so offensichtlich lebensnotwendig ist. Darwinfinken können sich ihr Futter nicht mit den Flügeln in den Mund stopfen, sie können auch ihre Klauen nicht dazu benutzen, zumindest ebensowenig, wie wir noch bequem essen könnten, wenn wir unsere Nahrung mit den Zehen zum Mund führen müßten. Sie müssen ihre Schnäbel gebrauchen. Ein Schnabel ist für einen Vogel das, was für uns die Hände sind. Er ist das wichtigste Werkzeug eines Vogels, das benutzt wird, um mit den Dingen der Welt zu hantieren, sie zu handhaben und sie zu manipulieren (*manus* bedeutet Hand).

Was ein Vogel fressen kann, ist schon aufgrund der Form seines Schnabels festgelegt. Obwohl Knochen und Hornplatten des Oberkiefers flexibler sind, als sie aussehen – eine Waldschnepfe kann ihren Schnabel tief in den Schlamm stecken, ihn dann nur an der Schnabelspitze leicht öffnen und sich so einen Wurm schnappen –, sind sie dennoch keine Werkzeuge mit vielen Gliedern und Gelenken, wie es unsere Hände sind. Der Schnabel ist allenfalls mit einer Hand vergleichbar, die nur eine einzige, immergleiche Haltung einnehmen kann. Er stellt zwar ein Mehrzweckwerkzeug dar, doch ist die Anzahl der Aufgaben, für die er eingesetzt werden kann, begrenzt. Spechte haben einen Meißel, Seidenreiher einen Speer, Schlangenhalsvögel ein Schwert, Fischreiher und Rohrdommeln Zangen. Habichte, Falken und Adler wiederum haben Haken, Brachvögel Pinzetten. Heute leben ungefähr 9000 Vogelarten auf der Welt; und auf die Vielfalt ihrer Schnäbel stützte sich Paleys Glauben an einen erfinderischen Gott. Die Schnäbel der Flamingos haben tiefe Rillen und feine Filter, durch die die Vögel das Wasser und den Schlamm mit Hilfe ihrer Zunge pumpen. Die Schnäbel der Eisvögel haben so starke innere Verstrebungen und Stützen, daß einige Arten regelrechte Tunnel ins Flußufer bohren können, indem sie sich immer wieder wie fliegende Rammböcke mit dem Kopf zuerst in die Erde bohren. Einige Finkenschnäbel ähneln dem Werkzeug eines Zimmermanns. Sie sind mit Rillen unter der oberen Schnabelhälfte ausgestattet, die als eine Art eingebauter Schraubstock dienen und dem Finken dabei helfen, einen Samen festzuhalten, während er ihn mit der unteren Schnabelhälfte aufsägt.

Ganz gleich jedoch, ob ein Schnabel nun einfach oder kompliziert ist, er kann immer nur einem ganz bestimmten Zweck dienen. Der Schnabel eines Flamingos ist gut dafür geeignet, aus einem Teich Wasser herauszu-filtern, der eines Habichts ist nützlich, wenn es gilt, ein Kaninchen, einen

Fuchs oder einen anderen Vogel zu greifen. Sollten ein Flamingo und ein Habicht jemals versuchen, ihre Rollen zu tauschen, dann würde der Habicht vermutlich sehr schnell in einem modrigen Teich versinken und dem Flamingo würden wohl bald die Augen ausgekratzt werden.

Darwin überträgt Erkenntnisse über große Variationen, wie die eben beschriebenen, auf die wesentlich geringfügigeren zwischen den Individuen einer Art. Seiner Theorie zufolge machen selbst die geringfügig scheinenden Formeigenheiten eines individuellen Schnabels manchmal einen Unterschied hinsichtlich dessen aus, was ein bestimmter Vogel fressen kann. Auf diese Weise wird die Variation für den Vogel sein ganzes Leben lang von Bedeutung sein – er verbringt ja, wenn er nicht gerade schläft, die meiste Zeit mit dem Fressen. Die spezifische Schnabelform wird ihn entweder etwas länger am Leben erhalten oder dazu beitragen, sein Leben zu verkürzen, so daß in Darwins Worten »auf lange Sicht das kleinste Getreidekorn in der Waagschale bestimmen wird, wen der Tod heimsuchen und wer überleben wird.«

Keiner von Darwins Lesern hatte je einen Zweifel daran, daß die Haken, Schwerter, Speere und Pinzetten bei den Vögeln dieser Welt für ihre Anpassung von Bedeutung sind. Das war Paleys fromme, konventionelle und schlichte Sicht. Aber zahlreiche Leser hatten Zweifel, ob individuelle Variationen eine solche Bedeutung haben könnten, wie Darwin es behauptete. Er selbst beobachtete nie in der Natur, wie eine geringfügige Variation die Chancen eines Tieres oder einer Pflanze beim Kampf ums Überleben verbesserte oder verschlechterte.

Darwin gab einem Abschnitt in der *Entstehung der Arten* die vielversprechende Überschrift »Veranschaulichungen für den Vorgang der natürlichen Selektion«: »Um zu verdeutlichen, wie nach meiner Vorstellung die natürliche Selektion vor sich geht«, beginnt dieser Abschnitt, »muß ich um Entschuldigung dafür bitten, daß ich ein oder zwei Veranschaulichungen aus meiner Phantasie hinzuziehe. Nehmen wir zum Beispiel den Wolf …« Dann entwirft er das hypothetische Szenario eines strengen Winters. Wenn es für einen Wolf nichts anderes als Rehe zu fressen gibt, würde man erwarten, daß der schnellste und hagerste Wolf am ehesten durchkommt. Völlig logisch, aber ebenso hypothetisch entwickelt Darwin eine ähnliche Argumentation zu Honigbienen und Blumen, die Nektar produzieren. Und damit geht der Abschnitt zu Ende.

Diese Skizzen sind so lebendig dargestellt, daß sie für den Leser der damaligen Zeit sofort völlig einsichtig waren. Sicherlich gab es Leser, die die Gedankengänge akzeptierten, genauso wie es Leser gab, die sie zurückwiesen. Doch beide fanden über Jahre hinweg keinen zwingenden Grund, über Darwins Vorstellungen hinauszugehen – vor allem nicht Darwins Wachhund Huxley. »Die Frage lautet jetzt: Findet Selektion in der Natur statt«, fragt er rhetorisch in einer seiner Verteidigungsschriften für den Darwinismus. »Gibt es irgend etwas in der Natur, das sich mit dem Mechanismus selektiver Züchtung, wie ihn der Mensch handhabt, vergleichen läßt?« In seiner Antwort bittet Huxley den Leser, sich vorzustellen, was es für eine Tierart in der Natur bedeuten muß, beständig von 50 oder 100 anderen umgeben zu sein, von »zahlreichen Tieren, deren Beute und unmittelbarer Feind sie zugleich ist«, und von anderen, die wiederum diese fressen, und wieder anderen indirekten Helfern und so weiter. Er schließt daraus, daß es »anscheinend nicht möglich ist, daß irgendeine Variation, die bei einer Art in der Natur vorkommt, nicht in der einen oder anderen Weise dazu neigen sollte, entweder ein bißchen besser oder ein bißchen schlechter als die vorhergehende Generation zu sein …«

Selbst ein halbes Jahrhundert später wurde Darwins zentrale These zu den Variationen immer noch mit Beispielen begründet, die der Phantasie entsprangen, oder sie wurde eben deshalb angegriffen, weil sie nur Darwins Phantasie entsprang. »Die ganze Frage [des Kampfs ums Dasein] ist die gesamte Zeit seit dem Erscheinen der *Entstehung der Arten* hauptsächlich von einem *Apriori*-Standpunkt aus diskutiert worden«, schrieb der Genetiker Raymond Pearl im Jahre 1911. »Das ›Kaninchen mit den etwas längeren Beinen‹, der ›Fuchs mit dem etwas besseren Geruchssinn‹, der ›Vogel mit den etwas dunkleren Farben, die besser mit dem Hintergrund harmonierten‹, *et id genus omne*, sind erfunden worden, weil sie zweckdienlich waren.«

Darwin selbst versuchte nie, diesen Punkt experimentell zu bestätigen. Es ist alles außerordentlich logisch und demnach extrem schwer zu beweisen. Mit den Finken konnte er seine These sicherlich nicht beweisen. Nie erfuhr er viel Präziseres über ihren Existenzkampf als während des ersten kurzen Blickes auf San Cristóbal, wo er die Vögel unter den Büschen hin und her hüpfen sah, »als sie die Lavaschlacke mit ihren kräftigen Schnäbeln und Klauen aufwühlten.« Wenn diese in sich unterschiedlichen Vogelschwärme irgend etwas bewiesen, so sprach dies eher *gegen* seine zentrale These.

Er sah Finken mit langen, dünnen Schnäbeln und kurzen, dicken, papageienähnlichen Schnäbeln. Alle hüpften sie über dieselbe Lava und fraßen genau dieselbe Vogelnahrung. Wenn Schnäbel von so ausgeprägt unterschiedlicher Form dieselben Samen bearbeiten und knacken konnten, was in aller Welt sollte es dann ausmachen, wenn unter den Finken mit den Papageienschnäbeln der Schnabel eines Vogels ein wenig dicker als ein anderer ist oder wenn unter den spitzschnäbeligen Finken einer einen Schnabel hatte, der etwas spitzer als ein anderer war?

Auf Daphne Major ist zum Beispiel der Schnabel eines durchschnittlichen *magnirostris* 14, 15 und 16 Millimeter breit, lang und hoch. Die Maße des Schnabels bei einem durchschnittlichen *fuliginosa* auf Daphne betragen hingegen nur ungefähr 7, 8 und 7 Millimeter – dies bedeutet, daß er in jeder dieser Dimensionen nur halb so groß ist. Doch sah Darwin beide Arten dieselbe Nahrung fressen. Wenn diese beiden Werkzeuge dieselbe Arbeit ausführen können, warum vermessen dann die Grants zwei ganz ähnliche Opuntienfinken aus derselben Gegend, wobei der eine einen Schnabel von 14,9, 8,8 und 8 Millimetern und der andere einen Schnabel von 15,8, 9,7 und 9 Millimetern hat? So kleine Variationen können doch ganz offensichtlich nicht von Bedeutung sein.

Natürliche Selektion, so die Behauptung, setzt die kleinsten Variationen in der Natur »täglich und stündlich« einem Test aus. Doch soweit es Darwin nach seinem fünfwöchigen Aufenthalt auf den Galapagosinseln sagen konnte, geht es bei der natürlichen Selektion nicht um so banale Dinge wie Finkenschnäbel. Es ist also kein Wunder, daß er sie in der *Entstehung der Arten* nicht erwähnte.

Ein Vogelkundler namens Osbert Salvin untersuchte in den siebziger Jahren des letzten Jahrhunderts, also vier Jahrzehnte nach Darwins Besuch auf den Inseln, einige Museumsexemplare der Galapagosfinken. Es war Salvin, der entdeckte, wie unterschiedlich die Galapagosfinken sein können, was die Länge ihrer Beine, ihre Spannweite, ihr Gewicht und insbesondere ihre Schnäbel angeht.

Salvin hatte das Gefühl, daß die Galapagosinseln (und das bereits in den siebziger Jahren des neunzehnten Jahrhunderts) »klassischer Boden« waren. Nachdem er entdeckt hatte, daß es die Galapagosfinken in einer außerordentlichen Spielbreite von Variationen gab, muß er enttäuscht darüber gewesen sein, daß diese Variationen anscheinend nur geringen Einfluß auf das Überleben des Stärksten hatten. »Die Mitglieder dieser

Gattung«, schrieb er, »gehören zu einem Bereich, in dem die natürliche Selektion entschieden weniger starr vor sich geht, als man dies gemeinhin beobachten kann.« Wie die natürliche Selektion vor sich geht, war jedoch noch nie beobachtet worden.

Wie Darwin selbst kamen die meisten aus der Schar der wissenschaftlichen Pilger, die zu Darwins Inseln reisten, in der Regenzeit an (oder dem, was man auf dieser Wüsteninsel Regenzeit nennt). Alle Büsche und Bäume trugen Blätter und Blüten, man konnte Unmengen von Samen am Boden finden. Die Wissenschaftler schauten genau hin – und sahen genau das, was Darwin auch gesehen hatte. Die meisten Bodenfinken jagten und pickten zusammen unter halb belaubten Büschen, all diese unterschiedlichen Schnäbel knackten die gleichen Vogelsamen.

Einer nach dem anderen schlossen diese akribisch beobachtenden Vogelkundler, daß die Schnabelform eines Bodenfinken nicht erkennbar darüber entscheidet, welche Nahrung er frißt. »Wenn man die Schnäbel dieser Vögel betrachtet, müßte man auf völlig unterschiedliche Nahrung schließen«, schrieb der Biologe und Entdecker William Beebe, der durch Wolken gelber Schmetterlinge segelte, als er Daphne Major in der Regenzeit des Jahres 1923 erreichte. »Die kleinen, zerbrechlichen Kauwerkzeuge von *fuliginosa* würden erwarten lassen, daß sie für Insektennahrung oder zumindest für kleine weichere Samen geeignet sind. Auf der anderen Seite des Spektrums würde der große Schnabel von *magnirostris*, der fast so groß ist wie sein gesamter Kopf, vermuten lassen, daß er selbst mit der härtesten Eichel fertig wird.« Und doch fraßen beide Vögel die gleiche Nahrung. »Welch eine merkwürdige Gegend, in der diese Vögel und Schmetterlinge leben!«

Diese Äußerungen erscheinen uns heute kaum plausibel, aber den Ablauf der natürlichen Selektion kann man so leicht übersehen, daß Generationen von Vogelkundlern die Darwinfinken für eine Ausnahme oder sogar für ein Beispiel hielten, das den Darwinismus widerlegt. 1935, am hundertsten Jahrestag von Darwins Besuch auf den Inseln, hielt Percy R. Lowe vor britischen Wissenschaftlern eine Gedenkvorlesung über die Vögel auf den Galapagosinseln. Lowe beschränkte sich darauf, über die Galapagosfinken zu sprechen. Er nannte sie – offensichtlich erstmals – Darwinfinken. Er hatte sich mit der damals schon ausführlichen Literatur zu diesem Thema beschäftigt. Lowe begründete in seinem Vortrag die Auffassung, daß es sich bei den Vögeln auf keinen Fall um getrennte Arten handelte, sondern um »hybride Schwärme«. Er dachte, daß ihre außerordentliche Vielfalt sich als genauso bedeutungslos erweisen würde wie die Vielfalt des Fells bei streunenden Kötern oder Katzen in irgendeiner Gasse. Der Finkenschnabel bot »keinen Spielraum für natürliche Selektion«. (»Ja, das hat er tatsächlich so gesagt«, meint Peter Grant heute. »›Kein Spielraum für natürliche Selektion.‹ Man kann es eigentlich nur als eine wunderbare Einladung an seine Zuhörer auffassen, eigene Beobachtungen zu machen und ihm das Gegenteil zu beweisen.«)

Drei Jahre später ging ein weiterer britischer Vogelkundler vor San Cristóbal, der Insel, die Darwin zuerst angesteuert hatte, vor Anker. Wie Darwin war auch dieser Vogelkundler damals ein junger Mann in den Zwanzigern. Lowes Vorlesung hatte sein Interesse geweckt, und er wurde, obwohl die Galapagosinseln ihm zunächst »unerträglich weit entfernt« erschienen, von Julian Huxley, einem Enkel von Darwins Wachhund, ermutigt, diese Reise zu machen.

David Lack blieb nahezu die gesamte Regenzeit dort – eine der niederschlagreichsten Regenzeiten dieses Jahrhunderts auf den Galapagosinseln. Die Regenzeit ist die Brutzeit der Finken, und Lack konnte ihr Brutverhalten ausführlich beobachten. Er stellte fest, daß sich die dreizehn Finkenarten auf den Inseln nur selten untereinander paaren. Während der langen, heißen und schwülen Nachmittage baute er sogar Vogelhäuser und versuchte die Vögel dazu zu bewegen, dort Mischehen einzugehen und hybride Mischlinge hervorzubringen. Doch das Experiment schlug fehl. Die Finken waren offensichtlich nicht gewillt, sich beliebig zu paaren. Lowe hatte also unrecht, als er sie »hybride Schwärme« nannte.

Und dennoch, obwohl die Vögel nicht gemischt brüteten, suchten die meisten Bodenfinken zusammen nach Nahrung und fraßen dieselben Samen. Lack mußte Lowe darin zustimmen, daß der Finkenschnabel »keinen Spielraum für natürliche Selektion« bot. »Tatsächlich«, schloß Lack, »gibt es bei keiner Form der Geospizinae [Darwins Bodenfinken] auf der Insel einen irgendwie gearteten Beweis dafür, daß ihre Unterschiede für die Anpassung an die Umweltbedingungen bedeutsam sind.« Er schrieb dieses Ergebnis in einer Monographie nieder, deren Veröffentlichung allerdings wesentlich später erfolgte, weil inzwischen der Zweite Weltkrieg ausgebrochen war.

Erst geraume Zeit nach seiner Rückkehr nach England hatte Lack, wie auch Darwin vor ihm, gleich zwei Einsichten auf einmal. Als er sich seine

Aufzeichnungen anschaute, bemerkte er, daß die Finkenarten, die nahezu dieselben Schnäbel hatten, auf keiner der Inseln des Archipels zusammenlebten. Der Opuntienfink, *Geospiza scandens*, zum Beispiel brütete auf Daphne Major und auf allen großen Inseln des Archipels mit Ausnahme von Fernandina. Der große Opuntienfink, *Geospiza conirostris*, brütete auf Genovesa und Española. Lack hatte hingegen noch nie auf irgendeiner der Inseln beobachtet, daß beide Opuntienfinkenarten gemeinsam brüteten. Ja mehr noch, wenn zwei solcher Finkenarten mit ziemlich ähnlichen Schnäbeln gemeinsam eine Insel bewohnten, dann waren ihre Schnäbel auf dieser Insel in ihren Abmessungen viel unterschiedlicher als anderswo. Konkret ist der längere Schnabel überdurchschnittlich lang und der kürzere Schnabel überdurchschnittlich kurz. Fast scheint es, als hätten beide Arten bewußt versucht, im Wechsel aus ihren Nischen hervorzutreten.

Bei einem Beispiel nach dem anderen fand Lack diese Muster wieder, nicht nur in seinen eigenen Aufzeichnungen, sondern auch bei Messungen an Tausenden von Museumsexemplaren, die seit Darwin gesammelt worden waren. Wie Darwin konnte er die Evolution nicht in Aktion beobachten, und auch er unterstellte, daß sie für eine Beobachtung zu allmählich vor sich ging. Aber er konnte, wenn er an die Galapagosinseln zurückdachte, schließen, daß dort irgend etwas vor sich gehen mußte.

Lack wurde teilweise durch Untersuchungen anderer Biologen über Mikrokosmen, die kleiner waren als die Galapagosinseln, beeinflußt. Steckt man zwei verschiedene Arten von *Paramaecium* in ein Teströhrchen und sieht sich das Ergebnis nach einigen Tagen an, so wird eine Art den oberen Teil des Teströhrchens erobert haben, während der anderen der Boden des Röhrchens gehört; die Grenzlinie in der Mitte stellt ein Gebiet gänzlich ohne Zellen dar. Ähnlich verhält er sich mit Entenmuscheln. Eine Art dieser Muscheln siedelt sich an Stellen an, die von der oberen Flutmarke erreicht werden, während eine andere immer Stellen an der unteren Flutmarke besetzt.

Solche Experimente schienen ganz offensichtlich zu zeigen, daß zwei Arten, die dieselbe Nahrung auf dieselbe Weise zu sich nehmen, nicht friedlich in demselben Teströhrchen, auf demselben Felsen oder auf derselben Insel nebeneinander leben können, ohne daß die eine Art von der anderen ausgelöscht wird. Hier handelt es sich um genau die Art von Wettbewerb und Konflikt, vom der sich Darwin in seinen Gedankenexperimenten ausgemalt hatte, daß sie zum Absterben ganzer Äste und Zweige am Baum des Lebens führen könnte. Die Äste in der Mitte stürben ab, und die überlebenden Äste würden sich krümmen, biegen und nach beiden Seiten ausschlagen, als ob sie die Konkurrenz auf ein Mindestmaß zurückschrauben wollten, indem sie sich selbst möglichst deutlich von anderen unterschieden.

Lack fertigte Zeichnungen an, die die Schnäbel und ihre Verteilung auf dem Archipel veranschaulichten. Insel für Insel hielt er die Hypothese für immer wahrscheinlicher, daß der Darwinsche Evolutionsprozeß entweder die eine oder die andere der beiden Arten, die sich im Hinblick auf ihren Schnabel ähnelten, ausgelöscht hatte; oder aber er hatte die Überlebenden weit genug auseinandergetrieben, so daß sie koexistieren konnten. Immer wenn Arten mit sehr ähnlichen Schnäbeln versuchen, dieselbe Insel zu bewohnen, so schloß Lack, waren sie gezwungen, zueinander in Konkurrenz zu treten. Der Kampf wird schließlich so erbittert, daß entweder die eine oder die andere Finkenart ausgelöscht wird. Bisweilen entwickeln zwei Arten mit ähnlichen Schnäbeln dennoch genügend Besonderheiten, um eine verringerte Konkurrenz zu ermöglichen. Dann überleben beide Arten.

So verwandelte Lack einen klassischen negativen Fall in einen klassischen positiven Fall und trug dazu bei, Licht in das Dunkel des Darwinismus zu bringen. Der Titel seiner Monographie, *Darwins Finken,* die im Jahre 1947 erschien, hatte darum etwas Triumphierendes. Die Darwinfinken waren tatsächlich Darwins Finken, beim Finkenschnabel gab es einen Spielraum für natürliche Selektion.

Das Buch hatte einen außerordentlichen Einfluß, nicht nur auf die nachfolgende Forschung, sondern auch auf eine breitere Öffentlichkeit, und dies, obwohl Lack die natürliche Selektion ebensowenig in Aktion gesehen hatte wie Darwin selbst.

Während ihrer ersten Feldforschung im Jahre 1973 führten die Grants und die Abbotts nicht nur Messungen an Finkenschnäbeln durch, sondern beschäftigten sich auch mit dem Verhalten der Finken. Sie teilten dazu das Gebiet in acht Bereiche zu jeweils 23 000 Quadratmetern auf. Über jeden Bereich legten sie ein Raster von Bezugspunkten, indem sie rotes Signalband an Hunderten von Kaktusbüschen und Grenadillbäumen befestigten. Jeden Morgen suchten sie mit Hilfe von Ferngläsern, Notizbüchern und Stoppuhren die Rasterpunkte eines Bereichs sorgfältig ab und beobachteten genau, was die Finken als erste Mahlzeit zu sich nahmen.

Das Forscherteam um die Grants entdeckte, daß die Bodenfinken ihre Aufmerksamkeit auf ungefähr zwei Dutzend unterschiedliche Samenarten richteten. So bugsierten die Mitglieder der Gruppe jede dieser zwei Dutzend Samenarten zwischen die Enden einer Noniusschublehre und maßen sie so sorgfältig, wie sie auch die Vogelschnäbel ausgemessen hatten. Mit einem McGill-Nußknacker machten sie auch Messungen zur Härte der Samenkörner. Hierbei handelt es sich um ein Instrument, das Peter Grant in Montreal unter Mithilfe eines Ingenieurs an der McGill-Universität, seiner ersten Stelle im Wissenschaftsbereich, entworfen hatte. Ein McGill-Nußknacker ist eine Zange, an der eine Meßeinteilung befestigt ist. Greift man einen Samen mit der Zange, so zeigt die Skala an, welche Kraft man benötigt, um den Samen aufzubrechen. Die moderne Physik mißt Kraft in einer Einheit, die nach einem der Begründer dieser Wissenschaft benannt wurde: in Newton. Einen Grassamen zu knacken, der nur den Bruchteil der Größe eines Mohnsamens hat, erfordert nicht sehr viel Kraft, weniger als 10 Newton. Für einen großen Kaktussamen von der Größe eines Pfefferkorns benötigt man hingegen mehr als 50 Newton. Um die härtesten Samen auf den Galapagosinseln zu knacken, benötigt man eine Kraft von 250 Newton, eine Kraft, die ausreichte, um mehr als 1000 Opuntienfinken hochzuheben.

Peter Grant kombinierte die Messungen von Samengröße und Samenhärte und stufte jede Art von Vogelsamen auf einer Art Index für den Überlebenskampf so ein, wie dies die Finken vielleicht selber tun. Die kleinen weichen Samen der *Portulaca* haben den niedrigsten Wert auf diesem Index, nämlich nur 0,35. Die großen harten Samen der *Cordia lutea* hingegen haben den höchsten Wert, nahezu 14. Jeder der Finken kann mit seinem Schnabel *Portulaca* bewältigen, aber nur sehr wenige sind *Cordia* gewachsen.

Eine weitere Erhebung sollte ergeben, wieviel von jeder Samenart auf der Lava zu finden ist. Um diese Erhebung einigermaßen objektiv durchführen zu können, benutzte man zunächst ein Zufallsverfahren, um eine beliebige Stelle auf der Lava, einen Quadratmeter irgendwo in jedem Raster auszuwählen. Dann zählte man jede einzelne Frucht und jeden

Samen, den man auf diesem Quadratmeter Lava finden konnte, ob er nun oben an einem Kaktusbaum hing oder mitten in einem Kaktusbeet lag.

Als nächstes wählte man wiederum zufällig eine kleinere Fläche innerhalb dieses Quadratmeters und durchsiebte die heiße aschenartige Erde, sammelte jede Frucht und jeden Samen, den man fand. Schließlich kehrte man zum Lager zurück und breitete die Funde auf weißen Tabletts aus, so daß jedes einzelne Korn und jede Frucht gezählt werden konnte. Und diese Prozedur wiederholte man fünfzigmal.

»Die mühsamste Datenerhebung, die wir je durchführten«, sagt Peter Boag, der zusammen mit seiner Frau Laurene Ratcliffe schon sehr früh zur Gruppe um die Grants stieß.

»Die ganze Erde durch ein Sieb filtern«, stöhnt Laurene Ratcliffe. »Jeden Samen zählen, wirklich jeden einzelnen Samen! Das hier ist *Portulaca,* das da ist *Rynchosia,* das ist *Setaria, Acalypha, Mentzelia, Heliotropium* … Meine Güte!«

»Die Leute meinen oft, Feldforschung sei romantisch«, fährt Boag fort. »Doch häufig ist es nur eine Schinderei. Das war wirklich das Übelste seit langem.«

Die Wissenschaftler lernten dadurch allerdings die Vogelsamen auf den Galapagosinseln so gut kennen, daß sie die Hauptarten auf einen Blick unterscheiden konnten. Häufig besaßen sie sogar die Fähigkeit, einen Samen zu erkennen, wenn er schon zerkleinert aus einem Finkenschnabel hervorlugte. »Das ist einer der Vorteile der Galapagosinseln«, fügt Peter Boag hinzu. »Man weiß genau, was die Vögel dort finden. *Darum* wollen wir alle dort arbeiten. Nicht, weil es landschaftlich so schön ist, sondern weil es einfach ist.«

In den meisten Gegenden der Welt kann man 200 Pflanzenarten in einer einzigen Schaufel voller Erde entdecken. Es wäre nicht möglich, genau herauszufinden, was ein Schwarm Vögel im Schnabel hat, wenn er ständig vom Rasen in die Wälder, auf die Wiesen und ans Ufer eines Flusses wechselt. Auf Daphne Major hingegen konnten sich die Finkenbeobachter in aller Ruhe ihre Vogelschwärme anschauen, weil sie nicht fortflogen oder im Winter nach Süden zogen. Und wenn die Beobachter ihre Nebelnetze entfalteten, fügt Laurene hinzu, so war natürlich »jeder Vogel, der ins Netz ging, ein Fink«.

»Niemand konnte irgendwo anders diese Art von Feldstudien wiederholen, die wir auf den Galapagosinseln durchführten – eben weil es so *einfach* war«, bekräftigt Boag. »Diese Ökosysteme liegen einfach offen zutage.«

Gegen Ende ihres ersten Aufenthalts auf den Inseln glaubten die Forscher, die Vorlieben der Finken, was Samen, Früchte, Insekten, Blätter, Knospen und Blumen betraf, zu kennen. Allein auf Daphne Major hatte man 4000 Mahlzeiten bei den mittleren Bodenfinken beobachtet und aufgezeichnet. Man wußte genau, was die Finken fraßen, und man kannte sowohl die Größe als auch die Form der Schnäbel, mit denen die Finken fraßen. Und die meisten Bodenfinken nahmen dieselben Samen und Früchte zu sich, ganz so, wie es auch Darwin bei seinem Besuch auf San Cristóbal gesehen hatte.

Bevor Peter Grant die Inseln verließ, gab ihm der Direktor der Charles Darwin Research Station, Tjitte de Vries, einen Rat. Er erinnerte Peter daran, daß auf den Galapagosinseln die erste Hälfte jedes Jahres feucht und die zweite Hälfte trocken ist. Die Gruppe hatte die Vögel, wie zuvor Darwin, Salvin, Lack und die übrigen Forscher, nur während der Regenzeit untersucht. Die trockene Jahreszeit könnte jedoch die Zeit sein, in der sich beobachten läßt, wie das Leben die Darwinfinken beutelt.

Der Darwinsche Prozeß ist für uns schwer zu erkennen, wenn die Natur aufblüht, wenn wir »des zufriedenen Gesichts einer anmutigen Landschaft oder eines tropischen Regenwaldes gewahr werden, in dem das Leben überquillt«, schreibt Darwin in »Natürliche Selektion«; »… & in solchen Zeiten leben die meisten Bewohner wahrscheinlich in keiner größeren Gefahr und haben häufig Nahrung im Überfluß. Trotzdem ist die Meinung, daß die ganze Natur Kampf ist, überaus richtig. Der Kampf beginnt häufig schon beim Ei und beim Samen oder beim Setzling, der Larve oder dem Jungen. Aber irgendwann im Leben eines jeden Individuums muß er ausbrechen, gemeinhin in bestimmten Abständen bei aufeinanderfolgenden Generationen & dann mit besonderer Härte.«

Einige Monate später kehrten die Grants zurück. Schon aus der Luft war der Unterschied zu erkennen, als sie den kleinen Flugplatz auf der Insel Baltra anflogen. (Er wurde während des Zweiten Weltkrieges von der amerikanischen Luftwaffe gebaut und wird heute von der Luftwaffe Ecuadors genutzt.) Die Lava war überall braun, schwarz oder rot. Es gab so gut wie kein Grün unterhalb des Hochlands von Santa Cruz.

In der Forschungsstation erzählte ihnen de Vries, daß es in den Monaten April, Mai, Juni und Juli keinen Regen gegeben habe.

Das Team um die Grants fing viele Vögel ein, die schon während des ersten Aufenthalts gefangen worden waren, und wiederum wurde ihr Gewicht mit Hilfe der Federwaage überprüft. Die Finken hatten Gewicht verloren; und als man die Samen an denselben Stellen wie zuvor zählte, war schnell zu erkennen, warum die Vögel hungrig waren. Am Boden gab es kaum noch Futter. Die Pflanzen hatten all ihre Blätter und Samen abgeworfen und keine neuen mehr entwickelt, und die Vögel hatten so viele der alten Samen gefressen, daß fast kein Vorrat mehr vorhanden war. Im Untersuchungsgebiet auf der Insel Genovesa hatte die Gesamtmenge des Finkenfutters um 84 Prozent abgenommen.

Aber es gab nicht nur weniger Nahrung für die Finken, es gab auch eine geringere Vielfalt. Zum einen war nur noch ungefähr die Hälfte der bevorzugten Samenarten vorhanden. Zum andern waren in der Regenzeit die meisten Samen am Boden so klein und weich, daß der durchschnittliche Samen lediglich mit einem halben Punkt auf dem Index eingestuft wurde. Die Samen, die nun auf der trockenen Lava übriggeblieben waren, waren meist groß und hart, und ihr Durchschnittswert betrug mehr als sechs Punkte.

In der Regenzeit hatten alle Bodenfinken dieselbe Vorliebe für sieben Arten von weichen Samen und Früchten. Jeder Bodenfink verbrachte ungefähr die Hälfte der Zeit, die die Nahrungsaufnahme in Anspruch nahm, mit eben diesen sieben Arten. Jetzt hingegen verbrachten die Bodenfinken lediglich ein Dreißigstel dieser Zeit damit. *Magnirostris* hat den größten Schnabel und den kräftigsten Kaumuskel aller Finken. Er ist als einziger Fink stark genug, die Metallringe, die ihm die Grants um die Füße gelegt hatten, aufzubrechen und abzustreifen. *Magnirostris* richtete nun seine ganze Aufmerksamkeit auf große, schwere Samen, jene Samen also, die praktisch keiner der anderen Finken knacken konnte.

Der lange, dünne Schnabel des Opuntienfinken ist ein weiterer, sehr charakteristischer Schnabel bei den Bodenfinken. Die Opuntienfinken nahmen nun den Vorteil wahr, den sie durch die besondere Eignung ihrer Schnäbel besaßen, und fraßen fast ausschließlich Kaktussamen. Die Geschichte wiederholte sich bei allen sechs Bodenfinken. Jetzt, wo sie sich mit harter Nahrung begnügen mußten, bestimmte das Schnabelwerkzeug des Vogels, was auf der Speisekarte stand. Sie waren Spezialisten geworden, und die Spezialität eines jeden Vogels wurde durch die Schnabelform bestimmt.

Auch kleinere örtliche Besonderheiten machten einen Unterschied aus. Die Grants können häufig schon nach einem kurzen Blick sagen, von welcher Insel ein Fink stammt. *Fortis* auf Daphne zum Beispiel ist kleiner als *fortis* auf Santa Cruz, obwohl die beiden Inseln in Sichtweite voneinander liegen und die Finken hinüberfliegen können. Mittlerweile haben die Opuntienfinken auf Daphne schmalere, feinere Schnäbel als die Opuntienfinken auf Santa Cruz.

Diese Variationen von Population zu Population sind häufig viel subtiler als die Variationen innerhalb einer Art. Es ist oft nur eine Frage von Millimetern. Doch können sie den Unterschied ausmachen, der über Tod und Leben entscheidet. Sie bestimmen mit, welche Möglichkeiten jeder Population offenstehen, um die trockene Jahreszeit zu überstehen. So ist die durchschnittliche Schnabellänge eines *fortis* auf der Insel Pinta etwas länger als auf Daphne Major. Grenadillen sind auf den beiden Inseln nahezu identisch, was Größe und Härte betrifft. Aber auf Daphne, sagt Grant, beobachtete er bei einigen *fortis,* daß sie sechs Minuten brauchten, um eine einzige Grenadille zu knacken. Das ist eine lange Zeit für einen Vogel, der um seine Nahrung kämpft. Meistens gibt der Vogel nach einer Weile auf und läßt die Grenadille liegen. Auf der Insel Pinta jedoch brechen die *fortis* – mit ihren etwas höheren Schnäbeln – die Grenadillen viel schneller auf, und vier von fünf *fortis* können sie knacken. Dabei beträgt der Unterschied zwischen ihren Schnäbeln nur ein Millimeter.

Die Individuen derselben Finkenart auf derselben Insel unterscheiden sich oft noch geringfügiger. Und damit sind wir beim Variationsniveau, das Darwin als eine der Säulen der Evolution betrachtete. Selbst Lack behauptete niemals, daß so kleine Unterschiede beim Finkenschnabel von Bedeutung sein können. Peter Boag machte jedoch bei seinen Beobachtungen auf Daphne Major etwas später einen einfachen und eindeutigen Test hinsichtlich ihrer Bedeutung, nachdem er zuvor Hunderte von *fortis* beringt hatte. Boag durchstreifte immer wieder die Insel. Jedesmal wenn er einen *fortis* mit einem Ring am Bein gefunden hatte, beobachtete er den Vogel so lange, bis er ihn einen Samen aufpicken sah; dann notierte er, was für eine Art von Samen es war. Boag fand heraus, daß die Vögel mit den größten Schnäbeln in der Trockenzeit die größten Samen fressen; die

Vögel mit den mittelgroßen Schnäbeln fressen mittelgroße Samen, und die Vögel mit den kleinsten Schnäbeln fressen die kleinsten Samen: Noch ein Ergebnis nach Art von Goldlöckchen und den drei Bären.

Einer der härtesten Existenzkämpfe, die die Finken zu bestehen haben, ist die Schlacht mit einem Unkraut, das man Echter Bürzel, lateinisch *Tribulus,* nennt. Die Grants haben darüber eine Fallstudie angefertigt. Es handelt sich um ein klassisches Beispiel für den Krieg in der Natur. Tatsächlich stammt der Name für die *Tribulus* (von dem lateinischen Verb: *tribulare:* peinigen, unterdrücken) aus dem Bereich des Krieges. Länger als 1000 Jahre übersäten Soldaten die Schlachtfelder mit einer bestimmten Art von Low-Tech-Fallen: Eisenkugeln mit Dornen. Im allgemeinen hatte jede Kugel vier Dornen, so daß immer ein Dorn nach oben ragte, um den Fuß eines Menschen oder den Huf eines Pferdes zu durchstechen. Römische Streitwagenlenker warfen *Tribulus*-Pflanzen hinter sich ab, um ihre Verfolger aufzuhalten. Amerikanische Siedler säten kleinere *Tribulus*-Früchte – einige nannten sie sogar Eisensterne – um ihre Blockhütten herum, wenn Indianer in der Nähe ansässig waren. Wie zahlreiche andere Pflanzen, einschließlich der Sterndistel und der Seedistel, schützt die *Tribulus* seine Frucht durch scharfe Dornen. Jede dieser runden Früchte ist in ein halbes Dutzend Abteilungen oder Teilfrüchte aufgeteilt, und solange die Frucht noch an der Pflanze hängt, sind die Samen in jeder Abteilung nach innen, zur Mitte hin, gerichtet, die scharfen Dornen zeigen nach außen. Wenn die Frucht austrocknet, fallen diese Teilfrüchte eine nach der anderen auf den Boden. Innerhalb jeder Teilfrucht schmiegen sich die Samen in einer Reihe aneinander, wie Erbsen in einer Schote. Eine Teilfrucht enthält ein halbes Dutzend große, nährstoffreiche, nußartig schmeckende Kerne, von denen jeder in seinem eigenen kleinen hölzernen Abteil verpackt ist, wie in Folie aus Holz gehüllte Schokoladentafeln in einer verschlossenen hölzernen Schachtel. Die Teilfrucht des Tribulus kann für den Finkenschnabel unangenehm werden, fast so unangenehm wie ein Eisenstern unter einem menschlichen Fuß oder dem Huf eines Pferdes. Tatsächlich beobachtete man bei zwei Arten von Finken auf Daphne Major, dem Opuntienfinken und dem kleinen Bodenfinken, daß sie nie versucht haben, sie zu öffnen. Die

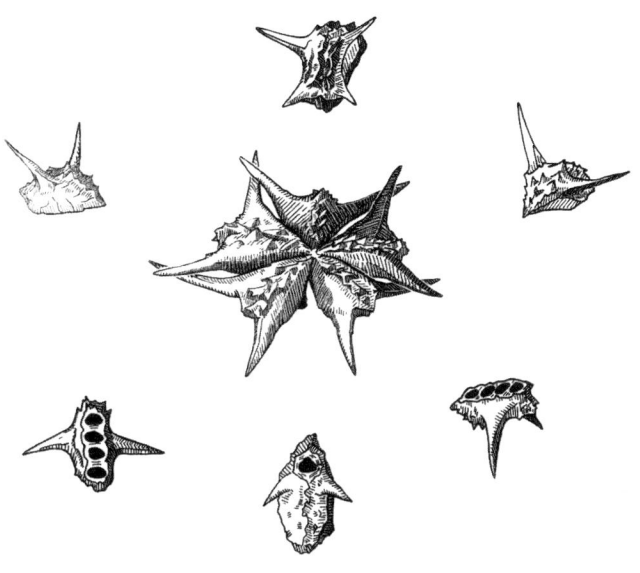

Tribulus: Das große gepanzerte Objekt in der
Mitte ist die Frucht. Wenn sie austrocknet,
bricht sie in einzelne Samenkapseln
auseinander, die drei bis sechs Samen
enthalten. In unserem Bild haben die Finken aus
der Kapsel ganz unten einen Samen entnommen.
Aus den Kapseln zur rechten und zur linken haben
die Finken alle Samen entfernt.
Die kleinen schwarzen Vertiefungen zeigen,
an welchen Stellen sich die Samen befanden.
Zeichnung: Thalia Grant

einzigen Arten, die sich an diese Teilfrüchte heranwagen, sind der große und der mittlere Bodenfink, *magnirostris* und *fortis*. Und jede Art verfolgt dabei ihre eigene Taktik.

Magnirostris (dessen Schnabel fast doppelt so breit und doppelt so hoch ist wie der Schnabel eines *fortis*) pickt eine Teilfrucht auf, hält sie zentriert in seinem Schnabel und drückt seine Kiefer fest zusammen. Nach kurzer Zeit zerbricht die Teilfrucht in Stücke. Dann pickt *magnirostris* ein Stück nach dem anderen auf, hält es seitlich im Schnabel und zerkleinert es. »Wenn ein *Magnirostris* einen *Tribulus* bearbeitet«, sagt Peter Grant, »kann ich es knacken hören.«

Um eine solche Teilfrucht zu zerkleinern, benötigt man im Durchschnitt eine Kraft von mehr als 200 Newton. Offensichtlich handelt es sich um eine größere Kraft, als sie ein *fortis* aufbringen kann. Statt dessen befestigt er die Teilfrucht irgendwie am Boden und zerbeißt und verbiegt das hölzerne Blatt, das die Samen schützt, als ob er einen Deckel aufklappen wollte. Diese Operation erfordert nur eine Kraft von ungefähr 54 Newton, offenbar gerade soviel, wie ein *fortis* schaffen kann.

Keine der beiden Arten hat es leicht, und Grant beobachtete Vögel beider Arten dabei, wie sie einen Felsbrocken benutzten, um sich die Arbeit zu erleichtern. Der Fink hält die Teilfrucht fest in seinem Schnabel, preßt die obere Schnabelhälfte gegen den Felsen und drückt die untere Schnabelhälfte mit ganzer Kraft gegen den Samen, wobei er weiterhin die obere Schnabelhälfte gegen den Felsen drückt.

Weil *magnirostris* die ganze Teilfrucht mit seinem kräftigen Schnabel aufbricht, kann er jeden einzelnen Samen fressen, bevor er sich an die nächste Teilfrucht macht. *Fortis* dagegen, mit seinem kleineren Schnabel und seinem schwächeren Kiefer, muß jedesmal den Deckel öffnen, wenn er einen Samen freilegen und fressen will. Sehr oft nimmt er nur ein oder zwei Samen zu sich und hüpft dann weiter. Auch vertilgt er die Samen fast immer in derselben Reihenfolge. Er beginnt mit dem schmalen, spitzen Ende der Teilfrucht und arbeitet sich dann bis zum stumpfen Ende vor, etwa so hinreißend systematisch wie ein Kind, das an einem Maiskolben knabbert.

Wenn man diese Vögel beobachtet, wie sie die trockene Lava nach *Tribulus*-Samen durchwühlen, dann ist das so, als beobachtete man Menschen dabei, wie sie eine Schüssel mit Pistazien nach den letzten ungeöffneten Nüssen durchsuchen, also nach denen, die zunächst wieder hineingeworfen wurden, weil sie für zu hart befunden wurden. Vögel beider Arten wenden sich häufig Teilfrüchten zu, arbeiten ein paar Sekunden – und manchmal länger – daran, lassen sie dann fallen und hüpfen weiter, wie jemand, der eine zu harte Pistazie in die Schüssel zurückwirft. Die Finken ziehen Teilfrüchte mit nur zwei Dornen vor, Teilfrüchte mit vier Dornen werden mit ziemlich großer Wahrscheinlichkeit wieder fallengelassen. Ein Zeichen dafür, daß *magnirostris* es leichter als *fortis* hat, wenn er *Tribulus*-Früchte fressen will, ist nach Aussage von Peter Grant, daß ein *magnirostris* viel mehr Teilfrüchte aufknackt, als er liegenläßt, während ein *fortis* viel mehr Teilfrüchte aussortiert, als er knackt.

Der Darwinsche Kampf ums Überleben ist nicht nur das Aufeinanderprallen von Hirschgeweihen, Blut an den Lefzen von Löwen, rotverfärbte Natur unter Zähnen und Klauen. Doch ein Wettkampf kann auch als stilles Rennen vor sich gehen, Seite an Seite, um die letzte Nahrung auf einer Wüsteninsel, wo sich die Konkurrenten niemals gegenseitig bekämpfen und das einzige Geräusch das gelegentliche Knacken eines *Tribulus*-Samens ist. Finken befinden sich in einem tödlichen Wettkampf, selbst wenn sie in Schwärmen zusammen nach Nahrung suchen. In harten Zeiten hängt ihr Leben davon ab, wie effektiv sie nach Futter suchen können – wie sie möglichst wenig Energie so einsetzen, daß sie möglichst viel Energie zurückbekommen. Sie sind hungrig, sie sind durstig, und sie versuchen ihren Energiehaushalt im Gleichgewicht zu halten. Wie der arme Mr. Micawber aus Charles Dickens' Roman *David Copperfield* zu sagen pflegte: »Jahreseinkommen: 20 Pfund, Jahresausgaben: 19,96 Pfund; Ergebnis: Glück. Jahreseinkommen: 20 Pfund, Jahresausgaben: 20 Pfund soundsoviel; Ergebnis: Elend.«

Das Rennen ist schnell, und *magnirostris* ist der eindeutige Sieger. In weniger als einer Minute kann er mehr als vier Samen aus zwei Teilfrüchten fressen, während *fortis* es in etwas mehr als eineinhalb Minuten nur auf drei Samen aus zwei Teilfrüchten bringt. Und in der Tat wird *magnirostris* ungefähr zweieinhalbmal soviel Energie pro Minute zugeführt. Außerdem muß er, weil er mehr Samen aus jeder Teilfrucht entnimmt, auch weniger herumhüpfen, was ihm eine zusätzliche Energieersparnis bringt.

Magnirostris ist natürlich größer als *fortis,* nicht nur was die Größe seines Schnabels, sondern auch was die seines Körpers betrifft, und deshalb

Mittlerer Bodenfink.
Aus: Charles Darwin, Reise um die Welt.
Erlebnisse und Forschungen in den Jahren 1832–1836.
The Smithsonian Institution

braucht er auch mehr Nahrung. Er benötigt eineinhalbmal soviel Energie, um die Grunderfordernisse des täglichen Stoffwechsels zu erfüllen. Aber weil der große Schnabel des *magnirostris* dem Vogel zweieinhalbmal soviel Energie zuführt, liegt er in der Bilanz immer noch vorne. Einige Exemplare von *fortis* fanden einen Trick, dies wieder auszugleichen. Einer von ihnen verfolgt einen *magnirostris* auf dem Lavafeld. Sobald der *magnirostris* eine Teilfrucht aufbricht, sagt Grant, stürzt sich der *fortis* darauf, stiehlt ein Stückchen, fliegt ein kleines Stück und zerknackt es. Nicht jeder *fortis* auf Daphne scheint diesen Trick zu kennen. Das Forscherteam der Grants beobachtete nur ungefähr ein halbes Dutzend Vögel dabei. (Auf ähnliche Weise öffnen die Opuntienfinken auf Daphne Major manchmal die Kaktusknospen; *fortis* beobachtete man nie bei dem Versuch, sie zu öffnen. Aber manchmal wartet ein *fortis* in der Nähe eines Opuntienfinken, eines *Geospiza scandens*, und nachdem der *scandens* die Knospe aufgerissen hat, kommt der *fortis* hinzu.)

So sind die Widrigkeiten und Mühen beim Bearbeiten von *Tribulus* für den *fortis* nicht nur härter als für den *magnirostris*, sie sind auch für einige *fortis* härter als für andere. Exemplare mit größeren Schnäbeln können die Teilfrucht zerknacken und die Samen schneller herausmeißeln als die mit kleineren Schnäbeln. Kleinste Variationen bedeuten alles. Ein *fortis* mit einem elf Millimeter langen Schnabel kann eine *Tribulus*-Frucht aufknacken; ein *fortis* mit einem zehneinhalb Millimeter langen Schnabel wird dies gar nicht erst versuchen.

»Das kleinste Korn auf der Waagschale« kann darüber entscheiden, wer leben und wer sterben wird. Der Unterschied zwischen einem Schnabel, der groß genug ist, eine *Tribulus*-Frucht zu knacken, und einem Schnabel, der dies nicht kann, beträgt lediglich einen halben Millimeter.

Im übrigen übt der Finkenschnabel wahrscheinlich umgekehrt einen selektiven Druck auf *Tribulus* aus. Die Grants führten keine sorgfältige Untersuchung darüber durch, aber aus Neugier verglich Peter einmal die *Tribulus*-Pflanzen am östlichen Rand des Kraters, wo es viele *fortis* gibt, mit den *Tribulus*-Pflanzen an der nordwestlichen inneren Wand des Kraters, ungefähr 20 Meter unterhalb des Randes, wo sich *fortis* nur selten aufhält. Wo es viele Finken gibt, hat jede einzelne Teilfrucht weniger Samen, aber sie hat längere und zahlreichere Dornen. In der steil abfallenden, zerklüfteten und geschützten Wand hingegen haben die Teilfrüchte mehr Samen sowie weniger und kürzere Dornen. Peter vermutet, daß *Tribulus* sich in Reaktion auf die Finken entwickelt. Dort, wo der Existenzkampf hart ist, wird *Tribulus*, der mehr Energie in die Dornen und weniger Energie in die Samen steckt, am erfolgreichsten sein; an einem sichereren und abgeschiedeneren Ort dagegen sind die Pflanzen am lebenstüchtigsten, die mehr Energie dafür aufbringen, Samen hervorzubringen, und weniger Kräfte dafür, sie zu schützen. Die Finken treiben möglicherweise die Evolution des *Tribulus* voran, während gleichzeitig *Tribulus* die Evolution der Finken vorantreibt.

Wenn man Duncan Porter folgt, dem größten Kenner der Pflanzenwelt auf den Galapagosinseln, kommt diese Art von *Tribulus* aus Europa. Möglicherweise ist sie über den Pazifik gereist, von Insel zu Insel, auf den Stiefeln, Hosen und haarigen Beinen von Matrosen, Walfängern und Seeräubern. Wenn sie auf diese Weise die Galapagosinseln erreichte, dann wäre das früheste Datum für ihre Ankunft auf Daphne Major das Jahr 1535. In diesem Jahr sah der erste Europäer die Galapagosinseln: Es war der unglückliche Fray Tomás de Berlanga, der dritte Bischof von Panama, der so froh war, die Inseln hinter sich zu lassen, daß er es hinterher nicht einmal der Mühe für wert fand, ihnen einen Namen zu geben.

Nie werden wir erfahren, wann der erste *Tribulus*-Samen Daphne Major erreichte. Wahrscheinlich war es nicht das Jahr, an dem der Bischof auf die Inseln stieß, denn es ist unwahrscheinlich, daß er Daphne Major sichtete oder gar dort an Land ging. So mag sich der Krieg zwischen den Schnäbeln und den Dornen auf diesem Inselchen sehr wohl in der kurzen Zeitspanne einiger weniger Jahrhunderte entwickelt haben – nachdem der erste Seevogel mit einem *Tribulus* im Krater gelandet war, der in den Schwimmhäuten seines Fußes steckte, oder nachdem das erste menschliche Wesen die Insel einige Male umrundet und schließlich seinen Stiefel auf die »Fußmatte« gesetzt hatte.

Was für ein winziger Unterschied entscheidet oft darüber, wer überleben und wer untergehen wird!« schrieb Darwin. Viele seiner Kritiker hielten diese Äußerung für reine Spekulation; aber nachdem die Grants einen Großteil ihres Lebens auf Daphne Major verbracht haben, halten sie es für naheliegend. »Ich denke oft ans Klavierspielen«, sagt Rosemary Grant. »Ich weiß, daß ich trotz meiner kleinen Hände versuche, Klavier zu spielen, aber wieviel leichter wäre es, wenn meine Finger nur ein bißchen länger wären. Oder denken Sie an Pinzetten«, fügt sie hinzu. Jeder in »El Grupo Grant« braucht Pinzetten, weil er mit ihnen Kaktusdornen sammelt, insbesondere wenn Nester oder Samen und Früchte gezählt werden.

Und einige menschliche Bewohner von Daphne Major, die schon am längsten dort sind, sind zu der Überzeugung gelangt, daß Pinzetten »das unentbehrlichste Stück Ausrüstung auf Daphne« darstellen. In einem vollständig ausgerüsteten Pinzettenkasten befinden sich eine mit abgeknickter Spitze, eine mit quadratischer Spitze und eine spitz zulaufende Pinzette. Häufig kann man irgendeine von ihnen benutzen, um mit ihr die Aufgabe einer anderen Pinzette zu übernehmen. Aber dann wird die Arbeit umständlich, und es nimmt viel Zeit in Anspruch. »Und welch kleine Unterschiede in Form und Größe es zwischen den unterschiedlichen Arten gibt«, sagt Rosemary.

Die Grants stellen die Bedeutung von Variationen nicht nur auf Daphne Major, sondern auf dem gesamten Archipel fest. Die Insel, die von ihnen am zweitbesten erforscht wurde, ist Genovesa, eine Insel, mit deren intensiver Beobachtung die Grants im Jahre 1978 begannen. Die Arbeit auf Daphne ist zum größten Teil Peters Werk, während die Arbeit auf Genovesa zum größten Teil von Rosemary gemacht wurde. Wenn sie allein sind, nennen sie Daphne »Peters Insel« und Genovesa »Rosemarys Insel«.

Auf Genovesa konzentrierte sich Rosemary auf den Opuntienfinken, *conirostris* (ein Fink, den Darwin nicht in seine Sammlung aufnahm). Diese Opuntienfinken fressen allesamt, wie ihre Verwandten auf Daphne, mehr oder weniger dasselbe, wenn es genügend Nahrung gibt. Aber in Zeiten des Hungers neigen sie dazu, sich zu spezialisieren. Diejenigen mit bedeutend längeren Schnäbeln können Kaktusfrüchte aufhämmern und es mit Kaktusblüten versuchen. Diejenigen mit längeren und höheren Schnäbeln können die großen harten Kaktussamen knacken. Diejenigen, die noch höhere Schnäbel als die anderen haben, können die Rinde von den Bäumen schälen, um an die Käfer darunter zu gelangen. Dies ist ein weiteres Beispiel dafür, daß Darwin recht hatte, als er die Bedeutung kleiner Unterschiede betonte. Es handelt sich um die Art von Anschaulichkeit, die Darwin seinen Lesern in der *Entstehung der Arten* bot. Haben wir schließlich akzeptiert, daß kleine Variationen über Leben und

Tod mitentscheiden, geht Darwin mit seiner Hypothese noch einen Schritt weiter. Er argumentiert nämlich, daß günstige Variationen eine bessere Chance haben, vererbt zu werden. Sie werden sich von einer Generation zur anderen innerhalb der Population ausbreiten, während Variationen, die einzelnen Mitgliedern in der Population einen Schaden zufügen, eher verschwinden und aussterben werden.

Als der Darwinismus im Niedergang begriffen war, schien diese These ebensosehr reine Glaubenssache zu sein wie die sonstige Darwinsche Theorie. Anhänger der Theorie akzeptierten sie, Skeptiker wiesen sie zurück. So analysierten die britischen Evolutionsforscher Robson und Richards in den zwanziger Jahren eine Reihe von Studien, die sich zum Ziel gesetzt hatten, die Evolution in Aktion zu zeigen. Robson und Richards schlossen aus den vorliegenden Daten, daß selbst dort, wo man natürliche Selektion möglicherweise in Aktion sehen konnte, die Fallstudien Darwins These nicht belegten. Nach Auffassung von Robson und Richards waren die zur Diskussion stehenden Variationen nicht vererbt worden; und Variationen, die nicht vererbt wurden, können zur Evolution nichts beitragen.

Peter Boags fachlicher Hintergrund ist eigentlich die Genetik. So entschloß sich Boag, nachdem er die Insel Daphne mit dem Team der Grants über einige Jahreszeiten hinweg beobachtet hatte, als Teil seiner Doktorarbeit den Versuch zu unternehmen, die Beziehung zwischen der Schnabelgröße der Eltern und der des Nachwuchses bei den Darwinfinken mit Zahlen zu belegen. Das heißt, er wollte messen, wie genau die Variationen im Hinblick auf die Schnäbel vererbt wurden – ein Faktor, der für die Evolution der Finken genauso von Bedeutung ist wie die Existenz von Variationen überhaupt oder deren Einfluß auf das Leben der einzelnen Vögel. So erstaunlich es klingen mag: Nie hatte jemand versucht, diesen Faktor, der in der Sprache der Genetiker als Heritabilität bekannt ist, in der freien Natur zu bestimmen. Je genauer die Variationen reproduziert werden – je vererbbarer sie sind –, desto schneller konnte das Wirken der Evolution unter diesen Finken voranschreiten. Ohne tatsächlich Messungen anzustellen, erklärt Peter Boag, »hatten wir keine Grundlage, dies zu beurteilen«.

Boag ging die Daten durch, die über mehrere Jahre hinweg in der Forschungsstation gesammelt worden waren, und verglich die Größe des Nachwuchses mit der Größe der Eltern. Er fand heraus, daß die Körper-

Zwei mittlere Bodenfinken auf Daphne Major:
dieselbe Spezies, dasselbe Alter,
dieselbe Insel, doch der rechte Schnabel
ist wesentlich höher als der andere.
Zeichnung: Thalia Grant

größe eines Finken tatsächlich sehr stark von der Größe seiner Eltern abhängt. Die Größe eines Finken ist in hohem Maße erblich.

Boag verglich auch die Schnäbel der Vögel mit denen ihrer Eltern. Es zeigte sich, daß auch Gestalt und Größe des Schnabels in hohem Maße erblich sind. Der Finkenschnabel wird zuverlässig von einer Generation zur nächsten weitergegeben.

Es gab einen Punkt, der noch unsicher war und mit Boags Ergebnissen in Konflikt geraten konnte. Nehmen wir einmal, rein theoretisch, an, daß auf Daphne Major die *fortis*-Finken mit einem überdurchschnittlich großen Schnabel während dieser Jahre in der Lage waren, mehr Nahrung zu sich zu nehmen, und nehmen wir weiterhin an, daß Vögel, die als Junge besser fressen, sich zu erwachsenen Vögeln mit größeren Schnäbeln entwickeln. Wenn dies der Fall ist, dann würde ein Elternpaar mit großem Schnabel dazu neigen, den Jungen mehr Nahrung zukommen zu lassen, so daß auch diese einen entsprechend großen Schnabel bekommen. Eltern mit einem großen Schnabel würden Nachwuchs mit einem großen Schnabel haben, Eltern mit einem kleinen Schnabel wiederum würden Nachwuchs mit einem kleinen Schnabel haben. Und dennoch hätte der Effekt nichts mit Genetik zu tun. Trotz der Zusammenhänge, die Boag gefunden hatte, wäre es immer noch möglich, daß Größe und Gestalt des Finkenschnabels nicht von den Eltern an den kleinen Vogel vererbt würden.

Es handelt sich hier um nichts anderes als die uralte Frage von Erbanlage versus Umwelt, und Boag wußte, wie er seine Ergebnisse überprüfen konnte. Wenn er einige Eier von einem großen Finkenpaar nähme und sie einem kleinen Finkenpaar unterschöbe, würden die Jungen sich dann wie ihre wahren Eltern oder wie ihre Pflegeeltern entwickeln?

Boag hatte während seiner Zeit auf Daphne nicht die Möglichkeit, dieses Experiment durchzuführen. Im Rückblick sind die Finkenforscher froh darüber, daß er sie nicht hatte, weil ihre eigenen Untersuchungen mittlerweile so präzise angelegt sind, daß die große Anzahl von Eiervertauschungen, die Boag geplant hatte, zu unnatürlichen Verzerrungen geführt hätte. Möglicherweise hätte Boag, in einem örtlich begrenzten Rahmen, den Gang der Evolution verändert.

Statt dessen vertauschte Jamie Smith Eier, nachdem Boag die Galapagosinseln verlassen hatte, wenn auch bei den Spatzen der kanadischen Insel Mandarte. Er legte zahlreiche Eier von einem Spatzennest in ein anderes, ganz so, wie Boag es auf Daphne geplant hatte. Smith fand heraus, daß die Pflegekinder unter den Vögeln sich nach ihren wirklichen Eltern entwickelten, nicht nach ihren Adoptiveltern. Von einem größeren Vogel aufgezogen zu werden heißt noch lange nicht, auch ein größerer Vogel zu werden. Die Vogeljungen ähneln ihren wirklichen Eltern, obwohl sie nicht von ihnen aufgezogen werden. Somit ergeben sich deutliche Anzeichen dafür, daß bei der Frage, welche Größe die Spatzen entwickeln und welche Gestalt ihre Schnäbel annehmen, die Anlage eine größere Rolle spielt als die Umwelt. Wie bei den Finken werden die Variationen bei den Spatzenschnäbeln mit bemerkenswerter Genauigkeit von einer Generation an die nächste weitergegeben.

Neuere Untersuchungen zeigen, daß selbst kleinste Details im Vogelleben vererbbar sind: alles, von der genauen Größe der Eier bis zur Anzahl der Eier und selbst dem Zeitpunkt, wann sie gelegt werden (zumindest bis zu einem gewissen Grade). Dies wird von Generation zu Generation weitergegeben, in der einen Vogelart genauso wie in der anderen. Hier scheint es sich eher um die Regel als um die Ausnahme in der Natur zu handeln, gerade so, wie Darwin es sich vorgestellt hatte, obwohl nicht alle Variationen in der Welt der Lebewesen so getreu weitergereicht werden wie der Finkenschnabel.

Ursprünglich hatten die Grants geplant, die Darwinfinken nur einige Monate zu untersuchen und so viele Daten, wie sie konnten, mit nach Hause zu schleppen. Dann wollten sie versuchen, Einflußfaktoren herauszufinden, die die Vögel zu dem gemacht haben, was sie sind. Mit anderen Worten: Sie planten eine Momentaufnahme. Sollte Darwin mit dem gemächlichen Gang der Evolution recht gehabt haben, konnte man sowieso niemals etwas Genaueres als einen Schnappschuß machen. Diese Vögel zu beobachten wäre nichts anderes, als beobachtete ein Astronom die Sterne oder ein Geologe die Berge. Selbst 100 Jahre auf den Galapagosinseln wären ein Schnappschuß.

Als sich aber die Mosaiksteinchen zusammenfügten, begannen die Grants zu verstehen, daß sie hier etwas vor sich hatten, das es wert war, intensiv beobachtet zu werden. Ihnen wurde klar, daß sie mit ihrem Team auf die Insel zurückkehren mußten. Hinsichtlich ihrer Schnäbel sind die Vögel ungewöhnlich variabel. Sie reagieren außerordentlich schnell auf diese Variationen. Und sie geben diese Variationen mit einer außergewöhnlichen Genauigkeit weiter. Jede einzelne Anforderung an den Darwinschen Prozeß, jede einzelne Voraussetzung für die Evolution durch natürliche Selektion ist bei den Darwinfinken in einem fast unnatürlich verstärkten Maße präsent.

> Spät kommt die Macht der Götter heran,
> Doch sicher erscheint sie zuletzt, ...

sagt der Chor in Euripides' *Die Bakchen.* Langsam, aber stetig wirkt die Kraft der natürlichen Selektion, sagt Darwin. Doch hier auf Daphne Major unter den Darwinfinken ist der Ablauf möglicherweise schnell und stetig.

Nie zuvor hatte jemand die Darwinfinken gründlich beobachtet; die Grants konnten nur abwarten. Wie sich herausstellte, mußten sie nicht lange warten.

5
Eine besondere Vorsehung

... es waltet eine besondere Vorsehung über den Fall
eines Sperlings.

WILLIAM SHAKESPEARE
Hamlet

Und ich selbst bin vollständig davon überzeugt,
daß in der Natur Mittel der Selektion existieren,
die immer am Werk sind & deren Vollkommenheit
gar nicht überschätzt werden kann.

CHARLES DARWIN
Natürliche Selektion

Bevor Peter Grant Daphnes nördliche Felsenküste verläßt, bückt er sich und betrachtet prüfend den Boden am Wegesrand. Wie er da mit seinem breitkrempigen Sonnenhut und dem grauen Bart im Staub liest, sieht er zugleich vergnügt und ernst aus. Er ist auf der Suche nach *Tribulus*-Samen.

»Es gab eine Zeit, da hätte man gesagt, ›Da ist einer, da ist einer, und da ist einer‹. Inzwischen muß man nach ihnen suchen«, äußert er.

Er kniet neben einer *Tribulus*-Pflanze oder neben dem nieder, was davon übriggeblieben ist. Nach fast vier Jahren anhaltender Dürre hat sich die Pflanze bis zu den Wurzeln zurückgebildet. Sie sieht wie eine schwarze Kralle aus, die sich vor der Sonne versteckt. Ringsherum ist die Lava mit Schichten von altem Guano bedeckt, und der blendende Glanz auf dieser weißen Farbschicht läßt Peter die Augen zusammenkneifen, obwohl der Morgenhimmel immer noch bedeckt ist. Er schiebt ein oder zwei Kieselsteine beiseite.

»Da ist ein *Tribulus*«, sagt er schließlich und hält den Samen in seiner Hand. Die *Tribulus*-Pflanze ließ diese Teilfrucht während der letzten

Regenzeit fallen; sie soll auf die nächste Regenzeit warten. Von der Pflanze steht jetzt nur noch ein stummliger Rest, und die Teilfrucht, die immer noch geduldig auf den großen Regen wartet, ist von der Sonne gebleicht wie Treibholz.

Obwohl sie von zwei langen Dornen geschützt wird, ist die Teilfrucht an einem Ende aufgebrochen worden. An der aufgebrochenen Stelle kann Peter nebeneinander zwei dunkle Löcher in der Schote erkennen, wie winzige Augenhöhlen, beide leer. »Es sind nur zwei Samen herausgenommen worden«, sagt er.

In diesem Augenblick machen 400 Darwinfinken an vielen Stellen des Vulkans genau das, was Peter gerade getan hat. Sie drehen Steine um, inspizieren die Lava, harken den Aschenstaub mit ihren Krallen, stecken bisweilen ihre Köpfe in dunkle Spalten und suchen nach den letzten ausgebleichten Samen. Um neuen Boden freizulegen, stemmt einer von ihnen mitunter seinen Kopf gegen ein größeres Felsstück und dreht mit seinem Fuß ein anderes Felsstück um. Es wurde einmal ein Fink beobachtet, der weniger als 30 Gramm wog und einen Felsbrocken umdrehte, der mehr als 400 Gramm wog. Das ist so, als würde ein Mensch einen Felsblock beiseite rollen, der eine Tonne wiegt. Es ist eine Sisyphusarbeit, aber im Unterschied zu Sisyphus können die Darwinfinken nicht ewig fortfahren. Sie würden auf diese Weise die Hornschicht ihres Schnabels abnutzen. Einige von ihnen haben sich die Federkrone über dem Kopf abgewetzt, so daß sie jetzt fast glatzköpfig aussehen. Gelegentlich erhalten sie zur Belohnung einen solchen Schatz, wie ihn Peter in seiner Hand hält. Eine weitere, harte Vitaminkapsel, eine Hülse mit ein paar Kernen, die noch kein anderer gefunden hatte.

Während der ersten vier Jahre, die die Grants auf dieser Insel verbrachten, beobachteten sie zu keinem Zeitpunkt einen Existenzkampf von dieser Intensität. Es waren gute Jahre für die Darwinfinken. So gab es gegen Ende der ersten Jahreszeit, die die Grants auf Daphne Major verbrachten, mehr als 1500 *fortis*. Neun von zehn dieser *fortis* waren im Dezember, unmittelbar bevor der nächste Regen kam, noch am Leben. In diesem ersten April gab es auch fast 300 Opuntienfinken auf der Insel, und 19 von 20 überlebten die trockene Jahreszeit und schafften es bis zum Dezember.

Das vierte Jahr, 1976, war besonders naß und grün. Im Januar und Februar gab es eine ganze Reihe von Regengüssen und im April und Mai leichte Schauer. Insgesamt 137 Millimeter Regen, also ein gutes Jahr für die Darwinfinken.

Auch das fünfte Jahr der Untersuchung, 1977, fing gut an. Pünktlich fiel der Regen in der ersten Januarwoche. Überall auf Daphne Major sprossen innerhalb von Tagen grüne Blätter, Blütenknospen öffneten sich. Hier und da krochen ein paar Raupen über die Knospen, schnelle Kost für die Darwinfinken. Es gab ungefähr 1000 *fortis* und mehr als 300 Opuntienfinken auf der Insel.

Ungefähr zu dieser Zeit waren Ian und Lynette Abbott, das erste Kollegenpaar der Grants auf den Galapagosinseln, nach Australien und Jamie Smith nach Kanada zurückgekehrt. Die Wache auf Daphne hatten Peter Boag und Laurene Ratcliffe übernommen. Boag konnte es kaum abwarten, daß die *fortis* auf der Insel damit begannen, ihre Eier zu legen, weil er für seine Studie weitere Eltern und deren Nachwuchs benötigte. Auch hatte er von der Nationalparkverwaltung Ecuadors eine spezielle Genehmigung erhalten, das geplante Experiment mit dem Eiertausch durchzuführen. Er hatte vor, die Pflegeküken zu beringen, wenn die *fortis*-Eier ausgebrütet waren. In der folgenden Jahreszeit wollte er dann Länge, Höhe und Breite der Schnäbel messen und seine Doktorarbeit mit einem Paukenschlag beenden.

Nach dem ersten Regen paarten sich einige der Opuntienfinken. (Opuntienfinken brüten oft, bevor viel Niederschlag fällt, vielleicht, weil ihr Leben sehr stark von den Kakteen abhängt.) Die Vögel legten ihre Eier in die Nester, die sie in den Kaktusbäumen gebaut hatten, und die Eier konnten gut ausgebrütet werden.

Der *fortis* brütet erst, wenn es ausreichend Regen gegeben hat. Peter und Laurene warteten auf den nächsten heftigen Wolkenbruch, also den, der *fortis* dazu bringen würde, sich zu paaren. Doch nach der ersten Januarwoche waren die Wolken über Daphne Major so, wie sie an diesem Morgen über den Grants hängen, grau, tief und in düsterer Weise ruhig. Es gab zwar einen weiteren Regenschauer, aber nur einen sehr leichten. Ansonsten nichts als Wolken und Hitze.

Die geringfügige Menge Regen, die in der ersten Woche des Jahres fiel, sickerte nicht in den Boden. Es gibt an den Hängen von Daphne keine Stelle, an der sich Wasser sammeln könnte, und es gibt nicht viel Erdreich, um das Wasser aufzusaugen. Das Wasser lief an allen Seiten des Vulkans herunter, als würde es von einem Dach heruntertropfen, und tröpfelte ins

Meer. Was davon übrigblieb, verdampfte in der Sonne oder verdunstete im Seewind an den Klippen oder durch die Luftwirbel, die täglich, wenn die aufgehende Sonne begann, die Lava zu erhitzen, so heftig in der großen Kraterschüssel tobten, als würden sie von einem Feuer angefacht.

Peter und Laurene schauten sich die Nester an, als die kleinen Opuntienfinken sieben Tage alt waren. Opuntienfinken bauen Nester mit kleinen Kuppeln, tief in den Kaktusbüschen, wo sie vor Eulen gut geschützt sind. Die kleinen Vögel piepsten so lautstark, wie sie es jedes Jahr tun. Peter und Laurene griffen in jeden Kaktusbusch, holten die kleinen Vögel heraus, legten sie in einen Hut und maßen einen nach dem anderen. In einem normalen Jahr wären jetzt Fliegen und Motten um die Kaktusbäume herumgeflirrt, und die Vogelmütter und -väter hätten den Jungen Käfer gebracht. Die Luft wäre voller Käfer gewesen, so daß man Hunderte von ihnen im Netz gehabt hätte, wenn man es dreimal durch die Luft geschwungen hätte. Aber gegen Ende dieses Januars war die Insel noch immer so trocken, daß es zuwenig Blumen gab, um Insekten anzulocken. Wenn man das Netz tatsächlich dreimal durch die Luft schwang, hatte man lediglich ein paar Käfer gefangen.

Als Boag und Ratcliffe den Kropfinhalt einiger kleiner Vögel mit der Lupe untersuchten, sahen sie, daß die meisten Vogelkröpfe nahezu leer waren. Sie fanden etwas Blütenstaub, kleine Stückchen von Blüten oder einen Samenkern, bisweilen eine kleine Spinne.

Überall auf Daphne verwelkten die Blätter und Blumen. Boag und Ratcliffe hatten nicht geplant, so lange auf der Insel zu bleiben. Normalerweise brachen sie früh im Jahr auf und beringten am siebten Tag Jungvögel in ihren Nestern. Dann verließen sie die Insel und kamen erst später wieder zurück, um nach den Kleinen zu schauen. Doch in diesem Jahr saßen Peter und Laurene fest. Sie konnten die Insel nicht verlassen, bevor die *fortis* nicht ihre Jungen bekommen hatten.

Vom oberen Rand des Kraters beobachtete Boag den Horizont. Der Wind kommt gewöhnlich aus Süden und wird durch die viel größere und höhere Insel Santa Cruz abgehalten, die acht Kilometer in Windrichtung von Daphne Major entfernt liegt. Die Stürme laden den größten Teil des Niederschlags an der Südseite von Santa Cruz ab, so daß die Nordseite der großen Insel und ganz Daphne Major im Regenschatten liegen. Boag konnte regelmäßige Niederschläge an der Küste von Santa Cruz beobachten. Auch die Insel Santiago, 30 Kilometer nordwestlich gelegen, auf der

Darwin vierzehn Tage verbrachte, wurde in diesem Frühjahr gut mit Regen versorgt. »Wir atmeten schwer, tranken Wasser und hatten ansonsten unsere Bücher dabei«, erzählt Laurene. »Ich beschäftigte mich mit der Lektüre von *Agonie und Ekstase*. Peter las alle Bücher über den Zweiten Weltkrieg.« »Es ist genau der richtige Ort, um *Aufstieg und Fall des Dritten Reiches* zu lesen«, meint Peter. An manchen Tagen gab es vereinzelte Regenschauer, alles in allem nur 24 Millimeter Niederschlag. Es war nicht genug, um die *fortis* dazu zu bewegen, Paare zu bilden und Nachkommen in die Welt zu setzen. Und es war auch nicht genug, um die Luft mit Motten und Fliegen zu erfüllen. Zwei von drei Opuntienfinkenjungen starben im Nest, und die Vogeljungen, die es durchstanden, blieben zweimal so lange bei ihren Eltern wie gewöhnlich, einige von ihnen länger als einen Monat. Sie hüpften neben ihren Müttern und Vätern her und bettelten mit durchdringendem Schreien und heftigem Flügelschlagen um Nahrung.

Im Juni des letzten Jahres, als die Insel noch feucht und grün war, fand man mehr als 10 Gramm Samen auf einem durchschnittlichen Quadratmeter Lava. Die Finken hatten jedoch schon im Jahre 1976 während der Trockenzeit einen Teil dieses Vorrats aufgefressen. Selbst wenn erst im März oder April des Jahres 1977 Regen gefallen wäre, hätte sich die Versorgung mit Samen bald wieder stabilisiert und *fortis* hätte im Sinne von Boags Experiment begonnen, sich zu paaren, Eier zu legen und zu brüten. Doch die Wochen gingen dahin, der Regen blieb aus, und die Vögel paarten sich nicht. Tag für Tag suchten sie weiter auf denselben Quadratmetern nach demselben abnehmenden Vorrat an Samen. Im Juni des Jahres gab es nur noch 6 Gramm Samen pro Quadratmeter. Im Dezember waren es nur noch 3 Gramm.

Wie immer in Trockenzeiten suchten die Vögel weiterhin nach den Samen, die ihnen am wenigsten Probleme bereiteten. Aber zu diesem Zeitpunkt teilten sie sich schon die allerletzten Pistazien. Sie waren auf dem Boden der Schüssel angelangt. Im Juni des vergangenen Jahres waren vier von fünf Samen, nach denen ein Fink pickte, leicht zu bearbeiten, mit einem Wert von weniger als 1 auf dem Index für den Überlebenskampf. Aber in dem Maße, in dem die kleinen, weichen und leicht handhabbaren Samen von *Heliotropium* und anderen Pflanzen verschwanden, kletterte die

Einstufung auf dem Index für den Überlebenskampf auf immer höhere Werte und erreichte schließlich ihren Gipfel bei sechs. Die Vögel waren nun gezwungen, sich mit den großen, harten Samen von *Palo Santo*, einem Kaktus, und von *Tribulus*, dem Symbol für den Existenzkampf, einem Samen, der sich mit Schwertern armierte, abzuquälen.

1973, also kurze Zeit früher, konnte man einen *fortis* nur höchst selten dabei beobachten, wie er versuchte, einen von *Tribulus'* Eisensternen aufzubrechen, und wenn einer der Vögel es versuchte, benötigte er im Durchschnitt ungefähr 15 Sekunden, um die Teilfrucht zu knacken. Boag und Ratcliffe holten die Stoppuhr wieder hervor. Ein *fortis* konnte nun eine Teilfrucht in eine Seite seines Schnabels nehmen und fest zudrücken, bis die Kapsel in weniger als sechs Sekunden aufbrach. Die Vögel hatten offensichtlich Übung im Umgang mit *Tribulus* bekommen; zumindest galt das für die Vögel, die überhaupt damit umgehen konnten.

Einige der kleinsten *fortis* auf der Insel, diejenigen, deren Schnäbel zu klein für *Tribulus* waren, stocherten statt dessen in *Chamaesyce* herum. *Chamaesyce* ist ein Zwergstrauch mit kleinen weichen Samen, aber er sondert auch eine klebrige Milch ab, wenn seine Blätter verletzt oder seine Stengel geknickt werden. Diese kleinen *fortis* begannen zusammen mit den kleinsten Vögeln auf der Insel, den eingewanderten *fuliginosa*, damit, trotz der Latexabsonderung die Samen von *Chamaesyce* zu fressen. Die Federkronen auf ihren Köpfen verfilzten und klebten zusammen, so daß sie später abgewetzt wurden, als die Vögel Asche und Kiesel nach weiteren Samen durchsuchten. Die kahlen Köpfe waren den ganzen Tag über der Sonne ausgesetzt. So fanden Boag und Ratcliffe immer mehr kleine glatzköpfige Finken, die tot auf der Lava lagen.

Sie machten es sich weiterhin zur Pflicht, die Finken zu fangen und sie zu messen, sie zu wiegen und die Zahlen in wasserresistenten Notizbüchern zu vermerken (dieses Jahr hätten sie allerdings nicht wasserabweisend sein müssen). Im Juni war das Gewicht der meisten Vögel um ein Viertel niedriger als im Juni des vergangenen Jahres. Ein Großteil der Finken war nicht in die Mauser gekommen, obwohl sie zu diesem Zeitpunkt durchaus ein neues Gefieder hätten gebrauchen können. Einige Deckfedern waren so abgewetzt, daß die Daunen darunter hervorschauten, wie Boag später in seinem inzwischen berühmten Artikel über die Dürre des Jahres 1977 berichten sollte. Er und Laurene fanden überall auf der Lava tote *fortis*; ihre Federn waren so zersaust, als hätte man sie in der falschen Richtung gekämmt. Das Ausfransen der Federn war am schlimmsten bei den kleinsten Arten, den *fuliginosa*. Wenn sie nicht die kleinen weichen Samen der *Chamaesyce* fraßen, scharrten sie in den Flechten unter den Grenadillbäumen nach Insekten oder jagten auf kahlen Ästen nach Käfern. Sie benötigten all ihre Deckfedern zum Fliegen.

Selbst in guten Jahren müssen die Finkenforscher sorgfältig darauf achten, niemals einen Eimer mit Wasser offen im Camp stehen zu lassen, weil die Darwinfinken unweigerlich hineinspringen und ertrinken würden. Auf einer anderen Galapagosinsel ließ ein Biologe, der Leguane beobachtete, einmal einen Kanister offen stehen, und am nächsten Morgen war er voller Finken. Ein Eimer ist wie eine Oase – er zieht durstige Tiere von nah und fern an.

Auf der Charles-Darwin-Forschungsstation kroch einmal ein 30 Zentimeter langer Tausendfüßler in einen offenen Eimer, und als Heuschrecken hineinhüpften, fraß der Tausendfüßler eine nach der anderen.

Dieses Jahr verwandelte sich das ganze Camp auf Daphne Major in eine Art Oase. Ein Schwarm Finken – meistens Jungtiere, also Vögel, die im vorigen grünen Jahr zur Welt gekommen waren – tummelte sich rings um das Zelt und pickte Krümel auf. Peter und Laurene entwickelten eine besondere Zuneigung zu einem Finkenweibchen – »Nummer 1750 oder so«, erläutert Boag. »Sie folgte uns überall hin im Camp. Leider hat sie die Dürre nicht überstanden.«

Unten auf dem Boden des Kraters verlagerten die Blaufußtölpel ihr Gewicht von einem Bein auf das andere, um ihre Füße mit den Schwimmhäuten abzukühlen. Boag steckte ein Thermometer in den Boden, im Schatten eines Kaktus, und der Boden war heißer als 50 Grad Celsius. Selbst dort, wo die Samen offen herumlagen, hielt die Hitze die Finken in der Zeit zwischen elf Uhr vormittags und drei Uhr nachmittags von der Nahrungssuche ab. Mittlerweile froren Peter und Laurene nachts, wenn die Temperatur in ihrem Zelt unter 24 Grad fiel, weil sich ihr Körper sehr an die Hitze gewöhnt hatte. Boag lag wach und fragte sich, wie es wohl seinen Vögeln erging.

Dann und wann jagte ein Fregattvogel einem Blaufußtölpel seine Fischbeute ab. Wenn der Fisch auf die Insel fiel, stürzten sich zehn oder zwanzig Finken darauf. Sie machten sich auch über zerbrochene Eier und frischen Tölpelguano her. Sie waren immer in der Nähe, wenn die Tölpel ihre Jungen fütterten, und kämpften um ein Stückchen Fisch. Und wenn die

122

Eulen etwas von ihrer Beute übrig ließen, dann kämpften die Finken auch darum.

In den Jahren zuvor hatten die Finken die Lava-Eidechsen, die über die Felsen flitzen, ignoriert. Doch in diesem Jahr konnten Peter und Laurene einen weiblichen Opuntienfinken dabei beobachten, wie er einen schwarzen Eidechsenschwanz fraß. Ganz in der Nähe entdeckten sie eine weibliche Eidechse mit einem frischen Schwanzstumpf. Einige Tage später sahen sie denselben Vogel, wie er hinter einer anderen weiblichen Lava-Eidechse herjagte und auf deren Schwanz einhackte. Möglicherweise hätte dies der Anfang für ein völlig neues Gericht auf der Speisekarte der Finken sein können – aber dies war schon das Ende der Episode. Ein andermal beobachteten Peter und Laurene einen Blaufußtölpel, der von einem Fregattvogel verwundet worden war. Ein *fortis* stand neben dem verwundeten Tölpel und trank dessen Blut, das auf einen Felsen tropfte.

»Monat für Monat saßen für lediglich dort herum«, erzählt Boag. »Wir waren damals recht deprimiert. Wir verloren schließlich eine ganze Brutzeit und würden keine neue Vogelgeneration bekommen. Und dann verschwanden all diese Vögel auch noch. Wir setzten zwar unsere üblichen Messungen und Zählungen fort, doch war unser Gefühl nicht von der freudigen Erregung bestimmt, die Evolution in Aktion zu beobachten, wie man aus der Lektüre der späteren Artikel schließen könnte, sondern wir waren eher verzweifelt darüber, ein Forschungsprojekt durchzuführen und dabei die eigenen Vögel *sterben* zu sehen.«

Alle jungen Opuntienfinken starben, bevor sie drei Monate alt waren. Nicht ein einziger *fortis* baute ein Nest oder legte ein Ei. Natürlich war dies so, wie die Studie sein sollte: Beobachten und Zuschauen – »auf gut Glück«, wie Boag sagt –, ob es irgendwelche geringfügigen selektiven Vorgänge gäbe. Aber jetzt, da eindeutig ein selektiver Prozeß vor sich ging, fühlte sich Boag eher jämmerlich. Das Austauschen der Eier wäre ein hervorragendes Experiment gewesen, und er war sich sicher, daß die Beobachtung der natürlichen Selektion nichts zu seiner Doktorarbeit beitragen würde. Bestenfalls würden die Ereignisse, die er und Laurene dieses Jahr dokumentierten, ihnen dazu verhelfen, nach einiger Zeit auf irgendeiner Seite irgendeiner anderen Doktorarbeit aufgeführt zu werden.

»Wir dachten, es sei höchst unwahrscheinlich, daß wir überhaupt irgend etwas messen könnten«, wirft Boag ein. »Wir dachten, wir müßten erst zehn Jahre lang beobachten und dann, *vielleicht*. Deshalb erkannte ich nicht, was da vorging – die Ausmaße und die Folgen.«

Schließlich fuhren sie nach Hause und gingen ihre Daten durch. Es lagen lediglich fünf oder sechs Monate zwischen dieser Exkursion und der nächsten, so daß sie vor der nächsten Runde wenig Zeit hatten: gerade eben genug, um die Daten aus den Notizbüchern herauszufiltern und sie einzutippen, solange sie das Gekritzel und Geschmiere überhaupt noch lesen konnten. Peter und Laurene schrieben die Daten aus ihren Beobachtungsbüchern heraus und sahen, wer am Leben geblieben und wer gestorben war. Aber es blieb nicht viel Zeit.

Boag grübelte über die Mühen mit seiner Dissertation nach. Um eine ausreichend große statistische Stichprobe von Familienähnlichkeiten zu erhalten, mußte er zu Hunderten erwachsene und junge Vögel messen. Selbst in einem normalen Jahr würde bloß ein Bruchteil der erwachsenen Vögel brüten, die er maß. Nur ein Bruchteil derer, die brüteten, würde wiederum ein Nest bauen, das er und Laurene finden konnten. Er müßte all die Nestlinge beringen, die er fand, und wahrscheinlich würde die Hälfte von ihnen sterben. Möglicherweise mußte er 2000 Vögel ausmessen, damit schließlich 100 Vögel von ihrem Nachwuchs übrigblieben. »Es handelt sich um außerordentlich wertvolle Vögel, wenn Sie verstehen, was ich meine«, sagt er heute. »Jeder einzelne Vogel, der stirbt, ist ein verlorener Datensatz. Das war meine Hauptsorge. Ich habe den einzelnen Vogel nicht als Datensatz für die *Selektion* betrachtet, sondern als verlorenen Datensatz in einer Untersuchung zur *Heritabilität*.«

Als Laurene und er im Januar des Jahres 1978 zurückkehrten, konnten sie beobachten, wie sich die hellgelben Blüten des Kaktusbaumes überall auf der Insel geöffnet hatten, wie dies zum Jahreswechsel gewöhnlich geschieht. Alle Darwinfinken versammelten sich auf den Blüten, verschlangen gierig die Pollen und tranken den Nektar.

Boag und Ratcliffe machten die übliche Zählung. Sie fanden heraus, daß weniger als 200 Finken auf der Insel am Leben geblieben waren. Nur einer von sieben Finken hatte die Dürre überlebt. Sie maßen die Überlebenden und führten auch Messungen an den mumifizierten Kadavern der toten Finken durch, die beringt oder unberingt auf der Lava lagen. Die Insel ist jedoch so groß, daß die Finken, die jedes Jahr verschwinden, gewöhnlich verschwinden, ohne eine Spur zu hinterlassen. Den Kadaver ihres Camp-finken und die meisten anderen fanden sie nie. Aber sie sammelten die ein, derer sie habhaft werden konnten, und am Ende der Jahreszeit fuhren sie wieder nach Hause und tippten die Daten in den Computer ein, um sie zu analysieren.

Wenn Peter Grant und Peter Boag heute Vorlesungen über die Selektions-ereignisse des Jahres 1977 halten, stellen sie die Auswirkungen der Dürre in drei Kurven graphisch dar. Die Kurven beginnen im März des Jahres 1976, als die Insel Daphne Major noch grün und üppig war. Sie gehen bis zum Dezember des Jahres 1977, als die Kakteen blühten und der schlimmste Teil der Dürre vorüber war.

Während der Dürre nahm die Gesamtzahl der Samen auf der Insel immer weiter ab. Die durchschnittliche Größe und Härte der verbleibenden Samen wuchs hingegen immer weiter an. Die Gesamtzahl der Finken auf der Insel sank mit der Nahrungszufuhr. 1400 Finken im März des Jahres 1976, 1300 im Januar des Jahres 1977 und weniger als 300 im Dezember 1977.

Als nächstes betrachten sie die Finken Art für Art. Zu Beginn des Jahres 1977 gab es ungefähr 1200 *fortis* auf Daphne, Ende des Jahres gab es nur noch 180, ein Verlust von 85 Prozent.

Zu Beginn des Jahres gab es genau 280 Opuntienfinken auf der Insel. Ende 1977 waren es 110, ein Verlust von 66 Prozent.

Von den kleinsten Bodenfinken, den *fuliginosa*, gab es Anfang 1977 ein Dutzend auf der Insel, und nur einer von ihnen überlebte dieses Jahr.

Grant und Boag stellen auch das Alter der Überlebenden graphisch dar. Zahlreiche der Überlebenden waren die ältesten Vögel der Insel, die bereits im Jahre 1973 von den Grants beringt worden waren. 1977 kam nicht ein einziger *fortis* auf der Insel zur Welt, und nur ein einziger *fortis*, der im Jahr zuvor geschlüpft war, überlebte die Dürre. Nur einer der jungen Opuntienfinken, die im Jahr zuvor auf die Welt gekommen waren, überlebte. Die Dürre raffte selbst die Kohorte, die im vorletzten Jahr geschlüpft war, hinweg. Eine ganze Generation wurde so zu einer Selten-heit. Und mit jedem Jahr, das vorüberging, wurde sie seltener, genauso wie Blechmünzen, die in Kriegszeiten geprägt werden.

Schließlich schauen sich Grant und Boag die Schnäbel der überlebenden Vögel genauer an. Sie wissen, wie unterschiedlich die Schnäbel sind. Sie wissen, welche Bedeutung die Variationen besitzen. Sie wissen, wie es den

Pflanzen ergangen ist, wie es um das Wetter stand und wie das Leben auf der Insel die Finken auszehrte. Sie kennen alle diese Daten mit einer beispiellosen Genauigkeit, genauso wie die Abmessungen der Finken, die die Dürre überstanden, und die der Finken, denen dies nicht gelang. Von *fortis* wußten sie bereits, daß die größten Vögel mit den dicksten Schnäbeln für große harte Samen am besten gerüstet waren; und als sie ihre Statistiken zusammentrugen, war deutlich zu sehen, daß sich während der Dürre, als große harte Samen alles waren, was ein Vogel finden konnte, diese Vögel mit einem großen Körper und einem großen Schnabel am besten durchgeschlagen hatten. Die überlebenden *fortis* waren im Schnitt fünf bis sechs Prozent größer als die toten Finken. Der durchschnittliche *fortis*-Schnabel vor der Dürre war 10,68 Millimeter lang und 9,42 Millimeter hoch. Der durchschnittliche *fortis*-Schnabel, der die Dürre überlebte, war 11,07 Millimeter lang und 9,96 Millimeter hoch. Unterschiede, die so klein waren, daß man sie mit dem bloßen Auge nicht erkennen konnte, hatten dazu beigetragen, über Leben und Tod zu entscheiden. Gottes Mühlen mahlen ausgesprochen fein.

Sie hatten also nicht nur natürliche Selektion in Aktion beobachten können. Sie trugen darüber hinaus mit dazu bei, daß es die intensivste Episode natürlicher Selektion war, die jemals außerhalb des Labors dokumentiert wurde. Ein Ergebnis bestand in der bizarren Verzerrung der Geschlechterverteilung auf der Insel. Am Anfang der Dürre gab es ungefähr 600 Männchen und 600 Weibchen. Am Ende der Dürre lebten noch ungefähr 150 Männchen, aber nur noch ganz wenige Weibchen. Die Männchen sind im Schnitt ungefähr fünf Prozent größer als die Weibchen und haben einen verhältnismäßig größeren Schnabel, weshalb die Männchen im allgemeinen im Vorteil sind.

Mit anderen Worten: Sowohl unter den Männchen als auch unter den Weibchen überlebten die größten Exemplare. Aber es überlebten viel mehr Männchen als Weibchen. Und den Unterschied zwischen Leben und Tod machte oft nur die »kleinste Variation« aus, ein kaum wahrnehmbarer Unterschied im Hinblick auf die Schnabelgröße, ganz so, wie es die Darwinsche Theorie vorhersagt.

Viele Menschen – sogar heutige Biologen – können kaum glauben, daß geringfügige Variationen einen solchen Einfluß haben. »Als ich einmal mit einer Vorlesung begann«, erzählt Peter Grant, »unterbrach mich ein Biologe unter den Zuhörern: ›Wie groß ist der Unterschied‹, fragte er mich, ›den Sie zwischen dem Schnabel eines Finken, der überlebt, und dem Schnabel eines Finken, der nicht überlebt, zu sehen beanspruchen?‹

›Im Durchschnitt ein halber Millimeter‹, erwiderte ich.

›Das glaube ich nicht‹, sagte der Mann. ›Ich glaube einfach nicht, daß ein halber Millimeter soviel ausmachen kann.‹

›Nun, das ist eine Tatsache‹, sagte ich. ›Schauen Sie sich meine Daten an, und stellen Sie dann Ihre Fragen.‹ Er stellte keine Fragen mehr.«

»*Keine einzige*«, fügt Rosemary hinzu. »Er saß da, blickte düster vor sich hin, war unruhig und redete die ganze Zeit.«

Natürliche Selektion ist, für sich genommen, noch keine Evolution. Es handelt sich lediglich um einen Mechanismus, der nach Darwin zur Evolution führen kann. Peter und Rosemary Grant formulieren es so: Die natürliche Selektion vollzieht sich innerhalb einer Generation, die Evolution hingegen erstreckt sich über Generationen hinweg.

In der Dürre des Jahres 1977 hatten sie natürliche Selektion in Aktion beobachtet und dokumentiert. Die Selektion hatte die Finken rücksichtslos dezimiert, ganz im Geiste des aristokratischen Bulldoggenzüchters aus Darwins Tagen, der sagte: »Ich züchte viele, und viele töte ich wieder.« Die Finkenforscher wußten jedoch noch nicht, ob die Episode zu einer evolutionären Veränderung führen würde. Sie wußten lediglich, daß dies nach der Theorie möglich war, weil die Schnabelvariationen erblich sind: Veränderungen, die in einer Generation hervorgerufen wurden, können an die nächste weitergegeben werden; über die Jahre hinweg schwächen sie sich ab, werden komprimiert, gestreckt oder gekrümmt, wenn sie über die Generationenfolge weitergegeben und in die Zukunft transportiert werden.

Es handelt sich hierbei um einen Schritt, den die Begründer der Darwinschen Theorie für logisch unausweichlich hielten, an dem aber viele Nachfolger Darwins Zweifel hegten.

Raymond Pearl zum Beispiel schrieb: »Im Bewußtsein einer erstaunlich großen Zahl von Menschen, unter ihnen einige der bedeutendsten Namen der Naturwissenschaft, ist es genau dasselbe, zu zeigen, daß etwas logisch so sein muß, wie zu zeigen, daß es wirklich so ist. Wenn die formalen Regeln der Logik befolgt werden, scheint sich die Wahrheit von selbst einzustellen. Es bedarf keiner weiteren Beweise. Wie jeder weiß, führte diese Einstellung praktisch zum intellektuellen Bankrott der gesamten Evolutionstheorie ...«

Am 9. Januar 1978 öffneten sich schließlich die Wolken über Daphne Major, und es regnete. An diesem Tag fielen mehr als 50 Millimeter Niederschlag. Der Regen fiel auf kein Grün, nur auf Felsen, abgestorben wirkende Bäume und ausgetrocknetes Unkraut. Der Regen lief in Strömen an den Hängen des Berges hinunter.

Überall auf der Insel taten die männlichen Finken, die Überlebenden der Dürre, was sie jedes Jahr beim ersten Regentropfen tun. Sie flogen auf den höchsten Punkt in ihrem Territorium: auf die Krone eines Baumes, der aus einer Felsspalte zum Himmel aufragt oder auf den verrückten Kirchturm von einem Kaktus oben am Felshang. Da saßen die Finkenhähne nun auf ihren nassen Kommandoposten, sahen so abgemagert und zerzaust aus wie nie zuvor, öffneten ihre berühmten Schnäbel wie Hähne auf dem Bauernhof beim ersten Licht des Tages und fingen an, im Regen zu singen.

Der Regen verwandelte die Insel. Innerhalb einer Woche gab es Blätter und Blüten an den Grenadillbäumen. Vor den Augen der Forscher schossen grüne Zweige in die Höhe. »Die *Merremia*-Sämlinge waren fünf Zentimeter hoch«, berichtete Peter Boag später, »der *Portulaca* war voller Blätter, und der *Amaranthus* war zwei Zentimeter hoch.« Schon bald hatten *Tribulus* und ein Dutzend anderer Pflanzen grüne Früchte oder Samenköpfe, und auf den Knospen der *Portulaca* krabbelten die Käfer. Vom Meer aus betrachtet, verwandelten sich die staubigen Abhänge des alten Vulkans vom düsteren, vorabendlichen Braun in mittägliches Smaragdgrün, die Insel wurde zu einem tropischen Paradies.

Bei keinem einzigen Finkenpaar auf der Insel hatten Männchen *und* Weibchen überlebt. Während der Dürre war mindestens ein Mitglied jedes Paares umgekommen, aber als der Regen fiel, wechselten viele Schnäbel der Weibchen ihre Farbe in Richtung Dunkelbraun, die der Männchen wurden schwarz. Ein Zeichen dafür, daß die Vögel wieder bereit waren, sich zu paaren.

Die Männchen bauten Nester im Kaktus und sangen tagelang ohne Pause von der höchsten Kaktusspitze ihres Territoriums aus. Die Weibchen hüpften von Territorium zu Territorium und schauten sich die Nester und vermutlich auch die Sänger an.

Die verzerrte Geschlechterverteilung heizte natürlich die Brautwerbung an. Unter den *fortis* kamen jetzt sechs Männchen auf ein Weibchen. Jedes Weibchen konnte unter zahlreichen Männchen auswählen, aber lediglich ein Männchen unter sechs würde ein Weibchen für sich gewinnen. Die Männchen flogen hinter den Weibchen her, die ihr Territorium besuchten, in einer Art, die die Finkenbeobachter die »Jagd nach Sex« nannten. Die Weibchen hüpften herum und flogen umher, um Nest für Nest zu besuchen, und nahmen an einer Jagd nach der anderen teil, bevor jedes von ihnen, eines nach dem anderen, sich bei einem einzelnen Männchen einrichtete.

Und wieder stellten die Finkenforscher ihre Untersuchungen an und führten Messungen durch. Sie fanden heraus, daß die Männchen, die sich die Weibchen ausgesucht hatten, keineswegs zufällig gewählt waren. Sie waren genausowenig wie diejenigen, die der Dürre nicht zum Opfer fielen, eine Zufallswahl. Die erfolgreichen Männchen waren in der Regel die Größten der Großen. Es handelte sich um die Männchen mit dem schwärzesten und reichsten Gefieder und diejenigen mit dem dicksten Schnabel.

Wegen der eigenartigen Geschlechterverteilung standen die meisten Männchen außen vor; nur eine sehr kleine Auswahl unter den Überlebenden hatte überhaupt die Chance, sich zu paaren. Aber jedes einzelne der in Frage kommenden Weibchen war in der Lage, einen Partner zu finden. Ein Opuntienfinkenweibchen stellte den Rekord auf der Insel auf: Es brütete fünfmal und brachte dreizehn Junge hervor.

In diesem Moment wurde es außerordentlich bedeutsam, daß Variationen des Körpers und des Schnabels von einer Generation auf die nächste mit hoher Genauigkeit weitergegeben wurden. Im Ergebnis half die ungleiche Verteilung des Glücks in der Liebe, die Auswirkungen der Dürre fortbestehen zu lassen. Die Männchen und Weibchen der *fortis,* die im Jahre 1978 überlebt hatten, waren bereits in bedeutsamer Weise größere Vögel, als der durchschnittliche *fortis* vor der Dürre es war. In dieser Gruppe wiederum waren die Männchen, die Väter wurden, größer als die übrigen, und die Jungvögel, die sich in diesem Jahr entwickelten und aufwuchsen, stellten sich als ebenfalls groß heraus, und ihre Schnäbel waren recht hoch. Der durchschnittliche Schnabel eines *fortis* der neuen Generation war vier bis fünf Prozent höher als der Schnabel seiner Vorfahren vor der Dürre. In der Dürre des Jahres 1977 hatten die Finkenforscher natürliche Selektion in Aktion beobachtet. Jetzt, in der Zeit danach, sahen sie die

Evolution in Aktion, im Hinblick auf die Dimension der Vogelschnäbel und auch auf zahlreiche andere Dimensionen.

Die Forschergruppe auf Daphne Major mußte ihre Beobachtungen deshalb fortsetzen. Alle mußten wieder zurückkehren. Es trifft nicht nur zu, daß der Darwinsche Prozeß unter den Darwinfinken wirksam ist und daß die natürliche Selektion zur Evolution in diesen Vogelschwärmen führt. Sie führt darüber hinaus auch sehr viel rascher dorthin, als Darwin es für möglich hielt. Die Finkenforscher mußten herausfinden, was als nächstes geschehen würde.

Aber selbst, wenn sie ihre Arbeit an diesem Punkt abgebrochen hätten, würde das, was sie in den Jahren zwischen 1973 und 1978 auf Daphne Major gesehen hatten, ausreichen, eine alte und ziemlich peinliche Lücke in Darwins Theorie zu schließen. Im Jahre 1909, zum hundertsten Geburtstag Darwins, fragte der deutsche Biologe August Weismann während einer wissenschaftlichen Tagung an der Universität Cambridge, ob die natürliche Selektion wirklich die ersten kleinen Schritte evolutionärer Veränderung erklären kann. »Auf diese Frage kann selbst jemand wie ich, der lange Jahre ein überzeugter Anhänger der Theorie der Selektion war, nur antworten: › *Wir müssen es annehmen, aber wir können es nicht in jedem Fall nachweisen*‹.«

Einige Generationen später müssen dies Darwins Erben nicht länger nur annehmen. Was Weismann wollte, können sie nun Fall für Fall, und jetzt auch mit den Darwinfinken, belegen.

Einer von Peter Grants fortgeschrittenen Studenten, Trevor Price, sah sich die Ergebnisse dieser frühen Jahre noch einmal an, indem er mathematische Verfahren darauf anwandte, die in den siebziger Jahren noch nicht zur Verfügung standen. Diese Verfahren erlauben es den Forschern, zu enträtseln, welche unter den ganzen sich verändernden Eigenschaften eines Vogels, eines Fisches oder eines Farns am stärksten während einer selektiven Episode selektiert werden. Anders formuliert: Sie zeigen den Forschern, welche Veränderungen in einer Lebensform wesentlich waren und welche einfach nur zufällig gleichzeitig abliefen, und somit, welche Teile einer Lebensform Ziele der Selektion waren.

Diese Technik, die als partielle Regressionsanalyse bekannt ist, wurde im Jahre 1983 von den Evolutionstheoretikern Russ Lande und Steve Arnold entwickelt. Kaum hatten Lande und Arnold diese Technik entwickelt, benutzte sie Price, um Boags Ergebnisse aus der Zeit der Dürre auszuwerten. Die erneute Analyse ließ das evolutionäre Ereignis noch schärfere Konturen annehmen.

Price wußte, daß die Überlebenden und ihr Nachwuchs, bezogen auf Gewicht, Flügellänge, Rumpflänge und auch Schnabellänge, -höhe und -breite, höhere Werte hatten. Die partielle Regressionsanalyse zeigt jedoch, daß nicht alle diese Eigenschaften durch die Dürre mit gleicher Gewichtung selektiert wurden. Während dieser schrecklichen Dürre auf Daphne Major selektierte die Natur unter den *fortis* am stärksten nach ausgeprägter Körpergröße und höheren Schnäbeln. Die Natur selektierte *nicht* nach dem Kriterium längerer Schnäbel; ein *fortis* mit einem langen Schnabel hatte keinen besonderen Vorteil während der Dürre. Auch war die Natur den Vögeln mit breiteren Schnäbeln nicht günstig gesonnen. Deshalb waren es die großen Vögel mit einem hohen, aber relativ schmalen Schnabel, die bevorzugt wurden. Vielleicht, schreibt Peter Grant, »weil ein schmaler, aber hoher Schnabel des beste Instrument für die schwierige Aufgabe darstellte, die Teilfrüchte des *Tribulus* auseinanderzureißen, aufzubiegen und auszubeißen, um die Samen freizulegen.«

Die Vögel wurden deshalb infolge der Dürre nicht einfach größer: Sie wurden neu geformt und »überarbeitet«. Durch ihre Toten wurden auch sie verändert. Durch die Verluste an Artgenossen wurden ihre Schnäbel zurechtgemeißelt.

In den meisten Gegenden auf diesem Planeten ist der Anblick eines toten Vogels so selten, daß er uns tief trifft, ja sogar ängstigt. Wir weichen zurück, als ob im Kosmos irgend etwas aus dem Gleichgewicht geraten wäre, als ob sich ein Vorhang, der eigentlich unten bleiben sollte, mit einem Mal gehoben und eine Schattenwelt jenseits unserer Welt bloßgelegt hätte, einen Ort, den wir nicht hätten sehen sollen.

Auf der Wüsteninsel Daphne Major sind tote Vögel hingegen ein Allerweltsereignis. Man findet sie überall. Die Lava ist ständig übersät mit Gabelbeinen und Schädeln, an denen noch die Schnäbel sitzen. Hier und dort liegen ganze Seevögel ausgestreckt da, so als ob sie noch fliegen würden, geruchlos und mumifiziert, wie gefiederte Pharaonen in der trockenen, zehrenden Hitze. Jede Generation liegt dort, wo sie hinsinkt, und die nächste Generation baut ihr Leben auf den Ruinen der vorangegangenen. Sie schlüpfen in einem Leichenschauhaus, brüten in einer Krypta und legen sich zum Sterben neben ihre Vorfahren, als ob hier nicht nur das Leben, sondern auch der Tod Aufmerksamkeit heische.

Die Evolution erschließt uns einen Sinn des Todes, obwohl dieser Sinn einigen der Beeren gleicht, die Darwin auf den Galapagosinseln kostete: »sauer & streng«. Es waltet eine besondere Vorsehung im Fall eines Sperlings. Selbst die Dürre trägt Früchte, selbst der Tod ist ein Samenkorn.

6

Darwinsche Kräfte

Und je mehr wir über die Eigenart der Dinge erfahren,
desto offensichtlicher ist es, daß das, was wir Ruhe
nennen, lediglich nicht wahrgenommene Aktivität ist;
daß scheinbarer Frieden ein stiller, unentwegter Kampf
ist. In jedem seiner Teile, in jedem Moment ist der
Zustand des Kosmos Ausdruck einer vorübergehenden
Regulierung widerstreitender Kräfte. Ein Kriegsschauplatz,
auf dem alle Beteiligten abwechselnd fallen.
Was für jeden Teil gilt, gilt auch für das Ganze.

THOMAS HENRY HUXLEY
Evolution und Ethik

Als nächster war Trevor Price an der Reihe. Er traf zu Beginn des
Jahres 1979 auf der Insel ein und baute ein Camp auf einem kleinen
Krater am Ostrand. An derselben kleinen, flachen, sandigen Stelle, an der
die Grants und die Abbotts sowie Peter Boag und Laurene Ratcliffe vor
ihm kampiert hatten.

Weil er nach den anderen kam, konnte Trevor auf ihren Ergebnissen
aufbauen. Er erbte all ihre sorgfältig gesammelten Beweise, die veran-
schaulichen, daß Variationen bei den Finkenschnäbeln von großer Bedeutung sind und daß natürliche Selektion unter ihnen rasch und zuverlässig
vor sich geht. Als Peter Grants letzter Doktorand konnte er auch auf die
Kooperationsbereitschaft der Charles-Darwin-Forschungsstation bauen,
die Routine mit den *pangas* und *chimbuzos* war eingespielt, und die
Namen der örtlichen Kapitäne auf den Fischerbooten waren ihm bekannt.
Und in Nächten mit vielen Insekten durfte er im Zelt natürlich auch seine
Kriegskunst erproben. Als sie auf den Inseln kampierten, schlugen er und
sein Mitarbeiter Spike Millington mit dem Aufsatz »Vergleichende Ökologie bei den Bodenfinken auf den Galapagosinseln« von Abbott, Abbott

133

und Grant, der zuerst 1977 in den *Ecological Monographs* veröffentlicht wurde und schon ein Klassiker ist, nach den Moskitos auf der zerfledderten Zeltbahn.

Sieben von zehn Finken waren ein Jahr, nachdem Trevor auf die Insel gekommen war, beringt, und nach einem weiteren Jahr waren es neun von zehn. Trevor war der erste, der jeden einzelnen Finken auf der Insel auf Anhieb erkennen konnte. Seit Trevor waren die Finkenforscher in der Lage, auf den ersten Blick nicht nur die beringten Vögel zu erkennen, sondern auch ein paar Vagabunden, von denen dort immer einige herumstromerten. Wenn eine Graphik der Finkenforscher in einem bestimmten Monat eines bestimmten Jahres 1250 Finken auf der Insel ausweist, so ist dies keine Schätzung. Die Forscher haben jeden einzelnen gezählt, wie Schäfer ihre Herde.

Trevor war in der Lage, die Finken genauer zu verfolgen als irgend jemand vor ihm. Dies gelang ihm nicht nur, weil er über sehr viele Daten verfügte und weil so viele Finken auf Daphne beringt waren, sondern auch, weil nach der Dürre des Jahres 1977 nur einige hundert Vögel übriggeblieben waren. Er konnte jedes einzelne ihrer Nester ausmachen, bevor die Kuppel darüber gebaut war. Er hatte Zeit hineinzuschauen, das Nest mit einem roten Markierungsband im Kaktus kenntlich zu machen und auf seinen Runden rings um die Wüsteninsel häufig nachzusehen. Nur sehr wenige der flügge gewordenen Jungen landeten ohne einen von Trevors leuchtenden Ringen um ihre Fußgelenke auf der Lava, jene Ringe also, mit deren Hilfe sie sich identifizieren ließen, so sicher wie Rang, Dienstgrad und Stammnummer oder erster und zweiter Vorname sowie Familienname.

Während Trevors Aufenthalt wurde ein umfassendes, geradezu mikroskopisch genaues Wissen über die Vogelschwärme auf Daphne Major zusammengetragen; die gesamte Insel schien plötzlich – zumindest für ein kurzes Zwischenspiel – so klein zu sein wie eine Petrischale. Trevor Price erwarb fast ein solch allumfassendes Wissen, wie man es sonst nur aus dem Labor kennt. Jetzt konnte man anfangen zu beobachten, was mit den Darwinfinken geschieht, wenn sie nicht nur einem, sondern mehreren miteinander in Konflikt stehenden Selektionseinflüssen auf einmal ausgesetzt sind. Denn es gibt zu jedem Zeitpunkt der Evolution mehrere Einflußfaktoren, die ungestüm aufeinanderprallen.

Trevor maß die Jungvögel aller Finken auf der Insel, wenn sie acht Tage alt waren. Er maß sie erneut im Alter von acht Wochen und von acht

Monaten. Er war dadurch in der Lage zu beobachten, daß der Schnabel eines Finken ungefähr nach acht Wochen voll ausgewachsen ist. Wenn ein kleiner *fortis* nach acht Wochen eine Schnabelhöhe von 9,45 Millimeter hat, dann wird sie auch nach acht Monaten noch 9,45 Millimeter betragen und auch noch nach acht Jahren, wenn er so lange lebt.

Als Trevor sich jedoch seine Daten und die anderer Finkenforscher anschaute, bemerkte er etwas Eigenartiges, das die anderen übersehen hatten. Wenn er jede Generation der *fortis* betrachtete, sah er, daß die durchschnittliche Schnabelhöhe während des Wachstums keineswegs konstant blieb. 1976 zum Beispiel betrug die durchschnittliche Schnabelhöhe eines jungen *fortis* auf Daphne ziemlich genau 9 Millimeter. Sechs Monate später hatte sich die durchschnittliche Schnabelhöhe derselben Vogelkohorte jedoch verringert; sie betrug jetzt 8,73 Millimeter.

Die einzelnen Vögel hatten sich nicht verändert. Doch die Kohorte als ganze hatte sich verändert, weil die kleineren Jungvögel, die mit den flachsten Schnäbeln, überlebt hatten, während die größten Vogeljungen mit den höchsten Schnäbeln gestorben waren. Trevor beobachtete, wie dieser Vorgang sich in jeder Generation junger Darwinfinken wiederholte. Nicht jeder kleine Fink überlebte, und nicht jeder große Fink starb, aber die kleinen hatten die besten Chancen zu überleben.

Nachdem er einige Zeit darüber nachgedacht hatte, fand Trevor heraus, warum dies geschah. Wie die Schädeldecken und die Kiefer menschlicher Babys sind in diesem zarten Alter die Schädeldecken und die Schnäbel der kleinen Finken noch weich; die Puzzle-Stückchen der Knochen sind bis dahin nicht fest miteinander verbunden. Deshalb können selbst die größten Vögel die großen harten Samen noch nicht knacken, die einige von ihnen später meistern können. In der ersten Trockenzeit, wenn die kleinen Samen auf der Insel knapp werden und die größten der ausgewachsenen Vögel auf der Insel beginnen, die größten Samen zu fressen, müssen die Jungvögel noch immer die kleinen weichen Samen suchen und sie aufpicken. Selbst die größten Jungvögel werden sich nicht von *Tribulus*-Samen ernähren.

Große Vögel benötigen mehr Nahrung als kleine Vögel, und die großen Jungvögel brauchen die meiste Nahrung von allen, weil sie immer noch wachsen. Doch weil sie jung sind, helfen ihnen ihre großen weichen Schnäbel nicht dabei, diese Nahrungsmenge auch aufzunehmen. Groß und jung zu sein ist für einen Finken nur eine Last und keine Chance.

Nach einiger Zeit, wenn sich die Trockenzeiten hinziehen, werden manche dieser großen Jungvögel so dünn und phlegmatisch, daß die Finkenforscher auf Daphne Major sich nur bücken müssen, um sie mit bloßen Händen zu greifen. Deshalb ist es nicht unbedingt besser, größer zu sein. Wenn diese Vögel noch jung sind, treibt die natürliche Selektion ihre Entwicklung in Richtung auf eine kleine Körpergröße voran. Wenn sie dann älter werden, gibt ihnen die natürliche Selektion wieder die Möglichkeit, sich in Richtung auf eine große Körpergröße zu entwickeln. Trevor führte Messungen zu diesen Wellenbewegungen der natürlichen Selektion durch, die in Konflikt miteinander stehen und sich über die Generationen fortsetzen. Sie verhalten sich wie Wellen, die auf der Oberfläche eines Teiches hin- und herlaufen und jede Kohorte zunächst in die eine Richtung und dann in die andere treiben.

Nie ist das Leben einfach, auch nicht für einen Vogelschwarm auf einer Wüsteninsel. Nur von einer Etappe des Lebens zur anderen am Leben zu bleiben füllt bereits den ganzen Tag aus; und das Überleben ist nur der erste Schritt. Wenn die Vögel ein bißchen älter werden, müssen sie zueinander finden, sich paaren und Nachwuchs großziehen – und dabei selbst weiter am Leben bleiben. Das Sexualleben fügt dem Existenzkampf eine ganze Reihe neuer Konflikte hinzu, und die Zwänge der sexuellen Selektion geraten manchmal mit den Zwängen der natürlichen Selektion in Konflikt.

Darwin erwähnt die sexuelle Selektion in der *Entstehung der Arten*, aber er schreibt ausführlicher darüber in der *Abstammung des Menschen*, einem Buch, das im Jahre 1871 veröffentlicht wurde. Mehr als die Hälfte des Buches nimmt in der Tat die Beschäftigung mit diesem Gegenstand ein. Sein vollständiger Titel lautet: *Die Abstammung des Menschen und die Zuchtwahl in geschlechtlicher Beziehung.*

In einer Hinsicht ist der Vorgang, den Darwin sexuelle Selektion nannte, weniger grausam als die natürliche Selektion. Eine Runde im Spiel der natürlichen Selektion zu verlieren kann den Tod bedeuten. Eine Runde in der sexuellen Selektion zu verlieren bedeutet lediglich ein Jahr ohne Paarung. Aber immerhin: Andauernder Mißerfolg beim Paaren ist gleichbedeutend mit dem genetischen Tod.

In der Trockenzeit werden diese Vögel von der natürlichen Selektion, bildlich gesprochen, »täglich und stündlich« in ihrem Kampf um Nahrung und Selbsterhaltung einer Prüfung unterzogen. Einige Vögel schaffen es, andere nicht. In der Regenzeit, die gleichzeitig die Brutzeit ist, unterwerfen sich die Überlebenden täglich und stündlich gegenseitig einer Prüfung, aber nicht im übertragenen Sinne, sondern ganz wörtlich: nämlich dann, wenn die Männchen um ihr Territorium kämpfen, Nester bauen und vom höchsten Kaktus auf ihrem Territorium zu singen beginnen, während die Weibchen vorbeidefilieren, die Nester der Männchen und deren Standort auf der Lava inspizieren und dem Gesang der Männchen lauschen.

Mit anderen Worten, sobald die Natur aufhört, unter den Vögeln zu selektieren, beginnen die Vögel damit, untereinander zu selektieren. Und wieder schaffen es einige und andere nicht.

Darwin war vom Einfluß der sexuellen Selektion ebenso überzeugt wie vom Einfluß der natürlichen Selektion. Aber er beobachtete nie mit eigenen Augen, wie die Evolution, vermittelt über einen dieser beiden Prozesse, vor sich geht. Darum wurde seine Theorie der sexuellen Selektion nach seinem Tod lange nicht aufgegriffen. Erst als *Die Abstammung des Menschen* zum hundertsten Jahrestag des ersten Erscheinens 1971 neu aufgelegt wurde, beschäftigte man sich erneut mit ihr.

Mittlerweile konnte eine Vielzahl von Beweisen für diesen Prozeß vorgelegt werden. Einer der dramatischsten Hinweise in dieser Richtung ergab sich durch die Dürre, deren Zeuge Boag auf Daphne Major geworden war. Weil die Weibchen auf der Insel lediglich die Männchen mit den größten Schnäbeln auswählten, trieb der Prozeß der sexuellen Selektion die Evolution in dieselbe Richtung voran wie der Prozeß der natürlichen Selektion, ja er beschleunigte sie noch.

Das verzerrte zahlenmäßige Verhältnis der Geschlechter auf der Insel, eine Auswirkung der Dürre, dauerte lange Zeit an. Während Trevors Aufenthalt auf der Insel gab es ungefähr doppelt so viele *fortis*-Männchen wie *fortis*-Weibchen, manchmal auch dreimal so viele. Dies gab Trevor die Möglichkeit, den Einfluß der sexuellen Selektion in der Praxis nachzuweisen. Und in der Tat verwandelte sie die Insel in eine Bühne für die Komödie der sexuellen Selektion, ganz so, wie es die Dürre des Jahres 1977 für die Tragödie der natürlichen Selektion getan hatte.

In diesen Jahren fand jedes Weibchen einen Partner, und manche Weibchen hatten sogar noch ein zweites Männchen nebenbei. Dagegen schmachteten während der Regenzeit überall auf der Insel Männchen ohne Weibchen, bauten Nester auf den Kaktusbäumen ihres Territoriums, sangen vom höchsten Punkt aus und blieben erfolglos. Keines der Männchen auf der Insel hatte jemals zwei Weibchen gleichzeitig, soweit Trevor das beurteilen konnte – und er beobachtete alles aus der Nähe wie ein Reporter in Washington.

Wieder einmal erfüllten die Darwinfinken nicht nur Darwins Erwartungen, sondern übertrafen sie. Darwin hatte angenommen, daß der Druck der sexuellen Selektion bei polygamen Arten stärker sei als bei monogamen Arten. So hat bei den Seelöwen der Galapagosinseln ein Männchen einen Harem, alle übrigen sind Junggesellen und werden links liegengelassen – weshalb der Selektionsdruck unter den Männchen ungeheuer stark ist. Andererseits nahm Darwin (mit einigem Recht) an, daß bei mehr oder minder monogamen Vögeln wie den Finken der Druck der sexuellen Selektion geringer sei, weil es gewöhnlich ungefähr gleich viele Männchen und Weibchen in jeder Generation gibt, die sich paaren können. Doch wegen des bemerkenswert verzerrten Zahlenverhältnisses der Geschlechter nach der Dürre erreichte der Druck der sexuellen Selektion auf Daphne Major jene Intensität, wie man sie unter Seelöwen beobachten kann, wo es nach dem Motto geht: Der Gewinner bekommt alles, der Verlierer bekommt nichts. Jahr für Jahr blieben viele Männchen Junggesellen, während andere Männchen Weibchen fanden, sich mit ihnen paarten und zahlreiche Nachkommen zeugten.

Vom bloßen Augenschein her konnte Trevor nicht sagen, warum der eine Fink Runde für Runde in der sexuellen Selektion gewann und der andere verlor. Aber nachdem er die Insel verlassen hatte, gab er für die Jahre 1979, 1980 und 1981 Gewicht, Spannweite, Schnabellänge und -höhe aller Finken auf der Insel in seinen Computer ein.

In zwei von diesen drei Jahren, 1979 und 1981, brüteten die Finken, nachdem sie schreckliche Zeiten überlebt hatten: zunächst die Dürre des Jahres 1977 und dann die nicht ganz so schlimme Dürre des Jahres 1980. Während dieser Brutzeiten, analysierte Trevor, waren es die größten Männchen mit den größten Schnäbeln, die bei der Partnersuche Erfolg hatten. Die Weibchen wählten die Männchen genau nach den Eigenschaften aus, die dazu beigetragen hatten, daß die Vögel diese harten Zeiten überstanden.

In einem der Jahre des Untersuchungszeitraums führte Trevor auch

Erhebungen zur Größe der Territorien der Männchen durch sowie zu deren »Reichtum«, also darüber, wie viele Früchte und samentragende Bäume es im Territorium eines jeden Männchens gab. Auch hier fand er ein Muster. Männchen mit größeren Territorien hatten bessere Chancen, ein Weibchen für sich zu gewinnen, als Männchen mit kleineren Territorien.

Auch das Gefieder war von Bedeutung. Für ein kohlrabenschwarzes *fortis*-Männchen auf Daphne Major waren die Chancen im Jahre 1979 und 1980, ein Weibchen zu finden, besser als 50 zu 50. Für ein Männchen jedoch, das noch keine ganz schwarzen Federn hatte – ein Männchen, das noch etwas unreif aussah –, standen die Chancen schlechter als eins zu drei.

Schwarze Federn sind ein Zeichen für Alter und Erfahrung; und Alter und Erfahrung können, was die Anzahl der Jungen angeht, die ein Paar hervorbringt, den entscheidenden Unterschied ausmachen. So werden auf der Insel Genovesa die Nester der Vögel, die zum erstenmal Vater werden, signifikant häufiger von Eulen ausgeräubert als die Nester erfahrener Brutvögel. Weibchen mit erfahreneren kohlrabenschwarzen Männchen brüten mit größerer Wahrscheinlichkeit früher in der Regenzeit als Weibchen mit Männchen, die zum erstenmal brüten. Erfahrene Paare legen zuweilen nicht nur ein, sondern zwei Gelege an, bevor die Brutzeit vorüber ist.

Wenn schwarze Männchen mehr Erfolg bei den Weibchen haben, warum verändern dann nicht alle Männchen, so schnell, wie sie können, ihre Farbe in Richtung auf Schwarz? Warum wechselt bei einigen von ihnen in ihrem ersten Lebensjahr die Farbe des Gefieders zu Schwarz, während andere über Jahre hinweg trotz des kräftigen sexuellen Selektionsdrucks, den Trevor nachgewiesen hat, ein Gefieder von unattraktivem Braun behalten? Die außerordentliche Vielfalt an Variationen beim Gefieder der Finken legt die Vermutung nahe, daß es nicht nur vorteilhaft sein kann, etwa ein schwarzes Gefieder zu besitzen, sondern daß es verborgene Kosten gibt, wenn ein Vogel schwarz ist, und einen verborgenen Nutzen, wenn sein Gefieder braun bleibt.

Während die Weibchen umherfliegen und sich jedes Territorium ansehen, kämpfen die Männchen mit den benachbarten Männchen darum, die Grenzen ihres kleinen Stückchens Lava festzulegen und auszuweiten. Weil ein Männchen mit schwarzen Federn in mehr Kämpfe verwickelt wird als ein Männchen mit braunen Federn, sind die energischsten Männchen die schwarzen mit einem großen Stück Land.

Ein Männchen, daß eine Zeitlang braun bleibt, kann eventuell verhindern, daß es in zu viele Kämpfe gerät, und sein Territorium unauffällig abstecken. »Es scheint durchaus ein Problem für ein Männchen zu sein, ein Territorium zu etablieren«, sagt Trevor. »Ich beobachtete einmal einen jungen Opuntienfinken, der, nachdem er erwacht war, ein paar Töne an der Ecke des Territoriums eines älteren Männchens trällerte. Das ältere Männchen schoß auf ihn zu wie ein Pfeil und traf ihn in vollem Fluge mit dem Schnabel.« Ein andermal beobachtete Trevor ein schon ziemlich ramponiert aussehendes Männchen, das sein kleines Territorium nur so lange verteidigen konnte, wie seine Federn noch braun waren. Sobald sie sich schwarz verfärbten, wurde es von einem benachbarten Männchen vertrieben.

Wir stellen uns das Gefieder von Vögeln – das rote eines männlichen Kardinals und das braune eines Weibchens, den grünen Kopf einer männlichen Stockente und den braunen eines Weibchens – als etwas Festgelegtes und Dauerhaftes vor, so unveränderlich wie nur irgend etwas in der Welt der Lebewesen. Im Wandel der Zeit bleiben sie für uns anscheinend so, wie sie sind, wie Steine in einem Strom, die bewegungslos Stunde um Stunde dort verharren, während das Wasser sie umströmt. Aber während einige Eigenschaften eines Vogels mehr oder weniger in Stein gehauen sind, etwa der Bauplan des Körpers – ein Schnabel, zwei Flügel, zwei Beine –, sind andere Eigenschaften, obwohl sie unveränderlich scheinen, das Produkt einander beständig widerstreitender Kräfte. Es hat den Anschein, als ob sie festlägen, doch fließen sie wie die Wellen in einem Strom. Es sind stehende Wellen, die wachsen oder sich verflüchtigen, sich hochwölben oder verschwinden, mit jeder Veränderung der Strömung oder der Felsbrocken.

*E*s handelt sich hier um den Kampf aller Kämpfe, um den Krieg aller Kriege, von dem sich Darwin nur abstrakt vorstellen konnte, daß in ihm die Kräfte der sexuellen Selektion mit den Kräften der natürlichen Selektion ringen, eine Lebensform in dieser oder jener Richtung prägen, von Generation zu Generation. John Endler, der Autor des Buches *Natürliche Selektion in der Wildnis*, hat diesen Konflikt über Jahre hinweg verfolgt, in einer der elegantesten und präzisesten Veranschaulichungen der Evolution, wie sie real abläuft.

Was die Grants für die Darwinfinken sind, ist Endler für die Guppys. Seine Guppys sind aber nicht von der Art, wie sie in Zoogeschäften verkauft werden (er hält sie für Müllfische). Seine Guppys leben im nordöstlichen Südamerika, in den kleinen Flüssen, die von den Bergen Venezuelas, der Insel Margarita sowie Trinidads und Tobagos herunterfließen, durch hohe, unberührte grüne Wälder und dann durch die weiten Flächen alter Kakao- und Kaffeeplantagen plätschern, um sich schließlich ihren Weg zur Karibik und in den Atlantischen Ozean zu suchen.

Die männlichen Guppys haben schwarze, rote, blaue, gelbe, grüne und schillernde Flecken von unterschiedlicher Größe, Gestalt, Farbschattierung, in allen möglichen Kombinationen. Ihre Flecken weisen tatsächlich eine solche Vielfalt auf, daß sie so etwas wie Fingerabdrücke sind: Keine zwei Guppys sind gleich.

Diese Flecken sind erblich wie die Schnäbel der Darwinfinken. Obwohl die genaue Anordnung und Zusammenstellung der Flecken einzigartig ist, erbt jeder Guppy von seinen Eltern seine besondere Farbpalette und auch die allgemeine Größe und Helligkeit der Gesamterscheinung. Die Flecken sieht man nur bei den Männchen (man kann sie auch bei den weiblichen Guppys zum Vorschein bringen, wenn sie mit Testosteron behandelt werden). Wie die winzigen Variationen bei den Finkenschnäbeln sind auch die Flecken auf einem Guppy jene Art von Details, von denen man annehmen könnte, daß sie unterhalb der Schwelle der natürlichen Selektion liegen. Die Natur unterwirft zwar möglicherweise selbst kleinste Variationen einer harten Prüfung; doch gibt es einiges, für das selbst der Darwinsche Prozeß nicht empfänglich genug ist. Hinter solch kleinen Details kann einfach keine Absicht verborgen liegen.

In den siebziger Jahren, als Peter und Rosemary Grant die Finken auf den Galapagosinseln beobachteten, begann Endler damit, die Guppys auf der Halbinsel Paria in Venezuela und auch in den nördlichen Gebieten Trinidads zu beobachten. Dort fließen die Flüsse wie eine Reihe senkrechter Streifen ungefähr parallel die Berge herunter. Die Flüsse haben eine schnelle Strömung, sind klar und sauber. Tropische immergrüne Pflanzen lassen sie ständig im Schatten liegen, ab und zu unterbricht ein Wasserfall ihren Lauf. Das Flußbett ist übersät von prächtigen, vielfarbigen Kieseln, ähnlich wie der Boden von Aquarien in Zoogeschäften.

Jedem, der jemals versucht hat, eine Gruppe von Guppys über den bunten Sand und die Steine im Flußbett hinweg zu verfolgen, ist klar, daß die Flecken eine ausgezeichnete Tarnung darstellen. Tatsächlich kann man eine ganze Weile in einen dieser klaren Flüsse hineinschauen, bevor man die Guppys überhaupt bemerkt, weil sie dazu neigen, bei Sonnenschein in der Nähe der Steine zu schwimmen.

Die Fische brauchen diese Tarnung, weil sie sieben Feinde haben: sechs Fischarten und eine Süßwassergarnele. All diese sieben Feinde jagen die Guppys von morgens bis abends. Der gefährlichste Feind ist die *Crenicichla alta*, ein Fisch aus der Familie der Buntbarsche, der ungefähr drei Guppys pro Stunde frißt. Weniger gefährlich ist der *Rivulus hartii*, der ungefähr alle fünf Stunden einen Guppy frißt.

Angefangen beim Oberlauf in der Nähe der Berggipfel bis hinunter in die Ebenen und Plantagen traf Endler in fast jedem Abschnitt jedes Flusses auf Guppys und mindestens einige ihrer Feinde. Weder die Guppys noch die Guppyfresser können einen Wasserfall überwinden, so daß die Population in jedem Flußabschnitt dazu neigt, an Ort und Stelle zu bleiben. (Manchmal werden einige Fische flußabwärts getrieben, aber keiner von ihnen kann wieder zurück.)

Hoch oben, nahe der Quelle eines jeden Flusses, gibt es als einzigen Feind der Guppys den vergleichsweise harmlosen *Rivulus hartii*. Doch wenn man flußabwärts geht, Abschnitt für Abschnitt, lebt und stirbt die Guppy-Population in der Nachbarschaft immer zahlreicherer Feinde, bis unten am Fuße des Berges schließlich alle sieben Arten von Guppyfressern im Fluß heimisch sind. Das Risiko und die Gefahr wächst also, je weiter wir flußabwärts kommen. Für die Guppys bedeutet das, daß das Risiko niedriger ist, je weiter flußaufwärts sie leben, und daß es zunimmt, je weiter flußabwärts sie sich wagen. In jedem Fluß ist die Intensität der natürlichen Selektion auf dieselbe Weise abgestuft: oben sanfter Druck auf die Guppys, unten heftiger Druck auf die Guppys.

Endler erkannte, daß die Flüsse ein wunderbares natürliches Laboratorium für die natürliche Selektion darstellen. Er entwickelte standardisierte Verfahren, um die Guppyflecken zu messen, so sorgsam und ritualisiert, wie es die Grants mit ihrer Methode bei den Darwinfinken waren. Er lernte, wie man einen Guppy, den man gefangen hat, betäubt und fotografiert. (Wie die Darwinfinken stießen die Guppys bisher nur selten auf Menschen, so daß sie leicht zu fangen sind.) Anhand der Fotos stellt er bei jedem einzelnen männlichen Guppy Farbe und Position eines jeden Fleckens fest, indem er jeden Guppy in Dutzende von Abschnitten einteilt, um eine genormte Guppy-Karte herzustellen, die man leicht lesen, systematisieren und in einen Computer eingeben kann.

Als Endler die von ihm erhobenen Daten analysierte, entdeckte er ein Muster. Die Flecken bei einem einzelnen Guppy sehen chaotisch aus, aber die Flecken aller Guppy-Populationen in einem Fluß, vom Oberlauf bis zur Mündung, ergeben in der Zusammenschau eine gewisse Ordnung. Es gibt eine einfache Beziehung zwischen den Flecken jeder Guppy-Population und der Anzahl der Guppyfresser in ihrem Teil des Flusses. Je zahlreicher die Guppyfeinde sind, desto kleiner und blasser sind die Guppyflecken. Je geringer die Anzahl ihrer Feinde ist, desto größer und leuchtender sind ihre Flecken.

Die Guppys im Oberlauf eines Flusses, die gefahrloser leben, tragen ein sportliches Kleid in vielen Farben, und jede Farbe ist mit großen, lustigen Klecksen vertreten. Viele Flecken sind blau. Diese blauen Flecken schillern wie die reflektierenden Aufnäher, die von Radfahrern getragen werden; sie blitzen auf, wenn die Fische schwimmen, und man kann sie aus großer Entfernung durch das klare Wasser hindurch sehen.

Dagegen neigen die Guppys flußabwärts dazu, ein konservatives Punktmuster aus Schwarz und Rot zu tragen. Die Punkte sind verschwindend klein. Die meisten tragen äußerst wenig Blau.

Fluß für Fluß ging Endler seine Daten durch. Überall gingen Größe und Anzahl der Flecken flußabwärts stark zurück, und Endler zog daraus denselben Schluß, wie Lack, als er das Muster der Schnäbel auf den Galapagosinseln entdeckte. Endler dachte, er hätte beobachtet, wie die natürliche Selektion unter den Guppys abläuft. Je größer der Druck durch ihre Feinde, desto mehr tarnen sie sich, je geringer der Druck, desto unaufwendiger die Tarnung.

Diese Interpretation konnte jedoch nicht erklären, warum die Guppys überhaupt so bunt sind. Wenn sie überall in Gefahr sind, sogar im Quellwasser des Flusses, warum begünstigt dann die natürliche Selektion nicht überall die am besten getarnten Guppys?

Die Antwort lautet, daß ein männlicher Guppy im Leben mehr bewerkstelligen muß, als schlicht zu überleben. Er muß sich auch paaren. Um zu überleben, muß er sich zwischen den farbigen Steinen im Flußbett verstecken und mit den anderen Guppys seines Schwarms verschmelzen.

Aber um sich zu paaren, muß er sich sowohl von den Steinen als auch vom Schwarm absetzen. Er muß der Aufmerksamkeit eines Buntbarsches oder einer Garnele entgehen, während er zugleich den Blick eines weiblichen Guppy auf sich ziehen muß.

Je herausgeputzter das Männchen ist, desto besser für sein Sexualleben. Es ist beliebter unter den Weibchen und hat eine bessere Chance, seine knalligen Gene weiterzureichen – solange es am Leben bleibt. An einer ruhigen Stelle im Oberlauf des Flusses wird sein Leben vermutlich lang und glücklich sein, und wahrscheinlich wird es Vater unzähliger buntschillernder Kinder werden. In der Nähe der Flußmündung jedoch würde es wahrscheinlich keinen einzigen Guppy zeugen, weil es zuvor im Schlund eines Buntbarsches verschwunden wäre.

Je gedeckter die Farben eines Männchens sind, desto geringer wird sein Glück bei den Weibchen sein. Andererseits hat es mehr Zeit, es überhaupt zu versuchen, denn je weniger es sich von seiner eigenen Art unterscheidet, desto weniger ist es auch für seine Feinde unterscheidbar.

Und hier handelt es sich nicht lediglich um ein Problem der Guppys auf Trinidad. Überall dort, wo Männchen Weibchen den Hof machen oder Weibchen Männchen umwerben, ob die Signale nun helle Farbflecke, wie bei den Guppys oder den Rotschulterstärlingen, oder laute, weithin hörbare Töne sind, wie bei den Fröschen und Grillen, laufen sie Gefahr, daß ihre »Sendung« vom Feind aufgefangen wird. Satte Farben oder lautes Rufen können entweder einen Partner oder einen Räuber anziehen. Jeder Ochsenfrosch, der des Nachts ruft, ist in derselben gefährlichen Situation wie Romeo, als er unter dem Balkon des Hauses Capulet nach Julia ruft. Einige Arten fanden einen eleganten Weg, mit diesem Problem umzugehen. Unter den Fischen etwa wechseln manche Brassen ihre Farbe nur sehr kurz, um in gefährlichen Gewässern ein sexuelles Signal aufblitzen zu lassen, was ungefähr einem sinnlichen Geflüster entspricht, *psst*!

Als Endler seine Guppy-Daten durchsah, interpretierte er sie als Kampf zwischen zwei widerstreitenden Kräften. Überall im Fluß bringen die farbenfrohen Fische farbenfrohen Nachwuchs hervor – und stellen so die Weichen der nächsten Generation in Richtung auf schrille Farben und Selbstdarstellung. Ebenso bringen die unauffälligeren Fische überall unauffälligere Junge hervor und stimmen die nächste Generation auf Mäßigung ein. In der relativen Sicherheit des Oberlaufs leben die farbenprächtigen Guppys lange genug, um bei den Weibchen Erfolg zu haben, bevor sie gefressen werden, so daß sich die Population in Richtung auf eine immer größere Farbenpracht entwickelt und fast jedes Männchen ein Schuppenkleid aus vielen Farben trägt. In den gefährlichen Gewässern am Fuße des Berges jedoch bleiben die farbenfrohen Guppys nur kurze Zeit am Leben, so daß sie in ihrer Fruchtbarkeit von den moderaten Guppys bei weitem übertroffen werden. Auf diese Weise entwickelt sich die gesamte Population in Richtung auf ein immer eintönigeres Aussehen. Männchen werben aus einer Entfernung von zwei bis vier Zentimetern um Weibchen, und aus dieser Distanz sind die kleinen Farbpunkte sichtbar; aus einer größeren Entfernung jedoch heben sich die Männchen kaum von den Kieseln ab. Aus diesem Grund heben sich Guppys mit kleinen Farbpunkten in den Augen ihrer Feinde kaum vom Hintergrund ab, sagt Endler, »sind aber für die Weibchen immer noch erkennbar und reizvoll.«

Ganz am Anfang, als Endler begann, Flüsse zu untersuchen, in den Guppys leben, war er in derselben Situation wie David Lack auf den Galapagosinseln.

Endler konnte Regelmäßigkeiten beobachten, die ihn zu der Vermutung führten, daß hier die Kräfte der Selektion am Werk waren. Doch er sah nicht nur die Selektion allgemein, die diese Strukturen formte, sondern je genauer er hinsah, desto sicherer war er, daß die Hand, die diese Strukturen formte, in Wirklichkeit die Hand der natürlichen Selektion war. Innerhalb der Grobstrukturen fand er ständig eigentümliche untergeordnete Muster. So gibt es in den Oberläufen einiger Flüsse Garnelen. In diesen Oberläufen favorisieren die Guppys rote Flecken. Diese Hinwendung zum Rot macht Sinn, weil Guppys und andere Fische mehr oder minder dieselben Farben sehen wie Menschen, während Garnelen und Krevetten rotblind sind, also den letzten Farbstreifen eines Regenbogens nicht erkennen können. Deshalb können die männlichen Guppys in eben diesen Oberläufen gegenüber den weiblichen Guppys mit großen, roten Flecken protzen und doch zugleich für die Garnelen unauffällig bleiben. In den vierziger Jahren argumentierte Lack im Hinblick auf die Darwinfinken als Anhänger der Selektionstheorie, ohne daß er versucht hätte, seine Auffassungen draußen im Feld durch Messungen zu belegen, um zu überprüfen, ob er recht hatte. Endler ging einen Schritt weiter: Er entschied sich dafür, die Vorhersagen seiner Theorie zu überprüfen, indem er versuchte, diese Prozesse ganz so zu beobachten, wie sie in Wirklichkeit stattfanden. In einem Gewächshaus an der Princeton University baute er zehn Teiche. Vier Teiche waren ungefähr so breit, so tief und so lang wie die Territorien mit seichtem Wasser, in denen der Buntbarsch, *Crenicichla alta*, lebt. Die anderen sechs Teiche hatten ungefähr die Größe von Flußoberläufen mit dem vergleichsweise gesitteten *Rivulus hartii*. Endler legte schwarze, weiße, grüne, blaue, rote und gelbe Kiesel auf dem Boden seiner künstlichen Teiche aus und pumpte Wasser hindurch, um Strömung zu erzeugen wie in einem natürlichen Gewässer.

Inzwischen sammelte Endler Guppys aus über einem Dutzend Flußläufen in Trinidad und Venezuela. An manchen Stellen fing er Guppys, die ihren Lebensraum mit nur einem Feind teilten, an anderen Stellen Guppys, die mit zwei Feinden zusammenlebten usw., bis zu dem Maximum von sieben Feinden. Er wollte Bestände von wilden Guppys haben, die sich unter der ganzen Bandbreite feindlicher Bedrohung entwickelt hatten und in der Freiheit jede Gefahrenstufe bewältigen mußten. Er züchtete jeden Bestand einzeln, in einem anderen Aquarium.

Als die künstlichen Flüsse für die Guppys fertiggestellt waren, wählte er nach dem Zufallsprinzip fünf Paare aus jedem Bestand aus und setzte sie alle zusammen in zwei Teichen aus, damit sie brüteten, sich vermischten und sich an ihre neue Umgebung gewöhnten. Guppys können schon in einem Alter von fünf oder sechs Wochen Junge haben, und ein weiblicher Guppy kann eine ganze Menge kleiner Fische hervorbringen, so daß es nicht viel Zeit in Anspruch nahm, bis sich die Population verdoppelt hatte. Nach einem Monat nahm er Guppys aus diesen beiden Teichen und setzte sie in zwei weiteren Teichen aus. Einen Monat danach hatte er genügend Guppys, um in jedem seiner zehn Teiche zweihundert Fische auszusetzen.

Im Endeffekt hatte er seine Karten immer wieder neu gemischt. Er hatte jetzt eine ausgesprochen heterogene Mischung von Guppys. Sie hatten alle möglichen Arten von Flecken, und ihre Flecken waren völlig zufällig, wenn man sie mit den Kieselsteinen am Boden ihrer Reviere verglich. Endler sorgte dafür, daß sich diese Guppys im neuen Flußbett monatelang ungestört fortpflanzen konnten. Nach einem sorgfältig ausgearbeiteten Plan setzte er dann einige ihrer natürlichen Feinde in den Flüssen aus. Das Evolutionsexperiment hatte begonnen.

Seiner Voraussage zufolge sollten sich die Guppys jetzt rasch entwickeln. Die Guppys in jedem Becken sollten allmählich immer mehr wie die

Guppys aussehen, die in der Natur mit derselben Art von Feinden zusammenleben; sie sollten allmählich immer mehr den Kieseln in ihrem besonderen Fluß gleichen; und die Guppys in den gefährlichsten Becken sollten dem Erscheinungsbild der Kiesel stärker gleichen als diejenigen in den weniger gefahrvollen Becken.

Fünf Monate später machte Endler seine erste Erhebung. Er ließ das Wasser in jedem Strom ab, zählte die Flecken bei jedem Männchen und notierte deren Position. Er betäubte und fotografierte sie, wie er es in der wilden Natur auch getan hatte, und ließ dann das Wasser wieder in den Fluß ein. Neun Monate später machte er eine zweite Erhebung. Bis dahin waren schon neun oder zehn Generationen von Guppys zur Welt gekommen.

Einige Guppys lebten in Sicherheit, ohne Feinde. In der Zeit von der Gründung der Kolonie bis zur ersten Erhebung wurden diese Guppys farbenfroher, und zum Zeitpunkt der zweiten Schätzung waren sie sogar noch farbenfroher. Die Männchen wiesen immer mehr und immer größere Flecken und immer wildere Farbschattierungen auf.

In der Zwischenzeit entwickelten die Männchen in den Becken mit den gefährlichen Buntbarschen immer weniger und immer kleinere Flecken. Für die Weibchen waren sie noch kenntlich, doch für die Buntbarsche, die aus einer Entfernung von 20 bis 40 Zentimetern zuschlagen, waren sie immer schlechter zu erkennen. Bei diesen Guppys waren meist die blauen und schillernden Flecken, ihre reflektierenden »Aufnäher«, nicht mehr anzutreffen, gerade so wie bei den Guppys, die in der freien Natur mit den Buntbarschen leben. Endler registrierte diese Unterschiede so akribisch, wie die Grants die Finkenschnäbel vermaßen. »Fleckenhöhe, Fleckenposition, Gesamtfläche und Gesamtfleckenfläche relativ zur Körperfläche nahmen ebenfalls signifikant ab, je stärker die Zahl der Räuber anwuchs«, berichtet er. Die Fische selbst änderten sogar ihre Größe. Ausgewachsene Guppys waren in den gefährlichen Becken kleiner, während sie in den sicheren Gewässern größer waren – wiederum genauso wie in der Natur.

Jedes Becken hatte einen anderen Grund: ein buntes Gemisch unterschiedlicher Kieselfarben und Kieselgrößen. In den Becken ohne Feinde veränderten die Guppys ihre Flecken nicht, um sie den Kieselsteinen anzupassen. Im Gegenteil, ihre Flecken waren gewöhnlich kleiner als die größeren Kieselsteine und größer als die kleineren Kieselsteine, so daß die Männchen immer leichter zu sehen waren, wie ein Chamäleon, nur andersherum. Sie hatten schillerndere Flecken und eine größere Bandbreite von Farben beim einzelnen Fisch. Und eine Generation nach der anderen ähnelte immer weniger ihrem Hintergrund. All dies stimmte mit dem überein, was man erwarten würde, wenn die Fische um Aufmerksamkeit konkurrieren. Die sexuelle Selektion hatte zur Folge, daß die Männchen so unterschiedlich vom Kieselboden gemacht wurden wie möglich.

Hätte lediglich die eine Kraft oder die andere gewirkt, lediglich natürliche Selektion oder sexuelle Selektion, hätten die Guppys sich nicht auf diese bemerkenswerte Art entwickelt. Ohne natürliche Selektion wären alle Fische farbenfroher, und ohne sexuelle Selektion wäre keiner von ihnen farbenfroher. Lebten sie in Sicherheit, wurden sie sehr viel farbenprächtiger und fügten insbesondere blaue Farbtupfer hinzu. Es ist wahrscheinlich kein Zufall, daß die Netzhaut der Guppys besonders sensibel für Blau ist. Fast alle Männchen haben irgendwo etwas Blaues, selbst in den gefährlichsten Gewässern – ohne Blau scheint es bei der Partnersuche nicht zu gehen.

Die Fische hatten sich in Endlers Teichen entwickelt, bis sie dieselben Muster aufwiesen, die sie auch in der Natur zeigten, und dies innerhalb sehr kurzer Zeit. Selbstverständlich waren Endlers Flüsse künstlich, und er hatte die natürliche Selektion nicht in der Wildnis Südamerikas beobachtet. Was die Muster in der Natur betraf, so konnte ein Skeptiker immer noch behaupten, daß Endler mit seiner Erklärung unrecht habe. Deshalb überlegte sich Endler eine Methode, mit der er ein ebensolches Evolutionsexperiment in der Natur durchführen konnte.

Auf Trinidad war er bei einer früheren Exkursion auf einen Fluß gestoßen, in dem es zwar den Guppyfresser *Rivulus hartii* gab, aber keine Guppys. Etwa zwei Kilometer entfernt lag ein zweiter Fluß, in dem es sowohl Guppyfresser als auch Guppys gab. Endler entnahm dem zweiten Fluß, aus einer der Zonen hoher Gefährdung, eine zufällige Stichprobe von ungefähr 200 Guppys. Wie gewöhnlich vermaß er jeden einzelnen von ihnen und setzte sie an einer sicheren Stelle im ersten Fluß aus. Über ein Jahr später, also nach 15 Generationen, entnahm er dann eine Stichprobe ihrer Nachkömmlinge.

Die Männchen in dem sicheren Fluß waren jetzt viel farbenfroher als ihre unmittelbaren Vorfahren, die immer noch im Fluß nebenan lebten und es mit zahlreichen Feinden zu tun hatten. Die zugewanderten Männchen hatten größere und mehr Flecken, und jedes Männchen zeigte eine größere Vielfalt an Farben. Die natürliche Selektion hatte sich genauso ausgewirkt wie vorhergesagt. In der Natur war die Evolution ebenso schnell vor sich gegangen wie im Gewächshaus.

Überall in diesen Flüssen, täglich und stündlich, unterzieht die natürliche Selektion in Form der Buntbarsche und Garnelen die männlichen Guppys nicht nur im übertragenen Sinne, sondern ganz real einer Prüfung. Das Ergebnis der Bedrohung durch Feinde drängt die Männchen jeder Generation dazu, sich möglichst wenig vom Grund abzuheben. Gleichzeitig unterzieht die sexuelle Selektion dieselben Männchen, täglich und stündlich, in Form der weiblichen Guppys ebenfalls einer Prüfung. Das Ergebnis der von ihnen getroffenen Wahl besteht darin, daß eine Generation von Männchen nach der anderen dazu angehalten wird, sich von den anderen zu unterscheiden.

Jetzt wird verständlich, warum es eine solche, schier unendliche Bandbreite bei der Fleckenzeichnung jedes einzelnen Guppymännchens gibt. In jedem Flußbett wird es eine ganze Reihe unterschiedlicher, zufälliger Muster geben, die eine gleich gute Tarnung darstellen, weil auch die Muster im Flußbett zufällig sind. Es wäre für die Guppys nicht sehr hilfreich, mit denselben Mustern ausgestattet zu sein wie alle anderen. Tatsächlich würde es sie sogar behindern, wenn sie alle wie ihre Feinde aussehen würden. Ihre Feinde könnten ein Suchbild entwickeln – eine innere Schablone. Sie würden nach diesem Muster Ausschau halten, so wie wir nach dem Gesicht eines Freundes in einer Menge Ausschau halten. Die wenigen Nichtangepaßten wären sehr im Vorteil. Gleichzeitig wären die Weibchen auf etwas Ungewöhnliches aus, was wiederum die Männchen antreiben würde, immer unterschiedlichere Muster herauszubilden. In dieser Hinsicht arbeiten die natürliche und die sexuelle Selektion nicht mehr gegeneinander, sondern wirken in dieselbe Richtung einer schier unendlichen Vielfalt.

Wir haben hier ein Beispiel des Prozesses vor uns, den Darwin in weltweitem Maßstab sah. Er nahm an, daß ein einfacher Prozeß zu einer geradezu verwirrenden und chaotischen Diversifikation und Vielfalt führen kann; doch unter der Oberfläche ist die Triebkraft einfach, schlicht und einsichtig wie immer, wobei »kleine Konsequenzen eines einzigen allgemeinen Gesetzes dazu führen, daß alle organischen Lebewesen sich weiterentwickeln – es lautet: Mehret euch, unterscheidet euch, laßt die

Stärksten leben und die Schwächsten sterben.« Dieses Experiment mit Guppys führte Endler zu genau demselben Schluß, der sich zur selben Zeit den Finkenforschern auf den Galapagosinseln aufdrängte: daß die natürliche Selektion rasch und zuverlässig sein kann. Der Prozeß setzt sich ständig fort, überall um uns herum, viel schneller, als es sich Darwin hätte träumen lassen.

Endlers Untersuchung führte ihn in immer tiefere Gewässer. Er vermutet jetzt, daß die Flecken der Guppys, ihre Paarungsgewohnheiten und ihre Farbwahrnehmung sich zugleich entwickeln, wobei Veränderungen bei einem Faktor Veränderungen bei den anderen nach sich ziehen. Um Veränderungen in der Netzhaut der Guppys zu messen, arbeitet Endler mit Physiologen zusammen. Diese Form »harter Wissenschaft« erinnert ihn oft daran, daß die Wissenschaft von der Evolution von der Außenwelt, ja selbst von Biologen, als »soft science« wahrgenommen wird. »Ich sprach neulich mit jemandem aus dem Bereich der Wahrnehmungsphysiologie«, erzählt Endler, »und er sagte mir: ›Ich hatte ja keine Ahnung, daß man in diesem Wissenschaftsgebiet so *streng* vorgeht. Ich hätte nicht gedacht, daß ihr tatsächlich *Experimente* macht.‹«

»Wir haben ein ernsthaftes Public-Relations-Problem«, sagt Endler. »Die Leute wissen nicht, daß es sich hier wirklich um eine Wissenschaft handelt.«

Als der Aufenthalt von Trevor Price zu Ende ging, hatten die Mitglieder des »Finkenkommandos« fast ein Jahrzehnt auf Daphne Major verbracht. Im Rückblick war das Folgende erkennbar: Im Jahre 1977 hatte die natürliche Selektion die Vögel größer werden lassen. In der Regenzeit des Jahres 1978 hatte die sexuelle Selektion sie sogar noch größer werden lassen. Erst die eine, dann die andere Kraft oder beide evolutionären Kräfte zusammen ließen die Vögel auf der Insel in den Jahren 1979, 1980, 1981 und 1982 noch größer werden. Die Summe aller Einflüsse auf das Leben auf Daphne Major drängte die Finken anscheinend in eine bestimmte Richtung. Bei diesem Tempo würden die Vögel in die Zukunft hineinstoßen wie ein Suchscheinwerfer; sie würden immer größer werden.

Die Ergebnisse der Finkenforscher stellten ein Paradox dar. Wenn es Jahr für Jahr eine starke Selektion in Richtung auf ausgeprägte Größe gibt, warum werden dann nicht aus allen kleinen Finken große? Warum gibt es einen kleinen Bodenfinken, einen mittleren Bodenfinken und einen großen Bodenfinken? Warum wird nicht jeder kleine ein mittlerer und jeder mittlere ein großer? Oder geschah dies gerade? Hatte der Lauf der Evolution auf dieser Insel in dem Moment, als die Grants und ihre Mitarbeiter eintrafen, um ihre Beobachtungen zu beginnen, eine neue Richtung eingeschlagen?

Es war nicht sehr wahrscheinlich, daß diese Entwicklung so weitergehen würde. Sicherlich hatten die Grants nicht genau in dem Augenblick mit ihren Beobachtungen begonnen, als die Darwinfinken mitten in einer radikalen Transformation begriffen waren. Das wäre schließlich so, als hätte man gerade ein neues Teleskop auf einen weit entfernten Stern gerichtet, um plötzlich eine Supernova vor den eigenen Augen explodieren zu sehen.

Es mußte bald etwas passieren. Die Entwicklung mußte abbrechen. Irgendeine Gewalt mußte über die Vögel hereinbrechen und sie in die andere Richtung zurückdrängen.

Für Trevor Price war es eine ausgemachte Sache, daß er in der nächsten ausgeprägten Regenzeit etwas Neues zu sehen bekäme. Beim nächsten anhaltenden Regen würde er den Mechanismus entdecken, der der jetzigen Entwicklung zuwiderlief, das Ereignis, das die Entwicklung umkehren würde, die er im Laufe der trockenen Jahre gesehen hatte.

1980 hatte Trevor zweimal kurze Regenschauer erlebt, doch das war nicht ausreichend. Es löste kaum Brutverhalten aus. Er brauchte aber eine wirklich gute Brutsaison.

Price sehnte sich ebenso nach Regen wie vor ihm Boag. Monat um Monat durchstreifte er die Insel und wartete auf Regen. Schließlich fuhr er in die Stadt – das Fischerdorf Puerto Ayora auf der Insel Santa Cruz –, halb von Sinnen, weil es nicht geregnet hatte. Er sah zerlumpt aus und ging barfuß, trug ein altes gestreiftes Hemd, karierte Hosen und einen Bart, der nie einen Kamm gesehen hatte. Er hatte eine rauhe, aber freundliche Art und sprach ein grauenhaftes Spanisch mit einem unglaublich starken britischen Akzent. Über Monate hinweg lungerte er in der Stadt herum, freundete sich mit den Leuten an und ließ es sich gut gehen. Jeder in Puerto Ayora kannte ihn.

Bei jeder Dürre litt er schrecklich und war überzeugt davon, daß er nach einem ordentlichen Regenguß *die* Entdeckung seines Berufslebens machen würde. Die Finkenforscher auf den anderen Inseln des Archipels drückten ihm allesamt die Daumen.

»Das ist der Unterschied zwischen der Biologie im Feld und der Physik«, bemerkt einer von Trevors Freunden philosophisch. »Man kann festsitzen und auf Regen warten. Man hat ein ganzes Forschungsprogramm wunderschön geplant, und alles, was man braucht, ist Regen.«

In seinem letzten Jahr, 1981, brachte Trevor eine neue Mitarbeiterin auf die Insel mit, eine türkische Mathematikerin namens Ayse Unal. Monatelang lungerte sie gemeinsam mit ihm herum und wartete auf Regen. Und als der Regen schließlich im März kam, war sie Zeugin, wie er zwei geschlagene Stunden lang im Regen tanzte und den Himmel pries – ein Derwisch mit verfilzten Haaren, zotteligem Bart und zerrissenen Kleidern, der im Regen herumschrie.

Aber selbst dann war es zuwenig Regen, und er kam zu spät. Nur wenige Finken brüteten. Trevor denkt immer noch an den letzten Regen in diesen wenigen Stunden, den Stunden des Leguans, in den Stunden, in denen es vielleicht hätte geschehen können. Wenn der Regenguß nur im Februar oder Januar gekommen wäre, wenn er seinen Aufenthalt nur um ein weiteres Jahr hätte verlängern können! »Es wäre eine ganz erstaunliche Doktorarbeit geworden.« (»Es war auch so eine erstaunliche Doktorarbeit«, sagt Peter Grant.)

Aber es war Zeit für einen weiteren Wachwechsel. Lisle Gibbs, ein kanadischer Doktorand bei Peter Grant, übernahm die nächste Wache. Im Dezember 1981 kam er mit einem Mitarbeiter auf die Insel, um sicherzugehen, daß er dort war, wenn es zu regnen anfing. Sie saßen da, zwei Männer auf einer Wüsteninsel, und warteten darauf, daß sich die grauen Wolken über ihnen öffnen würden. Es fiel ein wenig Regen, aber nicht genug. »Es war wie Warten auf Godot«, sagt Gibbs heute.

Sie kehrten nach Michigan zurück. Ende 1982, kurz vor Weihnachten, bekam Lisle eine Postkarte aus dem Dorf Puerto Ayora. »Es regnet.«

7

25 000 Darwins

*… und taten sich die Fenster des Himmels auf,
und ein Regen kam auf die Erde vierzig
Tage und vierzig Nächte.*

ERSTES BUCH MOSE

Lisle Gibbs erinnert sich nicht mehr daran, wie er auf die Insel kam.
Er sagte sich einfach: »Ich werde schon hinkommen.« 72 Stunden
später sprang er von einer *panga* und landete auf der »Fußmatte« von
Daphne.

Er hatte sechs Monate auf Regen gewartet, und schon vor ihm hatte sich
der arme Price drei Jahre lang danach gesehnt. Und dann kam der Regen
so früh, daß niemand dort war, um ihn fallen zu sehen.

Lisle und ein Assistent kletterten auf die Klippe und schauten sich um.
Die Schnäbel der Finkenweibchen waren bereits dunkel, und die Schnäbel
der Männchen waren schwarz. Die Kaktusbäume waren voll von gerade
gebauten Kuppelnestern, und in den Nestern tummelten sich piepsende
kleine Finken: die nächste Generation Darwinfinken, die vor Neujahr
gezeugt, gebrütet und flügge geworden war. »Wir begannen mit dem
Beringen der Vögel, sobald wir an Land gegangen waren«, sagt Gibbs.

Kein Finkenforscher hatte je zuvor davon gehört, daß die Regenzeit so
früh begann. In den folgenden Wochen nahmen die so ersehnten Regenfälle ein fast erschreckendes Ausmaß an. Rückblickend sieht es so aus, als
wäre der Krug des kommenden Jahres bereits so übervoll gewesen, daß
er gewissermaßen zeitlich nach hinten überschwappte. Im Dezember 1982
war es auf Daphne Major so naß wie seit Menschengedenken nicht mehr,
was allerdings weniger als ein Jahrzehnt war. Auch auf der Nachbarinsel
Santa Cruz handelte es sich um den feuchtesten Jahreswechsel seit Gründung der Charles-Darwin-Forschungsstation im Jahre 1960: fast viermal
soviel Regen wie jemals zuvor. Als am allerletzten Tag des Jahres 1982

eine weitere Gruppe von Finkenforschern ganz im Norden, auf der Insel Genovesa, ankam, war Rosemarys Regenmeßgerät schon bis zum Überlaufen gefüllt.

Ungeheure, ohrenbetäubende Gewitter tosten über die Inseln hinweg und versetzten die Rinder auf der Insel Santa Cruz in Schrecken, denn meistens schweigen die Wolken auf den Galapagosinseln. An den steilen Abhängen der Inselvulkane gab es Erdrutsche, Sturzbäche, über Nacht entstanden Wasserfälle. Kakteen und Krotonbäume, die so alt waren wie dieses Jahrhundert, wurden die Abhänge der Vulkane hinuntergespült und wie Zweiglein hin und her geschleudert. Am Klippenrand von Daphne Major, gleich über Gibbs Zelt, hingen die Wolken tief, sie waren schwarz, es toste laut und blitzte. Gleich darunter toste das Meer und schleuderte grüne und weiße Brecher gegen die Klippen. Ins neue Jahr kam die Insel so, wie ein Schiff in einen Sturm gerät.

Von allen chronisch auftretenden Entgleisungen des Wetters auf diesem Planeten ist *El Niño*, das Christkind, der schlimmste Wiederholungstäter. Er wird so genannt, weil er gewöhnlich an der südamerikanischen Pazifikküste während der Weihnachtszeit zu beobachten ist. Im östlichen Pazifik treten während eines *El Niño* ungewöhnlich warme Wasserströmungen auf und breiten sich so lange aus, bis ein Großteil der östlichen Hälfte dieses Ozeans außerordentlich warm ist. Diese ungeheuren Mengen abnorm warmen Wassers führen dazu, daß sich sonderbare Winde entwickeln; sie beeinflussen im Grunde genommen das Wetter auf der gesamten Weltkugel. Und wie sollte es anders sein: Die Galapagosinseln liegen im Epizentrum des Wassers, das von diesem Fieber befallen ist.

El Niños entstehen in unregelmäßigen Abständen, normalerweise in Abständen von drei bis sechs Jahren. Die Grants hatten mit ihrer Untersuchung begonnen, als das letzte »Christkind« gerade vorüber war, aber im Januar 1983 war allen, die die Insel kannten, klar, daß das »Christkind« wiedergekehrt war und daß es sich um keinen gewöhnlichen *Niño* handelte. Selbst für einen *El Niño* war das Meer wärmer als üblich, und die Wolken, die vom Pazifik aufstiegen, erschienen dem Naturforscher und Segler Godfrey Merlen, der auf den Inseln lebt, wie »Stürme des Ozeans selbst«. »Es sah aus, als würden riesige pilzähnliche Bäume aus dem Meer wachsen, in Höhen, die mehrere hundert Meter erreichten«, schrieb er in seinen Erinnerungen an dieses apokalyptische Jahr.

Lisle Gibbs bekam nicht nur seinen Regen. Er bekam nicht nur einen *El Niño*. Er bekam den schlimmsten *El Niño* seit Menschengedenken – wahrscheinlich den schlimmsten des zwanzigsten Jahrhunderts.

Auf Daphne Major, einer ehemaligen Wüsteninsel, watete er durch wahre Fluten. Er arbeitete sich durch schwarzen Schlamm und beringte wie besessen die gerade flügge gewordenen Finken, deren Zahl so schnell zunahm, daß er und seine Assistenten gar nicht mithalten konnten. Sie kämpften sich unbekleidet und ohne Kopfbedeckung durch die Wassermassen: Ponchos wären nutzlos gewesen, außen naß vom Regen und innen naß vom Schweiß.

Ganz im Gegensatz zu Boag und Ratcliffe während der Dürre war sich Gibbs bei diesen Fluten sicher, daß eine außerordentlich starke Selektion stattfand, obwohl er nicht genau wußte, was die Finken tun würden. Er beringte die flügge gewordenen Vögel im Regen und harrte der Dinge, die da kommen würden.

»Es war wirklich absurd«, sagte Trevor Price lange danach wehmütig, während er sich die Bilder in einem der Artikel von Lisle Gibbs ansah. »Es war so, als ginge man aus einer Wüste in den Dschungel.« Gibbs ließ Weinreben an seinen Zeltstangen hochwachsen und konnte zusehen, wie sie wuchsen, von morgens bis mittags, von mittags bis abends, jeden Tag ein paar Zentimeter. Die Krotonbäume blühten nicht nur ein- oder zweimal, sondern mitunter siebenmal, so daß jeder Baum oder Busch siebenmal Samen trug, jedesmal mit einer Rekordausbeute. Ein Krotonsame fiel im Dezember auf den Boden, und im Mai hatte die Pflanze die Größe eines ausgewachsenen Mannes erreicht und begann erneut zu blühen. Im Juni war die Samenmenge auf der Insel etwa zwölfmal so groß wie im Vorjahr. Es war so, als hätte die Natur ein Dutzend Mahlzeiten für jeden einzelnen Fink bereitet, während es in den meisten Jahren nur eine war. Es gab auch mehr als fünfmal so viele Raupen zu fressen, und jede einzelne von ihnen war ungefähr viermal so groß wie sonst.

Für die Kakteen war es zu feucht; ganze Gebüsche rankenden Weins erstickten den *Tribulus*. Auf diese Weise verkümmerten die Pflanzen mit, den großen Samen, während die Pflanzen mit kleinen Samen wucherten. Das war ein Festmahl für die Darwinfinken.

»Die Vögel waren ganz aus dem Häuschen«, sagt Gibbs. »Im Vorjahr gab es überhaupt keine Brutzeit. Nun brüteten sie wie die Verrückten.« Auf Daphne legten die Weibchen bis zu 40 Eier, und 25 Junge wurden flügge. Das fruchtbarste Paar auf Genovesa legte 29 Eier in sieben Gelegen; 20 flügge gewordene Vögel hüpften aus dem Nest, ein Rekord für die Insel. Im dampfenden Regen verwandelten sich immer mehr Vögel in bigamistische oder polygame Tiere. Auf Genovesa paarte sich ein Finkenweibchen der Reihe nach gleich mit vier Männchen.

Je länger die Kopulationsraserei dauerte, desto mehr flügge gewordene Finken hüpften auf der nassen Lava herum, so daß Gibbs sie fangen und beringen konnte. Im Juni gab es mehr als 2000 Finken auf Daphne Major. Die meisten Finken brüten nicht, bevor sie zwei Jahre alt sind, und bis dahin sind die Finkenforscher mit jedem einzelnen von ihnen persönlich bekannt. Doch mitten in dieser Brutzeit sahen Gibbs und seine Mitarbeiter beringte Vögel, die sie nicht wiedererkennen konnten. »Schließlich wurde uns klar, daß sie Kinder waren – drei Monate alte Kinder«, berichtet Gibbs. Die Jungvögel, die sie während der ersten Wochen auf der Insel beringt hatten, hielten in den Kakteenbüschen nach Partnern Ausschau und paarten sich. Nie zuvor hatte jemand irgendwo auf der Erde über Ähnliches berichtet: Sperlingsvögel brüten gewöhnlich nicht in derselben Jahreszeit, in der sie auf die Welt kommen; doch weil es unaufhörlich regnete, geriet fast jeder Fink auf der Insel in einen Brutrausch, vergleichbar einem Goldrausch. Einige recht junge Männchen steckten sich ein Territorium ohne einen einzigen Kaktusbusch ab und fanden dennoch ihre Weibchen. Viele junge Paare zogen auch erfolgreich ihre Jungen groß, vor allem junge Weibchen, die sich mit älteren Männchen paarten. Der jüngste Vogel, der brütete, war ein *fortis*-Weibchen, das weniger als drei Monate alt war. Es legte vier Eier in sein erstes Gelege, zwei Jungvögel überlebten und konnten das Nest verlassen.

Die Opuntienfinken bebrüteten achtmal so viele Gelege wie in der vorangegangenen Brutzeit und brachten in diesem einen Jahr tatsächlich über die Hälfte der Jungen hervor, die sie in ihrem ganzen Leben hervorbringen sollten. Die Anzahl der Opuntienfinken und der *fortis* auf Daphne Major stieg um ungefähr 400 Prozent.

Es war ein phänomenales Jahr für Finken auf dem gesamten Archipel, von der Insel Wolf bis Santiago, von Isabela bis Española. Auf Genovesa jedoch hatte der Goldrausch auch eine Schattenseite. Die außergewöhnliche hohe Anzahl von Eiern führte auch dazu, daß es ungewöhnlich viele

Eine Galapagosspottdrossel,
Mimus parvulus.
Aus: Charles Darwin, Reise um die Welt.
Erlebnisse und Forschungen in den Jahren 1832–1836.
The Smithsonian Institution

tote Vögel gab. Während der kühlen Schauer saßen die Finken nicht lange genug in ihren Nestern; sie verließen ihr Gelege und manchmal auch ihre bettelnden Jungen. Heftige Regenfälle und starke Winde waren die Ursache dafür, daß Zweige brachen und die Jungvögel herunterstürzten. Im Regen holten sich in der Zwischenzeit viele Spottdrosseln auf Genovesa eine Krankheit, eine Entwicklung, die sich auch für die Finken als tragisch erwies. Die Beine und Krallen der Spottdrosseln hatten Blasen und schwollen durch eine Infektion an, bei der es sich vermutlich um die Blattern handelte.

Die meisten Finken auf Genovesa infizierten sich nicht mit Blattern, aber trotzdem hatten sie unter der Seuche bei den Spottdrosseln zu leiden. Normalerweise sind die Spottdrosseln in kleinen sozialen Gruppen eng miteinander verbunden, und die jungen Männchen ohne Weibchen helfen den älteren Männchen, das Nest zu hüten. (Die Entdeckung, daß Spottdrosseln auf diese Weise zusammenarbeiten, machte Grants' Tochter Nicola auf Genovesa, als sie zwölf Jahre alt war.) Doch in diesem Jahr, als die Seuche in einem Schwarm nach dem anderen die älteren Vögel befiel, zerstreuten sich die Überlebenden. Schließlich ließen sich die ausgewachsenen Spottdrosseln anderswo nieder und bauten dort ihre Nester. Die Jungen zogen in Wind und Wetter umher. Bob Curry, ein Experte für Spottdrosseln und Doktorand von Peter Grant, beobachtete, wie junge Spottdrosseln sich in der Nähe der Finkennester aufhielten, manchmal einzeln und manchmal in kleinen Banden, wie jugendliche Straffällige, »ein unablässiger Strom umherziehender Spottdrosseln«. Überall auf der Lava terrorisierten sie die Finkennester. Sie vertrieben die Finkeneltern und fraßen die Nesthocker. Ein unglücklicher Opuntienfink brachte es auf acht Gelege mit insgesamt zwei Dutzend Eiern, und nicht ein einziger Jungvogel lebte lange genug, um das Nest zu verlassen.

Nachdem es aufgehört hatte zu regnen, kehrten die Inseln langsam zu ihrem alten Zustand zurück. Die Sonne brannte, der rote Schlamm trocknete und wurde rissig. Bis zum Herbst trockneten die Frischwasserteiche in den höheren Lagen aus, wo es sich die Spießenten gemütlich gemacht hatten; die zahllosen Regenteiche in den Lavasenken der Insel, in denen es plötzlich wie durch ein Wunder Garnelen gab, waren wieder knochentrocken. Die Riesenschildkröten taten das Ihre, um die höher gelegenen Gebiete in ihren normalen Zustand zurückzuversetzen, indem sie die Gräser knickten und zerdrückten; auch ebneten sie die Rinnen ein, indem sie die Seitenwände niederdrückten. Schon im September fragte sich ein Naturforscher, als er die Hügel von Santa Cruz durchstreifte: »Hat dieses Jahr wirklich stattgefunden?«

Die Zahl der Finken auf der Insel war erstaunlich, und die ersten ein oder zwei Jahre nach *El Niño* gab es über die ganze Insel verteilt immer noch genügend kleine Samen, um das Bevölkerungswachstum in Gang zu halten: Reichtümer wie die Berge von Juwelen in *Tausendundeiner Nacht*. Doch der Himmel, der einmal so reichlich gegeben hatte, verschloß sich nun. Lediglich 53 Millimeter Niederschlag fielen im Jahr nach der Flut, und nur 4 Millimeter im folgenden Jahr. An den Pflanzen befanden sich nicht einmal halb soviel Samen wie während des Rekordes im Jahre von *El Niño*.

Die Finken waren weit über die Möglichkeiten hinausgegangen, die ihnen die Wüsteninsel bot, und nun beobachtete Lisle Gibbs, wie ganze Populationen eingingen. In den Jahren 1983 und 1984 sah er immer wieder Riesenschwärme von Darwinfinken auf Daphne Major. Er beringte die Neuankömmlinge und vermerkte die toten Vögel mit Kreuzen in seinen Aufzeichnungen. Weit und breit starben die Finken so, wie sie auch während der Dürre gestorben waren, die Boag erlebt hatte.

Würde die Evolution weiterhin wie ein Pfeil in dieselbe Richtung zeigen oder würde sie ihre Richtung ändern? Wie entwickelten sich die Vögel jetzt? Er konnte diese Fragen erst beantworten, wenn er ausreichend lange Daten gesammelt und in seinen Computer eingegeben hatte.

Im September 1985 kehrte Lisle an die Universität von Michigan in Ann Arbor zurück. Er hatte allein ein Jahr dafür gebraucht, die ganzen Daten aus seinen wasserfesten Notizbüchern in den Computer einzugeben. Er verbrachte Monate damit, die Daten auf Fehler zu prüfen, sie noch einmal zu überprüfen und das Programm, mit dem er die Daten für die evolutionären Entwicklungen auswerten wollte, immer wieder zu testen.

Jetzt ließ er das Programm laufen. »Ich gab die Daten ein und betete«, sagt er. »Ich erinnere mich genau an den Augenblick, in dem ich nach all der Arbeit die Return-Taste drückte …«

Was er auf dem Bildschirm sah, war so spannend, daß er es zunächst nicht glauben konnte. Er überprüfte die Daten immer wieder. Es stimmte. Der Pendelschlag der natürlichen Selektion ging wieder in die andere Richtung

160

und wirkte sich nachteilig für die zuvor begünstigten Vögel aus. Große Vögel mit großen Schnäbeln starben, kleine Vögel mit kleinen Schnäbeln entwickelten sich prächtig. Bei der Selektion hatte sich eine Wende vollzogen.

Gibbs stellte fest, daß sowohl die großen Männchen als auch die großen Weibchen starben, doch es starben viel mehr Männchen als Weibchen – wieder ganz im Gegensatz zur Dürrezeit. Die Dürre begünstigte alles, was groß war – im Hinblick auf Gewicht, Spannweite, Tarsuslänge, Schnabellänge, -höhe und -breite. In der Zeit nach der Flut war es hingegen von Vorteil, kleiner zu sein.

Zunächst waren sich Lisle Gibbs und die Grants nicht sicher, warum das Jahr der Flut das Pendel in die andere Richtung schwingen ließ, obwohl es intuitiv einen Sinn ergab, daß eine Flut epischen Ausmaßes den Einfluß einer Dürre epischen Ausmaßes rückgängig machte. Doch allmählich wurde ihnen klar, warum die Flut kleine Finken begünstigte. Wenn es zehnmal so viele kleine Samen gibt wie zuvor, werden die großen Finken nur schwerlich große Samen finden. Sie könnten natürlich immer noch kleine Samen fressen, doch besaßen sie geeignetere Werkzeuge für große Samen. Sie hatten ihr Leben lang Erfahrung darin sammeln können, wie man große Samen findet und sie aufbricht; und weil sie groß waren, mußten sie auch eine weit größere Menge kleiner Samen fressen, um am Leben zu bleiben.

Als die Samen immer stärker zur Neige gingen, gerieten die größeren Vögel in eine schwierige Lage. Sie waren in derselben mißlichen Situation, in der sich die großen jungen Finken während ihrer ersten entscheidenden Lebensmonate befinden: Für ihre Größe bezahlten sie teuer, da sie ja auch einen größeren Appetit hatten; und sie konnten diesen Nachteil mit ihren großen Schnäbeln nicht wettmachen. Einige Vögel mit großen Schnäbeln machten eine Wandlung durch, doch ganz allmählich und nicht so gut wie die Vögel mit der richtigen Ausstattung.

Unter dem Strich war die natürliche Selektion in der Zeit von Gibbs' Aufenthalt genauso verheerend wie in der von Boags Dürre. Nach ihrem riesigen Schritt nach vorn machten die Vögel nun einen riesigen Schritt zurück.

Eine so schlimme Dürre wie die des Jahres 1977 kann sich ein- oder zweimal in einem Finkenleben ereignen, während ein El Niño wie der des Jahres 1983 ein einmaliges Ereignis ist. Da die Finkenforscher das Jahr der Dürre und das Jahr der Flut erlebt hatten, konnten sie sich nun ein außergewöhnlich genaues Bild machen. Es versteht sich von selbst, daß in der Natur die Selektionseinflüsse auf ein Lebewesen in manchen Jahren weit intensiver sind als in anderen. Darüber hinaus können selbst die intensivsten Selektionseinflüsse innerhalb eines Lebens plötzlich in die entgegengesetzte Richtung wirken. Die Evolution kann eine Art nicht nur schnell in eine bestimmte Richtung drängen, sie kann eine einmal eingeschlagene Richtung auch umkehren und ganz andere Zwänge setzen.

Es handelt sich hier keineswegs um eine Eigenart der Darwinfinken. Auch anderswo in der Natur sammeln Naturforscher gegenwärtig Material über ähnliche Rückentwicklungen, selbst bei Darwins »Ausgeburten der Finsternis«, den Meeresleguanen der Galapagosinseln. Die Leguane suchen in flachen Gewässern nach Tang und legen sich dann in die Sonne, um ihn besser verdauen zu können. Gleichzeitig hüpfen die Finken auf ihnen herum und fangen manchmal auf der Stirn der Echse oder auf dem Kamm des Drachen sogar die eine oder andere Fliege. Man kann sich kaum zwei Tiere vorstellen, die in unmittelbarer Nachbarschaft leben und doch ein so unterschiedliches Leben führen; offensichtlich war der Einfluß der Dürre und der Flut aber stark genug, um sich auch auf die Evolution der Leguane auszuwirken.

Die meisten von uns halten die Zwänge des Lebens in der Wildnis für etwas nahezu Statisches. Wenn Jahr für Jahr die Rotkehlchen auf einer Eiche singen, dann stellen wir uns vor, daß das Leben Jahr für Jahr dieselben Anforderungen an das Rotkehlchen und die Eiche stellt. Doch die Lebensumstände der Darwinfinken zeigen, daß diese Naturauffassung falsch ist. Die Zwänge der Selektion können im Leben der meisten Tiere und Pflanzen um uns herum gewaltig schwanken, so daß sich das Rotkehlchen im Sturm fest an die Eiche und die Eiche fest an den Boden klammern muß. Es ist so, als würde sich jedes einzelne Lebewesen auf Erden bei rauher, aufgewühlter See an der Küste eines Ozeans festkrallen, auf den Wellen schaukelnd, die es an die Küste spülen, und dann wieder wankend, wenn die Wellen sich gebrochen haben und das Wasser zurückströmt.

Das »Stop and Go« dieses Ablaufs ist ein weiterer Grund dafür, daß die natürliche Selektion bei den meisten Untersuchungen über lebende Populationen in freier Natur übersehen wurde. Wenn man den Einfluß der natürlichen Selektion über den Verlauf einer ganzen Generation hinweg

Ein Galapagosleguan.
Aus: Charles Darwin, Reise um die Welt.
Erlebnisse und Forschungen in den Jahren 1832–1836.
The Smithsonian Institution

untersucht, dann übersieht man leicht die Haken und Ösen, denen sie ausgesetzt war; man übersieht die widerstreitenden Einflüsse im Nest und während der ersten Tage außerhalb des Nestes, bei den Vögeln, die ein Jahr alt sind, und bei den ausgewachsenen Vögeln oder bei der Eichel, dem kleinen grünen Keim der turmhohen Eiche. Möglicherweise war jedes einzelne Stadium des Lebens, einer intensiven Phase natürlicher Selektion ausgesetzt, doch haben die jeweiligen Auswirkungen mit der Zeit möglicherweise auch andere Spuren verwischt, wenn die letzte Generation einmal nicht mehr ist. Pflanzen- und Tierarten erscheinen uns konstant, doch ist jede Generation in Wirklichkeit eine Art Palimpsest, eine Leinwand, die von der natürlichen Selektion immer aufs neue, wenn auch jedesmal leicht unterschiedlich, bemalt wird.

Als der Finkenforscher Jamie Smith die Galapagosinseln verließ und damit begann, die Spatzen auf der Insel Mandarte in British Columbia zu beobachten, wußte er nicht, ob er dort auf Selektionsereignisse treffen würde. Seine Untersuchung ist eine gute Grundlage für einen Vergleich, weil Spatzen und Finken eng miteinander verwandt sind und die Situation der Singspatzen auf Mandarte jener der Darwinfinken auf Daphne ähnelt. Es gibt eine kleine, dort ansässige Population von Spatzen; sie sind das ganze Jahr über dort und ziehen nicht fort.

Ein Großteil der Arbeit, die Smith und andere seit den frühen siebziger Jahren auf Mandarte durchführten, ähnelt der Arbeit von »El Grupo Grant« bei den Darwinfinken: Spatzen einfangen und beringen, ihre Schnäbel und Flügel vermessen, ihr Schicksal verfolgen.

Vor ein paar Jahren arbeitete Smith an einem Artikel über natürliche Selektion bei diesen Singspatzen und untersuchte dieselben Eigenschaften wie bei den Darwinfinken. Sein Hauptergebnis bestand darin, daß es bei den Vögeln keine Evolution gab, und in seinem Bericht wollte Smith dies auch so festhalten.

Bevor Smith jedoch diesen Bericht veröffentlichte, kam ein weiterer erfahrener Forscher von den Galapagosinseln namens Dolph Schluter an die Universität von British Columbia in Vancouver. Smith erzählte Schluter davon, daß die natürliche Selektion sich auf seine Spatzen in keiner Weise auswirkte.

»Ich glaubte es natürlich nicht«, erinnert sich Schluter heute lachend. Schluter kam damals gerade frisch von den Galapagosinseln und war überzeugt davon, daß die natürliche Selektion einen gewaltigen Einfluß ausübte. »Jamie sagte zu mir: ›Prima, hier sind die Daten. Sieh sie dir selbst an.‹«

Dolph sah sie sich an. Er wußte, daß Smith nach evolutionären Entwicklungen gesucht hatte, indem er eine Spatzengeneration zur Zeit der Geburt mit derselben Generation zum Zeitpunkt des Todes verglich. Dolph entschloß sich dagegen, diese Erhebung jährlich durchzuführen. Auch teilte er jedes Jahr in drei Abschnitte ein und untersuchte, wie häufig die jungen Spatzen in ihrem ersten Lebensjahr, als sie ihre ersten Erfahrungen mit dem Winter machten, überlebten; weiterhin überprüfte er, wie häufig sie als ausgewachsene Vögel in jedem der folgenden Winter überlebten, und schließlich stellte er fest, wie erfolgreich sie ihren Nachwuchs in jeder Brutzeit aufzogen. Als Schluter die Spatzen auf diese Weise genauer unter die Lupe nahm, fand er heraus, daß die natürliche Selektion recht erbarmungslos unter den Spatzen gewütet hatte.

Unter den Männchen hatte sie alle Abweichler ausgelöscht – die zu großen und die zu kleinen Vögel, die somit die größte Abweichung im Hinblick auf ihre Körpergröße zeigten. Hier handelt es sich um das, was als stabilisierende Selektion bekannt ist. Diese Art von Selektionseinfluß kann als Erklärung dafür dienen, daß die Spatzen auf der Insel Mandarte weit weniger vielfältig sind als die Finken auf Daphne.

Unter den Weibchen fand Schluter eine sehr schwankende Selektion, und hier lag ein ganz ähnlicher Fall vor wie der, über den auf Daphne Major Material gesammelt worden war. Genau wie auf Daphne gab es im Laufe der Untersuchung zwei gewaltige Populationszusammenbrüche. Ein Zusammenbruch wurde durch bitterkaltes Wetter, starke Winde und Schneefall während des Winters 1987/88 verursacht. Die Forscher auf Mandarte führten vor und nach der Kältewelle eine Zählung durch. (Es wäre sehr mühsam gewesen, mitten in der Kältewelle auf die Insel hinauszufahren; für die Bootsfahrt braucht man ungefähr eine Stunde, und bei schlechtem Wetter erreicht man die Insel schnee- und eisbedeckt.) Als die Spatzenforscher, nachdem die Kältewelle vorüber war, auf der Insel eintrafen, fanden sie heraus, daß die Population nur noch aus acht Vögeln bestand (was Smith einen gehörigen Schrecken einjagte, denn sein Vogelschwarm war im Aussterben begriffen). Der zweite Zusammenbruch einer Population wurde nicht durch einen harten Winter bewirkt – tatsächlich wissen die Forscher immer noch nicht, was den Tod ihrer Vögel verursachte. Doch wiederum ganz ähnlich wie auf Daphne Major wurden die Weibchen durch die Zusammenbrüche zuerst in die eine Richtung, dann in die andere Richtung gedrängt.

»Mein Ergebnis: Es fand viel Selektion statt«, freut sich Dolph. »Zumindest ein Selektionsereignis pro Jahr.« Und dennoch, als er all diese Veränderungen im Leben einer Spatzengeneration resümierte, war überhaupt keine Selektion mehr zu beobachten, genau so, wie Smith es vorausgesagt hatte.

»Deshalb hatten wir beide recht«, schlußfolgert Dolph. Wenn man die Auswirkungen der natürlichen Selektion über Jahre hinweg zusammenfaßte, so war sie unsichtbar. Dessenungeachtet waren die Spatzen auf dieser kleinen Insel in jedem einzelnen Stadium ihres Lebens und in jedem Lebensjahr durch die natürliche Selektion »täglich und stündlich einer Prüfung ausgesetzt«. Es war so, wie es sich Darwin vorgestellt hatte, nur im Zeitraffer.

Die Population auf Mandarte wird immer noch jedes Jahr bedrängt, zunächst auf der einen, dann auf der anderen Seite. Smith und seine Gruppe sind allerdings nicht so weit vorangekommen wie die Grants bei ihrer Suche nach den Ursachen für diese Schübe. Sie haben beispielsweise nie versucht, die Samen und die Käfer auf der Insel zu zählen und sie mit der Anzahl der Spatzen in Verbindung zu bringen (Mandarte ist viel komplizierter als Daphne). Doch jedes Jahr beobachten sie wie bei den Finken in unterschiedlichen Lebensstadien eine fluktuierende Selektion – gegensätzliche Selektionseinflüsse in frühen und in späteren Stadien des Lebens. Und sie beobachten, wiederum wie bei den Darwinfinken, eine von einem Jahr zum nächsten schwankende Selektion.

»Man fängt an, Arten nicht als etwas Feststehendes, sondern als etwas Fluktuierendes zu betrachten«, erläutert Dolph. »Eine Art sieht beständig aus, wenn man sie über die Jahre hinweg verfolgt – aber wenn man durch die Lupe schaut, dann sieht man, wie ständig an der Art gezerrt wird. Deshalb glaube ich, daß sich die Evolution so abspielt. Die Welt ist nicht so stabil, wie man glaubt.«

Was Dolph am stärksten auffiel, als er die Selektionsereignisse untersuchte, die in Smith' Daten verborgen lagen, war die eintönige Uniformität der Vögel. Verglichen mit den Darwinfinken hätten die Spatzen von Mandarte geklont sein können. Bei der Schnabel- und bei der Tarsuslänge gab es von einem Vogel zum andern lediglich Variationen, die man vernachlässigen konnte. Doch so trivial sie auch erschienen, entschieden selbst diese Variationen mit darüber, wer leben und wer sterben würde. »Für mich ist es ziemlich erstaunlich«, sagt Dolph. Es bedeutet, daß Populationen nicht übermäßig variabel sein müssen, um mit der natürlichen Selektion konfrontiert zu werden.

»Selektion kommt nicht nur auf den Galapagosinseln vor«, schlußfolgert Dolph. »Sie findet in deiner unmittelbaren Umgebung statt.«

Als Darwin fossile Funde studierte, hielt er sie für statisch und meinte, daß sie über lange Zeiträume hinweg »eingefroren« seien. Im Rückblick ist dies nicht überraschend. Wenn Selektionsereignisse bei einem Spatzenstamm schon innerhalb einer Generation nicht mehr erkennbar sind, um wie vieles schwächer werden sich diese Ereignisse dann zeigen, wenn sie in der Felsschicht unter unseren Füßen dokumentiert sind, in der die Generationen über Jahrmillionen komprimiert wurden.

Eines der bekanntesten Beispiele für »rasche« Evolution, das in Fossilien dokumentiert ist, ist der Stammbaum des modernen Pferdes. Dies war auch das Thema, das sich Huxley für seine Vorlesung »Der entscheidende Beweis für die Evolution« wählte. Die Transmutation eines oberen Backenzahnes beim Übergang vom *Hyracotherium* zum *Mesohippus* ist eine der raschesten Veränderungen, deren Etappen wie ein Stück flackernder Stummfilm im Fels bewahrt sind. Dieses Ereignis vollzog sich in ungefähr eineinhalb Millionen Jahren, was ungefähr einer halben Million Generationen entspricht.

Im Vergleich zu den Veränderungen bei lebenden Finken und Spatzen ist das sehr zähflüssig und stockend. Verglichen mit dem Leben auf der Erdoberfläche ist das in Stein dokumentierte, vergangene Leben fast so bewegungslos wie der Stein selbst. Die scheinbare Reglosigkeit der Fossilien bestätigte Darwin in seiner Ansicht, daß die Evolution durch natürliche Selektion selten auftritt und daß der ganze Ablauf unvorstellbar langsam vonstatten geht. Weil die Veränderungen bei den fossilen Funden unsichtbar sind und die Veränderungen um uns herum zu Darwins Zeit unsichtbar waren, schreibt er in der *Entstehung der Arten*, daß wir »diese langsam ablaufenden Veränderungen erst erkennen, wenn ganze Zeitalter vergangen sind«.

Im Jahre 1949 schlug der Evolutionsforscher J. B. S. Haldane vor, die Geschwindigkeit der Evolution in einer universellen Einheit zu messen, ganz gleich, ob sich die Veränderungen nun bei Tieren oder bei Gemüse, unter lebenden oder längst ausgestorbenen Lebewesen vollzogen haben. Diese Einheit benannte er nach ihrem Entdecker, wie wir dies ja auch bei Kontinenten und Ozeanen tun, um unseren Respekt auszudrücken. Er nannte seine Einheit »Darwin«.

Lassen Sie uns den Darwin, sagte Haldane, um es einfach darzustellen, als eine Veränderung in bezug auf die Länge irgendeiner Eigenschaft definieren. Da wir eine universelle Einheit haben möchten und keine, die von der Größe eines Lebewesens abhängt, arbeiten wir mit der prozentualen Veränderung. Der Schnabel eines Dinosauriers, der die Form eines Entenschnabels hat, wird in einer Million Jahren möglicherweise einige Meter länger, ein Vogelschnabel dagegen in einer Million Jahren nur einige Millimeter, sagte Haldane. Und dennoch könnte in beiden Fällen eine Veränderung von 10 Prozent vorliegen. Eine prozentuale Veränderung bedeutet dann für Myriaden lebender und vergangener Tierformen dasselbe; das gilt für den Vogelschnabel und die Zähne der Hyäne, für den Schädel und das Sprungbein des Pferdes bis zur schneckenförmigen Windung der Ammoniten. Haldane definierte einen Darwin als eine Veränderung von einem Prozent in einer Million Jahren.

Als sich Haldane einige typische Fossilienfunde zur Evolution ansah, fand er heraus, daß die Veränderung recht langsam ablief, in der Größenordnung von einem Prozent in einer Million Jahren oder eben einem Darwin. Andere Forscher nach Haldane stützten seine Vermutung, daß dieses Schneckentempo für die Fossilien, die wir besitzen, typisch ist.

Wie Darwin schloß Haldane daraus, daß die Evolutionsgeschwindigkeit durch natürliche Selektion in der uns umgebenden Welt unendlich langsam ist, bei weitem zu langsam, um sie beobachten zu können, so daß man sie nur in den ganz allmählichen Ablagerungen bei Fossilienfunden ausmachen kann. Veränderungsgeschwindigkeiten in der augenblicklich existierenden Welt müßte man in Millidarwins messen. Bei künstlicher Selektion, sagte er, könne man Veränderungsgeschwindigkeiten von 1000 Darwin erzielen, doch hier handle es sich nicht um etwas, das man in der Natur beobachten könne. »Veränderungsgeschwindigkeiten von einem Darwin wären in der Natur die große Ausnahme.«

»Solche Berechnungen sind außerordentlich grob«, führte Haldane aus, »aber sie weisen auf die bemerkenswert kleine Größenordnung jener selektiven ›Kräfte‹ hin, die maßgeblich sind, falls die Evolution vor allem auf die natürliche Selektion zurückzuführen ist, und darüber hinaus sind sie ein Beleg dafür, wie außerordentlich schwierig es ist, diese Kräfte in Aktion zu zeigen.«

Es ist relativ einfach, die Evolution der Darwinfinken während der Dürre und während der Flut in Haldanes wunderliche Einheit mit der Bezeichnung Darwin umzurechnen: Während der Dürre betrug die Veränderung 25 000 Darwin, nach der Flut 6000 Darwin.

Deshalb gibt es eine ungeheure Kluft zwischen dem, was wir erkennen, wenn wir uns die Zeit nehmen, die lebendige Welt in Aktion zu betrachten, und dem, was wir erkennen, wenn wir die in Stein festgehaltene Welt studieren. Um diese Diskrepanz auf einer breiteren Grundlage untersuchen zu können, trug ein Evolutionsforscher unlängst mehr als 500 Fälle evolutionärer Veränderung zusammen, von kurzen, schnellen Experimenten auf dem Gebiet der künstlichen Selektion (Ereignisse, die Monate, höchstens jedoch eineinhalb Jahre dauerten) bis hin zu evolutionären Experimenten, wie man sie bei Fossilien vorfindet (hier dauerte es Millionen von Jahren). Der Evolutionsforscher Philip Gingerich rechnete all diese Ereignisse in Darwin-Einheiten um. Er entdeckte ein einfaches Muster, ein Muster, das gerade das Gegenteil von dem darstellt, was frühere Evolutionsforscher – von Darwin bis Haldane – erwartet hätten. Je genauer man das Leben untersucht, desto schneller und intensiver ist die evolutionäre Veränderungsgeschwindigkeit. Je weiter man auf der Zeitachse zurückgeht, desto weniger kann man erkennen. In einem einzigen Jahr lassen sich Veränderungsgeschwindigkeiten in einer Größenordnung von 60 000 Darwin finden. Bei den Fossilienfunden jedoch liegt der Durchschnitt lediglich bei einem Zehntel Darwin.

Um die Gründe für diese Diskrepanz zu finden, muß man nicht lange suchen. Wenn sich irgendwann einmal in diesen Millionen von Jahren eine Art rasch, dann aber wieder nur allmählich veränderte, dann würde einem diese Bewegung des Beschleunigens und Abbremsens im Durchschnitt recht schwerfällig erscheinen. Wenn die Art sich darüber hinaus zunächst in die eine und dann in die andere Richtung verändert hätte, immer und immer wieder, wie dies bei den von den Grants untersuchten Darwinfinken während des ersten Jahrzehnts der Fall war, dann könnte man bei den Fossilienfunden praktisch keine Veränderung feststellen, sondern müßte fast ein Gleichgewicht konstatieren. Doch der Finkenschnabel ist tatsächlich in einer solchen evolutionären Bewegung begriffen, daß die Veränderung nicht zu übersehen war, sobald man genauer hinschaute.

»Auch bei den Fossilienfunden gibt es eine ganz erhebliche Streuung«, sagt Peter Grant. »Normalerweise nimmt man sie nicht wahr. Wenn man sich jedoch eine größere Anzahl Fossilien anschaut, dann ist es verbreitete Praxis, 3000, 5000 oder 10 000 Jahre als Einheit zu nehmen. Am Anfang und am Ende legt man eine durchschnittliche Position fest und berechnet den Mittelwert der Veränderungsgeschwindigkeit für den Zwischenabschnitt. Es könnte eine vielfältige Streuung dazwischen liegen, die durch die Bildung von Mittelwerten herausgefiltert wird.«

»Und auch dann gibt es in den Materialien noch eine zufallsbedingte Streuung. Wenn Sie so wollen, haben wir einen Treffer auf tausend Streuungen. Allerdings werden nur selten aufeinanderfolgende Generationen als Fossilien erhalten. Es ist, als wollte man Exemplare von Darwinfinken aus den Jahren 1874, 1932 und 1987 vergleichen. Es mag da eine gewisse Streuung geben, aber was da alles vor sich gegangen ist, sieht man nicht.«

Fossilienfunde sind einfach zu primitiv, sie gleichen einer Filmkamera, die keine ausreichende Anzahl von Bildern pro Sekunde aufnimmt, um das schnell ablaufende Leben einzufangen. Schnelle Bewegungen wie der Flügelschlag eines Kolibris sind nicht erkennbar. So aufbereitet, würden die beiden erstaunlichen Jahre der Darwinfinken ganz sicher in ähnlicher Weise unter den Tisch fallen, wie das Auf und Ab des Flügelschlags vor den Augen verschwimmt.

Wenn wir uns die Rauchwolke eines Vulkans aus der Nähe ansehen, können wir eine intensive, schnelle Bewegung beobachten, eine gewaltige und gefährliche Turbulenz. Wenn wir die Eruption aus großer Entfernung betrachten (eine sichere Distanz, so daß der Vulkan nahezu am Horizont liegt), dann scheint die Rauchsäule nahezu bewegungslos in der Luft zu stehen: Wir müssen sie eine ganze Weile beobachten, um überhaupt irgendeine Veränderung erkennen zu können. Die Evolution des Lebens stellt sich als etwas heraus, das eher der Eruption eines Vulkans gleicht. Je genauer man hinschaut, desto turbulenter und gefährlicher ist das, was da vor sich geht; je größer der Abstand, desto eher erscheint einem die lebendige Welt fest und stabil, insgesamt kaum in Bewegung.

Es ruft Erstaunen hervor, wenn man sich all diese Arten um uns herum nicht als etwas Feststehendes, sondern als in hektischer Bewegung befindlich vorstellt. Es ist vergleichbar mit dem Unterschied zwischen der alten Auffassung von einer festen physikalischen Materie um uns herum – der Auffassung aus der Zeit Newtons – und der heutigen Sicht einer unendlichen Bewegung bis herab zur Ebene der einzelnen Atome und Moleküle, ja sogar noch weiter, wenn man an die endlose Bewegung der subatomaren Teilchen denkt. Der Finkenschnabel ist auf dieselbe Weise ein Sinnbild der Evolution wie das Bohrsche Atommodell ein Sinnbild der modernen Physik ist, und wenn wir uns mit einem der beiden Modelle beschäftigen, so sind wir in einem größeren Ausmaß mit ursprünglicher Energie und ewiger Veränderung konfrontiert, als unser Verstand aufzunehmen gewillt ist. Und dennoch ergeben sich, wenn wir den Blickwinkel der Atome, der Evolution in Aktion, also der Evolution *in natura* einnehmen, weitreichende Konsequenzen für das, was wir als Realität ansehen, für unsere Vorstellung vom Leben und von unserer Handlungsfähigkeit, mit anderen Worten: für das, was wir mit unserem Leben machen können.

»Überall auf der Welt ist dieses Zappelige ein Aspekt aller Populationen«, sagt Dolph Schluter. »Es zeigt uns, daß die Populationen heute dynamisch sind – immer noch in Bewegung –, so daß sie eine größere Veränderung ihrer Umwelt zu jedem Zeitpunkt in die eine oder die andere Richtung drängen kann.« Wenn sie nicht so »zappelig« wären, dann läge die Vermutung nahe, daß die Prozesse, die sie in diesen Zustand versetzt haben, an ein Ende gelangt wären, daß die Schöpfung vorbei wäre; ebenso wäre das Universum am Ende oder tot, wenn sich keine Bewegung mehr bei seinen Atomen feststellen ließe. Aber diese Bewegung findet sich überall, sagt Dolph. »Sie ist allgegenwärtig.«

Angesichts der Erkenntnisse auf Daphne Major kann man die Geschichte des Lebens nicht mehr als langsamen, nahezu statischen Prozeß darstellen, eine Weltsicht, für die das Sinnbild evolutionärer Veränderung ein steinernes Fossil ist. Was wir uns statt dessen vergegenwärtigen müssen, ist, daß Bewegung für Leben steht. Der aufmerksam verharrende Vogel, etwa ein Sperling, der wachsam und mit jeder Faser seines Körpers jederzeit bereit ist, aufzufliegen, ist nicht zufällig ein Gleichnis des Lebens. Das Leben ähnelt einer ständigen Bereitschaft zur Flucht. Von weitem gesehen, wirkt es ruhig, so wie es sich vor hellem Himmel oder dunklem Grund abzeichnet; doch aus der Nähe betrachtet, flattert es hierhin und dorthin, als wollte es der Welt in jedem Augenblick seine Bereitschaft demonstrieren, in tausend Richtungen aufzubrechen.

Teil 2
Neue Lebewesen
auf dieser Erde

Wir werden uns nun etwas ausführlicher mit
dem Kampf ums Dasein beschäftigen.

CHARLES DARWIN
Über die Entstehung der Arten

8

Princeton

Diese Vögel sind einzigartig auf dem ganzen Archipel.

CHARLES DARWIN
Reise um die Welt

… je genauer man hinschaut, desto mehr sieht man.

PETER GRANT
Ökologie und Evolution der Darwinfinken

Wir schreiben Mitte Juni, und es ist vormittags in Princeton, New Jersey. Rosemary Grant arbeitet; ihr Büro befindet sich in der Eno Hall, Zimmer 106. Sie trägt einen Island-Pullover, ein langes blaues Laura-Ashley-Kleid und Sandalen. Hinter ihr blinzelt die Sonne durch das Erkerfenster und die sich ausbreitenden Zweige des Katsurabaumes mit seiner rauhen Rinde.

Sie sitzt auf einem dänischen Stuhl ohne Rückenlehne an einem Tisch mit schmiedeeisernen Beinen. Dieser Tisch erstreckt sich über die ganze Länge des Zimmers, und auf ihm stehen ein Computer der Marke Casper GM-1230 (ein IBM-kompatibler Rechner), ein Hewlett-Packard Laserjet-Drucker, ein weiterer Drucker und ein Macintosh SE II mit einem Bildschirm, der auch als Fernsehgerät für das Wohnzimmer groß genug wäre.

Erst vor einigen Wochen sind die Grants von den Galapagosinseln zurückgekehrt. Sie haben bereits jede einzelne Zahl aus den wasserfesten Notizbüchern in den Computer eingegeben. Jetzt wollen sie ein Jahr ohne Lehrveranstaltungen verbringen und sich einzig und allein um die Berge von Material kümmern, die sie über die Jahre hinweg angesammelt haben. »Wir werden nicht arbeiten«, erzählt Peter allen Kollegen in Princeton. »Unser Ziel für dieses Sabbatjahr besteht nicht darin, mit unseren Händen zu arbeiten, sondern uns in unsere Daten zu versenken und sie zu analysieren.«

»Warum sagst du, daß wir nicht arbeiten werden«, protestiert Rosemary. »Das ist Arbeit.«

»Ja, in gewisser Weise ist dies die eigentliche Arbeit, und alles andere ist Spielerei.«

Rosemary streicht über die ordentlich aufgereihten Kästen, die Peter und sie in ein Regal oberhalb des Computertisches gestellt haben. Charles Darwin bewahrte seine Notizen in 30 oder 40 großen Folianten auf, die er in einem extra dafür gebauten Gestell seines Studierzimmers rechts vom Kamin aufbewahrte. Sein Organisationstalent und sein scharfer Verstand ermöglichten es ihm, eine außerordentliche Vielfalt gehaltvoller Informationen in diesen Folianten unterzubringen und sie auch wiederzufinden. Aber derart viele Daten, wie sie Peter und Rosemary in ihren nebeneinander aufgereihten, kleinen Kästchen auf dem Regal, dem Archiv der internationalen Finkenforschungsstation, verwahren, hätte er sicherlich nicht bewältigen können.

Rosemary wählt ein Kästchen aus, holt eine Diskette heraus und steckt sie in den Macintosh. »Gut«, sagt sie nach kurzer Suche, »das ist 3425.« Nummer 3425 ist einer der beiden Vagabunden, die Rosemary vor einem halben Jahr an Daphnes Nordküste selbst gefangen hat. Es war der erste der beiden Opuntienfinken, der in ihre Falle hüpfte. In den Zahlenkolonnen auf dem Bildschirm ist zusammengefaßt, was die Grants und ihre Mitarbeiter über das Schicksal von 3425 seit diesem Januarmorgen in Erfahrung bringen konnten.

»In diesem Jahr hat er bereits zweimal gebrütet«, sagt Rosemary und spricht langsam, während sie die Zahlen und Buchstaben auf dem Bildschirm entschlüsselt. »Und er hat zweimal mit demselben Weibchen gebrütet, mit Nummer 5582. Im ersten Gelege befanden sich drei Eier. Zwei von ihnen wurden ausgebrütet, aber nur ein Vogel wurde flügge. Im zweiten Gelege wurden zwar drei Vögel ausgebrütet ..., doch wieder wurde nur einer flügge.«

Die Zeit der Dürre ist vorüber, und aus diesem Grund war 3425 so geschäftig. Der erste Regenguß auf Daphne fiel im Februar. Die *Portulaca* blühte innerhalb weniger Tage, und die Grenadillbäume trieben Blätter und erfüllten die Luft mit dem bemerkenswerten Duft ihrer grünlich-weißen Blüten. Das Gras schoß hoch und überwucherte alle Wege. Selbst

nach all diesen Jahren auf Daphne waren die Grants noch immer überrascht davon, wie schnell sich auf Daphne alles veränderte.

Die Finken brüteten und brüteten. Peter, Rosemary und die Mitarbeiter
dieses Jahres eilten die Abhänge des Vulkans hinauf und hinab und
versuchten Schritt zu halten mit den Hunderten von Nestlingen – den
jüngsten Darwinfinken. Anschließend kletterten die Grants zur »Fußmatte« hinunter und gelangten mit Hilfe einer *panga* auf ein kleines Schiff
namens *Flamingo*, um den Finken auf Gardiner, Floreana, Genovesa und
Española einen Besuch abzustatten.

Kurz vor der Insel Floreana setzte der Motor der *Flamingo* aus. Am Motor
war ein Kabel abgerissen, und der Kapitän ging unter Deck, um den
Schaden zu beheben. Unterdessen trieb die *Flamingo* in der tosenden
Brandung auf einen Felsen zu, der Enderby genannt wird. Die Wellen
schlugen hoch, und das Schiff driftete immer näher an die kochende
Brandung und die Felsen heran. Rosemary, Peter und Thalia standen an
der Reling und warteten darauf, daß der Motor wieder ansprang, während sie beobachteten, wie der Fels immer näher kam. Buchstäblich in
letzter Sekunde hatte der Kapitän das Kabel endlich repariert, und der
Motor sprang an, so daß eine weitere Saison mit wertvollen Daten auf
dieses Regal in Princeton gelangen konnte.

Rosemary nimmt die Diskette heraus und steckt eine weitere, die das
Etikett »Nestotal 76-91« trägt, in ihren Macintosh. Der Computer
tickert und klickt, es entsteht eine lange Pause, doch auf dem Bildschirm
ist nichts zu sehen. »Das ist eine umfangreiche Datei«, kommentiert
Rosemary beim Warten. »5575 Kilobytes sind es, glaube ich.« Eine Datei
dieser Größe könnte ungefähr eine Million Wörter oder das vollständige
Manuskript für Darwins große Werke speichern, die *Natürliche Selektion*
plus verschiedene Ausgaben des *Ursprungs der Arten* und der *Abstammung des Menschen*. Diese Menge an Information haben die Grants und
ihre Mitarbeiter über die Nestlinge, also über alle neugeborenen Darwinfinken auf Daphne Major im Zeitraum zwischen 1976 und 1990, zusammengetragen.

In Wellenbewegungen ziehen die Zahlenkolonnen über den Bildschirm
und füllen ihn von oben bis unten mit Ziffern. »Deshalb dauert es so
lange«, sagt Rosemary und deutet auf die dichten kleinen Zahlenkolonnen. »Und dies ist nur der Anfang der Datei.« Sie arbeitet sich durch Berge
und Berge von Zahlen. »Da ist er wieder. Unser 3425 ist ein ganz schön

altes Männchen. Hier sind alle Zeiten in seinem Leben, während derer es gebrütet hat: Eins, zwei, drei ... zehnmal. Zum erstenmal im Jahre 1982. Danach brütete er«, sie zählt laut, »*achtmal* im Jahre 1983.« Das war das sensationelle Jahr, das Jahr der Flut. »Er brütete noch einmal 1984. Das ist ungefähr so häufig wie bei *jedem* Vogel im Jahre 1984. Danach brütete er nicht mehr, erst wieder in diesem Jahr.«

Mit Hilfe weniger Tastenanschläge kann Rosemary auch alle Weibchen auf den Bildschirm holen, mit denen dieser alte Fink sich gepaart hat: Leben und Lieben von Nummer 3425. Rosemary führt ihren Zeigefinger an die Wange und blickt auf den Bildschirm.

»Er brütete im Jahre 1983 mit demselben Weibchen wie 1982 ..., siebenmal. Aber mitten in der Brutzeit hatte er ein weiteres Weibchen, 4629.« Wie so viele andere Finken im Jahr der Flut wurde er wankelmütig und tauschte die Partnerin. »Das Weibchen starb 1987, und 1984 brütete er mit noch einem weiteren Weibchen, mit 5538. Auch dieses Weibchen ist inzwischen tot.«

Peter steckt seinen Kopf in Rosemarys Büro. Anstelle des schwarzen Fernglases, das er auf den Galapagosinseln mit sich herumträgt, hängt eine schwarze Lesebrille um seinen Hals. Er ist braungebrannt und sieht gut aus in seinem khakifarbenen Tropenhemd. Hier in Princeton ähnelt er Charles Darwin noch mehr als auf den Inseln. Einige seiner Kollegen fragen sich, ob er diese Ähnlichkeit wohl pflegt. Als ob er diesen Verdacht zerstreuen wollte, hat er an seine Bürotür gleich zwei vergilbte Zeitungsfotos eines bärtigen schottischen Dudelsackspielers geklebt. Dem Dudelsackspieler sieht Peter sogar noch ähnlicher als Darwin.

»Wie geht's?« Peter bückt sich und schaut auf den Monitor, auf dem immer noch das Liebesleben von 3425 zu sehen ist; als Überschrift über den Spalten ist dort zu lesen: »Art, Eier im Nest, Nestlinge, Jungvögel, Abschnitt, ...« Er richtet sich schnell wieder auf, ohne auf den Bildschirm zu schauen, und erklärt, sichtlich mit Freude: »Ich schätze, es waren zehn Jungvögel, die er bis zu diesem Jahr in seinem Leben hervorgebracht hat. Und dieses Jahr hat er zwei gezeugt. Aber von denen war keiner fruchtbar.«

»Oh, du hast das wohl alles im Kopf«, sagt Rosemary.

»Eigentlich bin ich mir sicher«, erwidert Peter. »Der Partnertausch hat ihm nicht gut getan. Von all den flügge gewordenen Vögeln, die er zeugte – zwei von zehn Vögeln 1984 und die anderen acht 1983 –, hat nicht einer zur Reproduktion der Art beigetragen. Deshalb ist dieser Vogel ein *Verlierer*.«

Rosemary holt sich die Trefferquote eines anderen alten Männchens derselben Generation, Nr. 2666, auf den Bildschirm.

»Nr. 2666 hat eine ganze Menge Jungvögel hervorgebracht, die anschließend flügge wurden«, sagt Peter, auch diesmal ohne auf den Bildschirm zu gucken. »So um die 30 Vögel. Und einige leben immer noch, mindestens zwei von ihnen brüten, vielleicht sogar noch mehr.«

»Trotzdem war er nicht der *erfolgreichste* Brüter«, wirft Rosemary ein, »das war 720, Peter, oder? Mit zehn fruchtbaren Nachkommen, eine ganz schöne Leistung.«

»O ja, 720, Gott segne ihn, er ruhe in Frieden! Der Erfolgreichste aller Zeiten.«

Die Sonne ist hinter einer Wolke verschwunden. Man hat für heute ein Hoch und Temperaturen um 30 Grad vorhergesagt. Doch in Rosemarys Büro ist die Luft kühl. Taschenschirme und Regenmäntel hängen an einer Garderobe neben der Tür. Ansonsten ist recht wenig Persönliches in diesem Zimmer zu sehen: lediglich einige Computer, das Regal mit den Disketten, ein großes Bücherregal an der Wand, ein paar gerahmte Ansichten von Opuntienfinken und ein Zettel mit Nicola Grants Nummer, der am Telefon haftet.

Jetzt, wo die Mädchen erwachsen sind, verändern sich Rosemarys Rolle und ihre Funktion in der Forschungsarbeit. Die erste Monographie über die Finkenforschung, die im Jahre 1986 veröffentlicht wurde, stammt von Peter R. Grant. Die zweite Monographie, die im Jahre 1989 veröffentlicht wurde und sich auf Genovesa konzentriert (»Rosemarys Insel«), stammt von B. Rosemary Grant und Peter R. Grant. »Sie arbeiten als Paar – sie arbeiten als eine Einheit«, sagt ein alter Freund. »Vieles von dem, was sie machen, halten alle für Peters Arbeit. Und dennoch machen sie in Wirklichkeit etwas, das über das hinausgeht, was jeder einzelne von ihnen tun kann. Dies hat sich über eine lange Zeit so entwickelt. Wahrscheinlich in einem größeren Ausmaß, als ihnen selbst bewußt ist.«

Peter geht wieder und steckt erneut seinen Kopf zur Tür herein: »Ich mache schon einmal das Mittagessen, Liebling.« Rosemary bleibt bei ihrer Arbeit. Sie ruft die Daten zur Lebensgeschichte von 5608 auf, dem anderen Vagabunden von einem Finken, der damals an der Nordküste der Insel gefangen wurde: der Princeton-Vogel, der in den Farben Orange und Schwarz beringt wurde. Ein weiterer Verlierer; aber man sollte bedenken, daß Verlierer weitaus häufiger sind als Gewinner.

»So«, sagt sie schließlich, »für jeden Vogel haben wir alles hier, die Abmessungen seines Schnabels, wer seine Eltern waren, wann er geboren wurde, wo er geboren wurde oder wer seine Geschwister im Nest waren.« Sie trägt diese Liste in einem fast beschwörenden Ton vor. »Wir haben es alles hier und können es vier oder fünf Generationen zurückverfolgen.« Es handelt sich um vier oder fünf Generationen, wenn man nach Lebensspannen rechnet, doch sind es mehr als zwanzig Generationen, wenn man die Zeugungen zählt: das Buch der Chronik oder das Buch der Könige, gewidmet den Darwinfinken.

»Und dann haben wir noch die *Vegetation*«, fährt Rosemary fort, lacht ein wenig und weist mit ihrer Hand auf ein paar andere kleine Kästchen. »Wir haben alles vorliegen, hier sind zum Beispiel die Kaktusdaten.« Man hört das Geräusch einer Diskette, die aus dem Macintosh ausgeworfen wird; dann wird die Floppy mit den »kompilierten Kaktusdaten« hineingesteckt. Einige weitere Tasten, wiederholt gedrückt, erzeugen sofort eine Graphik mit den Kakteenerträgen der letzten fünfzehn Jahre auf Daphne Major.

»Und dann die *Samen*, die Samen pro Jahr«, sagt sie. »Wir haben Dateien zu den Samen über all die Jahre hinweg bis heute.« Rosemary steckt die Diskette in den Computer und zeigt auf dem Bildschirm eine ungeheuer große Datei mit dem Namen »SEEDYEARN« an.

»Dann haben wir natürlich noch NIEDERSCHLAG, TEMPERATUR ...«. Das sind jeweils noch weitere Kästchen mit Disketten. »Und selbstverständlich haben wir noch die Notizbücher und die Tagebücher.« (Die Tagebücher sind genaue Kopien der Aufzeichnungen, die an den Abenden auf der Insel entstanden.) Sie blättert eines der letzten Tagebücher durch: Seiten über Seiten voller Zahlen, akkurat mit Tinte geschrieben.

»Und das hier ist der *Gesang*.« An diesem Morgen ist der Gesang all dieser Generationen von Darwinfinken ordentlich auf einem Tisch gestapelt, der sich unter Rosemarys Erkerfenster befindet. Studenten haben den Gesang mit Hilfe einer Maschine, die man Ton-Spektograph nennt, vom Band übertragen. Die Maschine analysiert jeden einzelnen Vogelgesang auf den Bändern und gibt ihn in Zeilen mit vertikalen Linien wieder, die schmal sind und eng beieinander liegen. Jedes Bild ist ein Stück weißen Papiers, so groß wie ein Foto, und stellt den Gesang eines einzigen Finken dar.

»Wir werden sie noch heute binden lassen«, sagt Rosemary und blättert einen Stapel mit Finkengesang durch. Sie lacht wieder. »Und so weiter und so weiter und so weiter! Das alles nimmt unglaublich viel Zeit in Anspruch, doch es macht Spaß. Bis heute wurde, bis auf einen, jeder Fink auf der Insel beringt. Dieser eine ist ein Vogel im oberen Teil von Abschnitt vier, er ist schon seit Jahren dort. Es ist ein schrecklicher Ort, wirklich grauenhaft. Alle haben versucht, ihn zu fangen. Er ist da oben«, erläutert sie und zeigt auf einen kleinen Fleck auf der Landkarte. »Es ist sehr steil dort, weil es in den Krater abfällt, und daher unmöglich, dort ein Netz auszulegen. Außerdem *fliegt* er, ein wirklich *ausgesprochen* gewiefter Vogel.«

Die Grants haben die Inseln in ihren Koffern mit nach Hause gebracht. Jetzt können sie nach Vorgängen Ausschau halten, die auf Daphne Major verborgen blieben: Geheimnisse, denen sie zu nahe waren, um sie zu erkennen, wenn sie etwa den Schnabel eines Finken ausmaßen, während drei weitere gleichzeitig um ihr Handgelenk herumhüpften, um ihnen dabei zuzusehen.

Obwohl ihr Sabbatjahr gerade erst angefangen hat und sie sich immer noch bei der Arbeit am Computer abwechseln, um die Daten immer wieder zu überprüfen, sind die Grants so gespannt, daß sie es Außenstehenden kaum erklären könnten. Einige der neuesten Zahlen aus der Feldforschung sind verwirrend. Peter und Rosemary haben Statistiken gefunden, die nicht ins gewohnte Bild passen. Sie vermuten eine Überraschung. Sie bemerkten diese Anomalie zuerst, als sie draußen auf den Inseln waren, und eigentlich haben sie es schon ein paar Jahre lang bemerkt. Je mehr sie sich jetzt damit beschäftigen, desto bedeutungsvoller kommt sie ihnen vor.

1983 zum Beispiel, im großen Paarungsrausch während des *El Niño*, bemühte sich ein Opuntienfinkenmännchen auf Daphne Major, ein *scandens*, um ein *fortis*-Weibchen: Ihre Liebe stand eigentlich unter keinem guten Stern, denn es handelte sich nicht nur wie bei Aschenputtel und dem Königssohn um gegensätzliche Milieus oder wie bei Romeo und Julia um zwei Familien, die miteinander im Streit lagen: Sie gehörten unterschiedlichen Arten an. Doch im Chaos der großen Flut paarten sie sich und brachten in einer Brutzeit vier Junge hervor.

»Bei den meisten Gelegen«, sagt Peter, »bekommt man von vier Jungvögeln keinen oder vielleicht einen zu sehen, die übrigen sind verschwunden. Eventuell sind es auch zwei. Aber in diesem Fall wurden alle vier flügge: 5626, 5627, 5628 und 5629. Die ersten drei waren Weibchen, der letzte war ein Männchen. Das Männchen brütete innerhalb eines Jahres und verschwand dann wieder, aber die Weibchen haben sich ganz prima gemacht.«

»Auch ihr Nachwuchs brütete«, wirft Rosemary ein.

»Und deren Nachwuchs brütete auch wieder«, sagt Peter zustimmend. »Ich glaube, 5629 tauchte später im Gewölle einer Eule wieder auf. Aber alle haben gebrütet.«

»Da haben wir sie«, sagt Rosemary und öffnet eine Datei, die sie HYBRIDNEST nannte. »Sie kamen 1983 auf die Welt, ihr Vater war ein *scandens*, 4053. Ihre Mutter war ein *fortis*, 1536. Drei Schwestern und ein Bruder.«

Rosemary öffnet zunächst die Datei mit den Daten des Bruders. »Also«, sagt sie, »das erste Mal, als er brütete, waren in seinem Nest vier Eier, aus denen drei Vögel schlüpften und später flügge wurden.« Der Bruder begann also hoffnungsvoll, bevor ihn die Eule verschlang.

Als nächstes öffnet Rosemary die Datei mit den Schwestern. Die Zahlenkolonnen marschieren auf dem Computerbildschirm wie eine Armee bei einer Invasion. »Jetzt sieh dir das an«, sagt sie. »In einigen Jahren haben wir ein paar Nullen, doch wenn man die Gesamtsumme zusammenzählt, … bringen es die drei Schwestern bis heute auf 43 Enkel! Damit sind sie nicht die Rekordhalter auf Daphne Major, aber sie stehen damit ganz oben auf der Liste. Die vier wurden erst 1983 geboren, haben aber, alle zusammengenommen, schon 46 Enkel. Das ist eine ganze Menge.«

»Wenn ich das jetzt weiterverfolge, werde ich auf Urenkel stoßen. Sogar eine ganze Menge Urenkel, denn ich weiß, daß viele von diesen 46 weiter brüteten. Einige von ihnen brüteten sogar schon 1983! Deshalb wird das alles zusammen eine Riesennachkommenschaft ergeben.«

»Du meine Güte! Dieses Jahr hatte 5626 sechs Eier. Dieses Weibchen legte sechs Eier und brachte es auf sechs flügge gewordene Vögel. Und 5627 legte sechs Eier, aus denen fünf Vögel schlüpfte, die flügge wurden. Auch 5628 legte fünf Eier, vier Vögel wurden flügge.«

Der Lehrmeinung zufolge hätte dies nie geschehen können. Als David Lack vor einem halben Jahrhundert auf der Insel war, versuchte er alles, um einen Finken einer Art zu finden, der sich mit dem Finken einer anderen Art paarte, aber er konnte keinen einzigen Fall ausfindig machen. Keiner der Ornithologen, die vor Lack die Inseln besuchten, hat jemals darüber berichtet. Lack verschiffte zahlreiche Finken in Käfigen nach San Francisco, wo Robert Orr von der Kalifornischen Akademie der Wissenschaften Zuchtversuche mit ihnen unternahm. Die Vögel paarten sich in San Francisco durchaus, aber nur gleiche mit gleichen, nur innerhalb ihrer eigenen Art. »Hybridbildung zwischen verschiedenen Arten ist offensichtlich selten, wenn sie überhaupt vorkommt«, schließt Lack in seinem Buch *Die Darwinfinken.*

Es war die Forschungsgruppe unter Leitung der Grants, die als erste Hybridbildungen unter den Finken ausmachte. Peter Boag und Laurene Ratcliffe entdeckten sie 1976, also im Jahr vor der großen Dürre. Damals hatten die Finkenbeobachter bereits so viele Vögel beobachtet, daß kleine Eigenheiten und seltene Merkmale auffallen konnten. In diesem einen Jahr bemerkten Boag und Ratcliffe fünf *fortis*-Männchen mit mittelgroßen Schnäbeln, die sich mit fünf *fuliginosa*-Weibchen mit kleinen Schnäbeln paarten. Zusammen brachten diese fünf Paare ein Dutzend Eier hervor. Natürlich wurde kein Vogel flügge – nicht ein einziger Vogel, der 1976 das Licht der Welt erblickte, überlebte die Dürre des Jahres 1977. Doch als sich die Überlebenden der Dürre des Jahres 1977 paarten, bestand eines der neuen Paare auf der Insel wieder aus einem *fortis*-Männchen und einem *fuliginosa*-Weibchen.

In der Natur ist die Abschottung zwischen verschwisterten Arten selten absolut. Unter nahe miteinander verwandten Pflanzen stellt die Hybridbildung eher die Regel als die Ausnahme dar. Wie schon Darwin schrieb: Sogar einjährige und mehrjährige Pflanzen oder laubabwerfende und immergrüne Bäume »können häufig leicht miteinander gekreuzt werden«. Unter Tieren geschieht dies nicht so häufig, es kommt jedoch vor. Stockenten und Spießenten paaren sich. In Zoos kann man Löwen und Tiger zur Hybridbildung bringen und »Tigöwen« hervorbringen. Zebras und Pferde können gekreuzt werden und dabei entsehen gestreifte, sterile Zebroiden.

Wenn sich zwei Arten sehr selten kreuzen, wird die Mischung ihre Gen-Ausstattung nicht dramatisch verändern. Häufig wird ihr Nachwuchs nicht so gesund sein wie der reinrassige Nachwuchs. Pferde und Esel mischten sich schon immer, und ihr Nachwuchs ist bekanntermaßen kräftig und abgehärteter als die Eltern. Im technischen Sinne, also im Sinne der Evolutionsforscher, die Gesundheit davon abhängig machen, wieviel Nachwuchs künftigen Generationen geschenkt wird, ist die Hybridzucht jedoch ungesund. Die Hybridbildung von Pferden und Eseln wird kein einziges Gen oder gar die Gen-Ausstattung von Pferden und Eseln verändern, da alle Maulesel unfruchtbar sind.

Das war der Punkt, der Darwin an der Hybridbildung interessierte. Sein Kapitel über »Hybridismus« in der *Entstehung der Arten* handelt größtenteils von hybrider Unfruchtbarkeit. Er nimmt an, daß die meisten Arten unfruchtbar wären, wenn sie sich untereinander kreuzten, »weil Arten innerhalb desselben Landes wohl kaum voneinander unterschieden geblieben wären, wenn sie sich frei hätten kreuzen können.«

Die Grants haben, wie Darwin, immer angenommen, daß der Nachwuchs der hybriden Tiere auf den Galapagosinseln vergleichsweise schwach ist. Sie dachten, daß die hybriden Tiere, von der Selektion benachteiligt, wie Unkraut vergehen würden. Und dasselbe gälte für die Neigung, sich untereinander zu kreuzen. Die seltene, eigentümliche Vorliebe, die zu einer unter einem schlechten Stern stehenden Heirat führt, würde eine seltene Ausnahme bleiben. Wenn die Ergebnisse gemischter Paarbildung im Kampf ums Dasein auf Daphne Major irgendeinen Vorteil ergäben, dann wäre die Neigung, sich untereinander zu kreuzen, von Vorteil und die Hybridbildung wäre verbreiteter gewesen. Und wenn sie verbreiteter gewesen wäre, dann hätte sich das Überschreiten der Trennlinie auf die Evolution der Finken umfassend ausgewirkt. Wenn eine solche Entwicklung tatsächlich lange genug vor sich gegangen wäre, dann hätten sich alle Arten vermischt. Der Familienstammbaum der dreizehn Finken hätte sich zu einem einzigen Zweig verjüngt. Ihre Schnäbel, die inzwischen eine gewisse Bekanntheit erlangt haben, dieser kunstvoll angelegte, jeweils unterschiedlich zusammengestellte Werkzeugkasten, wäre gewissermaßen nur ein einziger Schnabel.

Da es nicht nur eine Darwinfinkenart auf den Galapagosinseln gibt, waren Rosemary und Peter fest davon überzeugt, daß die Hybride mit ihren experimentellen Schnäbeln benachteiligt wären. Und sie meinten, den Grund zu kennen. Alles, was sie über den Existenzkampf der Finken auf Darwins Inseln in Erfahrung gebracht hatten, sprach dafür, daß Hybridbildung unvorteilhaft ist. Sie hatten immer wieder beobachtet, wie die kleinsten Unterschiede bei den Schnäbeln dieser Finken ihr Schicksal bestimmten. Ein halber Millimeter entscheidet darüber, wer leben und wer sterben wird. Da diese kleinen Variationen von einer Generation zur nächsten weitergegeben werden, würde die Kreuzung aus einem Vogel mit einem kleinen Schnabel und einem Vogel mit einem mittelgroßen Schnabel wahrscheinlich zu einem Vogel mit einer mittleren Schnabelgröße führen; er hätte also eine Ausstattung, die sich von seinen Eltern des öfteren nicht nur durch ein oder zwei Zehntel eines Millimeters, sondern durch ganze Millimeter unterschiede. Wenn sich dann zwei hybride Vögel paarten, würde dieses Nest zum Alptraum einer Vogelmutter: ein kleiner Gemischtwarenladen mit einem Sortiment seltsamer Schnäbel. Daphne Major ist keine Gegend, die das verzeihen würde. Eine Abstammungslinie nicht angepaßter Vögel könnte nicht überleben.

Während der ersten Hälfte ihrer Untersuchung, in den Jahren vor der großen Flut, waren Hybridbildungen so selten, daß es für die Grants und ihre Gruppe unmöglich war, irgendwelche eindeutigen Schlußfolgerungen zu ziehen. Doch waren die Mischlinge anscheinend nicht so wohlauf wie die reinrassigen Vögel.

Aus diesem Grund sind die Grants jetzt so verwirrt. Es gab jetzt so zahlreiche Fälle von Hybridbildung, daß sich dies nicht mehr auf einen Zufall zurückführen läßt. Vor einigen Jahren entstand auf Daphne eine Lieblingsdynastie der Grants, als sich ein weiteres *fuliginosa*-Weibchen mit einem *fortis* paarte. »Das Weibchen war der kleinste Vogel auf der Insel«, erzählt Peter. »Sie ist wirklich die kleinste *fuliginosa*, die wir je auf der Insel gesehen haben. Und als sie zusammen mit einem *fortis* brütete, war sie so fruchtbar wie kein anderes Weibchen ihrer Art. Sie paarte sich nie wieder mit einem *fuliginosa*.«

Diese kleine *fuliginosa* war Nummer 006; sie paarte sich mit *fortis* 459. Die beiden Vögel bauten ihr Nest am inneren Abhang des Kraters in der Nähe des Gipfels, dort, wo er begann, steil abzufalllen, an einem Ort, den die Grants »eine Treppe tiefer« nannten. »Sie brüteten nun recht erfolgreich«, sagt Peter. »So mancher Vogel, den wir jetzt auf der Insel haben, ist ein Enkel oder vielleicht sogar Urenkel dieses Paares.«

Die Bastarde sterben nicht aus: Offensichtlich gedeihen sie gut. Anstelle einiger weniger interessanter Einzelexemplare können Peter und Rosemary nun ganze Familien außergewöhnlicher Fälle beobachten. Während ihres zehnjährigen Forschungsaufenthalts auf der Insel Genovesa (»Rosemarys Insel«), waren einige dieser hybriden Familien so etwas wie der

Hochadel von Genovesa. Sie brachten einen Jungvogel nach dem anderen hervor, einen Nachkömmling nach dem anderen, während alle Familien um sie herum ausstarben und verschwanden. »Über drei Generationen hinweg ging dies so weiter«, sagt Rosemary.

Im Eno-Gebäude gibt es mehr Ablenkung als auf Daphne Major. Selbst während des Sabbatjahres geht die Arbeit häufig schleppend voran. Peter und Rosemary arbeiten häufig mittags durch; sie sitzen an ihrem Schreibtisch in einer Ecke von Peters Büro, springen ab und zu auf, um etwas an die Tafel zu kritzeln, und gehen dann zurück an ihren Platz, wobei sie die Bürotür zwischen ihnen offen lassen. Es hat etwas von einer Insel, doch gibt es hier natürlich das Telefon.

»Aus Neuseeland«, ruft Peter durch die Tür. »Sie haben das Fax nicht bekommen.«

»Von den Biologen aus North Carolina. Ich habe ihnen gesagt, du hättest die Bestellung aufgegeben.«

Sprunghaft analysieren sie ihre Zahlen, kompilieren sie ihre Datensätze und untersuchen diese nach Fehlern. Sie tragen ihr gesamtes Material zur Hybridbildung seit dem Anfang der großen Flut zusammen. Peter wird im September nach Ungarn fliegen, um dort anläßlich des Internationalen Kongresses der Europäischen Gesellschaft für Evolutionsforschung einen Vortrag zu halten. Er und Rosemary arbeiten fieberhaft, um die letzten Berechnungen fertigzustellen, bevor er abreist.

Sie vergleichen die Überlebensraten der hybriden Vögel mit denen der normalen Vögel in ihrer Kohorte. Sie vergleichen die Bruterfolge der hybriden Vögel, den Erfolg und das Versagen mehrerer Generationen, einer nach der anderen.

»Ha, da haben wir's«, ruft Peter schließlich. Die Gesamtsummen sind so überraschend wie erwartet.

Vor 1983, dem Jahr der großen Flut, brachten die Paare mit mittlerem und kleinem Schnabel auf Daphne Major 32 Jungvögel hervor. Keiner dieser hybriden Vögel brütete vor der Flut. Tatsächlich lebten lediglich zwei von ihnen lange genug, um die Flut mitzuerleben. Doch sie waren nicht stark genug.

Aber nach 1983 – wir können wirklich von einem Jahr sprechen, in dem alles anders wurde – erging es den Hybriden besser. Diejenigen, die nach diesem Jahr ausgebrütet wurden, hatten eine größere Chance zu überleben als die hybriden Vögel aus der Zeit vor der Sintflut; auch bestand eine größere Wahrscheinlichkeit, daß sie brüteten. Sie waren auch etwas erfolgreicher dabei als der Nachwuchs der reinrassigen *fortis*- oder *fuliginosa*-Paare. Und aus diesen Mesalliancen ging seither in den achtziger Jahren ein Nachkömmling nach dem anderen hervor.

In allen demographischen Untersuchungen ist die Reproduktionsquote eine der entscheidenden Statistiken: die Bilanz der Geburten im Verhältnis zu den Todesfällen. Es gibt immer drei Möglichkeiten: Im Laufe der Zeit kann sich eine Kohorte selbst reproduzieren, Geburten und Todesfälle halten sich die Waage. Die Kohorte kann anwachsen, die Geburten übersteigen also die Zahl der Todesfälle. Oder die Kohorte kann abnehmen, die Zahl der Todesfälle übersteigt somit die Zahl der Geburten.

Als die Grants die allerneuesten Brutstatistiken dieses Jahres für Daphne analysieren, können sie erkennen, daß es die reinrassigen *fortis* und *fuliginosa*, die 1987 geboren wurden, nicht geschafft haben, sich selbst zu reproduzieren. Sie haben keine ausreichende Zahl von Jungvögeln hervorgebracht, um ihre Verluste auszugleichen; oder, wie die Grants es ausdrücken, die anfängliche Zahl von Jungvögeln im Jahre 1991 ist kleiner als die anfängliche Zahl von Jungvögeln im Jahre 1987.

Doch die *Kreuzungen* zwischen diesen beiden Arten sind viel erfolgreicher. Die Hybriden, die 1987 auf die Welt kamen, haben sich mehr als nur reproduziert: Ihre Zahl hat sich um den Faktor 1,3 vermehrt.

Kreuzungen aus *fortis* und *scandens*, den Finken mit mittlerem Schnabel und den Opuntienfinken, sind sogar noch erfolgreicher. Bei diesen hybriden Vögeln fällt der Unterschied zu den Jahren vor 1983, den Jahren vor der Sintflut, noch größer aus. Vor der Flut gab es nur ein einziges solches Paar auf Daphne. Dieses Paar brachte lediglich einen Jungvogel hervor, der weniger als ein Jahr am Leben blieb. Am Ende der Brutzeit des Jahres 1987 jedoch hatten die Finkenforscher bereits fünf unterschiedliche Paare von *fortis-scandens*-Hybriden entdeckt; und die fünf Paare hatten 23 Jungvögel hervorgebracht. Zahlreiche dieser Jungvögel lebten länger als der reinrassige Nachwuchs jeder einzelnen dieser beiden Arten; sie lebten sogar länger als die Hybride aus *fortis* und *fuliginosa*.

Irgend etwas hatte sich seit der Flut verändert. Irgend etwas geht dort vor sich. Denn so merkwürdig es scheinen mag, diese hybriden Vögel sind die überlebensfähigsten Finken auf der ganzen Insel.

9

Schöpfung durch Variation

Die Galapagosinseln sind anscheinend
ein ständiger Quell neuer Dinge.

CHARLES DARWIN
Brief an Joseph Hooker

Die Evolution vollzieht sich die ganze Zeit über«, erzählt Peter Grant seinen Studenten in Princeton. »Sie sehen mich überrascht an, aber ganz im Gegensatz zu Darwins Auffassung, daß sich das Leben recht allmählich und eher periodisch entwickelt, sind wir ständig mit der Evolution konfrontiert.«

»Die Genetiker werden es Ihnen sagen: Die Evolution spielt sich ständig um uns herum ab. Sie meinen damit, daß die Gene dieser Generation nicht identisch sind mit denen der vorigen Generation. Noch werden sie in der nächsten Generation genau dieselben sein, und diese Veränderung ist der Kern der Evolution. Es besteht nahezu Gewißheit, eine mathematische Gewißheit, daß die Gene niemals identisch sein werden.«

»In gewisser Weise hatte Darwin recht: Man kann diesen Vorgang nicht sehen. Schauen Sie sich die Ahornbäume auf dem Universitätsgelände an, die Rotkehlchen oder die Grauhörnchen; Jahr für Jahr sehen sie gleich aus. Sie sind es aber nicht; sie sind unterschiedlich. Doch man kann es nicht erkennen, die Unterschiede sind zu subtil.«

Manchmal denkt Peter über die Zeit nach, in der es Darwin beinahe klar wurde. Darwin war ein Mensch mit geradezu fürchterlich regelmäßigen Gewohnheiten. Wenn seine Gesundheit es gestattete, verließ Darwin Jahr für Jahr zweimal täglich sein Haus, durchquerte den Kräutergarten und ging durch ein hölzernes Gartentor in der hinteren Hecke hinaus. Dann begann er seinen Spaziergang auf einem eingezäunten Weg zwischen zwei einsamen und im Winter trostlosen Wiesen, der ihn zu einem Stück Land führte, das er von seinem Nachbarn, einem wohlhabenden Astronomen, gepachtet hatte. Dort hinten hatte Darwin mit Erlaubnis des Astronomen Bäume gepflanzt und zwischen ihnen einen Weg angelegt. Das war sein Pfad zum Nachdenken. Überall auf dem Boden lagen Flintsteine herum, die für ihn, als er die Stelle zum ersten Mal besichtigte, aussahen »wie große lange Knochen«. Zu Beginn seines Spazierganges sammelte Darwin jedesmal eine Handvoll dieser Flintsteine ein und bildete daraus auf der einen Seite des Weges einen kleinen Haufen. Wenn er so im Kreis ging, stieß er immer aufs neue einen Kieselstein mit dem Fuß oder mit seinem eisenbeschlagenen Stock zur Seite, um die Runden zu zählen.

Jahr für Jahr, Tag für Tag entwickelte sich die Umgebung seines Rundgangs weiter, doch Darwin bemerkte es nicht. An einem kalten, düsteren Märztag zum Beispiel, als das gesamte Haus mit »Husten & Erkältungen & Rheumatismus« sowie »Keuchhusten« im Bett lag, fiel ihm auf, daß die Vögel auf seinen Bäumen durch die Kälte dezimiert worden waren. Im dritten Kapitel der *Entstehung der Arten*, dem »Kampf ums Dasein«, überschlug er, daß das Frostwetter ungefähr vier Fünftel der Vögel auf seinem Stück Land dahingerafft hatte: »Und es handelt sich hier um eine furchtbare Dezimierung«, schrieb er, »wenn wir uns ins Gedächtnis rufen, daß beim Menschen 10 Prozent Todesfälle bei Epidemien eine außergewöhnlich hohe Mortalitätsrate darstellen.«

Dieses Ereignis beschäftigt Peter. Damals – es war der Winter des Jahres 1855 – hatte Darwin schon den Plan für sein großes Buch *Natürliche Selektion* entworfen. Doch Darwin hätte sich niemals träumen lassen, daß er den Ablauf dieses Vorgangs bei den Vögeln in seinem Hinterhof hätte beobachten können – deshalb versuchte er es erst gar nicht.

»Ich bin fest davon überzeugt, daß er, wenn er in die Richtung gedacht hätte, daß man die Selektion beobachten kann, in diesem Winter auch etwas unternommen hätte«, sagt Peter. »Ich glaube, er kam dem Punkt sehr nahe, den Prozeß zu dokumentieren.«

Wenn das Wetter schlecht genug war, um die Vögel aus den Bäumen zu fegen, wie es manchmal in England oder Neuengland der Fall ist, dann hätte Darwin lediglich seinen Gärtner bitten müssen, einige tote Amseln einzusammeln.

»Wenn er das *getan hätte*«, fährt Peter fort, »hätte Darwin möglicherweise bemerkt, daß einige von ihnen groß oder fett waren oder einen langen Schnabel oder ein langes Bein hatten oder sonst in irgendeiner Weise außergewöhnlich waren.« Dann hätte er seinen Butler Parslow bitten können, einige Vögel, die den Winter überlebt hatten, abzuschießen, so daß Darwin sie hätte vergleichen und die Unterschiede in den Abmessungen der toten und der lebenden Vögel herausfinden können.

»Vielleicht hätte er auch nichts herausgefunden«, sagt Peter. »Doch ist es sicher kein Zufall, daß ungefähr vier Fünftel der Vögel starben; das sind ungefähr so viele, wie das erste Mal verschwanden, als wir Vögel beobachteten – 85 Prozent in der langen Dürre der Jahre 1976/77.«

»Möglicherweise hätten diese Amseln ihm ausgereicht.«

Und genau das machen die Evolutionsforscher seit Darwin. Sie folgen Darwin auf seinem Rundgang, treten nach Flintsteinen und suchen nach Möglichkeiten, die theoretischen Ansätze, die Darwin auf seinen 400-Meter-Spazierrunden entwickelt hat, zu überprüfen und zu verbessern. Evolutionsforscher sind jedesmal ganz hingerissen, wenn sie bestätigen können, was schon Darwin erkannte, und es schaudert sie sogar noch mehr, wenn sie erkennen, was Darwin übersah. Wahrscheinlich gibt es heute keinen anderen wichtigen Wissenschaftszweig, der in ähnlicher Weise von den Auffassungen eines einzigen Mannes beherrscht und umgetrieben wird.

Die Grants verfolgen den Weg von Darwins Auffassungen zurück, indem sie dort beginnen, wo er anfing, wenn auch in vielfältiger Weise. Sie sammeln ihre Daten nicht nur mitten auf Darwins Inseln, sondern sie sammeln sie mit Hilfe derselben einfachen, konkreten, objektiven Einheiten, die Darwin für den Ursprung aller Evolution hält: individuelle Variationen, gemessen in Millimetern. Jeder Evolutionsforscher würdigt den Stellenwert, den Darwin den Variationen beigemessen hat; aber nicht viele auf diesem Forschungsgebiet begeistern sich so für die Variationen wie Peter Grant. Wenn er Vorlesungen hält, hört es sich manchmal ganz so an, als ob Peter mehr Interesse an der Variation hat als an der Evolution selbst.

»Evolution ist Veränderung im Hinblick auf Variation«, erklärt Peter. »Wenn wir die Evolution in Aktion untersuchen, können wir die Variation besser verstehen.« Er zeichnet eine Glockenkurve an die Tafel und gestikuliert dann, als wollte er die Kurve von der Wandtafel in die Luft heben, um seinen Studenten die Zeitdimension nahezubringen: Er beschwört die Kurve mit seinen Händen und versetzt sie in der Luft eloquent in eine Wellenbewegung. »*Genau dafür* müssen wir eine Erklärung finden«, sagt er und zeigt auf die Kurve an der Tafel. »Das ist die Variation und hier ihre Veränderung in der Zeit«, er deutet mit den Augen den Verlauf der Kurve in der Luft an, »das ist die Evolution.«

Das Rätsel der Hybridbildungen mag sich einmal als trivial erweisen. Eines schönen Nachmittags werden es die Grants vielleicht lösen. Oder es führt sie möglicherweise in eines der geheimnisvollsten Gebiete, in die man beim Studium von Variation und Evolution geraten kann. Nach Darwin kann derselbe Selektionsprozeß, der die Finken zur Anpassung an ihre Inseln zwingt, indem er ihre Flügel immer aufs neue formt, ihre Schnäbel und Tarsi poliert und verändert, indessen auch eine neue Anpassung, ein neues Organ oder einen neuen Vogel hervorbringen. Die Schöpfung ist nichts weiter als die Selektion und die Anhäufung individueller Variationen. Wenn die Grants dem Prozeß nachgehen, der die Gestalt des Finkenschnabels formt, dann gehen sie, so betrachtet, auch »jenem Mysterium der Mysterien« nach: der Entstehung der Arten.

Darwin nennt seine *Entstehung der Arten* »eine einzige lange Beweisführung«, und dies ist der Schritt in der Beweisführung, bei dem es vielen seiner Leser am schwersten fällt, ihm zu folgen, der Schritt, der wie ein Abfall vom Glauben wirkt: von den kleinen individuellen Unterschieden in einem Nest, einem Saatbeet oder in einem Familienalbum zu den auffälligen Unterschieden zwischen Arten. Sie können einsehen, daß der Darwinsche Mechanismus, nämlich die natürliche Selektion, die Anpassung verfeinern kann. Sie können auch verstehen, daß der Darwinsche Prozeß auf diese Weise so etwas wie eine hilfreiche Rolle auf der Bühne des Lebens spielen kann, wenn er Schnäbel und Körper gestaltet, die Linienführung verbessert. Doch sie können nicht hinnehmen, daß dieser Prozeß in der Lage ist, etwas Neues hervorzubringen.

Nicht einmal Darwins Freunde waren damit zufrieden, daß die natürliche Selektion zum Ursprung der Arten führt. Der Botaniker Hooker schrieb Darwin diplomatisch:

> »Ganz sicher machen Sie die natürliche Selektion zu Ihrem Steckenpferd und strapazieren sie zu sehr; aber das muß in Ihrem Fall wohl so sein. Wenn die Neuerung der Doktrin von der Schöpfung durch Variationen greifbar werden soll, so kann dies nur geschehen, indem Sie Ihre Theorie der natürlichen

Selektion von einer Last befreien. Auf den ersten Blick wirkt sie überfrachtet, mit anderen Worten, sie soll zuviel erklären.«

Huxley, Darwins Bannerträger, gelang es, eine Art Siegesrede für die Evolution zu halten, die den Titel »Die *Entstehung der Arten* ist volljährig geworden« trug, ohne die natürliche Selektion auch nur einmal zu erwähnen.

Nach Darwins Tod fiel es zwar vielen Biologen leicht, den Gedanken der Evolution zu akzeptieren, doch sträubten sie sich dagegen, Darwins Haupterklärung dafür zuzustimmen: Evolution ja; Selektion nein. Der Begründer der modernen Genetik, William Bateson, schrieb im Jahre 1913 einen Abgesang auf den Darwinismus: »Er läßt sich mit den Tatsachen so wenig in Übereinstimmung bringen, daß wir uns ... über den Aufwand an Scharfsinn nur wundern können, den jene an den Tag legen, die eine solche Aussage verteidigen.«

Im Jahre 1924 schrieb Nordenskjölds *Geschichte der Biologie* den Darwinismus für immer ab:

> »Die Selektionstheorie, wie es häufig geschehen ist, in den Rang eines ›Naturgesetzes‹ zu erheben und sie in ihrem wissenschaftlichen Wert mit dem Gesetz von der Schwerkraft zu vergleichen, wie es von Newton gefunden wurde, ist, soviel ist sicher, völlig irrational; dies hat die Zeit bereits gezeigt. Darwins Theorie von der Entstehung der Arten wurde daher schon vor geraumer Zeit verworfen.«

Auch Singers *Kurze Geschichte der Biologie* versetzte dem Darwinismus im Jahre 1931, wenn auch in höflicher Form, den Todesstoß:

> »...die natürliche Selektion durch das Überleben der Tüchtigsten wird heute von den Naturforschern sicherlich weit weniger betont als in den Jahren, die unmittelbar auf das Erscheinen des Buches von Darwin folgten. Damals jedoch handelte es sich um einen äußerst anregenden Vorschlag.«

Im Jahre 1981, als die hundertste Wiederkehr von Darwins Tod näherrückte, eröffneten die Mitarbeiter der Abteilung für Naturgeschichte am

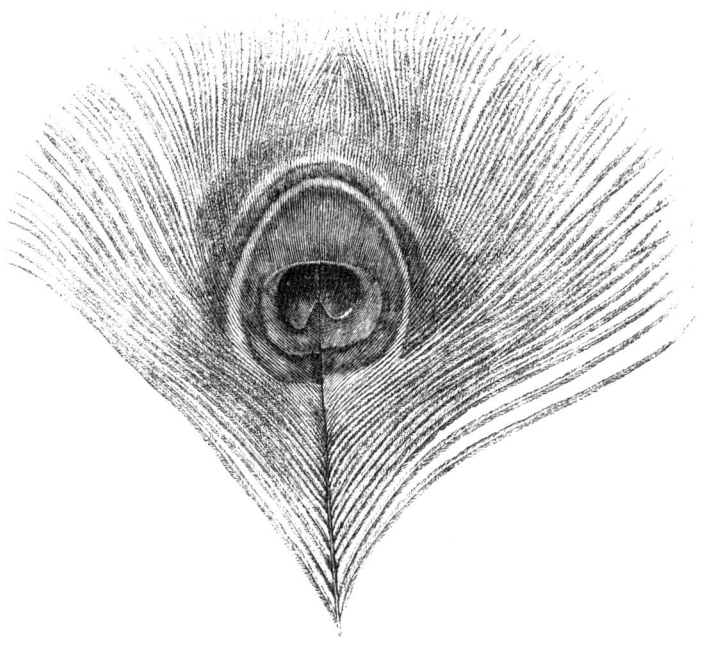

Pfauenfeder.
Aus: Charles, Darwin, Die Abstammung des Menschen
und die Zuchtwahl in geschlechtlicher Beziehung.
The Smithsonian Institution

Britischen Museum in einem Gebäude im Londoner Stadtteil South Kensington eine Dauerausstellung mit dem Titel »Die Entstehung der Arten«. Es handelte sich um eine opulente Darstellung in elf Abteilungen mit Diagrammen, Vitrinen, einem Computerspiel zur natürlichen Selektion und einem ständig laufenden Film, in dem ein Erzähler den Betrachter einstimmte:

> »Das Überleben der Tüchtigsten ist eine leere Phrase; es ist ein Spiel mit Worten. Aus diesem Grund sind viele Kritiker der Auffassung, daß nicht nur die Idee der Evolution unwissenschaftlich sei, sondern auch die Idee der natürlichen Selektion … Die Idee der Evolution durch natürliche Selektion ist eine Frage der Logik, nicht der Naturwissenschaft, und es folgt daraus, daß der Begriff der Evolution durch natürliche Selektion nicht im strengen Sinne wissenschaftlich ist.«

Der Film war Anlaß für eine aufgebrachte Kolumne in der Zeitschrift *Nature*: »Darwins Tod in South Kensington«. Auf die Kolumne hin erschienen wiederum Leserbriefe von Wissenschaftlern und Philosophen aus Manchester, Chicago, Brüssel und Odense (Dänemark). Das ganze Jahr über war die Zeitschrift voll von gegensätzlichen Kommentaren dafür und dagegen: »Wie zutreffend ist die Evolutionstheorie?«, »Darwins Überleben«, »Das Waterloo der Evolution«, »Stark, wozu?«. Sogar Darwin selbst gab Anflüge von Zweifel zu. Er fragt in der *Entstehung der Arten*: »Können wir der Auffassung sein, daß die natürliche Selektion einerseits ein Organ von geringfügiger Bedeutung hervorbringt, etwa den Schwanz der Giraffe, der als Fliegenklatsche dient, und andererseits ein so wunderbares Organ wie das Auge?« Und obwohl er die Frage bejaht, ist sie mehr als nur rhetorisch, bekennt doch Darwin in einem Brief an einen Freund:

> »Ich erinnere mich sehr wohl an die Zeit, als es mir kalt über den Rücken lief, wenn ich an das Auge dachte; aber ich bin über diese Phase des Klagens hinweggekommen, und jetzt empfinde ich häufig ein großes Unwohlsein, wenn ich mich mit kleinen läppischen Strukturbesonderheiten beschäftige. Beim Anblick der Feder eines Pfauenschwanzes wird mir jedesmal übel.«

Kann der Darwinsche Prozeß wirklich etwas so Wunderbares wie ein Auge, einen Flügel oder eine Feder hervorbringen – ganz zu schweigen von einem fliegenden Vogel oder einem denkenden menschlichen Wesen? Ohne ihn beobachten zu dürfen, ohne das Schauspiel wirklich vor sich zu sehen, fällt es den Forschern schwer, sich vorzustellen, wie der Darwinsche Prozeß immer wieder zu so großartigen Ergebnissen führen konnte. Das innere Auge kann einfach nicht so weit sehen, wie der Evolutionsforscher George Williams schreibt:

> »Ich glaube, daß die heutigen Vorbehalte, sowohl die offenen als auch die verborgenen, gegenüber der natürlichen Selektion auf dieselben Quellen zurückgeführt werden können, die auch die heute diskreditierten Theorien des neunzehnten Jahrhunderts gespeist haben. Die Vorbehalte gehen, wie Darwin selbst beobachtete, nicht auf das zurück, was der Verstand uns gebietet, sondern auf die Grenzen dessen, was unsere Vorstellung akzeptieren kann.«

Zu beobachten, wie die natürliche Selektion abläuft, ist eine Möglichkeit, über die Debatten und Abstraktionen hinauszukommen, die diesen Gegenstand anderthalb Jahrhunderte lang in einen philosophischen Nebel hüllten. Die Grants können abwarten. Doch hoffen sie, in diesem Jahr mit Hilfe der Hybriden etwas mehr Einblick zu gewinnen.

Der Schritt von den individuellen Variationen zu neuen Arten, schrieb Peter Grant kürzlich, »wird die Gedankenwelt der Evolutionsbiologen bis weit ins nächste Jahrhundert hinein beschäftigen«. In welcher Weise das auch immer geschehen wird, es wird auf jeden Fall viel geschehen. Peter denkt oft an die typische Art, in der seine letzte Hochschullehrerin in Yale, G. Evelyn Hutchinson, die Frage zu stellen pflegte: »Warum gibt es so viele unterschiedliche Tierarten?«

Auf den Galapagosinseln allein gibt es nicht nur dreizehn Finkenarten, die man sonst auf der Welt nicht findet, es gibt auch Galapagospinguine, Galapagoshaie, Galapagosfalken und Galapagostauben. Es finden sich Galapagosfliegenschnäpper, Uferschwalben, Tausendfüßler, Schmetterlinge, Bienen, Ratten, von den berühmten Galapagosspottdrosseln, den

Ein Galapagosfink reitet auf einer Galapagosschildkröte.
Zeichnung: Thalia Grant

Galapagosschildkröten und den Galapagosleguanen, Darwins »Ausgeburten der Finsternis«, ganz zu schweigen.

Warum gibt es so viele unterschiedliche Tierarten oder Pflanzenarten? Es gibt über 700 unterschiedliche Pflanzenarten auf den Galapagosinseln, und es werden immer noch neue entdeckt und beschrieben. Fast 200 dieser Arten finden sich nirgendwo anders auf der Welt. Es gibt eine (recht variable) Galapagostomatenart und sechs Arten eines stacheligen Feigenkaktus. Außerdem gibt es dreizehn Arten und Unterarten des *Scalesia*-Baumes, was diesen, wie Peter Grant sagt, auf eine Stufe mit den Darwinfinken stellt. *Scalesia* gehört zur Familie der Gänseblümchen: ein Gänseblümchen aus dem heimischen Garten, das zur Größe eines Baumes angewachsen ist.

»Die Galapagosinseln sind anscheinend ein ständiger Quell neuer Dinge«, schrieb Darwin an Hooker, nachdem Hooker Darwins Pflanzenexemplare von den Galapagosinseln geordnet hatte. Und selbstverständlich sind es nicht nur die Galapagosinseln, die uns mit dem Mysterium aller Mysterien konfrontieren. Fast in jedem Winkel der Erde geht die Vielfalt an Pflanzen und Tieren zurück. Um dies für das Gebiet der Botanik zu zeigen, wählte Darwin einmal ein kleines brachliegendes Feld in Kent aus. Es handelte sich um ein unergiebiges Feld ohne Wasser, dessen Boden »aus einem schweren, sehr schlechten Lehm« bestand, wie Darwin in *Natürliche Selektion* schreibt. Auf diesem armseligen Stück Land sammelte ein Freund von ihm im Laufe eines Jahres Pflanzen, die zu 108 verschiedenen Gattungen gehörten.

Darwin kannte einen weiteren Botaniker, »der sagt, daß er in der Nähe von Lands End mit seinem Hut (vermutlich einem breitkrempigen) sechs Arten von Trifolium, einen Lotus & eine Anthyllis bedecken konnte; & wenn seine Krempe etwas breiter gewesen wäre, hätte er einen weiteren Lotus & eine Genista bedeckt; das hätte dann zehn Arten von Leguminosae ergeben ...!«

Darwin selbst ging sogar noch weiter. Eines Februartags, so berichtet er in der *Entstehung der Arten*, nahm er »vom Rande eines kleinen Teiches drei Teelöffel voll Schlamm von drei verschiedenen Stellen unter Wasser; dieser Schlamm wog getrocknet nur 200 Gramm. Ich bewahrte ihn zugedeckt sechs Monate lang in meinem Studierzimmer auf, deckte ihn wieder auf und zählte jede Pflanze, die wuchs; die Pflanzen gehörten zu unterschiedlichen Arten, alle zusammen ergaben eine Gesamtzahl von

537; und doch handelte es sich nur um eine Menge zähflüssigen Schlamms, wie sie gerade in eine Teetasse paßt!«

Nach allem, was man heute weiß, bewegt sich die Gesamtzahl der Tier- und Pflanzenarten, die heute auf der Erde leben, im Bereich zwischen zwei und dreißig Millionen. Ungefähr tausendmal so viele Arten – etwa zwei Milliarden nach vorsichtigen Schätzungen – entwickelten sich, kämpften um ihre Existenz, blühten auf und starben aus, seit sich die ersten muschelförmigen Fossilien vor ungefähr 540 Millionen Jahren im Kambrium abgelagert haben. Die große Frage für Evolutionsforscher ist: Warum?

Darwin hat nie behauptet, daß sich die Entstehung der Arten allein auf die natürliche Selektion zurückführen läßt. Er hat jedoch die These vertreten, daß dieser Mechanismus eine Möglichkeit ist, neue Arten hervorzubringen, und daß dies der wahrscheinlichste Weg ist. Er stellt diese Behauptung schon im Titel seines wichtigsten Werkes auf: *Über die Entstehung der Arten durch natürliche Zuchtwahl.*

In seinem ersten geheimen Notizbuch skizzierte er die Entstehung der Arten mit einigen wenigen Verzweigungen und nannte die Skizze zunächst die »Koralle des Lebens«. Eine Art teilt sich in zwei, zwei Arten in vier, und diese wachsen und differenzieren sich in Zweigen, die sich wiederum verzweigen werden. Später wurde dieses Bild von Darwins Nachfolgern zu großartigen knorrigen Eichen mit Hunderten von Artennamen ausziseliert, die ordentlich an den Zweigspitzen eingetragen wurden, so etwa von dem deutschen Biologen und Philosophen Ernst Haeckel.

David Lack zeichnete den Familienstammbaum der Darwinfinken (siehe gegenüberliegende Seite).

L acks Zeichnung zeigt nur einen Ast aus dem Baum des Lebens. Bei den Arten, denen die Grants ihr Lebenswerk widmeten, handelt es sich um ein halbes Dutzend Zweige an diesem Ast. Es sind die sechs Arten, die Lack in das Zentrum seines Diagramms gestellt hat, die *Geospiza:* drei auseinanderstrebende Zweige auf der linken Seite und auf der rechten Seite.

Die Darwinfinken stellen ein klassisches Modell für Anpassung dar: Generationen von Lehrbüchern bedienten sich ihres allseits bekannten »Werkzeugkastens« mit 13 Schnäbeln, um den Prozeß zu veranschauli-

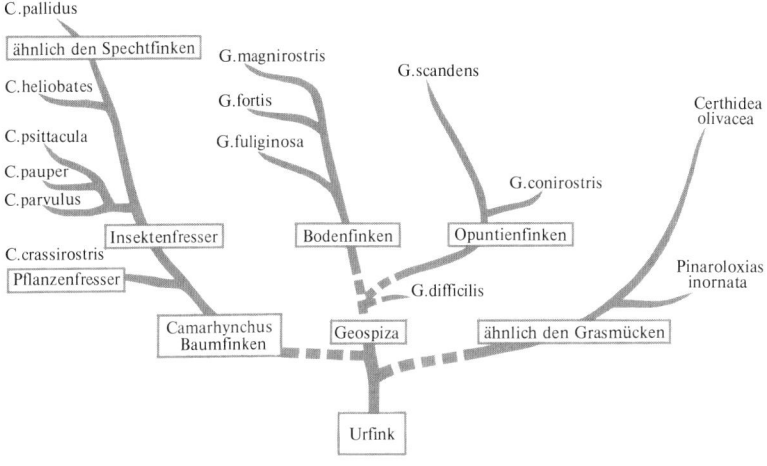

C.pallidus

ähnlich den Spechtfinken

C.heliobates

C.psittacula

C.pauper

C.parvulus

Insektenfresser

C.crassirostris

Pflanzenfresser

G.magnirostris

G.fortis

G.fuliginosa

Bodenfinken

G.scandens

G.conirostris

Opuntienfinken

G.difficilis

Certhidea olivacea

Pinaroloxias inornata

Camarhynchus Baumfinken

Geospiza

ähnlich den Grasmücken

Urfink

Aus: David Lack, Darwinfinken.
Mit freundlicher Genehmigung der Cambridge University Press.
Bibliothek der Academy of Natural Sciences, Philadelphia

chen. Die Darwinfinken sind auch ein klassisches Modell für Artenbildung: Und wieder tauchen sie in fast allen Lehrbüchern auf; oft handelt es sich um die zentrale Passage des Buches. Aus diesem Grund wurden die Vögel zu einem universellen Symbol für den Darwinschen Prozeß, so daß ihre Schnäbel jetzt in ähnlicher Weise die Evolution verkörpern, wie Newtons Apfel für die Schwerkraft stand und der Apfel von Adam und Eva die Ursünde repräsentiert.

Die Standarddarstellung der Artenbildung, wie man sie in den Lehrbüchern findet, verlagert den Hergang in die dunkle Vergangenheit, als handelte es sich um ein wissenschaftliches Buch Genesis. Die Diagramme und Graphiken im Lehrbuch vermitteln den Eindruck, als stellten die Flora und Fauna der Galapagosinseln Endpunkte einer Entwicklung dar, Produkte eines Schöpfungsprozesses, der irgendwann einmal – »anfangs« – vor sich ging und nun mehr oder minder abgeschlossen sei.

Doch auf Darwins Inseln sind die Kräfte der Schöpfung noch immer aktiv; platt gesagt, »die Fabrik ist noch immer in Betrieb«. Und weil der Darwinsche Mechanismus für die weitere Verfeinerung des Finkenschnabels gleichzeitig der Mechanismus ist, der neue Arten hervorbringt, erlaubt es die Datenbank der Grants, den Einfluß beider Prozesse auf einmal zu überprüfen. Die Grants können nicht nur die Einflußfaktoren analysieren, die die Anpassung gestalten, sondern sie können gleichzeitig auch die Kräfte untersuchen, die neue Lebewesen auf dieser Erde hervorbringen.

Als Darwin darüber nachdachte, wie die Zweige des Lebens wachsen und sich weiter verzweigen, stellte er sich gedanklich zunächst immer die Ereignisse auf dem Galapagosarchipel vor. Er nahm an, daß die Gipfel dieser einsamen Vulkane von einigen zufälligen Kolonisatoren besiedelt wurden, die von der Küste Südamerikas herübergetrieben oder -geschwemmt wurden. Er schloß, daß die ersten Bewohner der Inseln, die auf der nackten Lava gedeihen konnten, Pflanzen gewesen sein mußten, weil kein Tier, das vor der Vegetation angekommen wäre, lange dort hätte leben können. Ein samenfressender Fink kann keinen Tag ohne Samen leben.

Unser Alltagswissen sagt uns, daß Samen vom Salzwasser abgetötet werden. Deshalb versuchte Darwin in Down House, Samen aus seinem Garten, zum Beispiel Samen von Salat, Karotten und Sellerie, in kleinen Flaschen mit Salzlake einzuweichen. Auf dem Kaminsims seines Studierzimmers setzte er dann die Samen in Glasschalen und freute sich, als er sie selbst nach 42 Tagen im Salzwasser sprießen sah. In 42 Tagen hätte die durchschnittliche Strömung im Atlantik die Samen 2200 Kilometer weit getrieben. Seine Samen könnten eine Ozeanreise überlebt haben.

Und genau aus diesem Grund hantierte Darwin mit Schlamm vom Teichufer herum. »Watvögel, die oft die schlammigen Teichränder aufsuchen, müßten … mit großer Wahrscheinlichkeit Schlamm an den Füßen haben, wenn sie aufgescheucht werden.« Sie könnten dann den Schlamm und mit ihm die Samen von einem Ort zum anderen tragen.

Darwin war sich nicht zu fein dazu, Vogelkot einzusammeln und mit einer Pinzette unverdaute Pflanzensamen herauszufischen. Er pflanzte diese Samen ein, und auch sie keimten. So konnten die ersten Vögel, die über eine Insel flogen, die Voraussetzungen dafür schaffen, daß die Inseln sich zur Heimat weiterer Vögel entwickelten.

Manchmal gingen seine Experimente schief. Darwin beklagt sich in einem Brief darüber, daß »die Pfauentauben den Kropftauben auf ihrem Heimweg die Federn ausrupften – der Fisch im Zoo stieß alle Samen wieder aus, nachdem er sie gefressen hatte – Samen sinken in Salzwasser nach unten – die gesamte Natur ist verstockt & will nicht so, wie ich es wünsche.«

Doch an anderen Tagen ließen ihn seine unorthodoxen Experimente vor Freude auflachen. Er verfütterte Hafer an Spatzen und diese Spatzen wiederum an einen Adler und an eine Schnee-Eule im Zoo. Dann wartete er ein paar Stunden, sammelte ihre Gewölle auf und pflanzte sie ein. Ein Keimling kam zum Vorschein. »Die Falken benahmen sich wie Gentlemen«, schrieb er an Hooker. »Hurra!«

Auf den Galapagosinseln finden solche Experimente die ganze Zeit über statt. Der Archipel ist so jung, daß noch nicht einmal der Anfang vorüber ist. Die Kolonisierung der Inseln ist in vollem Gange, und die Mitarbeiter der Finkenforschungsstation können beobachten, wie sich das alles vor ihren Augen entwickelt. Wenn sie von Guayaquil in Ekuador aus auf die Inseln fliegen, dann schauen sie aus den Fenstern ihres Flugzeuges auf den großen Fluß Guayas. Der Guayas mündet an einer Stelle in den Pazifik, an der zwei bedeutende Meeresströme zusammenfließen, der südliche Äquatorialstrom und der Humboldtstrom. Alles, was auf dem Fluß treibt, wird ins Meer geschwemmt und dann nach Westen in Richtung auf die Galapagosinseln befördert. Vom Flugzeug aus sehen die Grants häufig

Dutzende natürlicher Flöße auf dem Fluß. Das schlammige Wasser bildet Strudel; lange grüne Bänder und verfilztes Laub treiben in der Strömung. Jeder, der vom Simon-Bolivar-Flughafen aus in Guayaquil startet oder dort landet, kann diese bedeutungsvollen Flöße von oben betrachten: grüne Teppiche in einem dunkelgrünen Delta, die unaufhörlich ins Meer treiben.

Darwin zufolge nahm die Entstehung der Arten auf Galapagos so ihren Anfang – durch Kolonisation und Einwanderung. Und selbst diesen allerersten Schritt können die Grants in natura beobachten. Während der ersten Jahre, die die Grants auf den Inseln verbrachten, waren sie überrascht, als sie auf der Insel Nuñez im Norden ein halbes Dutzend Flammenbäume entdeckten. Flammenbäume sind auf Teilen der Insel Santa Cruz und auf Santiago weit verbreitet; doch die Grants konnten sich zunächst nicht vorstellen, wie die Baumsamen den langen Weg von diesen Inseln dorthin gefunden hatten. Denn diese Inseln liegen mitten im Archipel, während Nuñez sich im äußersten Norden des Archipels befindet. Die roten Blüten der Flammenbäume sind nicht zu übersehen, besonders wenn man sie wie eine rote Nelke ins Knopfloch steckt. Die Grants machten einen weiteren ungewöhnlichen Fund: einen Flammenbaum, der alt, einsam und extravagant an der Westseite von Genovesa stand, ungefähr 400 Meter vom Meer entfernt. Der einzige Flammenbaum auf der ganzen Insel.

Auf Genovesa picken die Rotfußtölpel und die Fregattvögel häufig kleine Plastikteile mit leuchtenden Farben vom Strand auf und lassen sie dann landeinwärts oder oben auf den Klippen wieder fallen. Wenn die Grants an den steilen Klippen der Darwinbucht oberhalb der Schiffsanlegestelle, der sogenannten Prinz-Phillip-Treppe, spazierengingen, fanden sie häufig Kronkorken, Kämme, Signalband und grelles Plastikstrandgut jeglicher Art. Die Samen der Flammenbäume sind so rot wie ihre Blüten, und die Grants fragten sich, ob nicht die Vögel einen einzelnen Samen am Strand aufgepickt und ihn landeinwärts getragen haben könnten. Um diese Überlegung zu überprüfen, legten Peter, Rosemary und ihre jüngere Tochter Thalia dreißig Samen eines Flammenbaums in eine Schüssel mit Salzwasser. Es handelte sich um dieselbe Art von Experiment, die Darwin in Down House durchgeführt hatte, nur daß die Grants es nun direkt auf den Galapagosinseln in ihrem Camp auf Genovesa ausprobieren konnten. Immer wenn sie von den Finken ins Camp zurückkehrten, rührten sie das

Wasser in der Schale mit einem Stock um. Nach drei Tagen schwammen die meisten Samen immer noch oben.

Gegen Ende des großen *El Niño*, berichten die Grants, fanden sie fast hundert dieser Samen verstreut an den südlichen Stränden von Genovesa, wo es keinen einzigen Flammenbaum gibt. Sie fanden sogar noch mehr Samen vom *Manzanillo*, einem giftigen Apfelbaum, der sonst nicht auf der Insel wächst.

Offensichtlich stammten diese Samen von einer anderen Insel, von *El Niño* angeschwemmt, »ins Meer gespült«, schreiben die Grants, »von den Strömen und Sturzbächen«, die in diesem Jahr auf Santa Cruz und Santiago so häufig waren. »Es ist sogar möglich, daß sie die ganze Strecke vom südamerikanischen Kontinent hierher getragen worden sind.«

Auf einer der typischen Überfahrten von einer Insel zur anderen sitzen die Grants meist auf einer Bank im Bug ihres Bootes und können grüne Meeresschildkröten, Haie, Fregattvögel, Delphine, Manta-Rochen, Wale und andere »Verkehrsteilnehmer« zwischen den Inseln beobachten. Dazu können auch solche Seltenheiten wie der hawaiische Sturmvogel mit seinem dunklen Rumpf und dem eleganten Weiß bei schwarzgeränderten Flügeln gehören; er ist wunderschön, aber als Art gefährdet. Junge, unerfahrene Maskentölpel umkreisen das Boot und nehmen die Passagiere im Bug genau in Augenschein. Bei jeder Runde nähern sie sich immer stärker Peters ausgestreckter Hand, bis er sie im Gespräch geistesabwesend zurückzieht. Die Tölpel schweben in der Luft und betrachten die Menschen an Deck. Mit ihren braunen Köpfen und Körpern wirken die Vögel geschmeidig wie Seehunde – Seehunde mit Flügeln. Junge Tölpel können so gut fliegen und sind so geschickt dabei, daß es eine Freude ist, sie zu beobachten; und auch sie selbst scheinen Freude an ihren Bewegungen zu haben.

Es gibt einen nicht abreißenden Strom von Wanderern zwischen den Inseln. Als Trevor Price mit seinem Mitarbeiter und Jugendfreund Spike Millington auf Daphne Wache hatte, stellten sie eine Liste aller Vögel auf, wie in der Zeit, als sie noch Jungen waren und gemeinsam außerhalb Londons aufwuchsen. Sie machten 22 unterschiedliche Arten von »Nomaden« auf Daphne Major aus. Im Frühling hörten sie einen hawaiischen Sturmvogel, der im März eine Woche lang und im April eine weitere Woche jede Nacht rief. Manchmal sahen sie direkt vor der Küste Weißbauch-Sturmvögel und einen ganz jungen Großen Blaureiher. Des weiteren beobachteten sie Wanderfalken, Gelbschenkel, einen Steinwälzer, einen Schlammtreter und einen Schwarm von ungefähr 2000 Odinshühnchen, verschiedene Arten von Grasmücken und Möwen sowie einen Schwarzschnabel-Kuckuck.

Selbst unter den Finken auf der Insel, unter den ständigen Einwohnern, den Bürgern von Daphne Major, sind einige deutlich unsteter als andere. Bei ihren Mahlzeiten im Camp sehen die Finkenbeobachter manchmal etwas, das wie ein kleiner Käfer wirkt. Er wird immer größer, während er über den Krater fliegt und sich nähert: Es ist ein Fink, dessen Territorium zwar auf der anderen Seite des Vulkans liegt, der jedoch Geschmack an exotischen Reisen gefunden hat. Zu jeder Mahlzeit kommt er wieder, ein Tourist aus Passion, hüpft zwischen den *chimbuzos* herum und bettelt um einen weiteren Bissen.

Darwin dachte, all seine Finken seien mehr oder minder auf ihrer Insel eingekapselt. Doch diese Vögel sind immer auf Wanderschaft und streunen über ihre Inseln, kreuz und quer durch den Archipel. Die Rothschild-Expedition machte um die Jahrhundertwende nur ein einziges Exemplar aus, das mehrere Kilometer vom Land entfernt über das Meer flog. Price und Millington trafen auf einige Baumfinken, die zwar auf Daphne landeten, aber nicht dort blieben. Sie fanden auch einige zugewanderte *fuliginosa*, *fortis*, *magnirostris* und *scandens*. Jedes Jahr entdeckten sie einige dieser Arten auf der Insel, gewöhnlich solche, die sie »die Unerfahrenen« nannten: die Jungen und Unsteten. Manchmal landen nach der Brutzeit hundert oder mehr dieser Vögel auf der Insel und halten sich dort eine Weile auf. Doch alle ohne Ausnahme, sagt Peter, verlassen die Insel vor der nächsten Brutzeit oder sterben.

Auf diese Art besuchen manche Darwinfinken jedes Jahr eine neue Insel und gelangen in immer neue Ecken und Winkel mit neuen Nachbarn. Während des großen Niño kamen zahlreiche Finken, die von anderen Inseln stammten, nach Daphne Major; dazu gehörten auch einige *magnirostris*. »Die Einwanderer kamen gegen Ende des Jahres 1982 und begannen zu brüten«, erzählt Peter. »Fünf oder sechs beschlossen zu bleiben, und einige ihrer Nachkömmlinge leben immer noch auf der Insel. Diese Ausbreitung ist nicht ungewöhnlich. Aber es ist ungewöhnlich, daß sie brüten.« Die Turbulenzen des Super-Niño führten diese einander fremden Vögel zusammen; und gleichzeitig nahmen die Hybridbildungen zu.

10

Das blitzende Schwert

... und ließ lagern vor dem Garten Eden die
Cherubim mit dem flammenden, blitzenden Schwert,
zu bewachen den Weg zu dem Baum des Lebens.

ERSTES BUCH MOSE

In seinen frühesten geheimen Aufzeichnungen geht Darwin der Frage nach, ob sich die Entwicklungslinien des Lebens auf den Galapagosinseln vielleicht einfach dadurch aufspalteten, daß sich die Lebewesen an die neue fremdartige Gegend anpaßten, in der sie sich niedergelassen hatten. Sie bildeten vielleicht einfach deshalb verschiedene Arten aus, weil sie voneinander isoliert waren und sich im Laufe der Zeit immer weiter veränderten. In diesen ersten Aufzeichnungen entwickelt Darwin die Vorstellung, daß viele kleine Veränderungen, die sich über ausreichend lange Zeiträume hinweg akkumulieren, nahezu alles ermöglichen können. In einer berühmten Randbemerkung, die er bald nach dem Treffen mit Gould zum Thema Darwinfinken niederschrieb, gelangt er sogar zu dem folgenden Schluß: »Nehmen wir ein Pärchen an, das sich langsam vermehrt; die Vögel, von zahlreichen Feinden bedroht, werden sich untereinander vermischen – wer weiß mit welchem Ergebnis. Nach dieser Auffassung müßten Tiere auf getrennten Inseln sich voneinander unterscheiden, wenn sie nur lange genug unter geringfügig verschiedenen Lebensumständen getrennt voneinander gelebt haben: hier Galapagosschildkröten, Spottdrosseln, Falklandfüchse, chilenische Füchse – dort englischer und irischer Hase.«
Fraglos kann und wird sich dieser Anpassungsprozeß fortsetzen. Es handelt sich um den Prozeß, den die Grants in allen Einzelheiten auf Darwins Inseln dokumentiert haben. Die Anpassungsleistungen, die sie bei den Vögeln nach der Dürre und nach der Flut beobachteten, entsprechen den Veränderungen, die die Vorfahren der Finken durchlaufen

haben müssen, als sie erstmals auf diese Inseln kamen. Jedes Jahr ist Daphne eine neue Insel, und die Finken auf Daphne passen sich von Generation zu Generation neu an. Die Arbeit, die zu dem Zeitpunkt begann, als ihre Vorfahren zum ersten Mal auf die Insel gelangten, geht nie zu Ende.

Aber die Darwinfinken sind keineswegs auf ihren Inseln eingekapselt, wie Darwin es sich vorstellte. Durchschnittlich gibt es sieben bis acht Arten auf jeder einzelnen Insel des Archipels. Darüber hinaus gibt es einen ständigen Austausch mit den Finken, die nur Besucher sind. Die Vögel entwickelten sich möglicherweise in der Isolation auseinander – oder begannen dort, sich auseinanderzuentwickeln –, doch im Moment sind sie nicht isoliert. Was geschieht, wenn Entwicklungslinien, die sich in der Isolation auseinanderzuentwickeln begannen, erneut aufeinandertreffen? Darwin hat eine Antwort, und es handelt sich um einen der originellsten Schritte in seiner Argumentation.

Ich kann mich an jeden einzelnen Stein auf der Straße erinnern, als ich in der Kutsche saß und ich zu meiner großen Freude auf die Lösung kam«, erinnert sich Darwin in seinen Memoiren. »Und das war lange nach meiner Ankunft in Down.« Seit Darwins Rückkehr von den Galapagosinseln waren damals schon mehr als zehn Jahre vergangen. Er hatte schon eine »sehr kurze Zusammenfassung« seiner geheimen Theorie auf 35 mit Bleistift beschriebenen Seiten niedergelegt. Dann hatte er diese Zusammenfassung zu einer längeren Fassung von 230 Seiten erweitert und den gesamten Entwurf in einer gut lesbaren Handschrift niedergeschrieben. Er hatte unzählige Runden auf seinem Pfad zurückgelegt, doch bis zu jenem Augenblick, in dem er in der Kutsche die Straße entlangfuhr, hatte Darwin nicht das Gefühl, die Verzweigungen im Baum des Lebens wirklich zu verstehen.

Was bringt die Zweige dazu, sich immer weiter und weiter auseinanderzuentwickeln? »Wie kann sich ein geringfügiger Unterschied zwischen den Varietäten zu einem großen Unterschied zwischen Arten entwickeln?« Plötzlich erkannte Darwin, daß die Anpassung an voneinander isolierte Flecken Land nicht die ganze Antwort ist. Ihm wurde klar, auf welche Weise die natürliche Selektion auf lokale Varietäten einwirken kann. »Arten im Entstehungsprozeß«, wie es Darwin formulierte, »beginnende Arten« trieben einen Keil zwischen diese Varietäten und ließen sie überall auf der Welt auseinanderrücken.

Für Darwin hatte dies denselben Stellenwert wie das Heureka bei Kolumbus, als der, wie es die Legende will, einen Schmetterling betrachtete, der sich auf einem Ei niedergelassen hatte. Dabei stellt sich Kolumbus vor, er hielte die Erde in seiner Hand, und nimmt plötzlich wahr, was eigentlich offensichtlich ist. Es war so, als hätte Darwin in seiner Vorstellung einige gigantische Schritte zurück gemacht, als hätte er unter Verrenkungen zum ersten Mal den gesamten Baum des Lebens erblickt.

Darwin erkannte, daß zwei Varietäten, die am selben Ort nebeneinander leben, in Konkurrenz zueinander geraten – »in einem sehr allgemeinen Sinne«, wie beispielsweise bei dem Wettstreit, den die Grants momentan unter den Bodenfinken auf Daphne Major beobachten können. Die Tiere jeder benachbarten Varietät werden gewöhnlich, gerade aufgrund ihrer Ähnlichkeit, hinter denselben Dingen hersein wie ihre Nachbarn, etwa zwei großschnäbelige Bodenfinken, die sich von demselben *Tribulus*-Samen ernähren.

Im Kampf ums Dasein muß eine Varietät oder Art häufig eine andere bedrängen. Nachbarn oder eng miteinander verwandte Vettern werden sich in jeder Generation gerade wegen ihrer Verwandtschaft gegenseitig nichts gönnen. Sie geraten aneinander, weil sie sich in ihrer körperlichen Ausstattung, ihren Instinkten und Bedürfnissen so sehr ähneln. Dieser Kampf ist vergleichbar mit dem der Finken, die die Asche auf Daphne Major nach dem letzten *Tribulus*-Samen durchsuchen. Je ähnlicher sich die Varietäten sind, desto häufiger werden sie in derselben Nische und zur selben Zeit auf der Suche nach demselben Samen im selben Winkel sein: Wettstreit durch Blutsverwandtschaft.

Außergewöhnliche Vögel werden unter diesen Bedingungen einen Vorteil haben. Jede Möglichkeit, dieser harten Konkurrenz zu entgehen, wie unvollkommen auch immer sie sein mag, wird eine Verbesserung der Lebensbedingungen mit sich bringen – fast so, als hätte man eine neue Insel gefunden. Das erfolgreiche Tier, das einen anderen Samen, eine andere Ecke oder Nische findet, wird sich der Sisyphusarbeit der Konkurrenz entziehen. Es wird aufblühen, und auch seinen Nachkommen wird es gutgehen – das heißt, denjenigen, die die verheißungsvolle Charaktereigenschaft geerbt haben, die sie von den anderen ein wenig abhebt. Es wird also all jenen Einzeltieren gutgehen, die sich von der großen Masse fortentwickeln, während die übrigen zwischen die Mühlsteine geraten.

Nicht nur auf den Inseln, sondern überall auf der Erde wird sich Selektion auf diese Art und Weise auf alle benachbarten Varietäten auswirken. Und im Endeffekt werden die Varietäten unaufhörlich weiter auseinandergetrieben und voneinander entfernt. Auch wenn sie sich nie tatsächlich verdrängen und bekämpfen, und auch wenn sie nie körperlich wegen eines *Tribulus*-Samens oder eines Nistplatzes in einem verdorrten Kaktus aneinandergeraten, so wird doch die natürliche Selektion die Unterschiede zwischen ihnen allmählich vergrößern.

Schließlich werden sich die beiden Varietäten so weit voneinander entfernen, daß die Konkurrenz nachläßt. Sie wird dann nachlassen, wenn die beiden Varietäten sich in neue Richtungen entwickeln: wenn sie sich auseinanderentwickelt haben. Die natürliche Selektion wird im Endeffekt zu einer weiteren Anpassung geführt haben – zur wechselseitigen Anpassung zweier Nachbarn an die Einflüsse, die sich durch die Existenz des jeweils anderen ergeben. Und das Ergebnis dieser Art von Anpassung werden Weggabelungen, Verästelungen, neue Zweige am Baum des Lebens sein: ein Muster, das heute als adaptive Radiation bekannt ist.

Darwin zufolge sucht sich jede Entwicklungslinie immer wieder ihren Platz unter der Sonne. Konkurrenz unter leicht unterschiedlichen Formen führt überall auf der Erde unaufhörlich zu neuen Zweigen, die wie eine Windrose oder wie bei einer mittelalterlichen Darstellung der Arme der Sonne in alle Himmelsrichtungen ausstrahlen. Darwin sprach hier vom Divergenzprinzip.

Wieder beobachtete Darwin nicht, wie dies wirklich geschah, wiewohl er argumentierte, daß es geschehen könne, geschehen müsse und geschehen sei. Doch er verwies auf seine Tauben: Taubennarren mögen Neues, und sie kultivieren häufig die Extreme. Die Züchter beschäftigten sich mehrere Jahrhunderte lang mit den Purzeltauben, »wobei sie entweder Vögel mit immer längeren oder immer kürzeren Schnäbeln auswählten und züchteten«, schreibt Darwin in der *Entstehung der Arten*. Im Endeffekt schufen die Züchter zwei Unterzüchtungen, eine langschnäbelige und eine kurzschnäbelige Purzeltaube.

Auch nach Darwins Auffassung läßt die natürliche Selektion die Natur »immer diversifizierter« werden. Hinter dieser Entwicklung steckt keine Laune eines Züchters, keine Geschmacksverirrung oder Vernarrtheit ins

Neue wie bei den Taubenliebhabern, sondern etwas Grundlegenderes. Es geht hauptsächlich um Effizienz – oder um das, was die Ökonomen zu Darwins Zeiten »Arbeitsteilung« nannten. »Es ist offensichtlich«, schreibt Darwin in der *Natürlichen Selektion,* »daß überall auf der Welt ein fleischfressendes Tier eine größere Nachkommenschaft versorgen könnte«, wenn sich einige in der Weise anpaßten, »daß sie kleine Beutetiere & andere große Beutetiere jagten«. Ebenso sei es bei den Pflanzenfressern: »Es könnten mehr am Leben erhalten werden, wenn einige dazu übergingen, zartes Gras zu fressen & andere die Blätter von Bäumen ... & wieder andere die Rinde, die Wurzeln, harte Samen oder Früchte.« Wenn sich, anders ausgedrückt, die Varietäten und Arten verzweigen, werden sie zu immer besseren Nutznießern der Welt um sie herum.

Der Vorteil der Divergenz »ist in der Tat derselbe wie der der physiologischen Arbeitsteilung bei den Organen des Körpers«, schreibt Darwin in der *Entstehung der Arten.* Es gibt bestimmte, vergleichsweise einfach gebaute Tiere, bei denen der Magen sowohl die Aufgabe der Verdauung als auch die der Atmung übernimmt. Ein Magen jedoch, der speziell für die Verdauung eingerichtet ist, und zwei Lungenhälften, die sich auf die Atmung spezialisiert haben, können ihre Arbeit jeweils besser verrichten. Kein Wunder, daß sich Darwin zeitlebens an eben jene Stelle an der Straße haargenau erinnern konnte. Es ist eine außerordentliche Vision. Die natürliche Selektion organisiert buchstäblich das Leben. Der Prozeß der Evolution durch natürliche Selektion umgreift den gesamten Baum des Lebens, von den Individuen zu den Varietäten, von den Varietäten zu den Arten und immer weiter aufwärts und abwärts, von Zweig zu Zweig. Alles spaltet sich immer weiter auf, damit die Gesamtheit der Myriaden von Lebensformen auf der Erde entstehen kann. Ganze Entwicklungslinien sterben so unabwendbar aus, wie Individuen sterben, doch das Ergebnis ist stets etwas Neues und Lebendiges: Der Baum wächst.

So gesehen hat die natürliche Selektion sogar einen noch größeren Einfluß, als es sich Darwin zunächst vorstellte. Sie ist ebenso schön wie schrecklich, ein Werkzeug der Schöpfung und der Zerstörung, wie das blitzende Schwert am Tor des Garten Eden, »zu bewachen den Weg zu dem Baum des Lebens«.

Darwins Divergenzprinzip hat auf Generationen von Biologen eine Faszination ausgeübt. Der Prozeß selbst jedoch ist nicht leicht zu beobachten und in Aktion zu messen, weil er seine eigenen Spuren verwischt. Und strenggenommen sagt Darwins These, daß es im allgemeinen keine Konkurrenz gibt. Seiner Auffassung nach treibt der Wettbewerb Nachbarn so weit auseinander, daß sie sich aneinander nicht mehr die Hörner (oder die Schnäbel) abstoßen müssen.

So können die Grants beobachten, daß *fortis* und *magnirostris* auf Daphne Major nicht um *Tribulus*-Samen kämpfen. Aber wie können sie die Konkurrenz unter den Arten messen, die, wie die Opuntienfinken und die *fuliginosa*, nicht mehr in Konkurrenz zueinander stehen? Wenn die Finkenforscher sechs Arten von Bodenfinken finden, die heute mehr oder minder harmonisch zusammenleben, woher wissen sie dann, daß es die Konkurrenz war, die sie zu relativer Harmonie führte? Wirkte hier Darwins Divergenzprinzip? Wo können sie das Aufblitzen des Schwertes wahrnehmen?

Auch dies ist eine der umstrittensten Fragen in der gesamten Darwinschen Theorie. Und seit David Lack gegen Mitte dieses Jahrhunderts sein Buch *Darwinfinken* publizierte, standen die Darwinfinken im Mittelpunkt der Kontroverse. Das Buch löste deshalb eine derart heftige Diskussion aus, weil Lack öffentlich erklärte, daß die Formen der Finkenschnäbel tatsächlich aufgrund von Darwins Divergenzprinzip entstanden seien.

Alle flachen Inseln des Archipels beherbergen zum Beispiel entweder kleine Bodenfinken oder spitzschnäblige Bodenfinken – entweder *fuliginosa* oder *difficilis*. Auf den flachen Inseln kommen nie beide Arten zugleich vor. Die höher aufragenden Inseln des Archipels sind die Heimat beider Arten; und dort leben die beiden Arten mehr oder minder voneinander getrennt. *Fuliginosa* neigt dazu, sich unten aufzuhalten, während *difficilis* in den höheren Lagen anzutreffen ist.

Lack stellte sich dieses Muster als Folgewirkung eines großen Krieges vor, der auf dem gesamten Archipel tobte, eines Krieges zwischen den Spitzschnäbeln und den Kleinschnäbeln, wenn auch ohne Generale und Blutvergießen. Offensichtlich, sagte Lack, ähneln sich diese beiden Arten in so hohem Maße, daß sie immer, wenn sie nebeneinander auf derselben Insel brüten, in Konkurrenz zueinander geraten. Wenn die Insel nur eine Nische für sie bereitstellt, dann werden immer entweder die Spitzschnäbel oder die Kleinschnäbel aussterben: Die eine Art siegt über die andere. Der

Fachbegriff für dieses Ergebnis einer Schlacht zwischen zwei Gruppen von Lebewesen lautet »kompetitive Exklusion«. Wenn jedoch die Insel hoch genug aufragt, um einer bestimmten Art eine neue Nische, eine Alternative zur Konkurrenz, bereitzustellen, dann kann diese Art ihren eigenen Weg finden, der Konkurrenz, zu entgehen. Sie verändert dann auch ihre Eigenschaften: Der Schnabel krümmt sich, schrumpft, verändert seine Gestalt aufgrund der Evolution durch natürliche Selektion, bis diese Familie von Vögeln dem schrecklichen Krieg entronnen ist. Der Fachausdruck für dieses Ergebnis lautet Merkmalverschiebung.

Lack wies darauf hin, daß auf Santa Cruz die Kleinschnäbel klein und die mittleren Schnäbel mittelgroß sind. Auf Daphne, wo es nur sehr wenige Kleinschnäbel gibt, sind hingegen die mittleren Schnäbel kleiner geworden. Auf Los Hermanos, wo es nur wenige mittlere Schnäbel gibt, sind wiederum die Kleinschnäbel größer geworden. Eben dieses Muster beobachtete Lack bei vielen anderen Finkenpaaren auf Galapagos: Er fand immer wieder Spuren einer Merkmalverschiebung.

In den fünfziger und sechziger Jahren arbeiteten Lack und andere die Konkurrenztheorie in allen ihren Einzelheiten aus. Sie entwickelten die Theorie so erfolgreich und ohne Widersprüche, daß sich einige Ökologen und Evolutionsforscher mit anderen Interessen gewissermaßen »kompetitiv exkludiert« vorkamen. Einer von ihnen war der amerikanische Ornithologe Robert Bowman, der 1952, nach Lack, auf die Galapagosinseln reiste und sich in seiner Doktorarbeit mit den Galapagosfinken beschäftigte. Dies war noch, bevor die Nebelnetze erfunden wurden. Um herauszufinden, was die Finken fraßen, schoß sie Bowman zu Hunderten, sezierte sie und sah sich ihren Mageninhalt dann ganz genau an. Er kam zu der Auffassung, daß das, was ein Galapagosfink frißt, von der Schnabelform abhängt – ein Ergebnis, das später bestätigt und außergewöhnlich detailliert von der Forschergruppe um die Grants weiterentwickelt werden sollte.

Bowman stellte jedoch, in stärkerem Maße als vor ihm Darwin oder Lack, fest, daß sich auch die Pflanzen auf Galapagos – ebenso wie die Galapagosfinken – von Insel zu Insel unterscheiden. Bowman fragte sich, ob diese Variation für sich genommen die Entwicklung der Finkenarten erklären könnte. Die Vögel hatten möglicherweise ihre speziellen Schnäbel und Gewohnheiten deshalb entwickelt, weil sie sich an die örtlichen Blumen und Samenvarietäten angepaßt hatten, als sie eine Insel nach der anderen besiedelten. Möglicherweise hatten sie sich, anders ausgedrückt, ganz so in Arten aufgegliedert, wie es sich Darwin in seiner ersten Vision des evolutionären Prozesses vorgestellt hatte, bevor er sein Heureka in der Kutsche erlebte. Das wäre einfacher, argumentierte Bowman – und wer konnte ihm das Gegenteil beweisen?

Immer wieder beobachtete Bowman Vogelschwärme aus unterschiedlichen Arten, wie sie Darwin selbst gesehen hatte, als er die *Beagle* zum ersten Mal verließ. Und immer wieder beobachtete er vier oder mehr Arten von Bodenfinken, die gemeinsam unter demselben Strauch nach Nahrung suchten, kleine friedliche Reiche von Bodenfinken. »Und weil es keinen direkten Beweis dafür gibt, daß gegenwärtig Konkurrenz stattfindet«, erklärte Bowman in seiner Doktorarbeit, »sehe ich keinen logischen Grund für die Annahme, daß sie in der Vergangenheit stattgefunden haben muß.«

Das Argument, daß die Abwesenheit von Konkurrenz ein Beweis ihres Einflusses sei, schien Bowman eine außerordentlich zirkuläre Beweisführung zu sein, und es gab andere Ökowissenschaftler, die mit ihm übereinstimmten. Es kam zu einer harten Auseinandersetzung zwischen den Verfechtern der Konkurrenz und den Verfechtern der Abwesenheit von Konkurrenz; und weil es keine fundierten Belege und wirklichen Beobachtungen gab, zog sich die Kontroverse hin.

Der Ökowissenschaftler Joseph Connell erklärte in einem weithin gefeierten Manifest, daß er, bis irgend jemand härtere Tatsachen vorlegte, die Argumente der alten Garde für Darwins Divergenzprinzip nicht mehr akzeptieren könne: »Solche Anrufungen des ›Geistes der Konkurrenz aus grauer Vorzeit‹ werden mich zukünftig nicht mehr anfechten.«

Der Ökologe Daniel Simberloff wurde sogar noch deutlicher. Er argumentierte, daß Lacks berühmte Muster möglicherweise nichts weiter seien als die Gesichter, die wir im Mond, in den Wolken oder in den Tintenklecksen des Rorschach-Tests erkennen würden. Selbst wenn wir Arten beobachteten, die zusammen in unterschiedlichen Nischen leben, sei dies kein Beweis dafür, daß sie sich gegenseitig in diese Nischen trieben – daß sie sich gegenseitig abstießen wie identische Pole bei zwei Magneten. Statt dessen entwickelten sie sich möglicherweise auseinander, weil sie sich zufällig an unterschiedliche Samen und unterschiedliche Notwendigkeiten angepaßt hätten. Finken, die die Inseln zufällig besiedelten, könnten zu Mustern geführt haben, die alle möglichen Interpretationen zuließen.

Die Verteilung der Finken auf dem Archipel könnte möglicherweise »am sinnvollsten als Zufallsprozeß verstanden werden«.

Peter Grant vermutete, daß Lack recht hatte, aber er war verärgert über dessen dogmatischen Stil und seine Bereitschaft, Aussagen zu treffen, ohne vor Ort Beobachtungen gemacht zu haben. Grant warf Lack in einer seiner Schriften einmal einen »peinlichen Mangel an Objektivität« vor. »Künftige Generationen«, schrieb er, »werden sicher erstaunt darüber sein, daß wir so viel über Konkurrenz diskutieren, aber so wenig darüber wissen und sogar noch weniger Untersuchungen dazu vorliegen.«

Dies war mit das Faszinierendste an den Ereignissen, die die Grants in der ersten Trockenzeit beobachteten, Ereignisse, die sie jedes Jahr erneut beobachten können. Immer wieder, wenn die Regenzeit zu Ende ist, trennen sich die Schwärme von Darwinfinken und spezialisieren sich; *magnirostris* in diese Richtung, *fortis* in eine andere, *scandens* und *fuliginosa* wiederum anders, jeder so, wie ihm der Schnabel gewachsen ist. Diese Auseinanderentwicklung belegt nicht nur, daß die Finkenschnäbel der Anpassung unterworfen sind und daß ihre Unterschiede eine Bedeutung für das Überleben haben. Auf diese Weise läßt sich zeigen, daß die Kräfte, die Darwin vor mehr als einem Jahrhundert vor Augen hatte, heute unter den Finken wirken.

Wenn Vögel, die über Monate hinweg dieselbe Nahrung gefressen haben, anfangen, sich je nach Größe und Form des Schnabels zu spezialisieren, läßt sich bereits innerhalb einer einzigen Saison eine solche Auseinanderentwicklung beobachten; und wir können auch erkennen, daß die Konsequenz genau in dem liegt, was Darwin sich vorstellte: Da jede Trockenzeit den Vögeln zusetzt und sie immer stärker um Nahrung kämpfen müssen, treffen sie in bezug auf das Futter, nach dem sie suchen, eine immer unterschiedlichere Wahl, was wiederum die Konkurrenz zwischen ihnen verringert. Daß sie auf die Dürre in dieser Weise reagieren, sich im Endeffekt gegenseitig Platz machen, mag vielleicht erklären, warum sie überhaupt in der Lage sind, auf dieser kleinen Insel nebeneinander zu existieren.

Natürlich verändern die Vögel in der Trockenzeit nur ihre Verhaltensweisen, nicht ihre Schnäbel. Ihre Speisepläne unterscheiden sich in dem Maße voneinander, wie ihre Nahrung zur Neige geht, weil viele Vögel aufhören, alles zu sich zu nehmen, sondern sich auf das konzentrieren, was sie am besten können, je nachdem, wie die Schnäbel und der Körperbau beschaffen sind, mit denen sie auf die Welt kamen. Das Verhalten ist sehr viel leichter zu ändern als die Anatomie. Die Veränderung wird jedoch durch das Damoklesschwert der Konkurrenz beschleunigt, das über allem schwebt. Die Darwinfinken reagieren auf dieselben Kräfte, die nach Darwins Auffassung diese Vögel schufen.

Das herkömmliche Bild der Ökonomie der Natur, ein Bild, das die meisten von uns in der Schule kennenlernten, besteht darin, die Natur als starre Hierarchie darzustellen, als Nahrungspyramide mit mehr oder minder rigiden Ernährungsniveaus. Die Pflanzen befinden sich am Fuß der Pyramide, weil sie Nahrung aus Sonnenlicht erzeugen. Pflanzenfresser ernähren sich von Pflanzen, und Fleischfresser wiederum ernähren sich von Pflanzenfressern. Auf jeder Ebene gibt es entsprechende Spezialisten, die man Zünfte nennt. Jeder Ökologe kann eine lange Liste von ihnen herunterrattern: »Blattfresser, Wurzelkauer, Nektarsauger, Knospenbeißer ...« Sie ähneln den feudalen Zünften der Schuhmacher, Schneider, Fleischer, Bäcker und Kerzenmacher.

Da immer mehr Ökologen und Evolutionsforscher, so wie die Grants auf Daphne Major, das Leben aus der Nähe und über einen längeren Zeitraum hinweg beobachten, erkennen sie, daß diese Kategorien nicht so klar voneinander getrennt sind, wie sie sich das vorgestellt hatten. Immer mehr Naturforscher untersuchen nicht nur Muster und Strukturen, sondern auch den Prozeß und die Bewegung; sie beobachten Veränderungen in der Zeit. Und immer wieder sehen sie die Aussage von Heraklit bestätigt: Alles fließt. Die Natur ist im Fluß. Die Finken auf Daphne beginnen ihr Jahr in einer einzelnen Zunft, der Zunft der Bodenfinken. In schlechten Zeiten teilen sie sich dann in kleinere Zünfte auf. Andere Ökologen und Evolutionsforscher beobachten eben diesen Prozeß des Aufgliederns und der Veränderung der Zünfte an anderen Orten der Erde. Diese Fluidität der Natur legt den Schluß nahe, daß Tiere und Pflanzen überall auf der Welt auch gegenwärtig Unterschiede entwickeln, weil jedes Jahr divergente Einflüsse erneut auftreten. Diese Unterschiede beziehen sich auf den Körperbau, ebenso auch auf Vorlieben und tragen, wenn diese Entwicklung sich fortsetzt, dazu bei, daß sich die Zünfte immer weiter auseinanderentwickeln.

Von allen Forschern, die mit den Grants auf den Galapagosinseln zusammenarbeiteten, ist Dolph Schluter derjenige, den die Darwinsche Divergenz am stärksten fesselt. Schluters Stern auf dem Gebiet der Evolutionsbiologie steigt. Doch als die Grants ihm zuerst begegneten, hätte er fast sein Studium aufgegeben. Er hatte gerade sein Diplom in Forstwissenschaft an der University of Guelph in Kanada abgelegt, wollte sich aber für ein Promotionsstudium nicht einschreiben, obwohl er die besten Noten seines Jahrgangs hatte. Ihm machte die Hochschule keinen Spaß mehr, er war ausgebrannt. Er hatte vor, eine Arbeit als Bisamratten- und Nerzfänger in den Athabasca Tar Sands im kanadischen Alberta anzunehmen. Dann nahm er an einem Seminar teil, das ein Schüler der Grants abhielt.

»Mir war nicht klar, daß es wirklich Leute gab, die so etwas machten«, sagt Dolph heute. »Natürlich wußte ich über die Evolution Bescheid, aber ich wäre nie auf den Gedanken gekommen, daß man sich in der heutigen Zeit wirklich damit beschäftigen könnte. Ich stellte mir vor, daß sich jemand intensiv mit Fossilien beschäftigt. Doch daß man die Evolution beobachten konnte, das war wie eine Offenbarung.«

»Ich schrieb an Peter Grant. Es war die einzige Stelle, um die ich mich bewarb, sonst wäre ich jetzt immer noch damit beschäftigt, Fallen für Bisamratten aufzustellen.«

Für seine Doktorarbeit bei Peter Grant plante Dolph eine Untersuchung über den Krieg zwischen den Kleinschnäbeln und den Spitzschnäbeln auf einer bestimmten Galapagosinsel. Dolph las die neuesten Manifeste von Simberloff und trat seine Reise auf die Inseln mit grundsätzlichen Zweifeln an. »Ich war ziemlich besessen von dem Gedanken, daß alle, einschließlich Peter Grant, den Stellenwert der Konkurrenz überschätzt hatten.«

Die ganze Familie Grant trat zusammen mit Dolph die Überfahrt an und begleitete ihn auf die Insel Pinta, eine der entlegensten des Archipels. »Als Pinta in Sicht kam – und es war spektakulär, nie zuvor war ich im Süden, schon gar nicht auf den Galapagosinseln; in der Bugwelle des Boots tummelte sich eine ganze Schule von Delphinen –, wendete sich Peter Grant mir zu und sagte: ›Weißt du, Dolph, möglicherweise ist nur eine Magisterarbeit drin, nur eine Magister- und keine Doktorarbeit.‹«

»Mit anderen Worten: Wir hatten keine Vorstellung davon, was uns erwartete«, erklärt Dolph mit einem Lachen in seiner Stimme. »Grant versuchte zu sagen, daß die Idee eventuell nicht trug, daß der Plan möglicherweise undurchführbar war.«

Große Bodenfinken.
Aus: Charles Darwin, Reise um die Welt.
Erlebnisse und Forschungen in den Jahren 1832–1836.
The Smithsonian Institution

Die Grants brachten Dolph bei, wie man Nebelnetze aufspannt, wie man einen Vogel fängt und wie man ihn ausmißt. Sie verbrachten eine Woche zusammen. »Dann hieß es: ›Auf Wiedersehen, wir fahren jetzt nach Genovesa. Bis in fünf Monaten.‹« Schluter und sein Mitarbeiter waren nun die einzigen menschlichen Wesen auf der Insel.

Wie alle eher bergigen Inseln auf Galapagos steigt Pinta gewaltig an. Ganz unten ist die Insel eine Wüste, übersät mit blanker, schwarzer Pahoehoe-Lava und dornigem Gestrüpp: trockene, heiße Schichten aus blankem Fels. Wenn man den Hang hinaufsteigt, gelangt man in eine Wolke, und über einem schließt sich ein grüner Baldachin aus Baumkronen. Das Hochland ist feucht und kühl. Der Boden ist dick und weich, voller Überreste des Waldes. Nahe dem Gipfel befindet sich ein Elfenwald: neblig, grün, mit moosbedeckten Bäumen, Flechten und Orchideen.

Sobald Dolph gelernt hatte, die Kleinschnäbel und die Spitzschnäbel zu unterscheiden, konnte er erkennen, daß sich ihre Territorien überlappten. Das Gebiet der *fuliginosa* reichte bis zum Gipfel der Insel, während das der *difficilis* nicht ganz bis unten reichte. »Das habe ich gleich gesehen«, sagt er. Er hatte erwartet, zwei rivalisierende Arten anzutreffen, die in getrennten Zonen auf der Insel lebten: unten und oben, wie Lack es beschrieben hatte, mit Grenzgeplänkeln an der Trennlinie zwischen den Territorien. »Diese Möglichkeit war nun völlig auszuschließen«, fährt Dolph fort. An der West-, Ost-, Süd- und Nordfront war alles ruhig. Die *fuliginosa* und die *difficilis* nahmen sich gegenseitig überhaupt nicht zur Kenntnis. »Das ist typisch für Feldforschungen«, erläutert Dolph. »Man plant und plant, und dann kommt man hin, um zu erkennen, daß man es so gar nicht machen kann.«

In den nächsten Monaten überzogen er und sein Mitarbeiter den gesamten Abhang mit einem Netz von Linien. Zu ihrer Überraschung fanden sie heraus, daß sich die Finken, obwohl sich ihre Territorien überlappen, in ihren Ernährungsgewohnheiten praktisch nicht ähnelten. Auf Pinta bringt der *fuliginosa* seine Samen ins offene Gelände und bearbeitet sie meistens auf der harten, heißen Lava unten an der Küste. *Difficilis* hingegen scharrt mit seinen langen Klauen unter den verdorrten Blättern, meistens oben im Wald. Er schiebt die Blätter und kleine Steine zur Seite und macht mit seinem Schnabel Jagd auf Spinnen, Schnecken, Grillen und Raupen. Der *fuliginosa* frißt praktisch nichts anderes außer Samen; *difficilis* hingegen nimmt praktisch keine Samen zu sich. Wenn Darwin und Lack also recht hatten, was die Ursache der Divergenz angeht, so war sie jedenfalls bei diesen Vögeln nicht zu beobachten. »Es gibt hier lediglich geringfügige Hinweise auf Konkurrenz«, sagt Dolph fröhlich. »Es handelt sich wirklich ... um ein Gespenst.«

Weil er das Konkurrenzproblem auf dieser Insel nicht klären konnte, ging Schluter noch auf zwei weitere Inseln. Überall auf dem Archipel trug er während der nächsten Jahre Lacks Muster in immer feineren Einzelheiten auf Karten ein. Die Unmengen von Messungen, die er und andere durchführten, stimmten mit Lacks Vorhersagen überein, ja, sie waren bis in die kleinsten Details stimmig.

Betrachten wir zum Beispiel *fortis,* den mittelgroßen Bodenfinken. Seine körperliche Ausstattung ist ein Kompromiß zwischen dem besten Schnabel für weiche kleine Samen und dem besten Schnabel für große harte Samen. Der Vogel entwickelt sich in eine Richtung, die für ihn am ehesten von Vorteil ist. Und auf jeder Insel ist der optimale Schnabel zum Teil davon abhängig, ob es gleichzeitig *fuliginosa* gibt, weil die Kleinschnäbel in der Trockenzeit den Vorrat an kleinen weichen Samen verringern. Ein *fortis* mit einem zu kleinen Schnabel wird zu einem *fuliginosa* in Konkurrenz treten müssen, wenn es gilt, einen *Tribulus* zu knacken. Doch die *fuliginosa* können dies viel besser als die *fortis.* Deshalb werden diese *fortis* auch früher sterben als die anderen *fortis.* Auf diese Weise führt die Konkurrenz zu den Kleinschnäbeln im Durchschnitt zu größeren mittleren Schnäbeln. Dort, wo die mittleren Schnäbel durch diese Konkurrenz zu den Kleinschnäbeln größer wurden, werden die *fortis* besser mit einem *Tribulus* fertig und fressen weniger kleine Samen. Der *fortis* auf Daphne steht in keiner nennenswerten Konkurrenz zu *fuliginosa,* denn erst die *Tribulus*-Samen, die *fortis* verschmäht, frißt der *fuliginosa.* Andererseits fressen *fortis* auf Pinta, Marchena und Santiago, wo es zahlreiche *fuliginosa* gibt, weniger kleine Samen; sie geraten jedoch auch selten an Samen, die so groß sind, daß sie diese nicht bewältigen können.

Wo *fuliginosa* in Konkurrenz zu *fortis* tritt, neigt er allerdings dazu, sich auf kleinere Samen zu spezialisieren, weil der *fortis* die großen, harten Samen des *Tribulus* und des Feigenkaktus soviel besser knacken kann. Hat er jedoch, wie auf Los Hermanos, eine Insel ganz für sich, ist der Schnabel des *fuliginosa* groß und hoch; er ist dadurch in der Lage, mit ziemlich großen Samen fertigzuwerden. Auf Los Hermanos sieht sein Schnabel fast genauso aus wie der des *fortis* auf Daphne.

Auf Inseln, wo es keinen *magnirostris* gibt, ist der Schnabel des *fortis* größer als im Durchschnitt; auf Inseln, wo es keinen *fuliginosa* gibt, ist er hingegen kleiner als im Durchschnitt. Hier füllt *fortis* sowohl seine eigene Nische als auch die seines fehlenden Rivalen aus.

Es gibt zahlreiche Artenpaare, die, wie etwa die Spitzschnäbel und die Kleinschnäbel, die Kleinschnäbel und die Mittelschnäbel oder die Mittelgroßen und die Großen, die Inseln sorgsam untereinander aufgeteilt haben. Sie bilden denselben Schnabel aus, wenn sie getrennt leben, entwickeln sich jedoch dort auseinander, wo sie Nachbarn sind. Das ergibt eine unendliche Bandbreite kleiner und allerkleinster gegenseitiger Anpassungen, mit Mustern, die vom Zufall abhängen. Im wesentlichen hatte Lack recht. »Er irrte sich bei manchen Einzelheiten«, sagt Dolph, »doch der Mechanismus stimmte. Für mich ist seither klar, daß er ein ziemlich kluger Mann war. Er ist sogar mein Vorbild, denn er hatte einen entwaffnenden Schreibstil und konnte sehr eindrucksvolle Argumente entfalten. Ich bin tatsächlich der Meinung, daß sie eher Lackfinken genannt werden sollten als Darwinfinken. Denn Darwin erkannte die Bedeutung der Vögel nicht. Er dachte, es gäbe genau eine Art auf jeder Insel. Er versuchte nicht einmal, alles zusammenzusehen – er stellte überhaupt nichts mit ihnen an, außer daß er sie sammelte. Genau darum sollten sie nicht Darwinfinken, sondern Lackfinken heißen.«

Nachdem Dolph einige Jahre auf den Inseln verbracht hatte, fand er eine neue Methode, um die Darwinschen Kräfte und ihren Einfluß auf die Darwinfinken anschaulich darzustellen.

Man stelle sich eine einzelne Population von Vögeln auf einer Wüsteninsel vor. Wenn sich diese Population in der Zeit über Generationen hinweg verändert, dann bewegt sie sich ständig in Richtung der optimalen Ausstattung für diese Insel. Die Population arbeitet auf das Ziel maximaler Überlebensfähigkeit hin, also in Richtung auf das, was die Evolutionsforscher manchmal den adaptiven Gipfel nennen.

Man kann sich den Punkt der maximalen Überlebensfähigkeit als Gipfel eines Berges vorstellen, als den Gipfel der optimalen Ausstattung. Die Abhänge um den Gipfel herum stehen für Ausstattungen, die denen unmittelbar am Gipfel leicht unterlegen sind. Die Täler weit unterhalb des Gipfels stehen für Ausstattungen, die denen am Gipfel deutlich unterlegen sind. Ein Sieger, ein Vogel mit genau dem richtigen Schnabel, den richtigen Flügeln und dem richtigen Tarsus ist auf dem Gipfel angesiedelt. Ein Verlierer irrt unten im Tal umher.

Wenn ein Vogel auf die See hinausgetrieben wird und auf einer Wüsteninsel landet, wird er nicht von Anfang an gut angepaßt sein. Seine Eignung wird irgendwo unten am Abhang der adaptiven Landschaft anzusiedeln sein. Wenn sie zu weit unten im Tal liegt, wird er sterben, und seine ganze Linie wird aussterben. Wenn er jedoch durchhalten kann und brütet, werden seine Nachkömmlinge sich immer weiter nach oben bewegen, sich entwickeln und sich anpassen, bis sie den Gipfel erreichen.

Evolutionsforscher haben schon lange über solche adaptiven Landschaften nachgedacht (das Bild wurde erstmals von Sewall Wright im Jahre 1932 gebraucht, einem der großen Neo-Darwinisten dieses Jahrhunderts). Es handelt sich um die Lieblingsmetapher der Evolutionsforscher für evolutionären Wandel: Sie ist fast so beliebt wie der Baum des Lebens. Dolph war jedoch der erste, der erkannte, welchen Erkenntniswert dieses Modell haben kann, wenn es auf die Darwinfinken angewandt wird. Peter Grant hatte ihn gebeten, einen Bezugsrahmen zu entwickeln, der die Arbeiten der Gruppe über Schnäbel und Samen in ein begriffliches System brachte, ein allumfassendes mathematisches Modell, das für die Zwecke der Finkenforscher nützlich war. Dolph beschloß, die vorhandenen Daten in Form adaptiver Landschaften darzustellen, natürlich mit Hilfe von Computern. Dolph ist einer der scharfsinnigsten Mathematiker unter den Finkenforschern, zusammen mit Trevor Price, seinem alten Freund und Kollegen, an dem er seine Fähigkeiten schulte.

In bezug auf die Kräfte, die zur Charakterdivergenz führen, ist die adaptive Landschaft eine bessere Metapher als der Baum des Lebens. Sie erlaubt genauere Beschreibungen. Eine Finkenpopulation, die sich in zwei Populationen aufteilt (die Gabelung eines Zweiges im Bild vom Baum des Lebens), läßt sich so darstellen, als würde sie zu einer Art einsamer Pilgerfahrt oder zu einer Massenwanderung über die adaptive Landschaft aufbrechen. Einige Vögel verlassen einen Gipfel und wandern zum nächsten. In der Landschaft gibt es zunächst lediglich eine Art, die rund um den Gipfel auftritt. Dann gibt es zwei, die sich um zwei benachbarte Gipfel herum gruppieren, und zwischen ihnen liegt ein Tal.

Es war 1979, als Dolph erkannte, wie sich diese Metapher der adaptiven Landschaft nutzen ließ, um Darwins Divergenzprinzip bei den Darwinfinken zu überprüfen. Er erkannte, daß er und die anderen Finkenforscher ausreichend Messungen angestellt hatten, um nun einigermaßen realistische adaptive Landschaften für die Bodenfinken auf Galapagos entwickeln zu können.

Die Gruppe hatte alle Samen vermessen, die die Bodenfinken fressen können, und viele der Samen, die sie nicht fressen können oder wollen. Schluter wußte, welche Samenarten zu welcher Jahreszeit in welchen Mengen auf jeder einzelnen Insel vorkamen, und gab diese Informationen in den Computer ein.

Dolph wußte aber auch, wie groß ein Schnabel sein muß, um einen Samen von einer bestimmten Größe knacken zu können. Die kritische Dimension ist hier die Schnabelhöhe: Je höher der Schnabel, desto größer und härter kann der Samen sein, den er knackt. Auch dieses Verhältnis gab er in den Computer ein.

Schließlich wußte er, wie viele Samen ein Fink braucht, um sich am Leben zu erhalten. Er gab auch dieses Verhältnis in den Computer ein: Eine bestimmte Menge Samen läßt sich in eine gewisse Anzahl Finken umrechnen.

»Also los«, sagt Dolph im Ton eines Geometers, der versucht, erste Prinzipien herzuleiten: »Beschränke dich auf eine minimale Anzahl von Linien und Punkten, um dann einen Globus, eine Welt und ein Universum entstehen zu lassen! Nehmen wir eine einzige Finkenart, die auf einer Galapagosinsel landet. Nehmen wir ferner an, die Vögel träfen auf keine Konkurrenten, sie überleben und vermehren sich. Welche Schnabelgröße wird sich in dieser Ausgangssituation entwickeln?«

Dolph gab in den Computer die mögliche Streubreite der Schnabelgrößen ein, wie sie bei allen Bodenfinken auf den Inseln vorzufinden ist, vom kleinsten Vogel zum größten, der je vermessen wurde. Er übermittelte dem Computer auch die Streubreite der Samenkorngrößen, die es auf der Insel gibt, vom kleinsten bis zum größten Korn, und wie viele es von jeder Größe gibt. Dann programmierte er den Computer, um zu berechnen, wie viele Finken auf einer hypothetischen Insel mit Nahrung versorgt werden könnten. Dabei setzte er voraus, daß es dort Finken mit jeder nur denkbaren Schnabelhöhe gibt, vom winzigsten bis zum höchsten Finkenschnabel, über den es irgendwo auf der Welt Daten gibt, mit Abstufungen bis zum Bruchteil eines Millimeters. Er programmierte den Computer so, daß er diese Berechnungen immer wieder durchführte.

Dolph nahm an, daß der Computer einen Gipfel auf den Bildschirm zeichnen würde, der dem besten aller möglichen Schnäbel entspräche – das wäre dann die Schnabelgröße, die die maximale Anzahl von Finken auf dieser idealisierten Galapagosinsel am Leben erhielte. Der Gipfel, den der Computer zeichnete, würde den für die Insel optimalen Schnabel darstellen. Die Täler zu beiden Seiten des Gipfels würden alle möglichen unterschiedlichen Schnabelgrößen darstellen, die vergleichsweise unzureichend angepaßt waren.

Er ließ den Computer laufen und war begeistert von dem, was er sah. Der Computer zeichnete nicht etwa einen einzelnen, sondern drei Gipfel, und dazwischen lagen tiefe Täler.

Der Computer hatte ein Muster gefunden, das vom menschlichen Auge leicht übersehen wird. Es gibt, aus der Sicht eines Finken, drei Typen von Samenarten auf den Galapagosinseln: leichte, mittlere und schwierige. Grassamen gehören zu den kleinsten und leichtesten; *Tribulus*-Samen gehören zu den größten und härtesten. Die Samen der Passionsfrucht liegen zwischen beiden Extremen. Es gibt kontinuierliche Übergänge, doch lassen sich die Samen auf Galapagos grundsätzlich in diese drei unterschiedlichen Gruppen einordnen. Dementsprechend hatte der Computer drei Gipfel für drei Schnäbel gezeichnet, jeweils einen für jeden der drei Samentypen.

Im Endeffekt hatte der Computer drei Finkenarten vorausberechnet. Jede war mit einem Schnabel von genau der Größe ausgestattet, die erforderlich ist, um die Samen des für sie bestimmten Haufens zu knacken. Drei Gipfel bedeuteten, daß es nicht einen einzigen, sondern drei hochgradig angepaßte Schnäbel für Bodenfinken auf dieser idealtypischen Insel gab. Es gab mehr als nur einen optimalen Schnabel. Eine einzige Ausgangsart, die sich in dieser adaptiven Landschaft niederließe, könnte sich in drei verschiedene Arten aufspalten.

Dolph konnte nun die großen Datenmengen der Grants nutzen und programmierte den Computer so, daß er eine realistischere Simulation erzeugte. Er wies ihn an, zu berechnen, welche Schnäbel sich auf einem Dutzend Galapagosinseln eigentlich entwickelt haben müßten, wenn man berücksichtigte, welche Samen auf jeder dieser Inseln tatsächlich vorzufinden sind.

Aufgrund von lediglich drei Faktoren, der Schnabelgröße, der Samenkorngröße und der Konkurrenz, sagte der Computer korrekt die auseinanderstrebenden Pfade der Evolution für die Finkenschnäbel auf einem Dutzend Galapagosinseln voraus.

Wieder einmal entsprechen die Darwinfinken ihrer Bestimmung, die Musterknaben für Darwins Theorie zu sein. Sie stellen das treffendste Beispiel für Merkmalverschiebung dar, das je gefunden wurde.

D er Überlebenskampf«, schreibt Darwin in der *Entstehung der Arten,* »wird im allgemeinen zwischen Arten derselben Gattung weit schärfer sein, wenn sie zueinander in Konkurrenz geraten, als zwischen Arten unterschiedlicher Gattungen.« Doch grundsätzlich kann der Darwinsche Prozeß der Merkmalverschiebung sogar unter Lebewesen auftreten, deren Plätze weit voneinander entfernt auf dem Baum des Lebens liegen: Sie müssen nur zueinander in Konkurrenz treten. Es kann sogar eine Konkurrenz zwischen Reichen geben: also etwa zwischen Pflanzen und Tieren, Pflanzen und Insekten oder zwischen Insekten und Bakterien. Zwei britische Evolutionsforscher, Michael Hochberg und John Lawton, stellten eine Berechnung an, die sie »sowohl für lehrreich als auch für überraschend« hielten. Nehmen wir einmal an, es gibt 300 000 Arten höherer Pflanzen. Hierzu zählen Farne, Nadelhölzer, alle Pflanzen, die blühen, eigentlich alles, was grün ist und mehr als ein paar Zoll über dem Boden wächst – und 300 000 Arten ist eine vorsichtige Schätzung. Wenn jede dieser Arten als Nahrungsquelle für genau zehn Insektenarten dient (auch das ist eine vorsichtige Schätzung) und wenn jedes dieser Insekten fünf Parasitenarten und eine Infektionskrankheit überträgt (auch vorsichtig geschätzt), dann gibt es Spielraum für ungefähr 15 Millionen unterschiedliche, kompetitive Interaktionen nur auf dieser einen überfüllten Kreuzung der Reiche des Lebens.

Praktisch niemand außer Dolph Schluter sucht unter diesem Aspekt nach Divergenz in Aktion. Er nimmt an, daß sich momentan auf den Galapagosinseln weit voneinander entfernte Zweige am Baum des Lebens in Konkurrenz zueinander befinden.

Einige Darwinfinken trinken Blütennektar, was bei Finken auf dem Festland bisher nicht beobachtet wurde. Sie kommen damit auf den Inseln durch, weil sie nur wenige Konkurrenten haben: Nur wenige pollentragende Insekten überquerten den Pazifik und besiedelten das Archipel. Lediglich eine Bienenart schaffte die lange Reise; es handelt sich um eine große *Pelzbiene*, die nach dem ersten Naturforscher benannt wurde, der sie sammelte: *Xylocopa darwini*. Den Weg zu den nördlichsten Inseln fanden die Darwinbienen nicht, doch kommen sie auf den meisten südlichen Inseln vor. Dort stehen sie zu den Finken in Konkurrenz um die Blüten.

Die Finken auf den nördlichen Inseln beziehen den größten Teil ihres Nektars von einer kleinen gelben Blume, der *Waltheria ovata*. In der Trockenzeit, wenn Nahrung nur schwer zu finden ist, trinken die Kleinschnäbel und einige der Spitzschnäbel den Nektar der *Waltheria*. Der Spitzschnabel steckt seinen langen Schnabel hinein, um von der Blüte zu kosten, während der Kleinschnabel lediglich seinen Unterkiefer einführt. Beide Finken entwickelten darin eine große Perfektion: Sie können bei ungefähr 40 Blüten in der Minute den Nektar entnehmen.

Auf nördlichen Inseln wie Genovesa, auf denen es keine Bienen gibt, bestehen ungefähr 20 Prozent der Finkennahrung aus Nektar. Er stellt eine wichtige Ergänzung zu den kleinen Samen dar, nach denen sie ihr Leben lang scharren. Auf den südlichen Inseln hingegen, auf denen es Bienen gibt, macht der Nektar weniger als 5 Prozent der Vogelnahrung aus.

Dolph bemerkte, daß die nektarsaugenden Finken gewöhnlich kleiner sind als Finken derselben Art auf Inseln, auf denen es Bienen gibt. So ist die durchschnittliche Spannweite der Kleinschnäbel auf den Inseln Pinta und Marchena (keine Bienen) ungefähr fünf Millimeter geringer als auf den Inseln Fernandina, Santa Cruz, Santiago, Española und Isabela (Bienen).

Dolph verbrachte einmal zwei Wochen damit, ein Gebiet auf Marchena zu beobachten, in dem es sehr viele gelbe Waltheria-Blumen gab. Er sah Finken, die ganze Sträuße dieser Blüten verteidigten. Kleinschnäbel, die einige Sträuße beanspruchten, verteidigten sie gegen andere Kleinschnäbel. Dolph fing sie in Netzen ein und vermaß so viele dieser Finken, wie er nur konnte. Der durchschnittliche Nektarsauger war signifikant kleiner und wog ungefähr ein Gramm weniger als der durchschnittliche Abstinenzler. Mit anderen Worten: Selbst auf Marchena tranken nur die Finken, die sich wegen ihrer geringen Größe von Blumen ernähren konnten, auch wirklich Nektar.

Offensichtlich hat auf Inseln, auf denen es keine Bienen gibt, die Kraft der Selektion die Größe der beiden Darwinfinkenarten verringert, und diese

Vögel haben sich in der Nische der Bienen eingerichtet. Auf Inseln, bis zu denen die Bienen vorgedrungen waren, wurden die Vögel aus dieser Nische wieder herausgedrängt.

Wenn das stimmt, dann handelt es sich hier um einen Fall von Merkmalverschiebung nicht nur unter verschwisterten Arten, sondern sogar zwischen einem Wirbeltier und einem wirbellosen Tier; dies geht über alles hinaus, was Darwin sich vorstellte. Wir sehen niemals mit eigenen Augen, daß sie um eine Blume kämpfen, doch es gibt keinen Frieden zwischen den Vögeln und den Bienen.

Ist die Divergenz von Merkmalen universell und so einflußreich, wie Darwin annahm? Oder ist sie eher selten und schwach ausgeprägt, wie einige Evolutionsforscher heute behaupten? »Meine These lautet, daß die Divergenz von Merkmalen wahrscheinlich recht verbreitet und bedeutsam ist«, sagt Peter Grant. »Doch meiner Auffassung nach in relativ geringem Ausmaß, was die Stärke der evolutionären Veränderung betrifft.«

»Du meinst …?« fragt Rosemary.

»Nehmen wir einmal an, zwei Arten treffen aufeinander. Unterstellen wir, sie unterscheiden sich in 10 Prozent der Merkmale. Es wäre aber ein Unterschied von etwa 15 Prozent erforderlich, damit sie ohne größere Konkurrenz nebeneinander existieren könnten. Es gibt zwei mögliche Ergebnisse: Entweder stirbt eine von beiden Arten aus, oder beide Arten entwickeln sich so weit auseinander, daß sie sich in etwa 15 Prozent der Merkmale unterscheiden. Diese Veränderung ist nicht gerade riesig: nur eine Veränderung um weitere 5 Prozent.«

»Ja, ich verstehe«, sagt Rosemary.

»Wenn du mir darin zustimmst, wie leicht könnte man dann bei dieser fünfprozentigen Veränderung die Evolution beobachten? Die Antwort lautet, es ist überhaupt nicht leicht. Man müßte sehr ins Detail gehen. Die Divergenz von Merkmalen könnte recht verbreitet sein, und sie würde trotzdem nicht auffallen.«

Nach Peters Auffassung tritt Divergenz unter Darwinfinken meist auf, wenn sie isoliert voneinander auf unterschiedlichen Inseln leben. Wenn sie dann zusammenkommen und sich eine Insel aufteilen müssen, treibt die Konkurrenz die Entwicklungslinien weiter auseinander. Diese Divergenz ist eine simple Folge des Existenzkampfes, gerade so, wie es sich Darwin in seiner Kutsche vorstellte. Sie bringt die Finken der Entstehung von Arten ein oder zwei Schritte näher.

11

Unsichtbare Küsten

Wäre Kleopatras Nase kürzer gewesen,
das gesamte Antlitz der Welt hätte sich verändert.

BLAISE PASCAL
Pensées

Wenn Darwin mit Taubenzüchtern zusammensaß, wollte er nichts über den Einfluß von Kreuzungen, sondern etwas über den Einfluß der Selektion erfahren. »Eines Abends traf ich in der örtlichen Kneipe eine Reihe von Taubennarren«, schreibt er einem Freund vergnügt, »als das Gerücht die Runde machte, daß Mister Bult seine Kropftauben mit (größeren) Römern gekreuzt hatte, um größere Tauben zu bekommen; und wenn Du das feierliche, geheimnisvolle und entsetzte Kopfschütteln gesehen hättest, mit dem die Taubennarren diese skandalöse Züchtung kommentierten, dann wäre Dir einsichtig geworden, wie wenig das Kreuzen mit verbesserter Zucht zu tun hat.«

»Es ist schon häufig so dahingesagt worden, daß all unsere Hunderassen durch die Kreuzung einiger weniger ursprünglicher Arten entstanden sind«, schreibt er in der *Entstehung der Arten*. »Aber durch Kreuzungen erhalten wir lediglich Formen, die in verschiedenen Abstufungen zwischen den Merkmalen ihrer Eltern liegen. Gab es den italienischen Windhund, den Bluthund, die Bulldogge & Co. in der freien Wildbahn?« Nein, natürlich nicht. Also, schreibt er, »wurde die Möglichkeit, unterschiedliche Rassen durch Kreuzungen hervorzubringen, stark übertrieben.«

Für Darwin war es so wichtig, ein Beispiel für natürliche Selektion zu finden, daß er hier etwas übersehen haben könnte. Kreuzungen waren möglicherweise für die meisten Züchter wichtiger, als er dachte.

Um die Jahrhundertwende bearbeitete und befragte der amerikanische Genetiker Raymond Pearl Hunderte von Züchtern, wie Darwin es getan hatte, und nahm dabei die Haltung eines Menschen ein, der es wissen will.

So fragte Pearl Zwerghuhn-Züchter, ob sie einen Fall belegen könnten, bei dem eine neue Familie von Zwerghühnern »lediglich durch Selektion kleinwüchsiger Einzeltiere aus einer großen Rasse, einer Varietät oder einer Geflügelzüchtung entstand, ohne daß man die Tiere mit etwas anderem als Zwerghühnern gekreuzt hätte.«

Pearl bekam die Antwort von dem weltweit führenden Experten für Zwerghühner, einem gewissen J. F. Entwisle. »Wenn sich so etwas bewerkstelligen ließe«, schrieb Entwisle, »dann spielte unsere dreißigjährige Erfahrung im ›Fabrizieren‹ von Zwerghühnern eine recht unbedeutende Rolle. Wir haben bisher etwa 40 Varietäten hervorgebracht, und bisher ging dies nie ohne Kreuzung vonstatten.«

»Die Darwinsche Selektion hat einen außerordentlich geringfügigen oder unbedeutenden Anteil an diesem Vorgang, so, wie er in Wirklichkeit praktiziert wird«, schloß Pearl und nahm einen Standpunkt ein, der dem von Darwin widersprach.

Heute wissen die Grants im Gegensatz zu Pearl, daß die Darwinsche Selektion tatsächlich wirksam ist. Sie haben beobachtet, wie sie vor sich geht. Wenn sie heute Überlegungen über die Vermehrung der Hybridformen bei den Finken anstellen, kommt ihnen der Verdacht, daß Selektion und Kreuzung beide Bestandteile desselben Schöpfungsprozesses sind.

Es gibt zwei Arten von Küstenlinien auf den Inseln, die sichtbaren und die unsichtbaren.

Dort, wo die Vulkane aus dem Pazifik aufsteigen, gibt es eine sichtbare Küste mit schwarzen, zerklüfteten Felsen und weißen, sich brechenden Wellen. Es sind die Grenzen von Luft, Meer und Lava: wellenumspülte Linien um die Gipfel herum, die den Darwinfinken ihre Heimat mitten im Nichts gaben. Diese Küsten lassen sich einfach durch den Meeresspiegel definieren.

Die unsichtbaren Küsten sind die Grenzlinien zwischen den Vögeln. Diese Küstenverläufe sind verzweigter, sie werden durch geheime Kodes und durch ungeschriebene Regeln definiert, die jeden der dreizehn Galapagosfinken in einer Art selbsterzeugter Isolation halten. Obwohl sieben oder acht von ihnen denselben Vulkangipfel miteinander teilen, obwohl sie in gemischten Schwärmen zusammen nach Nahrung suchen und in derselben Asche nach denselben Samen scharren, trennen diese Grenzen die

Der Kicker Rock.
Aus: Charles Darwin, Geologische Beobachtungen.
The Smithsonian Institution

Vogelarten voneinander (interessanterweise mit Ausnahme der Hybriden), so daß sie immer noch getrennt brüten, als wären sie selbst ein Archipel verzauberter Inseln.

Darwin trug mit dazu bei, Karten der sichtbaren Felsküsten und Korallenstrände auszuarbeiten – die *Beagle* war ein Erkundungsschiff. Was er sich jedoch zu den unsichtbaren Grenzen zwischen den Arten dachte, war widersprüchlich und verworren. In seinen ersten geheimen Notizbüchern beschrieb er, wie die Arten, bedingt durch ihre Geschlechtsinstinkte und durch ihre körperliche Ausstattung, isoliert voneinander lebten. Später beschäftigte ihn das Divergenzprinzip so sehr, daß er diesen Aspekt vernachlässigte. Was trennt die neuen Arten voneinander? Das sind die Gestade, die Darwin mehr oder weniger unerforscht ließ.

Evolutionsforscher wissen heute, daß die Trennung der Arten voneinander nicht nur bei Populationen auftritt, die durch Berge, Schluchten und Meere voneinander getrennt sind, so wie die Darwinfinken durch die sichtbaren Küsten der Galapagosinseln zumindest grob auseinandergehalten werden. Die Trennung der Arten entwickelt sich hauptsächlich durch unsichtbare Grenzen, die eine Teilpopulation auf eine neue Insel verbannen oder eine einzelne große Population auf eine ganze Reihe verstreuter, mehr oder minder einsamer Genpools aufteilen können.

Es ist nicht nur die ausbleibende Fruchtbarkeit beim Kontakt unter den Arten, die diese unsichtbaren Küstenlinien hervorbringt, wie bei der Kreuzung zwischen Pferden und Eseln, aus der Maulesel entstehen. Es geht auch nicht um körperliche oder physiologische Unvereinbarkeit wie bei Elefanten und Flöhen. Darwinfinken können sich untereinander paaren und Junge hervorbringen, die später fruchtbar sind; aber irgend etwas hält die meisten Darwinfinken davon ab.

Die Barrieren zwischen den Vögeln sind unsichtbar, weil sie durch das Verhalten dieser Lebewesen entstehen. Es ist nicht die Anatomie, sondern der Instinkt, der sie auseinanderhält. Etwas über die Entstehung der Arten zu erfahren bedeutet, etwas darüber in Erfahrung zu bringen, wie sich diese instinktiven unsichtbaren Barrieren bildeten. Obwohl Darwin selbst in diesem Bereich keinen rechten Fortschritt erzielte, liegt das Geheimnis für die Entstehung der Arten irgendwo an dieser unsichtbaren Küste, an diesen sich verändernden Küstenlinien zwischen Lebewesen verborgen.

Haben die Varietäten einmal damit begonnen, sich voneinander abzuspalten, dann benötigen sie ganz sicher eine Methode, um sich gegenseitig zu unterscheiden. Ob sie sich nun in Abkapselung voneinander oder teils in Abkapselung und teils in Gemeinschaft miteinander fortentwickeln, an irgendeinem Punkt müssen sie lernen, mit ihrer eigenen Art zusammen zu brüten – ihrer eigenen *neuen* Art. Sonst würde sich die neue Familie mit den Familien um sie herum vermischen und für die Nachwelt verlorengehen. Darwin war zum Beispiel beeindruckt davon, wieviel Arbeit erforderlich war, um ungewöhnliche Taubenfamilien so zu erhalten, wie sie waren. Wenn Züchter nicht recht darauf achteten, welche ihrer Vögel sie mit welchen anderen kreuzten, gelangten ihre Schöpfungen recht bald an den Ausgangspunkt, zur gemeinen Felstaube, zurück. All die seltsamen Schöpfungen der Taubennarren, all diese Kropftauben, Pfautauben, Lachtauben und Nürnberger Bagdetten wären dahin.

Was diese Züchtungen trennt und ihren Rückfall in Richtung auf ihren Ursprung verhindert, ist die ständige Wachsamkeit der Taubennarren, wenn sie neue Kreuzungen arrangieren. Zu Zeiten Darwins konnte einer der besten Züchter, der bekannte Taubenfachmann Sir John Sebright, mit dem bloßen Auge Vögel unterscheiden, deren Schnäbel lediglich eineinhalb Millimeter voneinander abwichen. Darwin schreibt (ironisch), daß es ein hartes Stück Arbeit war, diese ausgesucht sensiblen Taubennarren davon zu überzeugen, Kreuzungen vorzunehmen, die ihre Züchtungserfolge rückgängig machten. Solche Experimente gingen ihnen gegen den Strich, schreibt er – selbst im Namen der Wissenschaft und selbst für Geld. Darwin mußte den Züchtern schmeicheln und sie beschwatzen, indem er sie daran erinnerte, daß ja selbst häßliche Vögel »immer noch gut genug für den Kochtopf« sind.

Darwins Schlußfolgerung lautet nun, daß auch die natürliche Selektion gute Partien arrangieren kann, und dies sogar besser als die besten menschlichen Züchter. Der Selektionsprozeß wird den Lebewesen diese Gabe, dieses Talent, einfach dadurch verleihen, daß er die anpassungsfähigsten Varianten im Nest, im Wurf und im Blumenbeet begünstigt. Er wird ihre Fähigkeit verbessern, sich gegenseitig so natürlich und unvermeidlich auseinanderzuhalten, wie er auch ihre Fähigkeit fördert, nach Nahrung zu suchen oder zu fliehen. Die Selektion wird sich so auswirken, weil Individuen, die eine schlechte Partnerwahl treffen, Nachteile in Kauf nehmen müssen: Ihr Nachwuchs wird es im Existenzkampf schwerer haben. Die Individuen aber, die eine gute Wahl treffen, dürfen sich des entsprechenden Vorteils erfreuen: Ihr Nachwuchs wird bestehen.

Das ist der Grund dafür, warum die Hybridbildung bei den Finken auf Daphne Major selten sein müßte. In einer Population, die sich diversifiziert, indem sie unterschiedliche Anpassungen entwickelt, wird die Selektion dazu führen, wertvolle Neuentwicklungen beizubehalten; dies geschieht deshalb, weil Individuen in Entwicklungslinien, die sich allmählich auseinanderentwickeln, beim Prozeß der Anpassung im Vorteil sind, wenn sie bei der Paarung andere Mitglieder derselben Entwicklungslinie auswählen. Denn wenn sie einen Partner aus derselben Entwicklungslinie auswählen, dann wird diese neue Anpassung wahrscheinlich von Dauer sein; tun sie dies nicht, dann riskieren sie die Anpassungsleistung: Sie spielen um das Familiensilber. Deshalb wirkt auf Lebewesen wie die Darwinfinken ein Selektionsdruck ein, unterscheiden zu lernen. Diejenigen Vögel, die eine sexuelle Vorliebe für die neue Linie entwickeln, werden sich eher durchsetzen als diejenigen, die ihre Vorliebe für die alte Entwicklungslinie beibehalten.

Auf diese Weise wird die natürliche Selektion sicherstellen, daß das Unterscheidungsvermögen der Vögel ausgeprägter ist als das der Taubennarren. In Freiheit wird es aus den Vögeln »selbst einen Sir John Sebright« machen, wie Darwin sich ausdrückte. Durch den Einfluß der natürlichen Selektion werden Vögel unterschiedlicher Entwicklungslinien während der Paarungszeit sexuell nicht attraktiv füreinander sein.

Darwin beobachtete selbst in Taubenschlägen einige Anzeichen für diese Art wechselseitiger sexueller Abstoßung. In seinem Buch *Natürliche Selektion* berichtet er, daß »die Taubenschlag-Taube, der Urahn aller Züchtungen, tatsächlich eine Aversion gegen verschiedene ausgefallene Züchtungen zu haben scheint.«

Doch als Darwin die Finken auf den Galapagosinseln beschreibt (»wahrscheinlich die frühesten Kolonisatoren, die weit größeren Veränderungen unterworfen waren als andere Arten«), betont er die sichtbare physische Isolation der Inseln, nicht die unsichtbare, instinktive Isolation der Finken voneinander – von der Darwin nichts wußte.

Bei den Darwinfinken beginnt die Paarungszeit damit, daß alle schwarzen Männchen auf der Insel im Regen singen. Von seinem Posten sendet jedes Männchen Signale aus, und während es singt, beobachtet es sein Territorium genau. Wenn ein Weibchen sich einem der zur

Schau gestellten Nester nähert, die das Männchen gebaut hat, dann schießt es von seinem Posten herunter und fliegt zum Weibchen. Wenn dieses zu seiner Art gehört, dann singt das Männchen und schlägt mit den Flügeln in die Richtung des Weibchens, läßt es heftig zittern. Dann fliegt das Männchen zum nächsten Nest. (Jedes beliebige Nest kann diesen Zweck erfüllen, selbst das Nest eines Rivalen, wenn der gerade nicht anwesend ist.) Es schlüpft hinein und wieder heraus, hinein und wieder heraus und schaut dabei über die Schulter das Weibchen an. Dann und wann pickt das Männchen mit seinem Schnabel einen Grashalm auf und läßt ihn wieder fallen, ganz schnell, immer wieder, als versuche es, ihre Aufmerksamkeit zu erregen.

Wenn das Weibchen auf das Männchen zuhüpft, zumindest aber nicht weghüpft, beginnt das Männchen etwas, das im Team der Grants als »Jagd nach Sex« bekannt ist: Es fliegt in einer geschraubten, wellenförmigen Bewegung hinter dem Weibchen her. Es stürzt sich hinunter und dreht sich mitten in der Luft, was auf die Forscher wie ein Manöver wirkt, um das Weibchen auf seinem Territorium zu halten. Das Weibchen bleibt gerade einen Flügelschlag vor ihm und gibt helle Schreie von sich: »*Kju, kju, kju!*«

Man sollte sich in Erinnerung rufen, daß es sich hier um Bodenfinken handelt. Die Flügel sind kurz und stummelig; sie sind nicht gerade geschaffen für diese Art von Luftakrobatik. Um so lange wirbelnd durch die Luft fliegen zu können, ist wahrscheinlich eine enorme Energie erforderlich, insbesondere nach einer langen Trockenzeit, die Durst und Hunger mit sich brachte. Anders formuliert, die Jagd nach Sex ist aufwendig, doch alle Finken tun es, wenn sie balzen, junge und alte in gleicher Weise, selbst Vögel, die sich schon jahrelang gepaart haben.

Laurene Ratcliffe und Peter Grant beobachteten mehr als 1000 Finken, die sich zu paaren begannen und dabei miteinander durch die Luft jagten. Bei all diesen Paarungsversuchen sahen sie lediglich 26mal, wie ein Männchen hinter einem Weibchen der falschen Art herflog und inmitten dieses seltenen Vorganges brach entweder das Männchen den Paarungsversuch plötzlich ab oder das Weibchen flog weg. Bei vier dieser ungleichen Paarungsversuche hörte das Männchen plötzlich zu flirten auf und griff das Weibchen richtiggehend an.

Lange vor Lack spekulierte bereits ein Ornithologe, daß die Darwinfinken allesamt eine miteinander vermischte Art, ein hybrider Schwarm, seien:

Finken paarten sich nur mit Finken. Diese Spekulation (Peter Grant nannte sie einen »Schrei der Verzweiflung«) konnte nur von einem Wissenschaftler stammen, der die Finken lediglich im Museum und nicht auf den Inseln studiert hatte.

Schon im ersten Jahr ihres Aufenthalts wußten die Grants, daß die Darwinfinken sich gegenseitig unterscheiden können. Die Fähigkeit der Vögel, sich gegenseitig zu erkennen, ist beeindruckend, ja sogar ein wenig rätselhaft, wenn man die bemerkenswerte Streubreite bei ihren Schnäbeln und Körpern sowie die triste Einförmigkeit ihres Gefieders kennt. Es ist allerdings richtig, daß die sechs Arten der Bodenfinken sich deutlich von den sechs Arten der Baumfinken unterscheiden. Das Gefieder der Baumfinken ist gelblich-grün, was dem allgemeinen Farbton der Blätter auf Galapagos entspricht, das Gefieder der Bodenfinken ist hingegen schwarz und braun gesprenkelt, um der Farbe der Lava auf den Galapagosinseln zu gleichen. Es handelt sich um deutlich unterschiedliche Vögel, obwohl auch die Baumfinken einen Teil ihrer Zeit auf dem Boden und die Bodenfinken einen Teil ihrer Zeit auf den Bäumen verbringen.

Es gibt jedoch keinen offensichtlichen Unterschied im Gefieder der sechs Arten von Bodenfinken, und es gibt auch keinen offensichtlichen Unterschied im Werbeverhalten: Die Stelle, von der aus sie singen, der Flirt am Nest, die Jagd nach Sex, all das scheint sich von Art zu Art zu gleichen. Ebenso gibt es keinen großen Unterschied im Hinblick auf ihre Territorien. In guten Jahren gleicht die Karte mit den Territorien der Männchen auf Daphne Major einem immer größer werdenden Durcheinander sich überschneidender Kreise und Rechtecke. Ein Finkenmännchen wird indessen ein anderes Finkenmännchen nicht in die Nähe seines Nestes lassen, so daß die Epizentren dieser Territorien, sozusagen ihre Hauptstädte, immer voneinander getrennt sind. Und ein *scandens*-Männchen wird nicht zulassen, daß ein anderes *scandens*-Männchen Anspruch auf sein Territorium erhebt; deshalb ist ihr Gebiet immer voneinander getrennt. Doch die Grenzen der Territorien eines *scandens* und eines *fortis* überlappen ich. Auf der Karte sehen sie aus wie die sich ausbreitenden Wellen der Regentropfen in einem Teich. Mitten in diesem sich überlappenden Durcheinander muß jeder *fortis* einen anderen *fortis* finden, jeder *scandens* einen anderen *scandens*.

Der Werbegesang, den jedes Männchen von seinem Ausguck oder von seinem Nest aus verbreitet, läßt sich so gut unterscheiden, daß die Grants und ihre Mitarbeiter einzelne Tiere an ihrem Gesang erkennen können, und dies können auch die Vögel. Das Männchen des Kappen-Waldsängers kann während der Brutzeit seine Nachbarn anhand ihres Gesangs unterscheiden. Selbst nach einer achtmonatigen Pause, während der die Waldsänger zu singen aufhören, nach Mittelamerika wandern und dann in ihre Brutterritorien zurückkehren, erinnern sich die Männchen immer noch und erkennen den Gesang ihrer Rivalen.

Bei den Darwinfinken gibt es gewöhnlich nicht nur eine Version, sondern zwei oder mehr Fassungen des Werbelieds, die innerhalb jeder Art auf jeder Insel die Runde machen. Einige Männchen singen die eine Version, andere Männchen die andere. Auf Daphne und Genovesa singen einige wenige Vögel mehr als eine Version. Das Durchschnittsmännchen hat jedoch ein recht begrenztes Repertoire. Es kennt lediglich einen Werbegesang, den es während seines gesamten Lebens immer wieder von sich gibt.

Die Grants haben viele Stunden damit verbracht, sich den Gesang auf den einzelnen Inseln anzuhören und das Klangbild, das Sonagramm, in Princeton zu analysieren. Im Sonagramm erscheint der Gesang eines Rekordbrüters auf Daphne, Nummer 2666, als eine Art Geisterpyramide aus sechs grauen, feinen Linien. Die Finken Nummer 2663, 2664 und 2665, die Geschwister von Nummer 2666, gaben genau den gleichen Gesang von sich, ebenso ihr Vater; und in der Tat singen die meisten Männchen das Lied ihrer Väter. Die Grants nahmen den Gesang von Nummer 2666 Jahr für Jahr auf, und die Sonagramme sind dieselben, sie ändern sich nicht. »Peter sagt, es hört sich an wie ›meistens Müsli‹«, sagt Rosemary und lacht. »Es geht ungefähr so: ›Meistens Müsli, meistens Müsli, meistens Müsli …‹.«

Ein weiteres Werbelied auf Daphne klingt ungefähr wie *tschu-tschu-tschu*, sagt sie. Der *scandens* hört sich meistens an wie *tschu-tschu-tschu-tschu-tschu*. Rosemary kann alle Sonagramme mitsingen, während sie sie durchblättert. »*Chae-ae-ae*. Dieses hier klingt ungefähr wie *wicki-picki, wicki-picki, wicki-picki*, sehr schnell gesungen.«

Außer dem Werbegesang beherrschen alle Finken eine Art zischenden Pfiff, einen recht hohen abnehmenden Ton. Alle Pfiffe der Bodenfinken hören sich ungefähr genauso an (obwohl die Spitzschnäbel auf der Insel Pinta ein charakteristisches langgezogenes *buus-klink* hinzufügen). Deshalb ist dies der Werbegesang, mit dem sich die Grants am intensivsten beschäftigt haben, weil er einer der Schlüssel zu der Frage ist, anhand welcher Merkmale sich die Arten gegenseitig auseinanderhalten.

Laurene Ratcliffe entdeckte selbst in Liedern, die auf allen Inseln gleich klingen und in Sonagrammen gleich aussehen, subtile Variationen. Diese Variationen werden aufgegriffen und vom Vater an den Sohn weitergegeben. In einer Reihe von Experimenten machten Peter Grant und sie Aufnahmen von einigen dieser Gesänge und spielten sie über einen Lautsprecher mitten im Territorium eines Finken ab. Mehr als neun von zehn Männchen reagierten auf das Vorspielen dieses Gesangs stark und aggressiv, und sie schienen alle in gleicher Weise auf jeden Typ von Gesang ihrer eigenen Art, auf A und auf B, zu reagieren. Ob sie nun selbst Gesang A oder B singen, sie fliegen über den Lautsprecher hinweg, singen gegen ihn an, landen auf ihm oder setzen sich davor und starren ihn aus nächster Nähe an. Sie reagieren, als wollten sie ein starkes Männchen vertreiben, das sich dort niedergelassen und mitten in ihrem Territorium zu singen angefangen hätte. Selbst auf Inseln, auf denen zwei Arten mehr oder minder denselben Gesang von sich geben, reagieren die Männchen stärker, wenn sie den Gesang ihrer eigenen Art aus dem Lautsprecher herausschallen hören, als wenn sie den Gesang der anderen Arten wahrnehmen. Laurene und Peter führten diese Art von Tests mit verschiedenen Paaren von Bodenfinkenarten auf unterschiedlichen Inseln durch, und sie kamen immer zu demselben Ergebnis.

Den richtigen Gesang zu singen ist wichtig; ein Fink, der ein falsches Lied lernt, gerät in Schwierigkeiten. Die Finkenforscher sahen Jahr für Jahr, wie ein Opuntienfink vom höchsten Kaktus vor Gesundheit strotzend sang. Jahr für Jahr aber gab er den Gesang der *fortis* von sich. Natürlich wird er nicht jünger, auch ist er ein prächtiger Vogel und ein guter Sänger, aber dennoch geht er seinem genetischen Tod entgegen.

Offensichtlich lernt ab und zu ein Finkenmännchen den Gesang eines Nachbarn und nicht den Gesang seines eigenen Vaters; und alle Jubeljahre einmal lernt es den Gesang eines Nachbarn aus der falschen Art. Kein Finkenforscher hat ein solches Mißgeschick jemals in der Realität beobachtet, sondern lediglich dessen Ergebnis: ausgewachsene Bodenfinken, die den falschen Gesang von sich geben. »Vielleicht«, schreibt Peter Grant »haben sie als Jungvögel den Kontakt zu ihren Vätern verloren, wurden von einem Männchen einer anderen Art gefüttert und fälschlich auf seinen Gesang geprägt.« Möglicherweise lernten sie sogar einen fremden Gesang im eigenen Nest, glaubt Peter. Es gibt solche Möglichkeiten. Dolph Schluter sagt, daß er auf Pinta einmal ein Nest fand, in das ein Spitzschnabelweibchen und ein Kleinschnabelweibchen jeweils drei Eier gelegt hatten. Alle sechs Eier wurden ausgebrütet, und beide Elternpaare, die Spitzschnäbel und die Kleinschnäbel, stritten sich darüber, wem das Nest gehört, bis die Spitzschnäbel schließlich gewannen. Unglücklicherweise wurden die sechs Jungvögel von einem Falken gefressen, bevor sie das Nest verlassen konnten.

Laurene Ratcliffe machte auf Española einmal ein Kleinschnabelmännchen aus, das in einem Abstand von nur wenigen Metern zwei Nester besaß. Auf einem Kaktus hatte es ein Nest mit einem Weibchen seiner eigenen Art gebaut, und in einem anderen fütterte es die Nestlinge eines Laubsängerfinken.

(»Das ist die große Kontroverse, die augenblicklich in Skandinavien ausgetragen wird«, sagt Trevor Price. »Ein Männchen hat zwei Nester. *Aber weiß es das Weibchen?* In ganz Skandinavien reden sie nur darüber. Und es sieht ganz so aus, als wüßte das Weibchen Bescheid; doch es kann nichts dagegen machen.«)

»Falsch geprägte Vögel sind interessant, weil sie nicht nur Signale für eine Identität aussenden, sondern für zwei«, schreibt Peter Grant, »eine falsche Identität auf größere Entfernungen und eine wahre aus der Nähe betrachtet.« Dies ist einer der Wege, die zur Kreuzung der Finken und damit zur Hybridbildung führen. Falsch geprägte Männchen beginnen gern einen Kampf mit anderen Männchen, die denselben Gesang wie sie von sich geben – d. h. mit der falschen Art. Und sie brüten auch gern mit der falschen Art, wenn sie sich überhaupt paaren.

Obwohl sich Darwins Auffassungen zur Evolution auf den Galapagosinseln auf der Grundlage dessen bildeten, was er dort beobachtete, verstand er nie ganz, daß die Arten Inseln ähneln. Im Schwange seiner Argumentation neigte er dazu, über die Unterschiedlichkeit der Arten hinwegzugehen und sie zu ignorieren; er drückte sich gern so aus, als gingen alle Kategorien des Lebens sanft ineinander über. »Ich sehe den Begriff der Art als einen Ausdruck, der eine Gruppe einzelner Lebewesen, die einander recht ähnlich sind, willkürlich und aus Bequemlichkeit zusammenfaßt«, schreibt Darwin in der *Entstehung der Arten,* als wären

Arten eine so willkürliche Konvention wie Varietäten, die für ihn lediglich »weniger unterschiedliche und eher fluktuierende Formen« darstellen.

Es stimmt, daß die dreizehn Arten von Galapagosfinken etwas Vergängliches an sich haben, ebenso wie die Körper einzelner Vögel, die zusammen eine einzelne Art ergeben, wie die Inseln, die die Heimat der Vögel sind, und wie eben jene Erde, die Heimat all dieser Inseln ist. Eine der wichtigsten Tatsachen im Zusammenhang mit diesen Körpern, Inseln und Planeten besteht jedoch darin, daß sie real, unterschiedlich und voneinander getrennt sind, solange sie als solche bestehen. Echte Arten sind so real wie Körper, Inseln und Planeten, obwohl das, was sie trennt, nicht so einheitlich ist und nicht so offensichtlich ins Auge springt. Selbst jetzt, wo Hybridbildungen auf Daphne Major sich erfolgreich entwickeln, brüten die meisten Finken auf der Insel nicht mit Finken anderer Arten.

Über den Gesang findet man sicherlich einen Zugang zum Geheimnis der Finken, doch der Gesang ist nicht alles. Wenn das der Fall wäre, könnte sich ein Opuntienfink, der den Gesang der *fortis* singt, mit einem *fortis*-Weibchen paaren; und die Übertragung des Gesangs über Lautsprecher, das Laurene und Peter auf Daphne und auf anderen Inseln bewerkstelligten, hätte bei Finkenmännchen und Finkenweibchen Wirkung gezeigt. Die Männchen griffen häufig die Lautsprecher an, die Weibchen aber verhielten sich völlig desinteressiert. Bei den fast 500 Versuchen flogen ganze drei Weibchen zu den Lautsprechern.

Um herauszufinden, was die Weibchen vermißten, stellten Peter und Laurene auf der Lava in einem Abstand von zehn Metern zwei Lautsprecher auf und setzten jeweils die Attrappe eines Männchens auf beide Boxen. Jetzt waren die Weibchen plötzlich interessierter. Sie hüpften hinüber, um jeden einzelnen Lautsprecher näher zu untersuchen. Sie näherten sich der Attrappe eines Männchens ihrer eigenen Art stärker als der eines Männchens der anderen Art und verbrachten mehr Zeit in deren Nähe. Sie verbrachten auch mehr Zeit mit einem Lockvogel von ihrer eigenen Insel als mit dem von einer anderen.

Ganz offensichtlich suchen die Weibchen mehr als nur Gesang. Und das trifft auch auf die Männchen zu, denn die Weibchen singen nicht, wenn sie sich einem singenden Männchen nähern. Doch auf irgendeine Weise entscheidet das Männchen, ob das Weibchen zu seiner eigenen Art gehört, ob es ein Vogel von seinem Schlag ist, der die Mühe des Balzens wert ist.

Das Wort Art (lat. species; von *specere* = sehen) wurde von Linnaeus so gebraucht, daß Tier- und Pflanzengruppen gemeint waren, die man mit dem bloßen Auge deutlich voneinander unterscheiden konnte. Da die Darwinfinken sich mit Hilfe ihres Gesangs gegenseitig taxieren, muß ihre Taxonomie so funktionieren, wie Linnaeus es vorsah: Sie müssen sich gegenseitig vom Äußeren her unterscheiden können.

Um herauszufinden, wonach die Vögel suchen, führten Laurene Ratcliffe und Peter Grant eine Reihe von Experimenten durch, die etwas Makabres an sich hatten. Sie sammelten tote Finken von der Lava und holten sich auch ein paar ausgestopfte Exemplare aus dem Museum der Charles-Darwin-Forschungsstation. Sie putzten jeden einzelnen Leichnam etwas heraus und gaben ihm mit etwas Draht Halt, so daß sie den Körper in unterschiedliche Posen zurechtbiegen konnten. Auch malten sie die Schnäbel der Weibchen dunkelbraun an und die Schnäbel der Männchen schwarz: in den Paarungsfarben.

Sie gingen mitten ins Territorium des Finkenmännchens hinein, unmittelbar an sein Nest heran. Dort steckten sie die Attrappe eines weiblichen *scandens* auf den einen Kaktus und die eines weiblichen *fortis* auf einen anderen. Sie versuchten, die Attrappe des Weibchens in unterschiedliche Körperhaltungen zu bringen, das eine Mal in eine Sitzposition, das andere Mal in eine provokativere Pose, bei der der Schnabel zum Himmel zeigt, die Flügel ein wenig ausgebreitet sind und der Schwanz aufgefächert ist, wie eine Einladung zur Kopulation. In der Körpersprache der Finken ist dies eine eindeutige Einladung, und tatsächlich begannen die Finkenmännchen, als Ratcliffe und Grant zum ersten Mal ihr Modell in diese Form bogen, sogleich zu balzen und versuchten, den ausgestopften Vogel zu besteigen, während sie ihn noch in der Hand hielten. Auf Pinta, wo die Nester sich weit oben in den Bäumen befanden, befestigte Laurene die Attrappen an einer Bambusstange und lehnte den Pfahl dann an das Nest. Wenn sie die Stange von einem Territorium zum anderen trug, stürzten sich die Männchen auf die Attrappe und versuchten, sich mit der Attrappe zu paaren. Laurene bedeckte sie daher mit einem Kopftuch, bis alles aufgestellt war.

Jedes der Experimente begann, wenn sie das Kopftuch abnahm, um die beiden rivalisierenden weiblichen Attrappen zu enthüllen, und sich zurückzog. Innerhalb weniger Minuten näherte sich ein Männchen und inspizierte die Modelle. Gewöhnlich, schreiben Ratcliffe und Grant, ging

Werbeverhalten bei den Finken:
Er schlägt mit den Flügeln; sie zeigt mit ihrem Schnabel
nach oben, um Interesse zu signalisieren.
Zeichnung: Thalia Grant

das Männchen vor der Attrappe in Position, »schlug dabei mit den Flügeln, pfiff und ruckte gelegentlich von einer Seite zur anderen«. Dann, innerhalb von fünf oder zehn Sekunden, bestieg das Männchen das vermeintliche Weibchen und kopulierte mit der Attrappe. Anschließend blieb es noch etwas sitzen, berührte mit seinem Schnabel sanft den Kopf der Attrappe und pickte zärtlich an ihr herum.

Die Finkenforscher überprüften dies an mehr als einer Art, und sie wiederholten die Tests auf mehr als einer Insel. Am häufigsten wählten die Finkenmännchen die Attrappe der eigenen Art, sie zeigten aber auch ein gewisses sexuelles Interesse an Weibchen fremder Arten, obwohl Grant und Ratcliffe bemerkten, daß die Männchen in solchen Fällen recht häufig »plötzlich mitten während des Geschlechtsaktes aufgaben«.

Schließlich versuchten Ratcliffe und Grant in der interessantesten und groteskesten Ausgestaltung dieser Experimente, bei den Attrappen Köpfe und Rümpfe von *fortis* und *scandens* zu vertauschen. Sie fanden heraus, daß dies eine sanfte Abstufung von Reaktionen hervorrief. Auf eine Attrappe mit dem Kopf eines *scandens* und dem Körper eines *scandens* reagierte ein *scandens* am deutlichsten. Eine Attrappe mit dem Kopf eines *scandens* und dem Körper eines *fortis* erzielte eine weniger starke Reaktion. Eine Attrappe mit dem Kopf und dem Körper eines *fortis* rief die schwächste Reaktion hervor. Natürlich wurden die Männchen durch diese merkwürdig aussehenden Attrappen möglicherweise abgeschreckt. Doch wenn dies der Fall war, so gab es keine Anzeichen dafür: Ihre Reaktion auf diese Zwischenformen von Weibchen bewegte sich von der Tendenz her mehr oder minder in der Mitte; und sie machten auch nicht nur die entsprechenden Bewegungen, denn sie hinterließen Samentropfen auf den Schwanzfedern der Attrappen.

Bei zahlreichen anderen Vogelarten konnte man zeigen, daß sie die Fähigkeit besitzen, sich vom Anblick her gegenseitig zu unterscheiden. Meistens scheint diese Wirkung jedoch durch kräftige Unterschiede im Hinblick auf Zeichnung und Gefieder zustande zu kommen: ein roter Schnabel, ein schwarzer Kopf, eine scharlachrote Brust, reflektierende gelbe Ringe um die Ohren. Nicht viele Vögel verlassen sich auf Unterschiede in Größe und Gestalt, die so subtil sind wie die Schlüsselreize, die die Darwinfinken nutzen.

Die Grants würden gerne noch ausgefeiltere Experimente durchführen, aber die Bestimmungen der ekuadorianischen Aufsichtsbehörden für den

Nationalpark und ihre eigenen Gefühle für die Vögel lassen dies nicht zu. Aber nach allem, was sie in der freien Wildbahn beobachtet haben, werden die Arten durch zwei Barrieren voneinander getrennt; die eine wirkt aus der Entfernung und die andere aus nächster Nähe, wie eine Stadtmauer und eine Hausmauer. Die erste Hürde ist der Gesang, die zweite besteht in der visuellen Überprüfung aus der Nähe. Und in diesem Zusammenhang zeigen die Experimente mit Kadavern, daß den Köpfen der Vögel eine besondere Bedeutung zukommt.

An Finkenköpfen gibt es eigentlich nichts Charakteristisches im Hinblick auf Größe, Gestalt und Federn. Es gibt lediglich ein Merkmal oberhalb des Halses, das sich deutlich von Art zu Art unterscheidet. Daraus ergibt sich eine zwingende Schlußfolgerung: Das Merkmal, das bei uns ein so intensives Interesse an den Finken erweckt, ist auch ein Merkmal, das sie für andere Finken ausgesprochen interessant werden läßt. Bei der Liebeswerbung, Kopf an Kopf, wenn sie Entscheidungen treffen, die von ungeheurer Tragweite für die Evolution ihrer Entwicklungslinien sind, achten die Darwinfinken auf dasselbe wie die Finkenforscher: Sie betrachten ihre Schnäbel.

Im Gegensatz zur Küste, die aus erkalteter Lava besteht, sind die Instinkte formbar. Die natürliche Selektion kann sexuelle Vorlieben formen; wie der Schnabel des Finken können sich auch die Paarungsmuster wandeln, verändern und unterschiedlich entwickeln.

Experimente mit künstlicher Selektion führten zu spektakulären, ja mitunter monströsen Transmutationen sexueller Instinkte. In einem Laboratorium zogen Forscher Fruchtfliegen der Art *Drosophila subobscura* in vollkommener Dunkelheit auf. Nach vierzehn Generationen führten die Männchen den typischen Paarungstanz nicht mehr auf. Statt dessen flogen sie in der Dunkelheit umher, bis sie ein Weibchen fanden, und versuchten dann, die Kopulation zu erzwingen; und die Weibchen setzten sich nicht zur Wehr. »Es sind lediglich vierzehn Generationen erforderlich, um ein Männchen der *Drosophila subobscura* von einem höfischen Tänzer in einen blind herumtappenden Vergewaltiger zu verwandeln«, bemerkt der Evolutionsforscher James Shreeve. »Wie vergänglich unser Wesen ist! Kein Zweifel, Aristoteles hielte dieses ganze Herumhantieren in Grenzbereichen sicherlich für eine ziemlich schauerliche Angelegenheit.«

Die Entstehung der Arten läßt sich mit unsichtbaren Trennwänden vergleichen, die zwischen zwei Populationen errichtet werden und sie in lebende Inseln verwandeln. Individuen unterscheiden sich nach Merkmalen, die ihre Attraktivität während der Paarungszeit beeinflussen, genauso wie sie im Hinblick auf jene Merkmale variieren, die ihre Fähigkeit, zu fliegen oder nach Nahrung zu suchen, beeinflussen. Variationen bei diesen Eigenschaften können zu sexueller Isolation führen, wie bei dem bemitleidenswerten Vogel, der den falschen Gesang von sich gab. Manchmal kann die Variationsbreite zunehmen und etwas hervorbringen, was man als »Geschlechter-Rassen« bezeichnet. Zigeunermotten in Japan und Korea lassen sich in solche Rassen aufteilen. Kreuzt man ein Männchen der einen Rasse mit einem Weibchen der anderen, erhält man möglicherweise Weibchen mit dem Körper eines Männchen oder ganze Kohorten von Motten, die androgyn aussehen und völlig unfruchtbar sind. Die Geschlechter-Rassen verändern sich von einer zur nächsten und immer weiter, wenn man von Hokkaido in südwestlicher Richtung auf die Inseln Honschu und Kiushu reist. Es scheint so, als könne man hier beobachten, wie sich unsichtbare Barrieren bilden, die eine Art in viele aufspalten.

Der Drosophila-Experte Ken Kaneshiro führte eine besondere Studie über das (»häufig bizarre«) Paarungsmuster der hawaiischen *Drosophila* durch. Kaneshiro nennt diese Fliegen »die Paradiesvögel der Insektenwelt«. Wie die Darwinfinken bieten sie ideale Voraussetzungen, um die Evolution in Aktion zu untersuchen. Es gibt mehr als 700 Arten auf den Inseln, und es werden immer wieder neue Arten entdeckt. Das Drosophilaprojekt auf Hawaii ist eine der umfassendsten Anstrengungen in der Geschichte zoologischer Klassifikation.

Kaneshiro argumentiert, daß die sexuelle Selektion »ein wichtiger Einflußfaktor ist, um den Prozeß der Artenbildung in Gang zu setzen«. Häufig sehen die Chromosomen zweier Arten der hawaiischen Fruchtfliege nahezu identisch aus, doch sind ihre Genitalien eindeutig unterschiedlich. Kaneshiro und seine Kollegen untersuchen im Moment die Gene auf molekularer Ebene und versuchen Genveränderungen zu finden, auf die der Unterschied zurückgeht. Die sexuelle Selektion beschleunigt anscheinend diese Divergenzen, so Kaneshiro, weil »all die bisweilen bizarren sekundären Geschlechtsmerkmale, die man beim Männchen findet, in irgendeiner Weise während ihres komplexen Sexualverhaltens zum Einsatz kommen.«

Die weitgehende genetische Ähnlichkeit der Fliegen deutet möglicherweise darauf hin, daß diese Arten recht jung sind und sich erst kürzlich entwickelt haben. Wenn dies der Fall ist, dann könnte sich der Einfluß der sexuellen Selektion sehr viel schneller auswirken als der Einfluß von Umweltveränderungen, zumindest wenn es darum geht, den Ball ins Rollen zu bringen, den Zweig sich aufspalten und gabeln zu lassen.

Evolutionsforscher diskutieren seit Jahren über Fragen sexueller Divergenz, so wie sie seit Jahren auch über die Frage der kompetitiven Divergenz debattieren. Und die Argumentationsketten verlaufen nahezu parallel. Tritt eine Divergenz in den sexuellen Vorlieben auf, wenn die Arten oder Varietäten noch voneinander getrennt sind, getrennt durch physische Barrieren wie Klippen, Täler oder Meeresarme? Oder entwickeln sich die sexuellen Vorlieben erst auseinander, wenn die Varietäten bereits Nachbarn sind – werden sie durch die Selektion auseinandergedrängt?

Was die Galapagosinseln betrifft, wissen die Finkenforscher jetzt, daß der Druck, der von der sexuellen Selektion bisweilen ausgeübt wird, vergleichbar ist mit der Intensität der natürlichen Selektion. »Das Ausmaß der Isolation einer Art beruht auf der Schnabelform«, sagt Dolph Schluter. Deshalb hängen bei diesen Finken anscheinend beide Divergenzen miteinander zusammen. Beide Arten Darwinscher Selektion, die natürliche und die sexuelle, stehen (zumindest teilweise) mit den Finkenschnäbeln in engem Zusammenhang. Und beide Formen der Selektion scheinen gegenwärtig Veränderungen unterworfen zu sein, wie sich an der Zunahme der Hybriden ablesen läßt.

Wir stellen uns sexuelle Vorlieben als etwas Konstantes und über die Generationen hinweg Unveränderliches vor. Doch müssen wir uns jetzt die Frage stellen, auf welcher Grundlage unsere Annahme fußt, daß solche Vorlieben konstant sind. Wir wissen, daß es bei den Individuen eine gewisse Variabilität gibt – in manchen Fällen sogar eine außerordentlich große Variabilität –, sowohl, was die sexuellen Vorlieben, als auch, was die Geschlechtsmerkmale betrifft. Wir wissen, daß diese Merkmale vererbt werden, von einer Generation zur nächsten weitergegeben werden. Wir wissen, daß sie einem starken Selektionsdruck ausgesetzt sind. Und wir wissen aus Experimenten, daß der Selektionsdruck rapide Veränderungen von einer Generation zur nächsten hervorrufen kann.

Wie kommen wir also dazu, anzunehmen, daß diese Dinge mehr oder minder stabil sind, Felsen in der Brandung gleichen und nicht bloß Wellen und Strömungen? Arrangements zwischen Männchen und Weibchen sind jedoch beileibe nicht von Dauer – von solchen Übereinkünften und Verhaltensweisen meinen wir nur, daß sie primär, gegeben, fest, nahezu unveränderbar seien, ähnlich wie es die Naturforscher vor Darwin den Arten selbst zuschrieben. Das Verhalten ist jedoch das Produkt von Kräften, widerstreitenden Kräften, die auch heute noch gegeneinander arbeiten und in jeder Generation erneut miteinander ringen. Die Grenzen zwischen den Arten werden beständig auf die Probe gestellt und durch das Glück, das jedes einzelne Mitglied jeder Generation in der Liebe hat, neu definiert – ein erstaunlicher Gedanke.

Darwin erkannte nicht, wie die Wechselwirkung zwischen den beiden Arten der Selektion, der natürlichen und der sexuellen Selektion, zur Entstehung dieser unsichtbaren Küsten führen konnte. Er schrieb in der *Entstehung der Arten* (trotz des Titels) vergleichsweise wenig zu diesem Thema. Und auch in seinem Buch *Natürliche Selektion*, befaßte er sich kaum damit. »Die 25 Seiten über Arten und Artenbildung in seinem nicht fertiggestellten großen Buchmanuskript«, schrieb der Evolutionsforscher Ernst Mayr kürzlich, »enthalten so viele Widersprüche, daß es eher beschämend ist, sie zu lesen.«

Durch die Arbeit der Forscher, die beide Küsten gleichzeitig untersuchen, die sichtbare und die unsichtbare, gewinnt das Bild jetzt zunehmend Konturen; und es ist ein außergewöhnliches Bild, das so entsteht. All diese Kräfte, ein weites Feld einander widerstreitender Kräfte, treiben ihr Spiel wie der Wind auf jener adaptiven Landschaft, die die Arten voneinander trennt, oder wie Sturmböen auf dem Meer. Die Grenzen zwischen den Arten sind so fließend und anpassungsfähig, so sensibel gegenüber Veränderungen der Einflußkräfte wie die Wellen bei hoher See. Die Winde können die Wellen zerteilen, als wollten sie Berge spalten oder einen neuen Berg oder einen neuen Archipel aus den Fluten auftauchen lassen.

Was treibt den ersten Keil hinein? Um die Metapher zu wechseln: Es ist ein wenig so wie bei der Teilung einer Amöbe; die eine Population nimmt diese Richtung, die andere jene. Man hat zunächst ein Gefäß, einen Genpool, und schließlich zwei; und diese Aufspaltung kann mit etwas ganz Kleinem anfangen, der Unterschied kann auf ein Detail zurückgehen. Selbst ein Detail, das überhaupt keine Bedeutung für die Anpassung hat, kann große Unterschiede bewirken. Anders formuliert: Die Entstehung der Arten kann auf solche kleinen, subjektiven Nichtigkeiten zurückgehen, wie sie bei unserer Art unter der Rubrik »Liebelei« geführt werden. Wir reagieren ausgesprochen feinfühlig auf die Gesichtszüge anderer Menschen, und sie können verhängnisvoller sein, als wir uns träumen lassen. »Wäre Kleopatras Nase kürzer gewesen, das gesamte Antlitz der Welt hätte sich verändert«, sagt Blaise Pascal in seinen *Pensées*. Wäre die Entfernung von der Nasenwurzel bis zur Nasenspitze etwas geringer gewesen (oder etwas größer), hätten sich möglicherweise weder Julius Caesar noch Mark Anton in sie verliebt. Wenn Kleopatras Nase etwas weniger nach dem griechischen Ideal geformt gewesen wäre und etwas mehr wie Kleopatras Nadel, dann hätte es womöglich den Alexandrinischen Krieg nicht gegeben, auch nicht die Seeschlacht bei Aktium. Das gesamte Gefüge des römischen Imperiums wäre durch Kleopatras »Zinken« neu gestaltet worden.

Als Kapitän FitzRoy das Einstellungsgespräch mit Darwin führte, empfand der Kapitän sofort einen Widerwillen gegenüber Darwins Nase. Der Kapitän war ein Amateurphrenologe und stolz auf seine Fähigkeit, die Charaktereigenschaften seiner Leute anhand der Eigentümlichkeiten ihrer Schädel beurteilen zu können. FitzRoy war sich ganz sicher, die Nase eines faulen Mannes vor sich zu haben. Fast hätte er Darwin nach Hause geschickt. So wäre es um ein Haar nicht zur *Entstehung der Arten* und zur *Abstammung des Menschen* gekommen, fast hätte das menschliche Denken wegen Darwins »Zinken« einen anderen Verlauf genommen.

Jm Schutze der Darwinbucht gibt es auf der Insel Genovesa eine Lagune, die zu den wunderschönsten und reizvollsten Flecken auf den Galapagosinseln zählt. Die Lagune ist eine hellblaue Fläche mit klarem Wasser und weißem Korallensand, ohne Blutegel und ohne Haie. Maskentölpel versammeln sich in den Büschen, die die Lagune umgeben, und hocken auf den Lavabrocken unter den Feigenkakteen. Große Fregattvögel mit schlaff über der Brust hängenden roten Kehlsäcken fliegen über die Lagune hinweg. Während der Paarungszeit sammeln sich diese Männchen unter den Salzbüschen. Jedesmal wenn ein Weibchen vorbeifliegt, schlagen sie mit den Flügeln, blasen ihre anstößig roten Kehlsäcke auf, werfen ihren Kopf nach hinten und brechen in Geschrei aus.

In der Nähe dieser Lagune schlugen die Grants jahrelang ihre Zelte auf.

Nicola und Thalia sind möglicherweise die einzigen menschlichen Wesen, die mehr oder weniger in diesem eigenartigen Paradies aufwuchsen, unter dem Zauber der Tölpelschreie, Finkengesänge und des Flügelraschelns kreisender Fregattvögel. Sie lasen das Buch *Die Schweizer Robinsonfamilie* – und haßten es. Sie meinten, es sei absurd, daß alles, was die Familie brauchte, einfach angeschwemmt würde. Da mochten sie schon eher *Robinson Crusoe*, weil das schon mehr vom Leben in der lärmenden Einsamkeit von Daphne und Genovesa hatte. Die Mädchen bauten sich Flöße aus Treibholz und machten ihre Schularbeiten mitten in der Lagune (die Privatschule von Genovesa). Laurene Ratcliffe erinnert sich an Nicky, wie sie während eines Jahres den Möwen auf der Lava etwas auf der Geige vorspielte. Und hier an der Lagune lernte Thalia auch das Zeichnen.

1978, im Jahr nach der großen Dürre, schlugen die Grants hier zum ersten Mal ihr Camp auf. Sie errichteten ein Zelt auf der Klippe über der Lagune und begannen damit, die Variationen bei den Schnäbeln des großen Opuntienfinken zu vermessen. Es war Bestandteil ihrer Arbeit, sich eingehender mit zwei Gruppen von Sängern auf der Insel, den Sängern der Gruppe A und denen der Gruppe B, zu beschäftigen. Gruppe A sang Variationen über ein Thema, das sich ungefähr so anhörte wie *tschu-tschu-tschu*. Gruppe B sang Variationen über ein kürzeres Thema, das sich eher anhörte wie *tschrrrr*.

Im ersten Jahr an der Lagune waren die Grants überrascht, als sie herausfanden, daß die Schnäbel der Gruppen A und B leicht unterschiedlich waren. Die Schnäbel von A waren im Durchschnitt schmaler, flacher und länger als die von B. Der Längenunterschied betrug zwar nur ungefähr einen Millimeter, aber natürlich kann ein Millimeter einen Riesenunterschied machen. Und in der Tat beobachteten sie in der Trockenzeit dieses Jahres, wie die Vögel der Gruppe A mit ihren längeren Schnäbeln Löcher in Kaktusfrüchte bohrten und die Samen herausholten. Nie beobachteten sie einen B bei solchen Aktivitäten; statt dessen konzentrierten sich die B auf heruntergefallene Kaktusteile. Sie rissen sie mit ihren Schnäbeln auf, fraßen das Fruchtfleisch und holten sich die Larven heraus. Nie sahen die Grants, daß auch nur ein A so etwas getan hätte. Wenn es also um die Nahrungssuche ging, dann drängte der Unterschied von einem einzigen Millimeter die beiden Gruppen von Sängern weit auseinander.

Im Jahr zuvor, während der Dürre, war niemand dazu abgestellt worden, die Finken auf dieser Insel zu beobachten. Aber die Dürre war über diese Insel genauso hereingebrochen wie über Daphne Major; und obwohl die Grants nicht sicher sein konnten, war es möglicherweise die Dürre, die bei den großen Opuntienfinken in derselben Weise zu dieser Differenzierung geführt hatte, wie bei den *fortis*, den mittleren Bodenfinken auf Daphne. Bei dieser Differenzierung wurden die *fortis* mit den größten und mit den kleinsten Schnäbeln von der Selektion begünstigt: die größten, weil sie die großen Samen bewältigen konnten, die sonst *magnirostris* vorbehalten sind, und einige der kleinsten weiblichen *fortis*, weil sie bei den kleinsten Samen in der Nische der *fuliginosa* wildern konnten.

Die Dürre hatte möglicherweise auch hier eine Differenzierung zur Folge, obwohl keiner je beobachtete, wie es geschah. Aber die Grants trafen auf eine weitere Überraschung. Unter den Männchen, die sich paarten, gab es nicht ein einziges Paar von Nachbarn, die denselben Gesang von sich gaben. Unter den Junggesellen und den Männchen, die sich nicht paarten, waren die Territorien wild gemischt, manchmal A neben A, manchmal A neben B. Dies gab den Grants Anlaß zu der Vermutung, daß die Weibchen sich entschieden hatten, sich nur bei Männchen niederzulassen, deren Nachbarn eine andere Art von Gesang von sich gaben.

Wenn die ersten Regenfälle über die Galapagosinseln hereinbrechen, sind die großen Weibchen einige Tage früher als die kleinen Weibchen zur Paarung bereit. Diese großen Weibchen, die sich als erste ihre Männchen aussuchen können, wählen gern Männchen, deren Nachbarn – also deren nächste Rivalen – *nicht* ihren Gesang von sich geben. Nun gab es mehr Sänger der Gruppe B als der von A. Deshalb fielen die Sänger der Gruppe A auf und zogen die großen Weibchen am ehesten an. Daher hatten sich im Jahr zuvor, während der Dürre, möglicherweise mehr große Weibchen mit den Sängern der Gruppe A gepaart, so daß ihre Nachkommenschaft möglicherweise größere Schnäbel als der Nachwuchs von B hatte. In der großen Dürre vergrößerten sich dann eventuell durch disruptive Selektion die Unterschiede im Hinblick auf die Schnabellänge weiter. Die Vögel mit den längsten Schnäbeln konnten die Früchte am besten anbohren, und die Vögel mit den kürzesten Schnäbeln konnten die Kaktusteile am besten in Stücke reißen. Die Selektion hätte demnach die längsten ebenso wie die kürzesten Schnäbel begünstigt und zugleich den Unterschied zwischen ihnen vergrößert.

Die Grants werden niemals mit Sicherheit wissen, ob es sich wirklich so abspielte. Sie könnten sich immer noch ohrfeigen. Wären sie doch nur im Jahre zuvor an der Lagune gewesen! Ein Evolutionsforscher schrieb: »Die grundsätzliche Schwierigkeit einer historischen Naturwissenschaft wie der Evolutionsforschung besteht darin, daß man nie die Ursache eines vergangenen Ereignisses feststellen kann.« In diesem Fall lag das vergangene Ereignis weniger als ein Jahr zurück.

Was auch immer im Jahr der Dürre geschehen ist, die Grants konnten erkennen, daß die Population leicht auseinandergerückt war, als hätte man einen kleinen Keil dazwischen getrieben. Noch unmittelbarer zeigte sich die Aufteilung beim Brüten im Nest. Wenn die Darwinfinken erstmals brüten, dann sind ihre Schnäbel immer entweder rosa oder gelb. Es gibt kaum einen Unterschied zu den Hühnern auf dem Bauernhof. Die Schnäbel der geschlüpften Vögel sind entweder alle rosa oder gelb, oder einige von ihnen haben die eine Farbe, andere die andere Farbe. Diese Einfärbung bleibt in den ersten beiden Lebensmonaten erhalten.

Als die Grants in diesem Jahr die Insel durchstreiften, um die Nestlinge zu beringen, bemerkten sie, daß in den Nestern der Männchen mit dem Gesang A ungefähr zweimal so viele Jungvögel mit gelben Schnäbeln waren wie in den Nestern der Vögel mit Gesang B. Wenn sich die beiden Gruppen nach dem Zufallsprinzip gepaart und vermischt hätten, dann wäre dies nicht der Fall gewesen. Sie hätten dann mit ungefähr gleicher Häufigkeit Vögel mit gelben und Vögel mit rosa Schnäbeln hervorgebracht. Anscheinend hatten sich auch die Genpools von A und B teilweise auseinanderentwickelt.

So waren die Grants mit zwei Gruppen konfrontiert, die Anzeichen dafür zeigten, daß sich im Hinblick auf Schnabel, Gesang und Überlebensfertigkeiten jene Art fester Unterschiede ausbildete, die für getrennte Arten von Darwinfinken typisch ist. Der Unterschied in den Schnabelabmessungen bei den beiden Gruppen, bei A und B, betrug ungefähr sechs Prozent. Der Unterschied bei den verschiedenen Arten von Bodenfinken auf Galapagos beträgt im Durchschnitt 15 Prozent.

»Unteraufteilung bedeutet beginnende Artenbildung«, schreiben die Grants und fügen dann mit der üblichen Vorsicht hinzu: »oder eröffnet zumindest die Möglichkeit der Artenbildung.« Damals waren sie der Auffassung, daß sie diesen Vorgang eventuell bald beobachten könnten. Unglücklicherweise war die Trockenzeit des Jahres 1978 auf Genovesa außerordentlich trocken. Von den 120 Jungvögeln im Nest, die die Grants an der Lagune beringt hatten, waren ein Jahr später nur noch sechs Vögel am Leben. Deshalb mußten die Grants einsehen, daß auf Genovesa wie auf Daphne Beobachtungen über einen langen Zeitraum hinweg notwendig sind, wenn man verstehen will, was sich möglicherweise dort ereignet. Es hätte nicht viel gebraucht, um die Differenzierung zwischen A und B zu vergrößern. Die Töchter dieser beiden Entwicklungslinien hätten nur weiterhin Männchen aussuchen müssen, die denselben Gesang wie ihre Väter von sich gaben. Dann wäre die Trennung bald vollständig gewesen. Im nächsten Jahr jedoch wählten die Weibchen um die Lagune herum genauso häufig Männchen aus, die einen anderen Gesang als ihre Väter von sich gaben, wie sie Männchen auswählten, die das Lied ihrer Väter sangen. Männchen mit der langen Schnabelform wählten sie genauso häufig wie Männchen mit der kurzen Form. (Vielleicht reicht ein Unterschied von lediglich einem Millimeter nicht aus, um ein Paar zusammen- oder auseinanderzubringen.) Weil sie sich in dieser Weise miteinander vermischten, lag die Schnabellänge bei den Jungvögeln in der Mitte zwischen den beiden Entwicklungslinien. Die verlockenden Unterschiede bei den Schnabellängen verschwanden von der Bildfläche und lösten sich in Nichts auf. Ihr Nachwuchs ernährte sich nicht mehr auf unterschiedliche Art und Weise, und die Wahrscheinlichkeit, einen gelben oder einen rosa Schnabel zu bekommen, war ebenso hoch wie bei jedem anderen Vogel auch.

1979 war die schachbrettartige Aufteilung der Territorien zwischen A und B nicht mehr vorhanden, obwohl sie in den folgenden Jahren ein oder zweimal kurz, jeweils nur für eine Woche, wieder aufgetreten sein könnte. (Die Grants sind sich sicher, daß es so war; aber einem skeptischen Beobachter mögen ihre Belege hier weniger zwingend erscheinen als gewöhnlich. Es ist schwieriger, die Grenzen zwischen Vogelterritorien zu bestimmen, als die Form ihrer Schnäbel zu messen, und selbstverständlich schauten die Grants ganz genau hin, um herauszufinden, ob dieses schachbrettartige Muster wieder entstünde.)

1981 jedenfalls bestand einfach kein Zusammenhang mehr zwischen der Schnabelform und dem Gesang von A und B. Zwischen den Fruchtbohrern und den Kaktusvertilgern bestand immer noch ein Unterschied von einem Millimeter, doch teilten sich die Vögel nicht mehr in A und B auf. 1985 brach eine weitere Dürre über Genovesa herein, und diesmal waren die Grants vor Ort, um sie zu beobachten. In diesem Jahr fiel kein einziger

Regentropfen. Doch diesmal teilte die Dürre die Vögel nicht in zwei Gruppen auf, wie es nach Auffassung der Grants im Jahre 1977 geschehen war. Natürlich war die Insel während dieser Dürre wegen des wilden *Niño* von 1982/83 eine andere als während der Dürre zuvor. Die Kaktusbäume waren von Weinreben überwuchert und bedeckt. In keinem Territorium gab es Früchte und Samen in nennenswerter Menge. Deshalb begünstigten die Einflußkräfte dieser Dürre kurze, hohe Schnäbel, mit denen sich getrocknete Kaktusstückchen aufreißen ließen, aber es gab keine getrennte Nische für lange, dünne Schnäbel. Die Dürre des Jahres 1985 drängte die gesamte Population in Richtung auf die einzige Nische, die ihr noch blieb. Die Vögel, die überlebten, hatten deutlich höhere Schnäbel.

In einem gewissen Sinne ist die zukünftige Evolution dieser Population von Opuntienfinken von Zwängen bestimmt, die die Nachbarn setzen. Die Opuntienfinken leben nicht allein an der Lagune. Es gibt Spitzschnäbel, die kleine Samen aufpicken, und es gibt Großschnäbel, die wirklich große Samen aufpicken. Deshalb sind die Opuntienfinken eingekreist. Es gibt keine große, neue Nische, die leer wäre und nur darauf warten würde, daß abenteuerlustige Kolonisatoren sie unter sich aufteilten. Zumindest können die Grants keine Nische erkennen. Diese Finken leben schon sehr lange auf Genovesa. Für sie gibt es draußen an der Lagune keine neue Welt, die sie nur in Besitz nehmen müßten.

Deshalb vermuten die Grants, daß die Finken hier ständig auseinander- und dann wieder zusammengezwungen werden. Eine Dürre begünstigt Gruppen mit der einen oder anderen Schnabellänge. Sie teilt die Population auf und zwingt sie auf zwei leicht unterschiedliche adaptive Gipfel, doch weil die beiden Gipfel so nah beieinander liegen und kein Platz da ist, um weiter auseinanderzurücken, bringt die Paarung nach dem Zufallsprinzip die Vögel wieder zusammen.

Die beiden Kräfte der Spaltung und der Verschmelzung werden bei den Vögeln immer wieder in Konflikt geraten. Die Spaltung arbeitet in Richtung auf eine völlig neue Linie, eine Entwicklungslinie, die sich zu einer neuen Art entwickeln könnte. Die Verschmelzung bringt die beiden Gruppen wieder zusammen. Die Grants beobachteten eine Population, die, wie eine Amöbe, die sich gerade teilt, an der Hüfte eingeschnürt war; und die Aufteilung beruhte auf einem Unterschied von lediglich einem Millimeter bei den Vogelschnäbeln.

12

Kosmische Trennungen

Dreifach war ich Bewußtsein
Wie ein Baum
Auf dem drei Amseln ruhen

WALLACE STEVENS
»Dreizehn Arten, eine Amsel zu betrachten«

In Darwins *Entstehung der Arten* findet sich eine Skizze, die sich ausbreitende Zweige am Baum des Lebens darstellt. Es handelt sich um die einzige Abbildung des Buches, und sie ist hochgradig schematisch und abstrakt. Ein Dutzend Lebenslinien, die mit den Buchstaben A bis L versehen sind, streben durch eine Reihe horizontaler Linien hindurch, die von I bis XIV durchnumeriert sind, nach oben.

Diese horizontalen Linien stellen die »langen Intervalle des Lebens« dar, sagt Darwin; und indem er über das Diagramm schreibt, entfernt er sich mehr und mehr von ihm und betrachtet immer größere Zeiträume.

»Die Intervalle zwischen den horizontalen Linien im Diagramm können jeweils für 1000 Generationen stehen«, schreibt Darwin. »Aber es wäre angemessener gewesen, wenn jede von ihnen 10 000 Generationen repräsentiert hätte ...«

»In unserem Diagramm hat bisher jede horizontale Linie tausend Generationen dargestellt. Doch jede einzelne könnte genausogut eine Million oder 100 Millionen Generationen darstellen und auf diese Weise einen Teil der übereinanderliegenden Schichten der Erdkruste ...«

Darwin befaßt sich *nicht*, weder in diesem »Diagramm der Divergenz der Taxa« noch an anderer Stelle, eingehender mit dem Augenblick der Divergenz selbst, mit dem Punkt also, an dem eine Linie sich in zwei aufspaltet, an dem sich die Wege trennen, mit dem kosmischen Abschied. In keinem Fall konnte er einen Ausgangspunkt vorweisen, weil er einfach keinen finden konnte; er versuchte nicht einmal, Betrachtungen über den

258

Mechanismus der Divergenz anzustellen, aus dem einfachen Grund, weil er nicht genug darüber wußte.

Heute, wo sich immer mehr Forscher mit der Evolution in Aktion beschäftigen, halten sie nach diesen kosmischen Zeitpunkten Ausschau, nach dem Punkt, an dem die Entwicklungslinien auseinandergehen, die Wege sich trennen. In diesen Studien wurde bereits herausgefunden, wie schnell die Divergenz vonstatten gehen kann und wieviel davon wir tatsächlich real beobachten können. Und hier ist keineswegs von Zeitaltern die Rede.

So haben vor einigen Jahren die Evolutionsforscher Theodosius Dobzhansky und Olga Pavlovsky einen inzwischen berühmten Artikel in den *Veröffentlichungen der National Academy of Sciences* mit dem Titel »Spontaner Ursprung der Entstehung einer Art beim Komplex der *Drosophila Paulistorum*« publiziert.

»Unter anderem wurde von Seiner Heiligkeit Pius XII. die Frage aufgeworfen, ob es der Biologie wirklich gelungen ist, den Vorgang der Entstehung einer Art zu belegen«, begannen die Evolutionsforscher. Der Vorgang der Artenbildung »geht im allgemeinen zu fein abgestuft und zu allmählich vor sich, um ihn unmittelbar beobachten zu können. Im vorliegenden Artikel wird über eine außergewöhnliche Situation ... berichtet.«

Beim Komplex *Drosophila Paulistorum* haben wir es mit einer Form zu tun, die als Superspezies bekannt ist. Es handelt sich um eine Gruppe von Populationen, die teils, aber nicht vollständig durch ihren Körperbau und ihr Verhalten voneinander isoliert sind – wie die Darwinfinken, allerdings vermischter, weil sie sich häufiger untereinander paaren. Der *Paulistorum*-Komplex besteht aus sechs Populationen von Fruchtfliegen, die, wie Dobzhansky und Pavlovsky es formulieren, »zu unterschiedlich sind, um sie als Rassen derselben Art anzusehen, doch nicht unterschiedlich genug, um sie (als) eigenständige Arten zu betrachten.« Ihr Lebensraum liegt über den größten Teil Mittel- und Südamerikas verstreut, von Guatemala bis zu den Anden.

Eine Superspezies ist gleichsam jener unordentliche Grenzfall, der Darwin besonders faszinierte. Es gibt hier eine Situation, in der, wie Dobzhansky einmal schrieb, »der Vorgang der Aufspaltung der Arten aus unserer Zeitperspektive das kritische Stadium des Übergangs von der Rasse zur Art erreicht hat. *D. paulistorum* ist eine Art; es ist aber gleichzeitig eine

Gruppe von Arten *in statu nascendi*. Es spricht für die Richtigkeit von Darwins Auffassung, daß ›jede Art zunächst als Varietät existierte‹.« Innerhalb der *Paulistorum*-Gruppe, erklärten Dobzhansky und Pavlovsky, wird sich das Fruchtfliegenweibchen frei mit Männchen der eigenen, gerade entstehenden Art paaren, doch selten mit Männchen einer anderen Art. Ein Weibchen vom Amazonas wird sich also mit einem Männchen vom Amazonas paaren, aber nicht sehr häufig mit einem aus Guayana, vom Orinoko oder aus irgendeiner anderen entstehenden Art in diesem Komplex. Wenn Fliegen in der *Paulistorum*-Gruppe sich untereinander paaren, was häufiger im Laboratorium als in der Natur geschieht, dann haben sie gewöhnlich fruchtbare Töchter und vollkommen sterile Söhne.

All diese Fliegen gleichen einander. Um eine unbekannte Abstammungslinie zu bestimmen, mußten Dobzhansky und Pavlovsky sie mit etwas kreuzen, das sie »Testera« nannten, mit einer Reihe von Fliegen also, die die ganze Bandbreite entstehender Arten im *Paulistorum*-Komplex repräsentierten. Bringt man die unbekannte Abstammungslinie mit den Testern zusammen, so ergibt sich teils eine sterile, teils überhaupt keine Nachkommenschaft. Nur bei einer Gruppe von Testern kam es durch die Bank zu fruchtbaren Hybridbildungen: bei denen der eigenen Art.

»Südlich von Villavicencio, bei Chichimene, in den Llanos von Kolumbien wurde am 19. März 1958 ein Exemplar der *Drosophila* gefangen«, berichteten Dobzhansky und Pavlovsky in den Veröffentlichungen. Aus diesen Fliegen züchteten die Evolutionsforscher einen Stamm namens »Llanos-A«. (Die *Llanos* sind weite, mit Gras bewachsene Ebenen, die immer noch weite Teile Südamerikas bedecken, wie in den Tagen, als Darwin auf seinen langen Exkursionen, die er von der *Beagle* aus unternahm, über Land ritt.) Weil der Stamm Llanos-A mit den meisten Stämmen vom Orinoko fruchtbare Hybride hervorbrachte, klassifizierten Dobzhansky und Pavlovsky Llanos-A als Teil einer entstehenden Orinoko-Art. Die Evolutionsforscher erhielten Llanos-A in ihrem Laboratorium an der Rockefeller-Universität in New York am Leben, ebenso die Stämme aller anderen Fliegen, auf die sie im *Paulistorum*-Komplex gestoßen waren.

Im Zuge einer Untersuchung, die mit diesen Fragen in keinem Zusammenhang stand, begannen die Forscher fünf Jahre später, all diese Stämme erneut zu überprüfen. In der Zwischenzeit hatten viele Generationen die

Käfige durchlaufen, in denen die Populationen getrennt voneinander gehalten wurden. Doch führten – und das ist keine Überraschung – alle Stämme, die die Forscher gezüchtet hatten, zu denselben Ergebnissen wie zuvor – bei allen Stämmen bis auf einen. »Der Stamm Llanos-A verhielt sich keineswegs so, wie wir es erwartet hatten; außer durch Paarung mit der eigenen Art brachte der Stamm keine fruchtbaren Hybridbildungen hervor«, berichteten Dobzhansky und Pavlovsky. Ganz gleich, welche Tester sie einsetzten, bei Llanos-A konnten Dobzhansky und Pavlovsky keine fruchtbare Kreuzung erzielen. Llanos-A paßte nicht einmal mehr zu den Stämmen vom Orinoko, also zu den Stämmen, mit denen es noch vor wenigen Jahren zu fruchtbaren Hybridbildungen gekommen war.

»*Schlußfolgerungen:* Llanos-A ist eine neue Rasse oder eine neu entstandene Art, die sich irgendwann zwischen 1958 und 1963 im Labor entwickelte. Sie spaltete sich von ihren Vorfahren aus der Orinoko-Linie ab ...«

Niemand beobachtete dies damals, deshalb sah niemand, wie es geschah. Warum spaltete sich dieser Stamm? Dobzhansky und Pavlovsky vermuteten, daß die Fliegen mit einer Bakterie infiziert worden waren. Die Infektion könnte die Fliegen in bezug auf andere Arten unfruchtbar gemacht haben. Wahrscheinlich war es so: Kürzlich wurden derartige Infektionen von Drosophila-Experten in unterschiedlichen Laboratorien entdeckt und bestätigt. Die Infektion ergreift die Population im Käfig mit großer Geschwindigkeit, so schnell wie die Cholera oder die Grippe, und läßt möglicherweise unsichtbare Grenzen um eine Population herum entstehen, grenzt sie gegenüber anderen Populationen ab wie eine neu entstandene, unsichtbare Küstenlinie oder ein unsichtbarer Käfig. Die meisten Infektionen können mit Antibiotika bekämpft werden, manche aber nicht. Grundsätzlich könnte mit unserer eigenen Art dasselbe geschehen, auch könnte ein solches Ereignis bis auf eine kleine, einsame Gruppe die gesamte menschliche Population steril machen, wie es Kurt Vonnegut in seinem wunderbaren Roman *Galapagos* beschreibt. Wenn die Divergenz bei Llanos-A durch eine bakterielle Infektion hervorgerufen wurde, dann kann dies buchstäblich über Nacht geschehen sein.

W as für die Entstehung der Arten gilt, gilt auch für die Entstehung von Anpassungen. Ein kürzlich durchgeführtes Experiment gibt Anlaß zu der Vermutung, daß dieser Vorgang gar nicht so allmählich vor sich gehen muß, wie Darwin es sich vorstellte. Es zeigt auch, wie eng die Entstehung der Arten mit Anpassungsleistungen verbunden ist.

Die Entstehung von Anpassungen stellt, wie die Entstehung der Arten, eines der grundlegendsten Probleme des Darwinismus dar. Wie entstehen aus kleinen, graduellen Veränderungen neue Anpassungen? Alle Darwinfinken gehen auf dieselben Ahnen zurück. Eine Gruppe von Finken gelangte eines Tages auf die Inseln, und heute haben wir es einerseits mit einem Finken zu tun, der auf Bäumen hockt, Zahnstocher fabriziert und mit ihnen Larven aufspießt, und andererseits mit einem Finken, der sich auf den Rücken von Tölpeln niederläßt und seinen langen spitzen Schnabel in ihr Blut taucht.

Wie konnte eine blinde Schöpfung so zahlreich neue Werkzeuge hervorbringen? Wann nehmen evolutionäre Erfindungen und Innovationen wie diese ihren Anfang, wo doch ihr Rohmaterial nur aus zufälligen, individuellen Variationen besteht? Wie einer von Darwins früheren Kritikern schreibt, ist es schwierig, »zu erkennen, wie aus solch unbestimmter Oszillation zwischen unendlich kleinen Anfängen jemals eine hinreichend wahrnehmbare Ähnlichkeit mit einem Blatt, einem Bambus oder einem anderen Objekt entstehen kann, so daß es einen Ansatzpunkt für die natürliche Selektion gibt und diese Merkmale aufrechterhalten werden können.«

Niemand hat dieses Problem jemals anschaulicher formuliert als Darwin selbst in der *Entstehung der Arten.* »Die Annahme, daß das Auge mit all seinen unnachahmlichen Vorrichtungen zur Einstellung der Brennweite auf unterschiedliche Entfernungen, zur Dosierung unterschiedlicher Lichtmengen und zur Korrektur sphärischer und chromatischer Fehler durch natürliche Selektion geformt worden sein könnte, erscheint, ich bekenne es freimütig, hochgradig absurd«, schreibt er. Aber wenn wir den gesamten Baum des Lebens betrachten, sagt Darwin, finden sich unzählige Abstufungen, von außerordentlich einfachen Augen, die aus kaum mehr als einer Anhäufung von Pigmentzellen ohne Nerven bestehen, also aus rudimentären Lichtsensoren, bis hin zu dem Wunder des menschlichen Auges, das weit eindrucksvoller ist als das vom Menschen hergestellte Teleskop.

Darwin argumentiert im wesentlichen, daß all die hochentwickelten Verfeinerungen, die wir beim Auge eines Adlers oder eines Menschen erkennen, allmählich entstanden sein könnten; über geologische Zeitspannen hinweg führten sie von Stufe zu Stufe zu einer immer klareren Wahrnehmung. »Wir müssen annehmen, daß sich jedes neue Stadium des Instruments millionenfach vervielfältigt; jedes bleibt so lange erhalten, bis ein besseres hervorgebracht wird, und dann werden die alten zerstört ... Nehmen wir einmal an, daß dieser Vorgang Abermillionen Jahre so weitergeht, und dies in jedem einzelnen Jahr mit Millionen von Einzeltieren bei zahlreichen Arten. Sollten wir dann nicht annehmen, daß sich ein lebendes optisches Instrument bilden könnte, das einem Instrument aus Glas überlegen wäre, so wie die Werke des Schöpfers denen des Menschen überlegen sind?«

Darwin betont ausdrücklich, daß alle komplexen Anpassungen durch das graduelle Wirken der natürlichen Selektion entstehen, ja, er macht sogar einen Prüfstein seiner Theorie daraus: »Wenn sich zeigen ließe, daß es ein komplexes Organ gibt, das in keiner Weise durch zahlreiche aufeinanderfolgende leichte Modifikationen geformt worden wäre, bräche meine Theorie vollständig in sich zusammen.«

Richard Dawkins verteidigt Darwins Position energisch in seinem Buch *Der blinde Uhrmacher*, das als Antwort auf Pastor Paleys Parabel von der Uhr in der Heide entstand. Dawkins argumentiert, daß die Selektion selbst aus den kleinsten Klümpchen und primitivsten Anfängen Instrumente entstehen lassen kann, die so kompliziert sind wie Uhren, Teleskope oder menschliche Augen. Solange jedes Entwicklungsstadium einer komplexen Anpassung an sich adaptiv ist, besteht die Wahrscheinlichkeit, daß es in jeder Generation erhalten bleibt und in der nächsten Generation durch Darwins Prozeß der natürlichen Selektion verfeinert wird. Der Prozeß blickt nicht nach vorn. Der Uhrmacher ist blind. Dennoch kann blinde Selektion dazu führen, daß sich ein Auge entwickelt. Nehmen wir einmal an, schreibt Dawkins, einige wenige Nervenendigungen würden einen einfachen Organismus mit einem rudimentären Sinn für Helligkeit und Dunkelheit ausstatten. Selbst rudimentäre Wahrnehmung ist besser als überhaupt keine Wahrnehmung. Die Variante eines einzelnen Lebewesens, die Träger dieser Anpassung wäre, hätte eine größere Überlebenswahrscheinlichkeit, und genauso verhielte es sich mit den Lebewesen, denen diese ersten schwachen Augen vererbt würden. »Im Vergleich zur

Blindheit ist es von beträchtlichem Wert, eine Sehkraft zu besitzen, die nur 5 Prozent so gut ist wie die Ihrige oder meine«, schreibt Dawkins. »Eine Sehkraft von einem Prozent ist daher besser als vollständige Blindheit, und eine sechsprozentige Sehkraft ist besser als eine mit 5,7 Prozent und so weiter in kontinuierlich aufsteigender Linie.«

Der Evolutionsforscher Stephen Jay Gould merkt an, daß aus einer kleinen Veränderung in den Genen manchmal eine große Veränderung im Organismus entstehen kann. Deshalb können sich Anpassungen bisweilen ebenso aus großen wie aus kleinen Schritten entwickeln. Nehmen wir einmal an, die Veränderung in den Genen ist beträchtlich, jedoch nicht so stark, daß es das Tier davon abhält, sich mit anderen seiner Art zu paaren. »Nehmen wir ferner an«, schreibt Gould, »daß diese große Veränderung nicht sogleich eine vollkommene Form hervorbringt, sondern eher als ›Schlüsselanpassung‹ wirkt, um ihren Träger zu einer neuen Lebensform weiterzuentwickeln.« Wenn dies der Anfang einer neuen Lebensform wäre, dann wäre es selbst einer ganz neuen Konstellation von Selektionseinflüssen ausgesetzt, ganz so, als wäre es von einem Sturm hochgewirbelt und dann auf eine Wüsteninsel geschleudert worden.

In seinem kürzlich erschienenen Buch *Darwin auf dem Prüfstand* spricht der Rechtsanwalt Phillip E. Johnson sarkastisch von »all diesen Annahmen«. »Gould nimmt an, was er annehmen muß, und Dawkins fällt es leicht, zu glauben, was er glauben möchte; doch für eine wissenschaftliche Erklärung sind Annahmen und Glaubenssätze nicht ausreichend«, schreibt Johnson und fügt hinzu: »In der Evolutionsforschung scheint die Annahme vorzuherrschen, daß es lediglich spekulativer Möglichkeiten ohne experimentelle Bestätigung bedarf.«

Mittlerweile gibt es eine simple experimentelle Bestätigung. Das Experiment wurde 1991, im selben Jahr wie Johnsons Buch, veröffentlicht. Zwei Evolutionsforscher an der Universität von British Columbia in Vancouver, die provisorisch in einer Ecke des Laboratoriums von Dolph Schluter arbeiteten, führten es durch.

Es gibt eine Finkengattung mit eigenartigen Schnäbeln, die sich an der Spitze kreuzen. Ungefähr 25 Arten und Unterarten dieser Vögel finden sich in Nordamerika, Europa und Asien. Sie werden Kreuzschnäbel genannt. Der Legende zufolge verbogen sie ihre Schnäbel bei dem Versuch, die Nägel aus dem Kreuz Christi zu reißen. Das Rot an der Brust des Männchens ist das Blut Christi.

Drei Kreuzschnäbel und die Nahrung,
der ihr Interesse gilt.
Oben ein Kieferkreuzschnabel mit einem Kiefernzapfen.
In der Mitte ein Fichtenkreuzschnabel mit einem
Fichtenzapfen; unten ein Bindenkreuz-
schnabel mit einem Lärchenzapfen.
Aus: Jan Newton, Finken.
Mit freundlicher Genehmigung von HarperCollins Publishers.
Bibliothek der Academy of Natural Scienes, Philadelphia

Darwin war vom Schnabel des Kreuzschnabels fasziniert. In *Natürliche Selektion* merkt er an, wie variabel sie »im Hinblick auf Länge, Krümmung und den Grad des Hinausragens über den Unterkiefer« sind. Er bemerkt ferner, daß eine solche kleine Krümmung bei vielen Vogelarten als Deformation gewertet wurde und daß einige dieser deformierten Vögel in guten Zeiten überleben.

Die eigenartigen Schnäbel dieser Finken sind Folge einer Anpassung. Wie Lack in seinem Buch über die Darwinfinken schreibt, gibt es einen kleinschnäbligen Bindenkreuzschnabel, der sich hauptsächlich von weichen Lärchenzapfen ernährt, einen mittelgroßen Fichtenkreuzschnabel, der sich von den härteren Fichtenzapfen ernährt, sowie einen Kiefernkreuzschnabel mit großem Schnabel, der sich von den noch härteren Kiefernzapfen ernährt. Der gekrümmte Schnabel erlaubt es dem Vogel, geschlossene Zapfen aufzubrechen. Der Zusammenhang zwischen dem Schnabel und der Nahrung ist so offensichtlich, daß er von den Evolutionsforschern bereits zu Lacks Zeiten akzeptiert wurde, als seine Kollegen noch glaubten, daß die meisten Unterschiede zwischen verschwisterten Arten überhaupt keine Bedeutung für die Anpassung hätten.

Die Evolutionsforscher Craig Benkman und Anna Lindholm führten ihre Experimente an sieben in Gefangenschaft lebenden Kreuzschnäbeln durch. Die Fichtenkreuzschnäbel leben in den Küstenwäldern von Alaska bis Kalifornien; ihre Schnäbel sind spezialisiert auf die Zapfen der Hemlock-Tanne, die im westlichen Amerika vorkommt. Benkman und Lindholm machten die Überkreuzung der Schnäbel bei diesen Vögeln rückgängig, indem sie den gekreuzten Teil der Freßwerkzeuge mit einer gewöhnlichen Nagelschere zurückschnitten. Dies tat den Vögeln nicht weh, weil in ihren Schnäbeln keine Nervenendigungen sitzen: Die Operation war ebenso schmerzfrei, als würden wir uns die Fingernägel schneiden.

Es stellte sich heraus, daß die Vögel mit den sich nicht überkreuzenden Schnäbeln aus trockenen, geöffneten Tannenzapfen genauso erfolgreich wie zuvor die Samen herausholten. Doch konnten sie geschlossene Zapfen nicht mehr bewältigen. Natürlich versuchten sie es trotzdem, wie eine Katze mit gestutzten Krallen immer noch versuchen wird, einen Baum hinaufzuklettern, aber mit ihren begradigten Schnäbeln kamen sie nicht weit. Als die Biegung ihres Schnabels wieder nachwuchs, wurden die Vögel bei den widerspenstigen Zapfen von Tag zu Tag erfolgreicher. Nach einem Monat waren ihre Schnäbel wieder vollständig nachgewachsen, und sie konnten ihre Nahrung wieder wie gewohnt zu sich nehmen.

Das Eindrucksvolle an diesem kleinen Experiment besteht darin, daß Benkman und Lindholm die Bedeutung einer Anpassung von den ersten Anfängen bis zu ihrem Abschluß quantitativ untersuchen konnten. Wenn gekreuzte Schnäbel für diese Vögel nur in ihrer endgültigen Form von Vorteil wären, dann bliebe es ein Rätsel, wie sie durch Selektion hätten entstehen können. Die Überkreuzung hätte dann nämlich plötzlich auftreten müssen, als das, was der Genetiker Richard Goldschmidt einmal als »hoffnungsvolles Monstrum« bezeichnete. Es wäre dann die Art von Problem gewesen, von der Darwin schrieb, daß seine Theorie durch sie womöglich »vollständig in sich zusammenbräche«. Doch bereits als die Überkreuzung der Schnäbel noch relativ wenig ausgeprägt war, so daß man sie mit dem bloßen Auge nicht erkennen konnte, knackten die Finken bereits mit immer größerem Erfolg die Tannenzapfen. Selbst eine leichte Überkreuzung der Schnäbel bringt schon einen leichten Vorteil, weil die Vögel immer mehr fest verschlossenen Zapfen zu Leibe rücken können. Deshalb läßt sich schnell einsehen, wie über die Generationen hinweg die überkreuzten Schnäbel der Kreuzschnäbel nach und nach entstehen konnten. Jede Generation tat sich mit den geschlossenen Zapfen etwas leichter als die vorige. Der Konkurrenzdruck unter den Lebewesen im Wald ließ den neu entstehenden, überkreuzten Schnabel immer erstrebenswerter erscheinen, weil er es seinem Träger erlaubte, Nahrung zu fressen, die ansonsten niemand fressen konnte. Und derselbe Konkurrenzdruck begünstigte jede weitere Krümmung. Für die Vögel eröffnete sich eine neue Welt: Tannenzapfen, Fichtenzapfen, Hemlock-Zapfen und die Zapfen anderer Nadelbäume. Heute jedoch bringt es einem Spatzen oder einer Ammer keinen Nutzen mehr, einen deformierten oder gebogenen Schnabel zu haben, weil diese Nische bereits von Kreuzschnäbeln ausgefüllt ist.

Eine einzige neue Anpassung eröffnete neue Wege des Lebens und führte zu einer ganzen Reihe weiterer Anpassungen, darunter verfeinerte Instinkte beim Auffinden der Zapfen und stärkere Muskeln, um diesen eigenartigen Schnabel zu gebrauchen. Heute sind die Kreuzschnäbel so geschickt dabei, Zapfen zu öffnen, und so spezialisiert auf ihre Lebensform, daß sie ansonsten fast nichts anderes fressen. In guten Jahren verschafft ihnen ihre Besonderheit einen Vorteil gegenüber allen anderen Vögeln im Wald, eine Nahrungsquelle, die den anderen verschlossen bleibt. Wenn es einmal nicht genügend Tannenzapfen gibt, verhungern sie jedoch häufig.

Eine winzige, einfache Variation beim Schnabel hatte eine adaptive Radiation zur Folge, die, wenn man sie an der Zahl der Arten und der Vögel mißt, viel größer ist als die Divergenz unter den Darwinfinken. Die Finken im Wald mußten keinen neuen Archipel entdecken. Zwei Wege trennten sich. Sie schlugen den weniger frequentierten Weg ein, und das erzeugte den Unterschied.

Es wäre natürlich eine noch größere Genugtuung, den Prozeß der Divergenz in Aktion zu beobachten, vom Anfang bis zum Ende, hier und heute. »Wäre es nicht wunderbar«, fragt Dolph Schluter, »wenn man die *fuliginosa* auf Daphne einführen und die Veränderungen über die nächsten hundert Jahre hinweg verfolgen könnte? Aber das ist natürlich nicht vorstellbar. Oder als Alternative dazu, wenn man die *fuliginosa* von den Inseln verschwinden lassen könnte, die Heimat sowohl für *fuliginosa* als auch für *difficilis* sind, und wenn man die Evolution der Schnabelgröße über die nächsten hundert Jahre oder noch länger verfolgen könnte. Das wäre doch eine großartige Sache!«

Keiner wird dies je tun, weil niemand hundert Jahre warten kann und auch weil die Finkenforscher und die Direktoren der ekuadorianischen Behörde für den Nationalpark zuviel Respekt vor den Vögeln haben. Wie Dolph es ausdrückt: »Die Populationen sind so einzigartig, daß wir gar nicht erst auf den Gedanken kommen, auf irgendeine Weise Schindluder mit ihnen zu treiben.«

Deshalb hat Dolph nicht weit von der Insel Mandarte in der Georgia-Straße eine neue Untersuchung begonnen. Die Georgia-Straße ist voller Dreistachliger Stichlinge. Diese Stichlinge leben in den Küstengewässern der meisten Meere in der nördlichen Hemisphäre. Sie schwimmen in die Mündungen der Flüsse und Ströme hinauf, in Tausende und Abertausende kleiner Buchten und Meeresarme, überall hinein, wo Salzwasser auf Süßwasser trifft, und sie laichen dort. Manchmal drangen einige dieser kleinen Salzwasserfische ins Süßwasser vor und wurden dort heimisch. Als am Ende der letzten Eiszeit im Südwesten von British Columbia das Eis schmolz, schwammen die Stichlinge in einige der neu entstandenen Seen und waren dann dort ihrem Schicksal überlassen. »All diese Seen sind jünger als 13 000 Jahre. Das hört sich so an, als wäre es eine lange Zeitspanne, doch es ist eher wie ein Blitz«, sagt Dolph und lacht. Vor ungefähr 12 500 Jahren wurden die Seen vom Meer abgeschnitten. Die Fische haben sich also seit 12 500 Jahren in diesen Seen entwickelt, ähnlich wie die Finken, die auf ihren Inseln eingeschlossen sind.

Die meisten Seen in diesem Gebiet von British Columbia sind Heimat für lediglich eine Stichlingsart, so wie es sich Darwin bei den Galapagosinseln vorstellte: Jede Insel beherbergt eine Finkenart. In den letzten Jahren haben Schluter und John Donald McPhail, der schon lange über Stichlinge forscht, herausgefunden, daß es in den Seen auf den Inseln Texada, Lasqueti und Vancouver jeweils ein Artenpaar gibt.

Diese Paare sind so neu für die Wissenschaft, daß sie noch keine Namen haben, doch lassen sie sich zwei allgemeinen Typen zuordnen. Bei jedem Paar gibt es eine Art, die ihre Nahrung am Grund der Seen sucht, und eine Art, die ihre Nahrung darüber, im Wasser, sucht. Dolph und die anderen nennen die beiden Fischarten »Benthiker«, nach dem griechischen Wort *benthos* (Meerestiefe), und »Limnetiker«, von *limnos* (Sand- bzw. Kieselboden), was ihren Lebensraum bezeichnen soll.

Es handelt sich um Seen in menschenleeren Gebieten, und die Stichlinge in diesen Seen sind fast so frei und wild wie die Finken auf den Galapagosinseln. Die einzigen regulären Feinde der Finken sind Eulen und Habichte; bei den Stichlingen ist es die Purpurforelle. Was Dolph hier vor sich hat, entspricht gewissermaßen neuen Reagenzgläsern für das gleiche Experiment.

»Ich möchte es wiederholen«, sagt er.

Im Enos-See auf der Insel Vancouver, im Hadleysee auf Lasqueti, im Paxtonsee bei Priest und im Emilysee auf Texada hat Dolph Stichlingspaare beobachtet. Der größte See hat eine Fläche von 44 Hektar, was ungefähr der Größe von Daphne Major entspricht, und der kleinste eine Fläche von 5 Hektar, was ungefähr die Größe von Darwins altem Besitz Down House ist, den Spazierpfad nicht mitgerechnet. Seit einigen Jahren haben Dolph und seine Mitarbeiter diese Seen mit Elritzenfallen und Schleppnetzen versehen und die Stichlinge vermessen. Sie messen die Körperlänge, die Körperhöhe, die Breite des Mauls sowie Länge und Anzahl der Kiemendornen.

Die Kiemendornen sind fingerartige Gebilde, die die Nahrung aus dem, was der Fisch frißt, herausfiltern. Ihre Größe hängt stark von der Größe des Fisches und der Größe der Nahrung ab, die er fressen kann. Wenn man von den Galapagosinseln kommt, sagt Dolph, stellt man sich die Kiemendornen gern als den Schnabel des Fisches vor.

Wie die Darwinfinken sind auch diese Fische recht variabel, und wie bei den Darwinfinken sind auch bei ihnen zwei Merkmale besonders variabel: ihre Körpergröße und die Länge der Kiemendornen.

Um mehr über die Fische und ihre Nahrungsgewohnheiten in Erfahrung zu bringen, mußte Dolph lernen, zahlreiche neue Pflanzen und Tiere mit dem bloßen Auge zu erkennen. Die Fische unten am Grund des Sees fressen Ringelwürmer, Flohkrebse, Schnecken, Muscheln, Ruderfußkrebse, Wasserflöhe und anderes Kleingetier. Die Fische, die im Wasser auf- und abwärts schwimmen, ernähren sich von einer ganz anderen Flora und Fauna. Der Speiseplan überschneidet sich praktisch nicht.

Dolph und die anderen Stichlingsforscher haben Länge und Breite jeder dieser Nahrungsquellen vermessen. Die kleinen Stückchen Fischnahrung sind so winzig, daß Dolph sie durch ein Mikroskop betrachten mußte, um Länge und Breite vermessen zu können.

Bei allen Stichlingspaaren sind die Paare divergent, und jedes Paar ist auf dieselbe Weise divergent. Die eine Art des Paares ernährt sich nur am Grund, die andere nur im Wasser darüber. Überdies werden in jedem See die »Benthiker« gewöhnlich größer und dicker, sie entwickeln ein größeres Maul und einen breiteren Rachen, dafür aber kürzere und weniger Kiemendornen. Die »Limnetiker« sind kleiner und dünner, haben einen schmaleren Rachen, dafür aber längere Kiemendornen in größerer Zahl. Die »Benthiker« neigen dazu, sich von der größten Beute zu ernähren, die »Limnetiker« hingegen bevorzugen kleine Beute.

Fünf Seen, fünf Artenpaare und ein Muster, das sich stets wiederholt. Diejenigen Stichlinge allerdings, die einen See für sich haben, sind von durchschnittlicher Größe und Gestalt, besitzen eine durchschnittliche Rachengröße und die gleiche Anzahl von Kiemendornen; sie wechseln zwischen dem Grund und einem Aufenthalt im Wasser, fressen, wo immer es beliebt, tun das eine, ohne das andere zu lassen.

Doch selbst bei der alleinlebenden Art wiederholt sich das bekannte Muster. »Im Cranbysee, der lediglich einen Steinwurf vom Paxtonsee entfernt liegt, gibt es nur eine Art«, sagt Dolph. »Aber wenn man sich die einzelnen Fische anschaut, dann ist man erstaunt, das Muster wiederzufinden.« Die allermeisten Fische, die Dolph mit Netzen im Cranbysee fing, spezialisieren sich und holen sich mindestens 90 Prozent ihrer Nahrung entweder vom Grund oder aus dem darüberliegenden Wasser. Welche Wahl sie treffen, hängt sehr stark von ihrem Körperbau ab. Die größeren Fische mit kürzeren Kiemendornen bleiben unten am Grund, die kleineren, schlankeren Fische mit längeren und zahlreicheren Kiemendornen schwimmen im Wasser herum. So können geringfügige Variationen beim »Tafelbesteck« zu einem Unterschied in der Art und Weise führen, wie die einzelnen Fische ihr Leben gestalten; die Form der Kiemendornen ist für ihr Leben so bedeutsam wie die Schnabelform für die Finken. Der Längenunterschied bei den Kiemendornen, der entscheidende Unterschied also, der darüber entscheidet, ob ein Stichling in die eine oder in die andere der beiden Welten innerhalb des Sees gehört, beträgt lediglich ein Drittel eines Millimeters.

»Die Variation ist schon existent. Sie ist allgegenwärtig«, erklärt Dolph. Und wie bei den Darwinfinken werden diese Variationen von einer Generation zur nächsten weitergegeben. Was die Länge der Kiemendornen betrifft, so ist fast die Hälfte der Variationen genetisch bedingt. »Das ist ziemlich viel«, sagt er. »Anders ausgedrückt, es gibt eine Unmenge genetischer Variabilität. Das bedeutet, daß diese Fische, so wie wir sie heute beobachten, keinem eingefahrenen Gleis folgen. Wenn sich die Umwelt verändert, könnten sie reagieren. Diese Populationen sind in der Lage, zu reagieren, wenn Selektionsdruck entstünde.«

Für den Stichling gibt es also eine einfache Rechnung. Wenn ein Fisch sich auf den Schlamm auf dem Grund eines Sees spezialisiert, dann kann er im offenen Wasser nicht konkurrieren. Wenn er sich auf das offene Wasser spezialisiert, wird er am Grund des Sees überflügelt werden. Der Fisch ist in ziemlich genau derselben Situation wie ein Fink auf den Galapagosinseln, wo die Spezialisierung auf kleine Samen ihn untauglich für große Samen macht, und umgekehrt.

All diese Erkenntnisse lassen Dolph zwingend schließen, daß die Kolonisatoren dieser Seen den Verlauf ihrer Evolution wechselseitig veränderten. Es handelt sich hier um einen weiteren Fall von Merkmalverschiebung, ebenso lupenrein wie bei den Darwinfinken und direkt vor Dolphs Haustür.

Die Ursache dafür, daß die Artenpaare ihre Seen immer und immer wieder auf dieselbe Art und Weise untereinander aufteilen, besteht offensichtlich darin, daß die natürliche Selektion auf jeden Fisch in jedem See denselben starken Druck ausübt. Wenn es mit Ausnahme des anderen Stichlings praktisch keine Konkurrenten gibt, besteht in jedem See der schnellste Weg, ohne größere Opfer der Konkurrenz zu entfliehen, darin, entweder nach oben oder nach unten zu schwimmen. Und genau das scheinen die Artenpaare getan zu haben, immer wieder, bis sie fast so wirken wie zwei Gesteinsschichten. Doch im Gegensatz zu Felsschichten sind sie lebendig, und ihre eindrucksvolle Variabilität läßt Dolph darauf schließen, daß sie sich auch jetzt noch entwickeln. Der Prozeß der Divergenz geht auch heute noch in diesen fünf Seen weiter, weil »die natürliche Selektion die Arten weiterhin voneinander getrennt hält«.

Es sollte deshalb grundsätzlich möglich sein, ihn zu beobachten. Wenn er recht hat, dann besteht die adaptive Landschaft der Seen in British Columbia aus zwei hohen Gipfeln, zwischen denen ein Tal liegt; wenn es zwei Stichlingsarten in einem See gibt, besiedelt jede von ihnen einen Gipfel. Dolph möchte jetzt beobachten, wie sich die Stichlinge auf diese Gipfel hin entwickeln.

»Wenn es zwei Arten von Stichlingen in einem See gibt und sie sich wirklich gegenseitig abstoßen, dann sollten wir in der Lage sein, eine von ihnen zu entfernen und zu beobachten, ob sich die andere zur Mitte hin bewegt«, sagt er. »Es handelt sich hier um seltene Arten, und in Kanada stehen sie auf der Liste der bedrohten Arten. Deswegen möchten wir diese Seen nicht durcheinanderbringen. Wir können jedoch unsere eigenen Seen oder Teiche bauen, diese Arten hineinsetzen und beobachten, was geschieht.«

Das ist Dolphs Antwort auf Connells »Gespenst der Konkurrenz in der Vergangenheit«: »Connells Idee besteht darin, daß man, wenn man zwei Arten beobachtet, die unterschiedlich sind, immer in der Lage ist, ein Argument dafür aus dem Hut zu zaubern, daß diese Unterschiede auf Selektion zurückgehen«, sagt Dolph. »Die Idee, die er im Kopf hat, ist die, daß das, was wir jetzt beobachten, die Folge von Selektion ist, die vor langer Zeit stattfand.«

»Doch wenn man sich bei den Stichlingspopulationen einmal vergegenwärtigt, wie jung sie sind und wie groß die Unterschiede zwischen ihnen schon sind, dann liegt es auf der Hand, daß die Konkurrenz zwischen ihnen kein Gespenst ist. Sie beeinflußt die Populationen heute. Und wir hoffen, dies mit unseren Experimenten zeigen zu können.«

»Connells Vorstellung von Konkurrenz in der Vergangenheit hängt mit der allgemeinen Vorstellung zusammen, daß die Evolution vor langer Zeit stattfand, das heißt, daß sie Geschichte ist. In Wirklichkeit findet die Selektion jedoch da draußen statt«, sagt Dolph und läßt ein abgeklärtes Lachen folgen. »Man kann buchstäblich sehen, wie sie sich in der Zeitspanne abspielt, die man für eine Doktorarbeit braucht. Die Leute haben niemals wirklich hingesehen. Sie dachten, man müsse eine Population über tausend Jahre hinweg beobachten. Aber das ändert sich ja jetzt.«

Die Teiche sind 21 mal 24 Meter lang und maximal 3 Meter tief. Dolph hat dreizehn von ihnen auf dem Universitätsgelände gebaut. »Wenn man zu einem See geht, dort zwei Arten feststellt und diese Arten ganz unterschiedlich sind«, sagt er, »dann folgt aus dem Divergenzargument, daß diese Unterschiede durch die natürliche Selektion aufrechterhalten werden. Die natürliche Selektion wirkt sich die ganze Zeit über so aus, daß diese Unterschiede bewahrt werden. Würde man diesen Druck verringern, dann würden sie sich auf die Mitte zubewegen. Und genau das wollen wir überprüfen.«

Während die Grants in Princeton ihre Zahlen durchgehen, beschäftigt sich Dolph in Vancouver mit den Stichlingen. Die Grants und er sind immer noch in Verbindung, und er hält sie über seine Evolutionsexperimente auf dem laufenden. Gerade eben hat er seine Teiche fertiggestellt und läßt Schwärme von Stichlingen züchten. »Ich kann es gar nicht abwarten«, sagt er, »die Fische kommen mir schon zu den Ohren heraus. Das Laboratorium ist voll von ihnen. Sie fressen mir noch die Haare vom Kopf. Ich kann es gar nicht erwarten, sie endlich loszuwerden.«

In einigen seiner Teiche wird Dolph »Limnetiker« aussetzen, in anderen »Benthiker«. Er sagt voraus, daß sich jede Art, wenn sie einen Teich für sich hat, in Richtung auf die andere entwickeln wird. Das heißt, daß sich im Laufe der Zeit die beiden Arten, Generation für Generation, aufeinander zubewegen werden, bis ihre Kiemendornen weder groß noch klein, sondern mittelgroß sind. Dann werden alle Fische in der Lage sein, sich am modrigen Grund, aber auch im klaren Wasser darüber ihre Nahrung zu suchen.

Zur selben Zeit fängt Dolph Stichlinge aus unterschiedlichen Seen ein, einige »Limnetiker«, einige »Benthiker« und einige, die beides vereinen. Im Laboratorium kreuzt er sie, um einen hybriden Schwarm zu erzeugen

– eine Entwicklungslinie der Stichlinge, die weit variabler in Größe und Gestalt ist als irgendeine Linie in der freien Natur. »Doch wegen ihrer größeren Variabilität«, erläutert Dolph, »wird es möglich sein, die natürliche Selektion eindrucksvoller und genauer quantitativ zu erfassen, weil die Fische die ganze Bandbreite der adaptiven Landschaften in einer Stichprobe zusammenfassen. Ich stelle sie mir gern als ›Selektionssonden‹ vor – als Instrumente, die dafür entwickelt wurden, die Selektion zu messen.« Er wird diese Selektionssonden in einem Teich aussetzen, »Benthiker« oder »Limnetiker« hinzufügen und abwarten, was geschieht.

»Ich bin mir sicher, daß wir in der Lage sein werden, die Einflußfaktoren der Selektion zu erfassen«, sagt Schluter. »Wir haben das auf den Galapagosinseln geschafft, und wir können es auch hier schaffen. Möglicherweise wird es etwas mehr Zeit in Anspruch nehmen, bis wir tatsächlich eine evolutionäre Reaktion entdecken. Ein Jahr bedeutet eine Generation. Ich glaube jedenfalls, daß wir es innerhalb von 10 Jahren schaffen können.«

»O ja, wir wissen genau, was wir zu tun haben.«

13

Verschmelzung oder Spaltung?

Je genauer man dieses Verhalten der Materie
in lebendigen Organismen betrachtet, desto
eindrucksvoller ist das Schauspiel.

MAX DELBRÜCK
Die Biologie aus der Sicht eines Physikers

Rosemary sitzt wie eine moderne Version von Rodins Denker auf ihrem Stuhl ohne Lehne, stützt das Kinn auf die Hand und starrt auf den Macintosh. Weitere Datenreihen marschieren über den Bildschirm. »Das ist wirklich 'ne Menge«, sagt Rosemary abgekämpft, ohne ihren Blick vom Bildschirm zu wenden. »Und wir müssen so schrecklich vorsichtig sein. Das bedeutet, wir müssen die Gegenprobe machen, wieder und wieder, um absolut sicherzugehen, daß in den Daten keine Fehler sind …!«

Es ist still in ihrem Büro. Die Wände sind mit Fotos von Opuntienfinken geschmückt, die gerade eine Mahlzeit einnehmen: Sie tun sich an Kaktusblüten gütlich. In einem Aquarium auf der Fensterbank schweben Guppys. Auch sie sind Souvenirs der Evolution in Aktion, auch wenn sie gerade niemand beachtet. Sie stammen aus den berühmten Fischbassins in John Endlers Laboratorium. Rosemarys Tochter Nicola bekam sie von einem seiner Doktoranden. »*Sie* wollte sie, aber dann landeten sie schließlich bei *mir*«, sagt Rosemary.

Hier in Eno Hall und vor dem Macintosh zu Hause am Riverside Drive, wenige Minuten vom Universitätsgelände in Princeton entfernt, wühlen sich Rosemary und Peter Tag und Nacht durch Berge von Daten. Ob es nun auf derselben Wüsteninsel auf den Galapagosinseln oder mitten in der Zivilisation ist, sie arbeiten zusammen. Rosemary fragt sich manchmal, ob sie dazu in der Lage gewesen wären, als sie frisch verheiratet waren. Doch jetzt wissen sie, wie sie zusammenarbeiten können, und auch, welches Maß an Eigenständigkeit notwendig ist. Da paßt das eine zum anderen.

In diesem Sabbatjahr haben sie einen Großteil ihrer Daten über Hybridbildungen über den Atlantik verfrachtet: zu Besuchen in Uppsala und in Arnside, dem Dorf von Rosemarys Eltern im englischen Lake District, und dann wieder zurück nach Princeton. Sie haben die Daten zur Hybridbildung ein dutzendmal durchgesehen und die Zahlen aus einem Dutzend unterschiedlicher Blickwinkel analysiert. Und Stück für Stück haben sie Ordnung in die Unmengen von Daten gebracht, so daß sie Gestalt annahmen und handlicher wurden. An guten Tagen scheint es fast so, als wären sie über der Wüsteninsel mit einem Ballon aufgestiegen, als hätten sie und Peter einen Berg über dem Berg bestiegen und schauten jetzt von oben auf all das hinunter, was sie in den letzten zwanzig Jahren gemacht und beobachtet hatten.

Die Grants können aus ihren Zahlen und Computergraphiken ersehen, daß die adaptive Landschaft auf den Inseln sich seit der Flut, seit dem verrückten *Niño* in den Jahren 1982 und 1983, dramatisch verändert hat. Der *Tribulus* ist immer stärker dezimiert worden. Bereits durch die ersten Regenfälle des *El Niño* war er bedroht. Rosemary und Peter haben einen Pilz in Verdacht: irgendeine Art von Brand, der die Wurzeln schädigt. Dann ertränkten ihn natürlich die Fluten, und grüne Weinblätter überwucherten ihn. Mit seinen haarigen Blättern schoß der *Cacabus* aus dem Nichts hoch – ein einziges, großes, klebriges Gewirr von *Cacabus* – und erstickte den *Tribulus*. Danach kam die Dürre.

Auch die Kakteen auf der Insel sind bedroht. Während der großen Flut nahmen die Kakteenbäume erst zuviel Wasser auf und dann, während der Dürre, zuwenig. Rundum von Wein und vor allem *Cacabus* umgeben, stürzten die Kakteenbäume um. 1990 war praktisch auf der gesamten Insel kein *Tribulus*- oder Kaktussamen mehr zu finden. Dies gelang selbst den Finken nicht, die mit ihren Schnäbeln stundenlang Kieselsteine zur Seite schaufelten. Gerade erst beginnen die Kakteen, sich langsam zu erholen.

Es zeigt sich ein Muster: eine Veränderung, die die Grants nicht richtig erkannt hatten, bevor sie mit der Auswertung ihrer Daten begannen. Seit der Flut gibt es weniger große, harte Samen auf Daphne. Doch dafür finden sich immer mehr kleine, weiche Samen – meistens die Samen des *Cacabus*. Rosemary und Peter haben diese Veränderungen in harten Zahlen festgehalten, und die Veränderungen sind wirklich signifikant, ja geradezu ungeheuerlich. Für die Darwinfinken bedeuten Samen das Leben. Wenn die Menge großer Samen abnimmt und die Menge kleiner Samen stark zunimmt, dann ist das eine Umkehrung der Lebensbedingungen, eine Katastrophe in der adaptiven Landschaft, als würde sich ein Gebirge auftürmen und wieder in sich zusammenfallen. Und genau dies geschah in den Jahren seit der Flut auf Daphne. Ein adaptiver Gipfel brach zusammen, während ein anderer Gipfel in den Himmel wuchs.

Für die Opuntienfinken sind diese Veränderungen besonders schwerwiegend. Der Kaktus ist ihre einzige Heimat in der adaptiven Landschaft (und in der herkömmlichen Landschaft). Vergeht der Kaktus, vergehen auch sie. Die Grants setzten die Anzahl der Opuntienfinken auf der Insel zur Anzahl der Kaktusbäume, -früchte und -samen in Beziehung. So wurde deutlich, wie in jeder Dürre seit der Flut die Population der Opuntienfinken auf Daphne, wie zu erwarten war, abnahm. Anfang dieses Jahres, als Rosemary jene beiden vagabundierenden Finken am Nordrand der Insel fing, gab es auf Daphne nur noch ungefähr hundert Opuntienfinken. Das ist die niedrigste Anzahl, seit die Finkenforscher zu zählen begannen.

Trotz dieses Selektionsdrucks veränderten sich die Opuntienfinken während der letzten zehn Jahre nicht. Durch die Meßdaten läßt sich belegen, daß ihre Schnäbel und ihre Rümpfe im Durchschnitt noch genauso groß sind, wie sie es vor der großen Flut waren. Vom Standpunkt der adaptiven Landschaft aus betrachtet, ergibt dies einen Sinn, weil es aus evolutionärer Warte für diese Vögel keine Zuflucht gibt. »Flieh wie ein Vogel zu deinem Berg«, singt der Psalmist. Der Berg dieses Vogels ist der Kaktus. Wenn dieser Gipfel fällt, gibt es keinen anderen Gipfel, auf den sie sich flüchten könnten. Sie sind gefangen auf einem Gipfel, der in sich zusammenstürzt. Seit dem großen *Niño* wirkte sich der Selektionsdruck in besonderem Maße auch auf den *fortis* aus. Von den *fortis*, die vor der Flut auf der Insel heimisch waren, lebte 1987 nur noch jeder dritte Vogel. Die Tabellen der Grants zeigen jedoch, daß die *fortis* nicht nach dem Zufallsprinzip den Tod fanden. Die Überlebenden des Jahres 1987 fraßen wesentlich mehr kleine als große Samen. Teilweise ging dies auf eine Verhaltensänderung zurück, weil die einzelnen *fortis* in der Wahl ihrer Nahrung flexibel sind. Sie sind jedoch nur bis zu einem gewissen Grad flexibel. Die

Grants können anhand ihrer Daten erkennen, daß es sich um diejenigen Einzelexemplare des *fortis* handelte, die einen signifikant höheren und breiteren Schnabel hatten. Vom Massensterben waren am ehesten die Vögel betroffen, die von ihrer Anatomie her eher die großen Samen bevorzugten, also zum erodierenden Gipfel gehörten. In stärkerem Maße überlebten die *fortis* mit einem signifikant flacheren und schmaleren Schnabel. Deswegen war der durchschnittliche Schnabel der *fortis*-Generation, die nach der großen Flut geboren wurde – die Babyboom-Generation –, besser an die neue Landschaft angepaßt.

Anders ausgedrückt: Während die Opuntienfinken einen Niedergang erlebten, entwickelten sich die *fortis* weiter. Sie folgten der Bewegung der adaptiven Landschaft. Bei der neuen Generation von Finken, die sich im Augenblick auf der Lava von Daphne Major tummelt, ist die Breite des *fortis*-Schnabels meßbar schmaler als der Schnabel in der Generation zuvor; sie verringerte sich von 8,86 Millimeter zur Zeit der Flut auf momentan 8,74 Millimeter.

Das versetzt die *fortis* nicht in den Zustand zurück, in dem sie sich zu Beginn des Forschungsaufenthalts der Grants befanden, aber es nähert sie diesem Zustand an. Während der ersten Jahre der Forschungsarbeiten wurden die Vögel immer größer, und jetzt haben sie sich fast wieder zum Ausgangspunkt zurückentwickelt. Fast hat es den Anschein, als wäre die ganze Insel unter der Last der Vögel zunächst nach unten gesunken, um dann wieder emporzusteigen, so wie schiffbrüchige spanische Seeleute einst glaubten, daß dies mit dem gesamten Archipel geschähe. Deshalb sprachen sie von *Las Encantadas*, den verzauberten Inseln. Die adaptiven Gipfel haben sich nach Osten und Westen verschoben, und die Vögel flogen hinterdrein und haben sich immer wieder auf ihnen niedergelassen. Die Finken müssen ihren Gipfeln folgen, weil »die Täler tief eingeschnitten sind, d. h. die Stärke der Selektion beträchtlich ist«, wie Peter schrieb. Die Finken flogen häufig hierhin und dorthin, um auf ihrer Insel zu bleiben. Die *fortis* entwickelten sich in starkem Maße weiter, nur um bleiben zu können.

Zugleich beobachteten die Grants eine zweite Unregelmäßigkeit, eine Veränderung bei den Hybridbildungen auf der Insel. Die Selektion wirkte in der ersten Hälfte des Forschungsaufenthalts *zuungunsten* der Mischlinge, während sie in der zweiten Hälfte *zu ihren Gunsten* wirkte. Bis zur Flut setzte ein *fortis*-Männchen, das sich mit einem *fuliginosa*-Weibchen (kleiner Schnabel) oder einem *scandens*-Weibchen (Opuntienfink) kreuzte, seine Jungen einem Nachteil aus. Die Hybridbildungen waren nicht erfolgreich. Der Selektionsdruck wirkte gegen Mischehen. Seit der Flut jedoch kehrte sich die Selektion um. Jetzt ist eine Kreuzung mit einem *fuliginosa* oder einem *scandens* für die Gene des *fortis* günstig.

Indem sie die Schwankungsverläufe in der Zusammenschau betrachten, beginnen die Grants zu verstehen, was bei der Hybridbildung vor sich geht. Ihre Daten über die Unangepaßten beginnen zu passen.

Bei den treibenden Kräften, die diese Schwankungen erzeugen, handelt es sich um dieselben Ereignisse. Beide Schwankungen werden von denselben Veränderungen in der adaptiven Landschaft beeinflußt. In einer adaptiven Landschaft, die so schnellem Wandel unterworfen ist wie Daphne, in einer Landschaft also, die geologisch betrachtet in Aufruhr ist, kann es sich lohnen, mit anderen Eigenschaften als den üblichen geboren zu werden, mit anderen Worten, einen Schnabel zu besitzen, der drei, vier oder fünf Millimeter von dem abweicht, was als bewährt und richtig gilt. Seit dem Super-*Niño* haben sich einige der alten Gipfel in Täler verwandelt und umgekehrt. Jetzt haben Hybridbildungen die Chance, ganz oben auf einem neuen Gipfel zu landen. Mit etwas Glück können sie ein neues Gelände erobern.

In dieser sich verändernden Landschaft haben Hybride möglicherweise nicht nur deshalb einen Vorteil, weil sie innerhalb der Parameter, die die Grants erfassen, so variabel sind. Es ist auch möglich, daß die Einwirkung neuer Gene – die ja das angestammte Vorrecht der Hybridbildungen ist – in Tausenden unauffälliger Vorteile zum Ausdruck kommt, die so minimal sind, daß sie für die Grants nicht meßbar wären: Vorzüge, aus denen sich eine größere körperliche Kraft ergibt, selbst wenn das Tier auf demselben adaptiven Gipfel wie alle anderen Vögel verharrt. »Ein Hybrid könnte alles, was auch die anderen Vögel auf der Insel können«, grübelt Peter, »und wird doch im allgemeinen seine Funktionen besser erfüllen.« Gedanken wie diese lassen Peter an einen Artikel denken, den die Evolutionsforscher Richard Lewontin und L. C. Birch 1966 veröffentlichten: »Hybridbildung als Ausgangspunkt für Variationen bei der Anpassung an neue Umweltbedingungen«.

Wir stellen uns die adaptive Landschaft als etwas mehr oder minder Festes und Konstantes vor, so wie wir uns den Körper und das Verhalten der Tiere als etwas mehr oder minder Konstantes vorstellen. Doch was geschieht, wenn sich die adaptive Landschaft dramatisch verändert? Was geschieht zum Beispiel, wenn eine Art ihre Heimat verläßt und in ein neues Territorium abwandert? Lewontin und Birch behaupten in ihrem Artikel, daß die genetischen Veränderungen, die mit der Veränderung ihres Aktionsradius einhergehen, »grundlegend« sein müssen, und »wenn sich ein Fall findet, bei dem eine Art ihren ökologischen Aktionsradius ausweitet, und man sie *in flagranti* ertappt, dann wäre es möglich, die genetische Grundlage einer solchen Veränderung zu untersuchen.«

Lewontin und Birch fanden ihr Beispiel bei der Fruchtfliege *Dacus tryoni*, einer nahen Verwandten der berüchtigten Mittelmeerfruchtfliege. *Dacus tryoni* ernährte sich früher lediglich von den Früchten in den tropischen Regenwäldern Australiens. Dies änderte sich in den fünfziger Jahren des letzten Jahrhunderts, als Darwin gerade an jenem Buch schrieb, das einmal *Die Entstehung der Arten* heißen sollte. In eben diesen Jahren begannen die Farmer auf der anderen Seite der Erdkugel, in Queensland, Plantagen anzulegen. Die Fliegen verließen die Regenwälder und wurden zu einer Plage in den neuen Apfel-, Birnen- und Guavenplantagen. Im Süden hatten die Fliegen innerhalb von hundert Jahren ihr Territorium bis nach Victoria ausgedehnt, mit gelegentlichen Ausflügen nach Adelaide, Melbourne und Gippsland sowie in die Hauptstadt von Australiens nördlichen Territorien an der Timorsee, die Hafenstadt Darwin.

Je weiter die Fliegen sich von ihrer ursprünglichen Heimat in den Regenwäldern entfernten, desto kühler wurde das Wetter, mit dem sie es zu tun hatten. Dennoch breiteten sie sich von der tropischen bis zur gemäßigten Zone aus. Lewontin und Birch studierten historische Quellen und Karten; dabei kamen sie zu der Schlußfolgerung, daß die Fliegen hauptsächlich durch diese klimatische Veränderung in ihrer Ausbreitung gebremst wurden. Labortests bestätigten, daß die Fliegenstämme an den äußersten Grenzen ihres Territoriums eine größere Widerstandskraft gegen Kälte besaßen als die Fliegen im heimatlichen Regenwald. Bei den Fliegen in den Gebieten, die im mittleren Bereich lagen, stellte man eine feine Abstufung in der Widerstandskraft gegen Kälte fest. Es handelte sich um erbliche Veränderungen, die in den Genen der Fliegen kodiert waren, und alle beschriebenen Anpassungen hatten sich bei dieser Art innerhalb eines einzigen Jahrhunderts entwickelt.

Nimmt man den Begriff der adaptiven Landschaft, dann flog *tryoni* von Gipfel zu Gipfel; und je weiter die Art sich vom Regenwald entfernte, desto kälter und verschneiter wurden die Gipfel. In Wirklichkeit war die Reise sogar noch mühsamer, sowohl, was die Kälte, als auch, was die Hitze betraf, weil die Wanderung von *tryoni* aus den Tropen in die gemäßigten Zonen die Art jahreszeitlichen Temperaturschwankungen aussetzte, die immer extremer wurden.

»Ein solcher Prozeß rascher Evolution beinhaltet raschen genetischen Wandel«, schreiben Lewontin und Birch. »Und solch eine Veränderung setzt wiederum eine genetische Variation voraus, auf deren Grundlage sich die natürliche Selektion entfalten kann. Doch woher kam diese genetische Variation?«

Es ist natürlich möglich, daß die Variationen bei *tryoni* bereits in den Regenwäldern – in Form extrem seltener Gene – vorkamen und daß diese Gene einfach selektiert wurden, immer verbreiteter wurden, je mehr die Fliegen, von Plantage zu Plantage, in die gemäßigten Zonen vordrangen. Lewontin und Birch konnten diese Möglichkeit nicht ausschließen, doch schrieben sie ihren Artikel, um eine andere Hypothese vorzuschlagen.

Tryoni lebt Seite an Seite mit einer zweiten Fliegenart, *Dacus neohumeralis*. Wie die Darwinfinken sind *tryoni* und *neohumeralis* miteinander verschwisterte Arten. Die Fliegen teilen sich die meisten Plantagen auf. Die Weibchen der beiden Arten legen ihre Eier sogar innerhalb desselben Apfels ab; dies bedeutet, daß die Larven von *tryoni* und *neohumeralis* häufig nebeneinander aufwachsen, wie Jungtiere eines Wurfs.

Das einzige, was diese Tiere unterscheidet, ist das Geschlechtsleben. *Tryoni* kopuliert bei Sonnenuntergang, *neohumeralis* hingegen vom Vormittag bis zum Nachmittag. Die beiden Arten grenzen sich also nicht durch den Raum, sondern durch die Zeit voneinander ab. Sie sehen sich ziemlich ähnlich und verhalten sich auch so; man hat sie daher bisweilen lediglich für Unterarten gehalten. Wie die Grants im Falle der Darwinfinken vertreten Lewontin und Birch jedoch die Hypothese, daß »das eindeutig voneinander getrennte Geschlechtsleben und die Tatsache, daß sie in der Natur ihre getrennten Identitäten beibehalten«, es nahelegen, jede von ihnen als eine getrennte Art zu klassifizieren.

Tryoni hat einige hellgelbe Markierungen, während *neohumeralis* einfarbig braun ist. Lewontin und Birch betonen allerdings, daß sich recht häufig Zwischenformen finden: Fliegen mit einem kleinen Mosaik aus gelben und braunen Farbtönen. Sorgfältige Studien belegten, daß diese Zwischenformen tatsächlich das sind, was sie zu sein scheinen: Hybridbildungen, Produkte seltener Kreuzungen zwischen *tryoni* und *neohume-ralis*. Deshalb handelt es sich nicht um eine unumschränkte Artentrennung, jedenfalls keine eindeutigere als unter den Darwinfinken. Die eine Fliege mag es lieber, wenn das Licht aus ist, die andere, wenn es an ist, ab und zu jedoch werden sie trotzdem ein Paar.

»Dieser Gen-Austausch reichte nicht aus, die Arten miteinander zu verschmelzen«, schreiben Lewontin und Birch, »vermutlich, weil die Selektion gegen Hybridbildungen wirkt. Der Austausch reichte allerdings aus, die Gene der fremden Art in den Genpool jeder Art aufzunehmen.«

Es handelt sich also um zwei Arten, die so eng miteinander verwandt sind wie die Darwinfinken und ihre Gene häufig austauschen. Auch hierin gleichen sie den Darwinfinken. Sie werden durch natürliche Selektion voneinander getrennt gehalten, wie es bei den Darwinfinken während der ersten Hälfte der Untersuchung festzustellen war, die die Grants durchführten.

Bei den Fliegen scheint es ein lockeres Gleichgewicht hinsichtlich der Gen-Ausstattung beider Arten zu geben. Fremde Gene gehen verloren, indem die Selektion Hybridbildungen untergehen läßt, aber neue fremde Gene kommen hinzu, wenn sich die seltenen Paare treffen und sich irgendwo an der unsichtbaren Grenze vereinigen, die ihre beiden Arten trennt. Lewontin und Birch behaupten, daß es dieses Einfließen neuer Gene war, das bei den Fliegen zu einer raschen Anpassung führte und es ihnen erlaubte, sich in einer völlig neuen adaptiven Landschaft auszubreiten.

Um diese Hypothese zu überprüfen, führten Lewontin und Birch ein Laborexperiment durch. Sie fingen Fliegen beider Arten und züchteten sie im Labor. Dann stellten die beiden Forscher Käfige für jeweils eine Population bei drei verschiedenen Temperaturen auf – 20 Grad, 25 Grad, 31,5 Grad Celsius –, schufen also für diese Fliegen ein kühleres, warmes und heißes Klima.

Lewontin und Birch ließen den Populationen aller drei Arten zwei Jahre Zeit, sich bei jeder dieser Temperaturen zu entwickeln. Sie wurden Zeuge der Evolution eines neuen vermischten Stammes, der besser angepaßt war als eine der beiden voneinander getrennten Arten. Es kam zu deutlichen und raschen genetischen Veränderungen.

»Die Einführung von Genen einer anderen Art kann als Rohmaterial für eine adaptive evolutionäre Vervollkommnung dienen, selbst wenn die ursprüngliche Hybridbildung mit einem Nachteil verbunden ist«, schreiben Lewontin und Birch gegen Ende ihrer Veröffentlichung. »Wie häufig dies in der Natur vorkam, ist eine andere Frage.«

Peter und Rosemary konnten beobachten, wie dies in der freien Natur geschah – auf einigen der entlegensten Inseln der Welt. Eine neue Sicht erschließt sich ihnen. Sie betrachten ein Ereignis von großer Tragweite, das während ihres gesamten Forschungsaufenthalts auf den Galapagosinseln abspielte.

»Unter *bestimmten* Umständen«, sagt Peter, »bleiben die Populationen als getrennte Einheiten erhalten, weil jegliche Hybridbildung, wie selten auch immer sie auftritt, bestraft wird. Die Nachkommenschaft ist nicht so anpassungsfähig. Ihre Chancen zu überleben, um dann wieder Nachkommen hervorzubringen, sind nicht sehr gut. *Doch dann kommt es zu diesem seltenen Ereignis.*« Eine schreckliche Dürre, eine Seuche oder eine Jahrhundertflut bricht über die Insel herein und verändert die adaptive Landschaft in der Weise, daß sich die Gipfel und Täler nicht mehr dort befinden, wo sie zuvor waren. Die ganze adaptive Landschaft erbebt und baut sich in neuen, sich zufällig ergebenden Falten und Faltungen wieder auf. Die Vögel, die sich zuvor dort befanden, wo einmal ein Tal war, finden sich möglicherweise auf einem neuen, steil ansteigenden Gipfel wieder. Ganz plötzlich sind sie im Vorteil. »Dies führt zu einer ganz allmählichen Verschmelzung der Populationen miteinander«, sagt Peter. »Das ist die *Richtung*, in der die Hybridbildung wirkt.«

»Doch bevor dies überhandnimmt, wird meiner Meinung nach das Pendel in die andere Richtung zurückschwingen. Es wird zumindest nicht weiter ausschwingen, im Extremfall aber den Prozeß umkehren.«

»Unter dem Strich«, betont Rosemary, »ergibt sich Verschmelzung oder Spaltung!«

»Manchmal glauben wir, daß Hybridbildungen im Nachteil sind«, sagt Peter, »und manchmal, daß sie im Vorteil sind. In den letzten zehn Jahren waren hybride Vögel begünstigt; aber in den zehn Jahren davor waren sie im Nachteil. Deshalb entwickelten wir ein Pendelmodell, wir stellen uns den Vorgang als eine Schwingung zwischen hybrider Über- und Unterlegenheit vor.«

Sie haben ein riesiges, unsichtbares Pendel vor Augen, das auf Darwins

Inseln vor- und zurückschwingt, eine Oszillation in zwei Phasen, die jeweils ein Jahrzehnt oder länger dauern. »Wenn man beides zusammen betrachtet, dann ist es sehr unwahrscheinlich, daß die Verschmelzung abgeschlossen ist, bevor sich das Rad wieder in die andere Richtung dreht.«

Für die *fortis* und die *fuliginosa* haben Peter Boag und Peter Grant die Folgen eines solchen Ablaufs skizziert. Ihre Ergebnisse haben die Grants in einem Beitrag für die *Veröffentlichungen der Royal Society of London* zusammengefaßt. »Bei der jetzt beobachteten Anzahl gemischter Paare«, schreiben die Grants, »würde es ohne hybriden Vorteil und ohne Selektion länger als 50 Generationen oder über 200 Jahre dauern, bis die morphologischen Unterschiede zwischen den Arten verschwunden sind.«

Es handelt sich um eine vorsichtige Schätzung. Wenn die Grants das, was sie seit der Flut beobachteten, miteinbeziehen und den Faktor, daß Hybridbildungen von Vorteil sind, stärker gewichten, dann würde die Veränderung weniger Zeit in Anspruch nehmen – etwa 100 bis 200 Jahre. Wenn sie den Faktor, daß die Anzahl gemischter Paarbildungen zunimmt, stärker gewichten, würde es sogar eine noch kürzere Zeit dauern.

In den beiden Jahrzehnten ihrer Forschungen konnten die Grants beobachten, wie das Pendel zur Dürre und zur Flut hin ausschlug und dann wieder zurückschwang. Sie beobachteten, wie sich die adaptive Landschaft, gewissermaßen in Zeitlupe, auftürmte, wie die Schaumkronen auf den Wogen eines unsichtbaren Meeres. Wenn die Landschaft sich dann wieder in den Zustand vor der großen Flut zurückentwickelt, das Land austrocknet und Kaktus und *Tribulus* wieder das Feld beherrschen, wird auch aus dem Fluß der Gene zwischen den Arten wieder ein Rinnsal. Dann, schreiben die Grants, werden in der Landschaft, wie sie sich jetzt darstellt, die Hybridbildungen, die eben noch aufblühten, wieder im Nachteil sein; sie werden durch natürliche Selektion dezimiert. »Und die drei Arten werden als drei getrennte Arten weiterhin nebeneinander bestehen, bis der nächste außergewöhnliche *El Niño* auftritt. Während der letzten 500 Jahre traten *El-Niño*-Ereignisse, die als ›stark‹ klassifiziert werden, ein- bis dreimal pro Jahrhundert auf.«

Wenn die Lebensbedingungen auf den Inseln weiterhin mehr oder minder schwanken, wie dies in der zweiten Hälfte dieses Jahrtausends der Fall war, dann bliebe den Vögeln keine Zeit, miteinander zu verschmelzen. Die bloße Existenz dieser dreizehn Arten spricht dafür. »Ganz sicher wirkte die Selektion sich zuungunsten der Hybridbildung aus«, sagt Peter. »Der Einfluß der Hybridbildung reichte also nicht aus, um diese Art in einen Zustand der *Panmixia* zu bringen«, fährt er fort und genießt den exotischen Beigeschmack dieses Wortes.

Um sicherzugehen, müssen die Grants noch über einen längeren Zeitraum hinweg Beobachtungen anstellen und weitere Untersuchungen durchführen. Doch zweifellos ist dies die Richtung, in die sie arbeiten müssen. Immer wenn die adaptive Landschaft starken Schwankungen unterworfen ist, wie das Meer bei Sturm, werden Hybridbildungen unter den Darwinfinken im Vorteil sein. Sie werden ihre Gene vermischen. Wenn die Landschaft jedoch ihre alte Gestalt wieder annimmt, dann werden sich die Vögel erneut auf ihren angestammten Gipfeln einrichten, und der Gen-Austausch wird sich verringern.

Die Grants beginnen gerade, darüber nachzudenken, was das alles für die Welt jenseits der Galapagosinseln heißen könnte. »Hybridbildung schafft«, so schrieben sie in einem längeren, während ihres Sabbatjahres verfaßten Artikel für die Zeitschrift *Science*, »günstige Voraussetzungen dafür, daß evolutionärer Wandel in bedeutendem Umfang rasch vonstatten geht.« Es sind heute insgesamt 9672 Vogelarten auf der Welt bekannt. Nach einer Schätzung des deutschen Ornithologen W. Meise aus dem Jahre 1975 bringen ungefähr 2 Prozent der jüngeren, neueren Arten regelmäßig hybride Formen hervor, und ungefähr 3 Prozent tun dies gelegentlich. 1989 stellte der russische Ornithologe E. N. Panow eine ausführliche Liste zusammen, die jede Vogelart enthielt, bei der man je Hybridbildungen beobachtet hatte, auch wenn dies nur einmal der Fall war. »Über keine andere Klasse von Organismen vergleichbarer Größe besitzen wir ein so umfangreiches Wissen«, kommentieren die Grants. Und die neuen Daten lassen interessante Dinge erwarten.

Die Gesamtzahl der bekannten Vogelarten auf der Welt beträgt, wie gesagt, nahezu 10 000. Von fast 1000 Arten wissen wir, schreiben die Grants, »daß sie in der Natur mit einer anderen Art zusammen brüteten und hybride Nachkommenschaft hervorbrachten ... das ist ungefähr jede zehnte Art.«

In einigen Vogelordnungen geschieht dies sogar noch häufiger. Bei Moorhühnern und Rebhühnern, aber auch bei Spechten, Kolibris und zahlreichen Arten von Falken und Reihern sind Hybridbildungen offensichtlich recht verbreitet. Am häufigsten sind sie bei Enten und Gänsen. Von den 161 Enten- und Gänsearten auf der Welt sind bei 67 Arten hybride Formen festgestellt worden. Anders ausgedrückt, so die Grants, hat sich in der freien Natur fast jede zweite Enten- und Gänseart mit anderen Arten vermischt.

Wahrscheinlich kommt dies noch viel häufiger vor. So sind die Darwinfinken weltweit eine der am besten untersuchten Vogelgruppen in diesem Jahrhundert. Doch erst seit kurzem, nach diesem außergewöhnlichen Forschungsaufenthalt, an dem Generationen von Vögeln und Doktoranden beteiligt waren, ist das Ausmaß des Gen-Austausches bei den Darwinfinken erkennbar geworden. Nie zuvor begleitete jemand eine Gruppe von Vogelarten (oder irgendeine andere Tierart) in der Natur mit einem derartig umfassenden Wissen, identifizierte dabei jedes Einzeltier in jeder Generation und verfolgte dessen Spur, zeichnete den Stammbaum auf und hielt das Schicksal der Vögel im Detail fest.

Es ist noch nicht lange her, daß man dachte, Hybridbildung unter Vögeln sei eher sehr selten. Im Jahre 1965 schrieb Ernst Mayr, einer der besten Ornithologen und Evolutionsforscher dieses Jahrhunderts: »Auf der Grundlage meiner Auswertung von Stichproben nach dem Zufallsprinzip schätze ich, daß wahrscheinlich nur einer von 60 000 freilebenden Vögeln eine Hybridbildung ist.« Seine Schätzung mag für ältere, gut etablierte Arten korrekt sein. Doch heute scheint es wahrscheinlich, daß die Vermischung unter Vögeln verbreiteter ist, zumindest unter den neueren Linien, bei denen der Prozeß der Entstehung von Arten immer noch im Fluß ist. Und der Vorgang kann auch für die Evolution von Bedeutung sein, schreiben die Grants, »weil er neue Genkombinationen und auch neue Allele (variante Formen desselben Gens) hervorbringt und auf diese Weise günstige genetische Voraussetzungen dafür schafft, daß evolutionärer Wandel in bedeutendem Umfang rasch vonstatten geht«.

Es mag uns unwahrscheinlich vorkommen, daß die Kreuzung der Entwicklungslinien den Baum des Lebens so stark verändern kann. Doch der Einfluß der Kreuzung unter den Arten »ist nicht hypothetischer Natur«, um einen Ausdruck zu gebrauchen, mit dem Darwin den Einfluß der natürlichen Selektion erstmals beschrieb. Bei den Pflanzen können Kreuzungen zwischen verschiedenen Arten neue Arten hervorbringen, und dies kann buchstäblich über Nacht geschehen.

»Möglicherweise sind ungefähr 40 Prozent der Pflanzenarten auf diese Art entstanden«, schreiben die Grants. Das umfaßt eine riesige Anzahl von Arten. Etwa ein Drittel bis die Hälfte des Grüns auf dieser Erde und mindestens die Hälfte aller blühenden Pflanzen entstanden durch die Vermischung der Gene unterschiedlicher Arten.

Traditionell betrachteten die Evolutionsforscher diese Art von Vermischung und schneller Evolution als ein Merkmal, das mehr oder minder auf das Pflanzenreich beschränkt ist. Mayr schloß daraus, daß die Hybridbildung bei der Evolution der höheren Tierarten wahrscheinlich keine bedeutsame Rolle spielt. Doch das ist möglicherweise unrichtig. Sicherlich tritt sie bei Tieren seltener als bei Pflanzen auf, bei Vögeln und bei anderen Gruppen von Tieren jedoch ist die Hybridbildung scheinbar weit verbreitet. Bei Kröten der großen Gattung *Bufo* und bei vielen Insektenfamilien findet man sie häufig. Auch kommt sie häufig bei Fischen vor, die ihr Sperma und ihre Eier gewöhnlich im Wasser ausstreuen, damit sie außerhalb ihres Körpers befruchtet werden. Mayr selbst führt »gelegentliche oder verbreitete Hybridbildung« unter Neunaugen, Forellen, Lachsen, Weißfischen, Welsen, Hechten, Killifischen, lebend-gebärenden (einschließlich John Endlers Guppys), Ährenfischen, Barschen, Sonnenbarschen und weiteren Fischen an.

Die Blumen, die uns im Pflanzenreich eine solche Freude bereiten, sind Lebewesen, die Sperma ausstreuen und Sperma auffangen. »Auch wenn wir uns an der fremden und exotischen Schönheit der Orchideen freuen«, schreibt ein britischer Biologe, »ist es nützlich, sich einmal vor Augen zu halten, daß wir eigentlich ihre Genitalien betrachten.« Da sie für den Wind zugänglich sind, fangen sie eine Vielzahl fremder Spermien ein, die in Tiere nicht eindringen können. Da wir selbst Tiere sind, empfinden wir diese Eigentümlichkeit der Blumen als absonderlich. Doch im ganzen gesehen unterscheidet sich ihr Reich vermutlich gar nicht so sehr von unserem. »Tierarten sind möglicherweise den Pflanzen ähnlicher, als wir uns gemeinhin vorstellen«, schreiben die Grants. Tiere mischen ihre Gene fast so freizügig wie die Bäume und Blumen, die ihr Sperma von jeder Brise hinwegtragen lassen und ihre Blüten öffnen, um mit jedem neuen Windstoß Sperma einzufangen. Bei zahlreichen Tieren ist »das genetische System für Invasionen geöffnet, insbesondere in einer frühen Entwicklungsphase als gleichsam unabhängige Linie«.

Für die Pflanzen haben all diese Kreuzungen einen offensichtlichen Vorteil. Mayr drückte dies kurz und bündig so aus: »Pflanzen können sich nicht bewegen. Ein Same keimt dort, wo er hinfällt, und es muß gelingen, oder er geht unter.« Wenn also die Pflanzenpollen mit Hilfe des Windes und der Insekten von einer Pflanze zur nächsten getragen werden, dann ist Hybridbildung nicht nur unvermeidlich, sondern sogar wünschenswert, weil Myriaden und Abermyriaden von Samen in adaptiven Landschaften keimen werden, die sich von denen ihrer Eltern unterscheiden. Hier begünstigt die natürliche Selektion große genetische Variabilität, und Hybridbildung ist eine Methode, sie schnell zu erzeugen. Kreuzt man einen Baum mit sternförmigen Blättern mit einem Baum, der lanzettförmige Blätter hat, kann man Generationen von hybriden Blättern erzeugen, die wie gespreizte Finger, Pyramiden, Herzen und Pfeilspitzen aussehen. Und dies ist nur die Variation, die ins Auge fällt. Man stelle sich nur die Variationen unter dieser Oberfläche vor.

Weil die Grants so intensiv beobachten, können sie erkennen, daß die adaptive Landschaft sogar auf derselben Wüsteninsel, auf einer Anhäufung von Felsbrocken, die dem flüchtigen Blick so unveränderlich wie der Mond erscheint, von Jahrzehnt zu Jahrzehnt außerordentlich stark variiert. Deshalb brauchen die Vögel, die an diese kleine Insel gebunden sind, die dort brüten, wo ihre Vorfahren seit Generationen gebrütet haben, häufig einen Schuß frischer Variationen, ebenso wie die Pflanzen, deren Samen der Wind über Hunderte von Kilometern befördert.

Der ganze Baum des Lebens erscheint den Grants nun in einem anderen Licht als noch vor einem Jahr. Die jungen Zweige und Triebe, mit denen sie sich befassen, bewegen sich anscheinend in manchen Zeiten aufeinander zu und streben in anderen dann wieder auseinander. Dieselben Kräfte, die diese Entwicklungslinien schufen, drängen einesteils in Richtung einer Verschmelzung, um dann wieder eine Trennung der Linien zu begünstigen.

Die Grants untersuchen ein Muster, das man einmal als unbedeutend für den Baum des Lebens abtat. Das Muster ist als *retikulare* (netzförmige) Evolution bekannt, nach dem lateinischen Wort *reticulum*, einer Verkleinerungsform für »Netz«. Bei den Entwicklungslinien der Finken handelt es sich nämlich gar nicht so sehr um Linien oder Äste. Sie gleichen vielmehr einem Dickicht, das sich aus kleinen Netzen und feinen Geweben zusammensetzt. Diese Art von retikularer Evolution bindet Entwicklungslinien nicht für immer aneinander; möglicherweise trennen sie sich oder verschmelzen weiter miteinander. Doch haben wir es hier mit einem allgemeinen, bislang vernachlässigten Merkmal der Entstehung von Arten zu tun.

Seit die Grants und ihr Team die ersten Informationen über Hybridbildung bei Darwinfinken veröffentlichten, sind diese neuen Perspektiven, die die Finken eröffneten, und die Implikationen eines retikularen Baumes des Lebens *das* Thema unter Evolutionsforschern.

»Anstatt sich den evolutionären Verlauf bei den Finken als einen wohlgeformten Stammbaum mit eindeutig zu bestimmenden Ästen vorzustellen, die deutlich in unterschiedliche Richtungen wachsen«, schreibt der Evolutionsforscher David Steadman, der eine Autorität auf dem Gebiet fossiler Überreste der Darwinfinken ist, »halte ich es für nützlich, sie mir als einen jungen Busch vorzustellen, in dem die Zweige so stark miteinander verwoben, wildwüchsig und vernetzt sind, daß die evolutionären Richtungen kunterbunt durcheinander geraten und eher wenig ausgeprägt sind.« Er fährt fort: »Es ist so wie bei Jugendlichen. Sie experimentieren mit unterschiedlichen Erwachsenenidentitäten. Einiges werden sie beibehalten, anderes werden sie ablegen.«

»Auf kurze Sicht«, schreibt Jeremy Searle, ein anderer Evolutionsforscher, »folgen die Finken keineswegs Pfaden der Evolution, die völlig voneinander unabhängig sind.« Ein neues Gen, das sich bei einer Art entwickelt, kann sich auf andere Arten ausdehnen. Das Leben wäre sehr viel einfacher, wenn die Entwicklungslinien der Tiere auf sich beschränkt blieben, schreibt Searle, nur halb im Scherz. Das wäre doch nicht zuviel verlangt: Es ist das Standardkriterium der Zoologen zur Unterscheidung von Arten. Doch »die Angelegenheit ist nicht so einfach für die Zoologen«, schließt Searle. »Es ist enttäuschend, daß sogar die Darwinfinken nicht so ganz ins Schema zu passen scheinen.«

Auch ein dritter Evolutionsforscher, Robert Holt, ist völlig absorbiert von der Vermischung der Abstammungslinien, die in Wettbewerb miteinander stehen. »Arten, die in der ökologischen Zeit in Konkurrenz zueinander stehen«, schreibt Holt, »sind möglicherweise in der evolutionären Zeit Mutualisten. Jede von ihnen hält ein ganzes Faß genetischer Variationen bereit, das von der anderen angezapft werden kann.«

»Vielleicht sollten wir alle dankbar sein, daß Mutter Natur ein bißchen schlampig ist, wenn es an die Reproduktion geht, weil dies letzten Endes die Entwicklung der unendlichen Vielfalt an Lebensformen auf der Erde ermöglicht.«

Die alte Vision vom Baum des Lebens war einfach, elegant und schlicht. Diese Auffassung nun ist weicher, unordentlicher, verzwickter und lebendiger. Auf ihre Weise ist sie auch sympathischer. Die Entwicklungslinien der Darwinfinken stehen eindeutig in Konkurrenz zueinander: Folgt man Darwins Divergenzprinzip, kämpfen sie miteinander und drängen sich auseinander. Sie spielen das endlose Spiel, wer König der Berge ist. Gleichzeitig sind die Vögel jedoch auf ihren isolierten Inseln und ihren einsamen Gipfeln gar nicht so allein, wie es den Anschein hat. Es kommt zu vielen Verschmelzungen und Spaltungen, zu Konkurrenz und Zusammenarbeit, wie bei Brüdern und Schwestern in einer Kernfamilie, die durch Tausende von Beziehungen und Spannungen miteinander verbunden sind, oder wie in den alten europäischen Königshäusern, die Prinzen und Prinzessinnen untereinander heiraten ließen, um Familienbande zu knüpfen. Die Vögel reichen unsichtbare Nachrichten weiter und tauschen so beiläufig Gene untereinander aus wie gute Nachbarn Rezepte, Werkzeuge oder Gedichte. Sie teilen Geheimnisse, halten auf ihrer langen Reise Zwiesprache und sind offen für Anregungen. Ihre Entwicklungslinien kommen zusammen und trennen sich wieder; auf diese Weise werden die Vögel immer wieder neu geschaffen.

Die offenbare Dauerhaftigkeit der Arten schien einmal das stärkste Argument gegen die Evolution zu sein, so wie der gesunde Menschenverstand früher einmal die scheinbare Unbeweglichkeit der Erde gegen das kopernikanische Weltbild ins Feld führte. Die befriedigende und beruhigende Gleichförmigkeit, die Äsop und andere Geschichtenerzähler in der Vergangenheit dazu anregte, von *dem* Fuchs, *der* Eule, *dem* Wolf, *dem* Wal und *der* Krähe zu sprechen, erscheint heute illusorischer als je zuvor. »Alles ist im Fluß«, sagt der griechische Philosoph Heraklit. »Alles fließt.« Die Formen und Instinkte der Lebewesen, die unsichtbaren Grenzen zwischen ihnen und eben jene Küsten und Landschaften, die sie bewohnen, sind allesamt fließender, stärker im Fluß, als selbst Heraklit sich hätte vorstellen können.

14

Neue Lebewesen

Deshalb scheinen wir, was Raum und
Zeit betrifft, diesem großartigen
Faktum – dem Mysterium der Mysterien –
näherzukommen, dem ersten
Auftreten neuer Lebewesen auf der Erde.

CHARLES DARWIN
Reise um die Welt

Ein viktorianischer Gentleman, bekleidet mit einer Perücke, einem Gehrock und Spangenschuhen, steht mit nachdenklicher Miene vor dem Skelett eines Storches. Er hat ein Metermaß, einen Handzirkel, einige Greifzirkel und einen Stapel Notizen vor sich. Mit einem Bandmaß, das er zwischen seinen Händen strammzieht, und einem Bleistift bewaffnet, den er wie ein Schneider mit den Zähnen festhält, blickt er in Richtung Vogelschnabel, als ob er sagen wollte: »Was mache ich jetzt?«
Dieses Porträt eines Naturforschers bei der Arbeit wurde von Henry Stacy Marks, einem Mitglied der Royal Academy of Arts, im Jahre 1879 gemalt. Marks nannte es *Wissenschaft heißt Maß nehmen.*
»Wenn man messen kann, worüber man spricht, und es in Zahlen ausdrücken kann, dann weiß man etwas darüber«, erklärte der viktorianische Physiker Lord Kelvin im Jahre 1883. »Wenn man es jedoch nicht messen und in Zahlen ausdrücken kann, dann ist das Wissen in diesem Bereich vergleichsweise dürftig und unzulänglich. So mag die Erkenntnis ihren Anfang nehmen, doch um welchen Gegenstandsbereich es sich auch handeln mag, mit seinen Gedanken ist man wohl schwerlich bis zur Stufe der Wissenschaft vorgedrungen.«
Sowohl das Gemälde als auch das Zitat von Kelvin sind auf dem Frontispiz des Buches *Album der Wissenschaft: Das neunzehnte Jahrhundert* wiedergegeben, einem Bildband, den der Historiker L. Pearce Williams

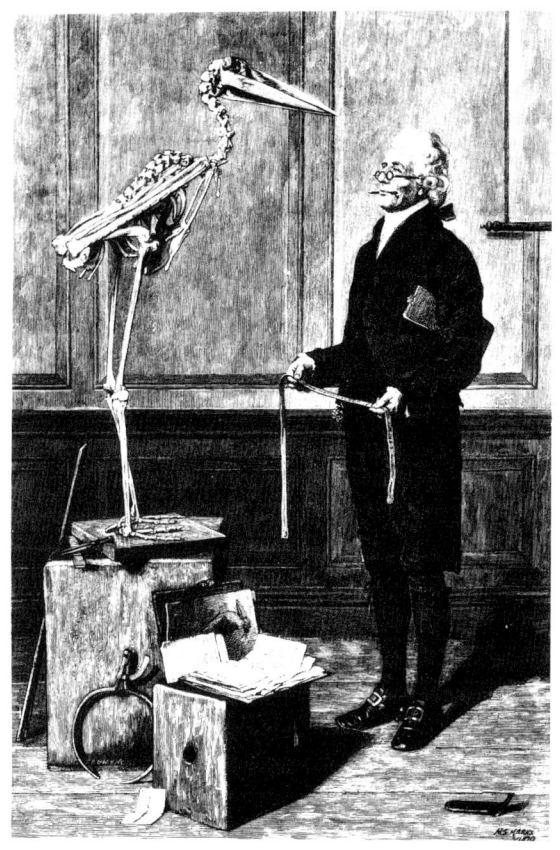

Henry Stacy Marks,
Wissenschaft heißt Maß nehmen.
The London Graphic, 1879

herausgegeben hat. In ihrem Sabbatjahr brachte einer ihrer zahlreichen Freunde in Princeton den Grants dieses Buch mit. Als Peter das Buch aufschlug und sich das Frontispiz anschaute, mußte er laut auflachen. Er las Rosemary das Kelvin-Zitat vor.

»Dein Wissen ist vergleichsweise *dürftig* und *unzulänglich*«, wiederholte Rosemary im Tonfall eines schottischen Scharfrichters.

»Das läßt einen doch ziemlich unbedeutend erscheinen«, rief Peter.

»Oh, es ist toll!«

»*Das* ist interessant«, sagte Peter und las den Kommentar des Historikers:

> Das Bild veranschaulicht die Verblüffung des Naturwissenschaftlers, dessen Gegenstand wenig Möglichkeiten für bedeutsame Messungen bietet. Er sah sich vor die Frage gestellt, ob die gesamte Naturgeschichte aus der »Wissenschaft« ausgeschlossen werden soll – oder ob der intensive Naturbeobachter der wissenschaftlichen »Wahrheit« nicht doch so nahe ist wie der Mathematiker.

»Ja«, sagte Peter, »ich glaube, daß es auch in diesem Jahrhundert lange Zeit ein Vorurteil gegenüber dem gab, was wir heute Ökologie nennen, mit der Begründung, daß es hier nichts gäbe, was man präzise messen könne – und wenn man es könne, dann sei es wahrscheinlich höchst uninteressant.«

»Hier handelte es sich um ein Vorurteil bei Menschen, die in ihren Laboratorien in der Lage waren, sehr genaue Messungen durchzuführen – Physiker, Physiologen und andere.«

Die Messungen, die die Grants durchführten, sind die richtige Antwort auf Marks Gemälde und die Zweifel zu Darwins Zeiten. Sie sind so quantitativ und streng, wie es sich ein Lord Kelvin gewünscht hätte. Als die Grants in ihrem Sabbatjahr über Hybridbildungen arbeiteten, entnahmen sie den Daten auf ihrem Regal eine kleine Stichprobe und überprüften die Aussagefähigkeit der Darwinschen Theorie. Sie beschäftigten sich zu diesem Zweck mit der mittleren Länge, Breite und Höhe der Schnäbel des *scandens* und des *fortis* auf Daphne im Jahre 1984. Sie setzten jede dieser Zahlen zusammen mit einigen Schlüsselvariablen in eine knappe mathematische Formel ein (die Schlüsselvariablen umfaßten die unterschiedlichen Vererbungswahrscheinlichkeiten von Schnabelhöhe, -breite und

-länge sowie die Art und Weise, wie sich diese Eigenschaften gegenseitig beeinflussen; die Art und Weise, wie der Samenvorrat auf der Insel zwischen 1984 und 1987 ab- und wieder zunahm, und die Art und Weise, wie die Menge der Samen Schnabelhöhe, -breite und -länge beeinflußt). Mit Hilfe der Gleichung konnten sie dann die mittlere Länge, Breite und Höhe der Schnäbel des *scandens* und *fortis* auf Daphne im Jahre 1987 voraussagen. Dann verglichen sie die Ergebnisse ihrer Gleichungen mit den tatsächlichen Resultaten der Darwinschen Evolution auf Daphne in den Jahren zwischen 1984 und 1987.

So betrug im Jahre 1984 die mittlere Schnabelbreite eines *fortis* 8,86 Millimeter. Die Gleichung sagte mit einer Genauigkeit von Bruchteilen eines Millimeters voraus, daß die mittlere Breite im Jahre 1987 auf 8,74 Millimeter abgenommen haben sollte. Die tatsächliche Breite des Schnabels eines *fortis* auf Daphne im Jahre 1987 betrug genau 8,74 Millimeter. Die Vorhersagen waren »punktgenau«, wie Peter sich ausdrückt. Jede einzelne Zahl stimmte.

»Diejenigen, die die Theorie der Evolution durch natürliche Selektion kritisieren, treffen häufig die Annahme, daß es unmöglich sei, sie in der Form zu überprüfen, daß man quantitative Voraussagen macht«, merkt der Evolutionsbiologe Jeremy J. D. Greenwood in einem kürzlich erschienenen Kommentar in *Nature* an. »Rosemary und Peter Grant zeigen jetzt, daß diese Auffassung falsch ist ... Ihre Vorhersagen stimmten genau.«

Wenn die Messungen der Grants nicht so präzise gewesen wären, dann hätten sie praktisch den gesamten Ablauf nicht erfaßt, den sie während der letzten zwanzig Jahre auf den Galapagosinseln beobachten konnten. Sicherlich hätten sie nicht einmal einen Blick auf das unsichtbare Pendel erhascht, dessen Ausschlag auf den Galapagosinseln sie nun über die Jahrzehnte hinweg verfolgen. »Wir entdeckten es nur dadurch, daß wir unsere Zahlen analysierten«, sagt Peter. »Es schallt nicht aus den Daten heraus. Es handelt sich um eine subtile Angelegenheit mit Wahrscheinlichkeiten, die nur um wenige Prozent schwanken.«

Die Entdeckung der Grants, daß vermischte Arten aufblühen und wieder vergehen, nimmt der natürlichen Selektion nichts von ihrer Bedeutsamkeit. Im Gegenteil, es zeigt anschaulicher als je zuvor, daß die Darwinfinken neue Lebewesen auf dieser Erde sind. Der intensive Druck von seiten der Selektion, der die Finkenschnäbel immer wieder neu gestaltet, verhindert auf der anderen Seite, daß all diese Schnäbel von der Bildfläche verschwinden. Der Darwinsche Prozeß erzeugte Vielfalt aus dem einen Ursprung heraus, und auch in diesem Moment ist er wieder dabei, Neues hervorzubringen. Wenn die natürliche Selektion nicht auf jeder Insel unaufhörlich in jeder Generation am Werke wäre, dann löste sich diese Vielfalt schon bald in dem Einen wieder auf.

Die Darwinfinken sind nichts, was Michelangelos Adam gliche, der lässig seinen Finger hebt, um Gottes ausgestreckten Zeigefinger zu berühren: der erste Mensch, aus Staub geformt, gerade zum Leben erweckt, in einem kurzen Augenblick geschaffen. Diese Vögel gleichen eher Michelangelos *Gefangenen*, den berühmten Statuen, die er halb im Marmor beließ, so daß wir, wenn wir sie heute betrachten, fast den Meißel des Bildhauers an der Arbeit sehen. Die Vögel sind lebendig und atmen, doch sie sind unvollendet; in meßbarer und sichtbarer Weise ist der Bildhauer auf den Galapagosinseln immer noch an der Arbeit. Was die Grants in diesem Sabbatjahr entdeckten, macht die Wirkung des Meißels nur auf noch dramatischere Weise sichtbar. Je mehr die Vögel miteinander verschmelzen können, desto eindrucksvoller ist die Arbeit des Bildhauers: desto schneller muß der Meißel arbeiten, um sie alle auseinanderzuhalten, als würden sie überhaupt nicht in Stein gehauen, sondern in Wasser geschrieben. Grob geschätzt handelt es sich bei jedem zehnten Finken, der auf der Wüsteninsel Daphne Major zur Welt kommt, um eine Hybridbildung. Und Hybridbildungen sind durchsetzungsfähiger als irgendeine andere Art auf der Insel. Aus der evolutionären Perspektive betrachtet, könnten alle Darwinfinken in der kurzen Zeitspanne eines Augenblicks wieder verschmelzen und erstarren; das Kunstwerk des Bildhauers wäre verloren. Wie der Evolutionsforscher Ernst Mayr einmal ausführte, ist die Tendenz zur Verschmelzung, das »erfolgreiche Durchsickern der Gene von einer Art zur anderen«, ein »sich selbst beschleunigender Prozeß«. Jeder einzelne Fall von Introgression schwächt die unsichtbaren Barrieren zwischen zwei Arten ab und führt zu einer erhöhten Häufigkeit der Hybridbildung, ein Prozeß, der, wenn er keine Gegenkräfte hervorruft, immer schneller abwärts führt, »bis die beiden Arten schließlich in einem dauerhaft hybriden Schwarm miteinander verbunden sind.«

Die Finken wurden noch nicht vollständig »auseinandergemeißelt« oder vom Stamm ihrer Urahnen getrennt, also von jener Entwicklungslinie der Vögel, die vor Millionen von Jahren die Inseln kolonisierten. Wenn der

Meißel nicht schnell arbeitete, verschwände die Arbeit des Bildhauers ohne eine Spur bald von der Bildfläche und verschmölze wieder mit dem Block aus lebendigem Fels.

Dieselbe Spannung zwischen Spaltung und Verschmelzung ist in beiden Reichen, der Tiere und der Pflanzen, verbreitet. Hybride Schwärme sind indessen selten, während gute, dauerhafte, mehr oder minder voneinander getrennte Arten die Norm sind. Doch bei vielen Vögeln, bei vielen Fischen und bei fast allen Grünpflanzen vermischen sich die Gene. Täglich und stündlich arbeitet der Meißel hart an jeder Landschaft überall auf der Welt.

W arum gibt es so viele Tierarten? Im wesentlichen ist die Antwort dieselbe wie bei den Darwinfinken: wegen der adaptiven Radiation. Überall auf den Galapagosinseln (bei den Spottdrosseln, den Kakteen, den Haien, den Schildkröten sowie bei den Grenadillbäumen), ja überall auf dem Planeten entfaltet sie ihre Wirkung. Auf Hawaii spaltete sich die Entwicklungslinie eines einzigen Finken in mehr als 40 Arten mit 40 verschiedenen Schnäbeln, unter ihnen Samenknacker, Käferfänger und Nektarsauger. Ihre Schnäbel sind sogar noch unterschiedlicher als die Schnäbel der Darwinfinken. Der *akiapolaau* hat einen der seltsamsten Schnäbel. Mit der unteren Schnabelhälfte schält er Baumrinde wie mit einem Messer ab; dann holt er sich die Käfer heraus, indem er mit der sehr langen und dünnen, überstehenden oberen Hälfte, wie mit einer Nadel, ins Holz sticht: zwei Werkzeuge in einem, ein Taschenmesser mit zwei Klingen.

Ebenfalls auf Hawaii spalteten sich ein paar Fliegen einer Fruchtfliegenart, die vor Millionen von Jahren vom Wind über den Pazifik auf die Inseln getragen worden waren, in ungefähr 500 bis 1000 Arten auf. Über ein Drittel aller Fruchtfliegenarten auf der Welt sind aus dieser einen einzigen adaptiven Radiation hervorgegangen. Es gibt Raubfliegen und parasitäre Fliegen. Es gibt nektar-, abfall- und pflanzenfressende Fliegen. Einige von ihnen haben die Größe eines Stecknadelkopfes, wieder andere sind so groß wie der Daumen eines Kindes. Glaubt man einem Evolutionsforscher, der sie aus nächster Nähe betrachtete, so haben einige »eigenartige, breite Köpfe mit Augen, die so weit auseinander liegen wie die eines Hammerhais«.

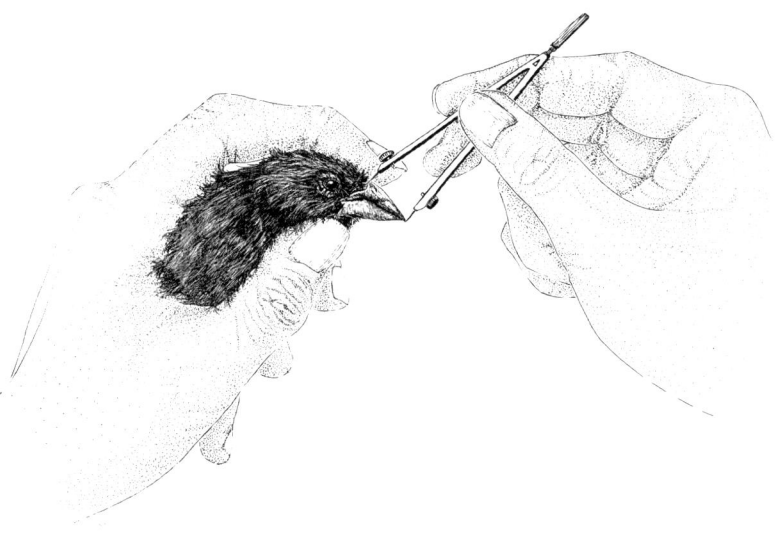

Die Länge eines Schnabels wird gemessen.
Zeichnung: Thalia Grant

In den großen Seen Ostafrikas machte eine Gruppe von Buntbarschen eine ganze Serie solcher explosionsartigen, sternförmigen Entwicklungen durch. Allein im Viktoriasee entwickelten sich innerhalb der letzten 750 000 Jahre aus einem einzigen Urstamm ungefähr 200 Arten von Buntbarschen. Einige von ihnen suchen ihre Nahrung im Wasser, andere am Grund; einige fressen Schnecken, andere ernähren sich von Fischen, wieder andere von Fischschuppen. Eine andere Art, die noch schauerlicher ist als der Vampirfink auf den Galapagosinseln, rupft Fischaugen aus und frißt sie.

All diese Radiationen sind anschauliche Beispiele für die Evolution in Aktion, Erfolgsgeschichten der jüngeren Geschichte des Lebens. Jeder Evolutionsforscher kann ein weiteres halbes Dutzend aufzählen: hawaiische Silverswords, Schlupfmäuler, Fleckenfalter und so weiter und so weiter.

In jedem Augenblick der Geschichte des Lebens, und dazu gehört auch dieser Augenblick jetzt, setzen sich überall auf der Welt adaptive Ausstrahlungen fort. Wie die Windrosen der alten Kartographen oder die Jahresringe bei einem Baum schmücken sie zu jeder Zeit und überall auf dem gesamten Globus die Landkarten.

Die Geschichte dieser adaptiven Radiation; ist die Geschichte des Lebens: angefangen bei den explosiven Radiationen einer bizarren Fauna im Kambrium vor 570 Millionen Jahren über die Radiation der ersten kieferlosen Wirbeltiere, der Agnatha, vor 500 Millionen Jahren im Silur, die Radiation der Fische im Devon, der Amphibien und Insekten im Karbon, der Dinosaurier und Säugetiere zu Beginn des Trias, der Bedecktsamer und weiterer Insekten in der Kreidezeit bis hin zur Radiation der Kräuter und der Menschen im Pleistozän vor wenigen Millionen Jahren. »Man bleibt besser bei den Darwinfinken, sonst nimmt das alles kein Ende«, sagt Peter. »Bleib bei deinen Darwinfinken; sonst werden dir die Finken später wie eine kurze, aufregende Episode in deiner Jugend erscheinen.«

Das Sabbatjahr der Grants ist fast vorüber. Sabbatjahre dauern nie so lange, wie man es gerne hätte. Doch Rosemary und Peter geben sich alle Mühe, so zu tun, als ginge es einfach so weiter. In einer Ecke von Peters Büro sitzen sie eingepfercht zwischen den Materialien für Übungen und Seminare bei einem Mittagessen zusammen, das sie sich in einer braunen Papiertüte von zu Hause mitgebracht haben, planen ihre nächste Reise auf die Inseln und versuchen zusammen das Rätsel der Entstehung der Arten zu lösen.

In 99 Prozent der Fälle paart sich bei den Finken noch immer A mit A und B mit B. »Ganz bestimmt sind es Arten«, stellt Peter fest.

»Zweifellos«, sagt Rosemary. »Sie unterscheiden sich in ihrem Gesang, in ihrer Größe und ihrer Körperform. Es ist leicht für uns, sie auseinanderzuhalten, und sie halten sich auch selbst auseinander.«

Und doch, wenn Peter und Rosemary an die positive Entwicklung bei den Vögeln denken, die aus der Art geschlagen sind, also an die 1 bis 2 Prozent der A, die einen B wählen, oder der B, die einen A wählen, dann erscheinen die Finken nicht mehr in demselben Licht wie noch im Jahr zuvor.

»Das aufregendste Merkmal«, sagt Peter, »ist die Möglichkeit der Artenbildung. Wenn sich die Gene auf eine bestimmte Weise zusammensetzen, dann ergeben sich Kombinationen, die erfolgreich sein könnten. Es könnte der Ausgangspunkt für eine neue evolutionäre Richtung sein, die für die Vorgänger außer Reichweite ist.«

Schon seit Jahrzehnten diskutieren die Evolutionsforscher über diese Vorstellung, doch erschien sie Peter und Rosemary nie so zwingend wie nach diesem Sabbatjahr. Die beiden erkennen jetzt, zu wieviel Vermischung es auf Galapagos die ganze Zeit über kommt und wie häufig das Schicksal den Außenseitern, diesen komischen Käuzen, gewogen ist. Die Grants fragen sich, ob einige dieser Mischlinge auf Daphne Major möglicherweise, wie Peter sich ausdrückt, »potentielle Ausreißer« sind, die die Beschränkungen sprengen, denen die Gene ihrer Art unterworfen sind. Sie fragen sich, ob solche Vögel der Anfang eines wirklich neuen Weges sein könnten, »Ausgangspunkt für eine wirklich neue Entwicklungslinie der Evolution«.

»Es *könnte* eine evolutionäre Reaktion erfolgen«, sagt Rosemary. Eine neue Variante unter den »Neuentwicklungen« könnte einen neuen Weg einschlagen. Doch das Fenster, das sich durch diese Möglichkeit öffnet, könnte sehr klein sein. »Da müßte eine äußerst intensive Selektion vonstatten gehen.« Ohne einen Selektionsdruck, der einen neuartigen Schnabel begünstigte, wäre dieser durch häufigen Partnerwechsel unter den Arten bald ausgestorben, »weil man ja ständig Rückkreuzungen erhielte«.

»Zweifellos handelt es sich um eine komplizierte Materie«, sagt Peter. Nicht zum erstenmal skizziert er die Zukunft einer erfolgreichen hybriden Linie auf seiner Papierserviette. Rosemary springt auf, geht zur Tafel und ruft: »Laß mal sehen, ob …« – ob ihre Visionen in dieselbe Richtung gehen.

»Wenn man die Hybride in Augenschein nimmt, dann sind sie von ihrer Zahl her schrecklich im Hintertreffen«, sagt Peter und zeichnet ein paar verstreute Punkte zwischen zwei dicken Wolken, die für die Finken der Gruppen A und B stehen. In seiner Zeichnung schweben die Hybriden im Raum zwischen den beiden Wolken und sind zahlenmäßig weit unterlegen. Doch weil sie in der Minderheit sind, ist die Wahrscheinlichkeit größer, daß sie sich mit einer der alten Entwicklungslinien paaren als mit einem weiteren Hybriden. »Darum ist ihre Nachkommenschaft schon halb auf dem Rückweg. Eine Verwässerung der Novität.« Er fügt in der Zeichnung eine X-Achse sowie eine Y-Achse hinzu und trägt Schnabellänge und Schnabelhöhe ein.

Rosemary unterbricht ihre Arbeit an der Tafel und eilt zum Tisch zurück, um zu sehen, was Peter auf seine Serviette krakelt, dann führt sie die Zeichnung an der Tafel zu Ende. Sie und Peter denken beide in dieselbe Richtung. Sie zeichnet einen langen dünnen Pfeil, der zwischen den beiden Wolken, die für A und B stehen, in die Höhe schießt. Das ist der schmale Pfad, dem eine evolutionäre Neuerung möglicherweise folgt, um eine neue Richtung einzuschlagen.

»Eine dichte Wolke aus Vögeln«, sagt Peter spielerisch und betrachtet Rosemarys Kreidezeichnung. »Es ist alles vorläufig …«

»Vielleicht stimmt es nicht«, meint auch Rosemary.

»Spekulativ«, ergänzt Peter.

»Mit Zahlen stünden wir besser da«, bemerkt Rosemary.

»Wir nähern uns dem Bereich puren Unwissens.«

»Wir müssen mehr darüber lesen«, beschließt Rosemary.

»Lesen, nachdenken …«

»Messen«, sagt Peter.

Teil 3
G.O.D.

———

Der Strom fließt dahin. Die Amsel muß fliegen.

WALLACE STEVENS
Dreizehn Arten, eine Amsel zu betrachten

15

Unsichtbare Schriftzeichen

Im gleichen Augenblick gingen hervor Finger wie von
einer Menschenhand, die schrieben gegenüber dem
Leuchter auf die getünchte Wand in dem königlichen
Saal. Und der König erblickte die Hand, die da
schrieb … Und der König rief laut, daß man die
Weisen, Gelehrten und Wahrsager herbeiholen solle. Und
er ließ den Weisen von Babel sagen: Welcher Mensch
diese Schrift lesen kann und mir sagt, was sie
bedeutet, der soll mit Purpur gekleidet werden und
eine goldene Kette um den Hals tragen und der Dritte
in meinem Königreiche sein.

DANIEL 5, 5–7

Die Grants haben ein weiteres Galapagosarchiv, das sie unweit von
ihren Büros in der Eno Hall untergebracht haben. Und dieses Archiv
hätte Darwin wirklich zum Staunen gebracht und neidisch werden lassen.
Der kürzeste Weg zu dieser modernen Forschungssammlung führt durch
Princetons Naturgeschichtliches Museum, vorbei an einem *Allosaurus*
mit schwarzen Knochen, an einem ausgestorbenen irischen Elch, den
Überresten eines Neandertalers aus Frankreich und eines frühen *Homo
sapiens* aus Israel, vorbei an zerbrochenen Kiefern und zahllosen Fragmenten, unter ihnen Bruchstücke von *Eohippus, Pliohippus, Dinohippus*
und *Equus,* jenen Fossilien, die Thomas Huxley vor über einem Jahrhundert in seiner Vorlesung über »unmittelbare Beweise für die Evolution« anführte.
Im Keller unter dem Museum befindet sich ein langer trister Korridor. An
seinem Ende führt eine Stahltreppe steil nach unten, wie in einen Schiffs-
rumpf. Die Treppe führt in ein Unteruntergeschoß, genauer, sogar in ein
Unterunteruntergeschoß: in die C-Ebene des Gebäudes neben dem Mu-

seum, das Biologische Labor, das nach George M. Moffett benannt
wurde.

In der C-Ebene des Moffett-Gebäudes rumort es wie in einem Motoren-
raum: Das Getöse von Kompressoren, Ventilatoren und Generatoren, das
Summen von Neonröhren und die Enge erwecken den Eindruck, als
befinde man sich im Bauch eines Ungetüms. Schwaden von Formaldehyd
und anderen Chemikalien liegen in der Luft.

Der Zugang zur C-Ebene wird durch Gefrierschränke, auf denen in
Großbuchstaben VORSICHT – RADIOAKTIV steht, und durch eine Vitrine
mit naturgeschichtlichen Materialien erschwert, wie sie zu Darwins Zei-
ten verbreitet waren. Sie ist randvoll mit Präparaten, die von längst
verstorbenen Biologiestudenten aus Princeton angefertigt wurden: der
Kopf einer Klapperschlange, die Lunge eines Bussards, der Magen einer
Schleiereule, das Skelett einer Fledermaus. Auf der Vitrine liegen alte
Baseballtrophäen. Wenn man dem Korridor folgt und am Erste-Hilfe-
Raum vorbeigeht, in dem man sich die Augen auswaschen oder sich
duschen kann, dann wird der Durchgang zur Hälfte von einem großen
Gefrierschrank versperrt. Öffnet man ihn, dann ergießen sich Dampf-
wolken auf die Linoleumfliesen des Unteruntergeschosses.

Unten im Gefrierschrank werden Hunderte von Plastikfläschchen aufbe-
wahrt. Dabei handelt es sich um Proben, die Rosemary und Peter Tröpfchen für Tröpfchen auf den Galapagosinseln gesammelt haben: das Blut
der Darwinfinken.

»Sie sind zufällig auf die Frage gestoßen, über die ich mir am meisten
Gedanken gemacht habe«, schrieb Darwin an Huxley, nachdem Huxley
die *Entstehung der Arten* gelesen hatte: »… was zum Teufel führt zu jeder
einzelnen Variation? Was läßt einen Federbusch auf dem Kopf eines
Männchens sprießen oder Moos auf einer Moosrose?« Darwin fand die
Antwort nicht. Er war davon überzeugt, daß der Ursprung der Arten in
den Variationen begründet liegt, aber er kannte den Ursprung der Variationen nicht. »Unser Unwissen über die Gesetze der Variation ist gren-
zenlos«, bekennt er in der *Entstehung der Arten.* »Nicht in einem einzigen
von hundert Fällen können wir vorgeben, auch nur ansatzweise zu wissen,
warum dieses oder jenes variiert.«

Darwin sagte jedoch voraus, daß die Ursache eines Tages entdeckt würde.
Eines Tages würde man eine Art Geheimschrift in den Körpern der
Lebewesen auffinden und entziffern. Er stellte sich diesen Kode als ein

Gewirr von Buchstaben vor, die im Blut dahinströmen, unsichtbare Schriftzeichen, die in jedem befruchteten Ei aufeinandertreffen und sich vereinigen: »Und diese Schriftzeichen warten, wie jene, die mit unsichtbarer Tinte auf Papier geschrieben wurden«, führte Darwin aus, »nur darauf, hervorzutreten, wenn das Gefüge durch bestimmte bekannte oder unbekannte Bedingungen durcheinandergebracht wird.«

Wie Belsazar, der König von Babylon, der die Schrift an der Wand sah, wußte Darwin, daß die Schriftzeichen im Blut von äußerster Wichtigkeit waren. Doch Darwin selbst konnte die Schrift nicht erkennen, und es gab keinen Daniel, der sie für ihn lesen konnte.

Heute bezeichnen Biologen Darwins unsichtbare Schriftzeichen als »Gene«, nach einem griechischen Wort, das soviel bedeutet wie »entstehen lassen«, mit derselben Sprachwurzel wie Genius oder Generation – und sie können den Kode im Blut entschlüsseln.

B ei einem solchen Wetter ist das eine Fummelarbeit«, sagt Peter Boag. »Sie macht nicht viel Spaß. Es ist ein ziemlich kniffliges Verfahren.«

An einem schwülen Augustnachmittag steht er an seinem Labortisch und fingert an einem kleinen Plastikbeutel herum. Aus einem Tropfen gefrorenen Finkenblutes hat er schon Moleküle der Desoxyribonukleinsäure, der DNS, extrahiert. Er hat die DNS in eine Enzymlösung gegeben, die sie in Tausende von Fragmenten aufspaltet, sie jedoch nur an ausgewählten Punkten wie mit einer scharfen Schere aufschneidet, die wie von selbst ihren Weg findet. In einem Sieb aus elektrisch geladener Gelatine hat er diese Schnipsel sortiert und jedes einzelne von ihnen auf ein Stück Nylon aufgetragen. Jetzt hat er lauter Nylonstückchen in einem Frischhaltebeutel vor sich. Er versucht gerade, die Bläschen aus dem Beutel herauszudrücken, damit er ihn versiegeln kann. Aber winzige Bläschen bleiben hartnäckig am Nylon kleben.

Die Flüssigkeit im Beutel sieht wie reines Wasser aus, sie ist jedoch mit radioaktivem Phosphor gesättigt, P_{32}. Zwischen Boag und dem Labortisch steht ein durchsichtiger Schutzschirm aus Plexiglas. Er schützt seinen Brustkorb vor Strahlen. »In Wasser ist Nylon recht gut abgeschirmt«, sagt er. »Die winzigen Teile bearbeiten wir allerdings hinter dem Schirm.« Boag hat noch immer denselben düsteren Blick wie damals, als er im heißen Staub in der gleißenden Sonne von Daphne Major niederkniete, um die Samen des *Portulaca,* des *Cacabus* und des *Heliotropium* zu sortieren.

Boag kommt es so vor, als hätte die Dürre auf Daphne Major in einem anderen Leben stattgefunden. Laurene Ratcliffe und er sind jetzt Professoren an der Queens University in Kingston, Ontario. In der Nähe der Universität haben sie ein Haus mit drei Schlafzimmern, einen etwas klapprigen Wagen, drei kleine Kinder, einen schwarzen Labrador und eine siamesische Katze. Boag beobachtet die Evolution auf den Galapagosinseln jetzt nur noch vom Labortisch aus.

Er und die anderen Kollegen von der Finkenforschungsstation gehören zum ersten Trupp von Evolutionsforschern, die nach Watson, Crick und der Revolution in der Molekularbiologie ins Alter kommen. Aufgrund dieser Revolution werden jedes Jahr immer neue überraschende Manipulationen an der DNS möglich – sie werden nicht nur möglich, sondern auch Routine. Vor sieben Jahren begann Boag, sich näher mit der Molekularbiologie zu beschäftigen, und viele frühere Finkenforscher taten es ihm gleich, auch wenn Laurene und selbst die Grants bisher wohlwollend auf Distanz blieben.

(»Es ist wirklich eine Fremdsprache«, sagt Peter Grant. »Ich vermute, das ist auch bei uns so, doch habe ich den Eindruck, daß ihre schwieriger ist.«)

Boag schwenkt die Nylonstückchen im Beutel, versiegelt ihn und legt ihn zur Seite, damit sich über Nacht im radioaktiven Bad alles setzt. Die DNS-Fragmente auf dem Nylon sind immer noch unsichtbar. Heute nacht werden einige wenige von ihnen radiaktiv markiert. Das P_{32} hat diese Fragmente dann »markiert«, wie es im Forscherjargon heißt. Morgen wird Boag den Nylonstreifen gegen eine Platte mit einem Röntgenfilm pressen und ihn so lange dort andrücken, bis die radioaktiv markierten Stellen der DNS den Film belichten und ein Bild ergeben.

Wenn Boag diesen Röntgenfilm als Orientierungshilfe nimmt, kann er ein einzelnes Fragment auswählen, für das er sich besonders interessiert, es millionenfach vergrößern und ein weiteres, viel detaillierteres Röntgenbild erzeugen.

»Wenn dieses Bild aus der Filmentwicklungsmaschine kommt«, sagt er, »dann sind Sie der erste, der je die DNS-Sequenz eines Darwinfinken gesehen hat.«

Er hält einen Bogen des Röntgenfilms hoch, einen von einem Dutzend, den er und seine Studenten bereits belichtet haben. Der Film ist übersät von Reihen kleiner, geisterhaft grauer Kleckse.

»Hier handelt es sich um einen Opuntienfinken, um einen *scandens*«, sagt er.

Einige seiner Blutproben bekommt Boag von den Grants, andere sammelte er 1988 während einer kurzen Reise auf die Galapagos-inseln selbst. Das Röntgenbild, das er gegen das Licht hält, stellt ein einzelnes Gen von einem Opuntienfinken dar, den er auf der Insel Santa Cruz fing und wieder freiließ, nachdem er ihm Blut abgenommen hatte: »Lediglich ein zufällig herausgegriffenes Einzelexemplar aus der Akademiebucht.«

Die ineinander übergehenden Grautöne auf dem Röntgenbild bilden vier Spalten, die als G, A, T und C bezeichnet werden. Mit Kennerblick geht Boag diese Spalten durch und liest sie von unten nach oben. Ein Galapagosfink hat fast 100 000 Gene, ungefähr dieselbe Anzahl wie beim Menschen. Die Gene lassen sich insgesamt durch etwa eine Milliarde »Buchstaben« darstellen, ein Gen hat im Durchschnitt 10 000 »Buchstaben«. Die Geschichte ist lang, doch das Alphabet ist kurz: Es gibt lediglich vier Buchstaben, benannt nach den vier chemischen Verbindungen, aus denen, wie Watson und Crick entdeckten, die spiralförmige Treppe der DNS aufgebaut ist, vergleichbar den Bleilettern einer Druckerpresse. Die chemischen Substanzen sind Guanin, Adenin, Thymin und Cytosin bezeichnet: G, A, T und C.

Die Gene auf diesem Röntgenbild stammen von den Mitochondrien eines Opuntienfinken. Mitochondrien sind dunkle, pfefferförmige Körnchen, mit deren Hilfe in jeder einzelnen Zelle Sauerstoff in Energie umgewandelt wird. Dieses besondere Gen enthält den Kode für das Enzym Cytochrom *b*, das beim Prozeß der Sauerstoffumwandlung mitwirkt. Während der letzten Jahre hat Boag dieses Stück aus dem Cytochrom-*b*-Gen bei einer Art von Darwinfinken nach der anderen isoliert. Dabei arbeitete er mit Hans Gelter, einem schwedischen Wissenschaftler von der Universität Uppsala zusammen.

Wäre die Schöpfung der Arten ein für allemal abgeschlossen, hätten sie also fix und fertig die Bühne des Lebens betreten, wie sich dies Milton

in *Das verlorene Paradies* ausmalt, dann besäße jede Art von Darwinfinken denselben festen, dauerhaften, sich nie verändernden Satz von Genen. Doch die Gene sind nichts Festgefügtes. Die 100 000 Gene der
Darwinfinken werden wie ein riesiger Stapel Spielkarten in jeder Generation neu gemischt und verteilt. Jedes Finkenei in jedem einzelnen
Kaktusbaum enthält eine einzigartige, nie zuvor dagewesene Genkombi-
nation. Und aus diesem Grund ist jeder einzelne Fink auf den Galapagosinseln von der Natur mit seiner eigenen Schnabelgröße, Flügelspannweite, Tarsus- und Halluxlänge ausgestattet worden, ganz abgesehen von
den Tausenden von varianten Formen bei mikroskopischen Enzymen wie
Cytochrom *b*.

Wenn ein Fink einen Kieselstein umdreht, um nach *Tribulus*-Samen zu
suchen, dann wird er mit kosmischen Strahlen aus dem Weltall bombar-
diert, von der ultravioletten Strahlung der Sonne, von verschiedenen
umherirrenden Molekülen, die wie Kanonenkugeln in seine DNS-Stränge
einschlagen, ja selbst von der thermischen Bewegung seiner eigenen
Atome und Moleküle: Tausende natürlicher Einschläge, von denen das
Fleisch Zeugnis ablegt. Diese Bombardierung von außen und von innen
bringt die Milliarden Schriftzeichen seiner DNS durcheinander. Alle 24
Stunden werden in jeder lebenden Zelle ungefähr 100 Kopien des Buch-
stabens C zur Hälfte von der spiralförmigen Leiter abgesprengt. Tag und
Nacht steigen ganze Trupps von Enzymen auf der DNS-Leiter herauf und
herunter und reparieren jedes abgerissene C. Im Endeffekt sind diese
Enzyme Korrektoren; manchmal setzen sie ein C an die falsche Stelle, so
daß dieses einzelne C für alle Zeiten als G erscheint.

Fehler beim Korrekturlesen bringen zufällige neue Varianten in der DNS
der Darwinfinken hervor; Buchstaben werden hinzugefügt, gestrichen
oder verdreht. Wenn eine Mutation in der DNS einer normalen Zelle
auftritt, kann sie Krebs hervorrufen. Wenn sie in einer Samen- oder Eizelle
auftritt, wird die Mutation möglicherweise an die nächste Generation
weitergegeben. Wenn dies im Endeffekt mehr oder minder ohne Folgen
bleibt oder dem Träger der Erbinformation einen leichten Vorteil bringt,
dann könnte er überleben und diese Information seinerseits weitergeben.
Auf seinen Röntgenaufnahmen erkennt Boag in der Buchstabensequenz
der Finken kleine Unterschiede. So sind auf der Röntgenaufnahme, die er
gerade in der Hand hält, genau 300 Buchstaben im Cytochrom-*b*-Gen
eines Opuntienfinken zu sehen. Diese Sequenz stimmt nicht ganz mit den

Kleine Baumfinken.
Aus: Charles Darwin, Reise um die Welt.
Erlebnisse und Forschungen in den Jahren 1832–1836.
The Smithsonian Institution

entsprechenden 300 Buchstaben eines Baumfinken überein. Drei von 300 Buchstaben sind verschieden.

Bodenfinken und Baumfinken sind eng miteinander verwandt, da sie erst vor kurzem auf Darwins Inseln entstanden, wenn man in evolutionsgeschichtlichen Zeitspannen denkt. Alle Galapagosfinken sind nahe beieinanderliegende Zweige desselben kleinen Astes am Baum des Lebens. Es ergibt einen Sinn, daß ungefähr 99 Prozent ihrer unsichtbaren Schriftzeichen genau übereinstimmen. Keine dieser Abstammungslinien hatte ausreichend Zeit, um in größerer Zahl neue Mutationen hervorzubringen. Vögel auf anderen, entfernteren Zweigen am Baum des Lebens weisen im Hinblick auf ihre DNS größere Unterschiede auf: Hier sind es einige Prozent. Je größer der Abstand zwischen zwei Arten ist, desto mehr Unterschiede weisen sie im Hinblick auf ihre DNS auf. Doch jedes einzelne Lebewesen hat seinen Kode mit denselben unsichtbaren Schriftzeichen, immer jeweils dieselben vier Buchstaben, denn letztlich hat jedes Lebewesen auf der Erde denselben Urahnen aus der Zeit kurz nach der Entstehung unseres Planeten vor ungefähr vier Milliarden Jahren.

Durch die Analyse der DNS-Sequenzen entdecken die Evolutionsforscher immer mehr über die verborgene Geschichte des Lebens. Sie füllen immer mehr Leerstellen im Stammbaum des Lebens aus, von den jüngsten Zweigen ganz oben bis hin zu den ältesten Gabelungen ganz unten. Weil Forscher die DNS genauer untersuchten, entdeckten sie zum Beispiel, daß sich die Krähen von Australien ausgehend entwickelten, daß die Störche nahe Verwandte der Geier sind und daß Pilze eher mit den Tieren als mit den Pflanzen verwandt sind. Evolutionsforscher können solche genealogischen Geheimnisse an den Mutationen in der DNS auf genau dieselbe Weise ablesen, wie Historiker aus den Rechtschreibfehlern in alten Manuskripten lernen können.

So sind sich Historiker beispielsweise der Tatsache bewußt, daß Darwins Eigentümlichkeiten bei der Rechtschreibung im Laufe der Reise auf der *Beagle* entstanden. Er schickte sein Tagebuch Seite für Seite nach Hause, und seine Familie schrieb ihm Briefe zurück. An seinem 25. Geburtstag, dem 12. Februar 1834, schrieb ihm seine Großmutter und fand dabei anerkennende Worte für sein Tagebuch: »Und was für ein nettes, amüsantes Reisetagebuch daraus würde, wenn es gedruckt vorläge«, schrieb sie. »Aber es gibt einen Teil in Deinem Tagebuch, dessen ich mich als Deine Oma vor allem wegen einiger kleinerer Rechtschreibfehler annehmen werde, und ich schicke Dir eine Liste, damit Du Nutzen aus meinen Ermahnungen ziehen kannst, obwohl die ganze Welt zwischen uns liegt. Also

Falsch	Richtig
verliren, Lanschaft, höchte,	verlieren, Landschaft, höchste,
Profill, Kannabale,	Profil, Kannibale,
friedfärtig, streitten	friedfertig, streiten

– Ich wage zu behaupten, daß es sich um Flüchtigkeitsfehler handelt, aber als Deine Oma ist es meine Pflicht, sie Dir mitzuteilen.«
Eineinhalb Jahre später, nach seinem Aufenthalt auf den Galapagosinseln, erteilte ihm seine Großmutter eine weitere Rechtschreiblektion: »Ich kann mir nicht recht vorstellen, wie Du Deine Reisebeschreibungen verfassen kannst, wo Du doch jeden Tag so viele Meilen zurücklegst – wenn ich die Rechtschreibung korrigiert habe, wird der Text makellos sein, zum Beispiel *Tonne* und nicht *Tone*, *verlieren* anstelle von *verliren* – schließlich bin ich immer noch Deine Oma.«
Der Wissenschaftshistoriker Frank J. Sulloway hat jetzt eine Tabelle mit allen Eigentümlichkeiten von Darwins Rechtschreibung während seiner Reise zusammengestellt (Omas Alptraum!). Sulloway trug jede einzelne Rechtschreibvariante zusammen, die sich auf den über 3000 Manuskriptseiten fand, die Darwin an Bord des Schiffes niederschrieb. Weil er jeweils das Datum festhielt, an dem sich diese Fehler in Darwins Briefen, Tagebuchaufzeichnungen und Exkursionsnotizen einschlichen und wieder verschwanden, konnte der Historiker das Datum genau bestimmen, an dem Darwin, während er in seiner Kabine saß, die Galapagosspottdrosseln näher betrachtete und erkannte, daß sie möglicherweise »die Stabilität der Arten unterminieren«.
Fünf Worte halfen Sulloway dabei, diesen schicksalsträchtigen Augenblick zu bestimmen. Gegen Ende seiner Reise gab es eine Zeit, während der Darwin die Worte *occasion*, *occasional* und *occasionally* (Gelegenheit, gelegentlich) mit einem doppelten *s* und *coral* (Koralle) mit einem doppelten *l* schrieb. Manchmal machte er auch Rechtschreibfehler, wenn er den Namen des Ozeans nannte, der unter ihm hin und her wogte – den *Pacifick*. Weil Darwins vogelkundliche Notizen die Wörter *occassion*, *corall* und *Pacifick* enthalten, müssen sie zwischen November 1835 und Mitte September 1836 verfaßt worden sein. (Mit Hilfe von Wasserzeichen

Laubsängerfinken.
Aus: Charles Darwin, Reise um die Welt.
Erlebnisse und Forschungen in den Jahren 1832–1836.
The Smithsonian Institution

und anderen Indizien kann Sulloway den Zeitraum auf die Spanne des Juni und Juli 1836 eingrenzen.)

Auf ähnliche Weise versuchen Boag und sein Mitarbeiter Hans Gelter herauszufinden, wie sich die Darwinfinken seit der Ankunft der Vögel auf der Insel verzweigt haben. Lack entwarf ein Bild ihres Familienstammbaumes, indem er die Größe, die Gestalt, die Federn und die Schnäbel der Finken miteinander verglich – insbesondere ihre Schnäbel. Lack nahm an, daß die typischsten Merkmale der Vögel sich über eine lange Zeit hinweg entwickelt haben. Folgt man dieser Argumentation, dann war der Laubsängerfink (der so wenig wie ein Fink aussieht, daß Darwin ihn fälschlicherweise für eine echte Grasmücke hielt) die erste Art, die sich vom Stamm der Vorfahren abspaltete. Dann trennten sich die Baumfinken von den Bodenfinken, und schließlich brachte sowohl die Entwicklungslinie der Baumfinken als auch die der Bodenfinken jeweils eigene Zweige und Äste hervor.

Boag und Gelter bereiten das Gegenstück zu Sulloways Auflistung der Schreibfehler vor. Eine bestimmte Mutation im Cytochrom b, die sich bei Baumfinken, jedoch bei keiner der sechs Arten von Bodenfinken beobachten läßt, ist vermutlich erst aufgetreten, nachdem sich die Baum- und die Bodenfinken auseinanderentwickelt hatten und getrennte Wege gingen. Eine weitere Mutation, die bei den kleinen, mittleren und großen Bodenfinken, doch bei keiner anderen Art von Galapagosfinken auftritt, ist vermutlich erst entstanden, nachdem sich diese drei Finkenarten von den übrigen fortentwickelt hatten. Wenn man über genügend Daten verfügt, kann ein Computerprogramm die Zahlen aufschlüsseln, die Wahrscheinlichkeiten gewichten und den phylogenetischen Baum der Darwinfinken zeichnen, der am wahrscheinlichsten ist.

Niemand weiß genau, welche Art zuerst die Inseln erreichte – wer all diese Entwicklungslinien begründete, welches der Vogel ist, den man ganz unten an der Wurzel des Familienstammbaumes einzeichnen muß. Im Laufe der Jahre schlugen die Evolutionsforscher zahlreiche Kandidaten vor, denen diese Ehre zuteil werden sollte. Im Augenblick stehen mehrere Vogelarten vom südamerikanischen Kontinent ganz oben auf der Liste, darunter *Melanospiza richardsonii*, der jetzt lediglich auf einer einzigen der Westindischen Inseln lebt, früher jedoch wahrscheinlich eine sehr viel größere Verbreitung hatte, sowie der Blauschwarze Kubafink, *Volatinia jacarina*, ein Fink, der in ganz Mittel- und Südamerika entlang der gesamten Pazifikküste verbreitet ist. Boag hofft, daß es ihm mit Hilfe der DNS-Analyse all dieser Vögel gelingt, herauszufinden, welcher Vogel der nächste Verwandte der Darwinfinken ist. Welcher Vogel ist zum Beispiel Träger eines Gens für Cytochrom *b*, das dem der Finken auf den Galapagosinseln am ähnlichsten ist?

Boag hat unter den Finkenforschern auf Galapagos den Ruf, der sorgfältigste, vorsichtigste und detailversessenste Wissenschaftler in der Geschichte von Daphne Major zu sein. Er und Gelter arbeiten schon mehrere Jahre an ihrem Projekt; dabei haben sie bereits zahllose Frischhaltebeutel verbraucht.

Doch jetzt gibt es die unvermeidlichen Komplikationen, weil die Gene nicht festgefügt und permanent sind. Sie gleichen Manuskripten, an denen immer noch gearbeitet wird, und bei den Darwinfinken nimmt die Geschwindigkeit zu, mit der sie immer wieder neu geschrieben und korrigiert werden.

W ir haben guten Grund zu der Annahme«, schrieb Darwin, als das Geheimnis der Variation noch mit einem großen Fragezeichen versehen war, »... daß Veränderungen in den Lebensbedingungen eine Tendenz zu verstärkter Variabilität hervorrufen.«

DNS-Untersuchungen an Bakterien in Laborkulturen bestätigen diese Vermutung und werfen neues Licht auf die Ursachen der Variabilität. In Zeiten von Streß, etwa wenn die Temperaturen stark ansteigen bzw. abnehmen oder die Umwelt plötzlich feuchter oder trockener wird, beginnen Bakterienzellen in einer Petrischale plötzlich, wild zu mutieren. Dies ist eine SOS-Reaktion. Sie erhöht die Chance, daß zumindest einige Zellen in der Petrischale das Desaster der neuen Lebensumstände überleben werden.

Die SOS-Reaktion wurde in der DNS von Mais beobachtet, wenn er plötzlich ungewöhnlich hohen oder niederen Temperaturen ausgesetzt wurde; und erst kürzlich hat man sie auch bei Hefe entdeckt. Offensichtlich können viele verschiedene Arten lebender Zellen ihre Mutationsgeschwindigkeit unter Streß beschleunigen und sie wieder herabsetzen, wenn der Streß nachläßt. Sie können auch ausgewählte Bereiche ihrer DNS extrem instabil werden lassen. Das ist ungefähr so, als hielten die Zellen die Evolution unter Verschluß – und der Streß bräche den Bann.

Wenn sie in einer Petrischale Streß ausgesetzt sind, öffnen zahlreiche Zellen des *E. coli*, die sich normalerweise im menschlichen Darm ansiedeln, sogar die Poren ihrer Membranen und nehmen von außerhalb ihrer Zellwände DNS auf. Stränge ungeschützter DNS schwimmen ständig wie Fetzen alten Zeitungspapiers um diese Bakterienkolonien herum. Die lebenden Zellen öffnen sich, nehmen die nackte DNS auf und verwenden Teile davon für ihre eigenen Gene. Der Vorgang ist als Transformation bekannt und kann durch Streß, ausgelöst von schädlichen Chemikalien und ultravioletter Strahlung, hervorgerufen werden.

»Die Schlußfolgerungen ... sind von außerordentlicher Tragweite«, schreibt der Molekularbiologe und Evolutionsforscher John F. McDonald. »Genau in diesen entscheidenden Augenblicken der Evolutionsgeschichte, in denen wichtige adaptive Veränderungen erforderlich sind, existieren genetische Mechanismen, die die Wahrscheinlichkeit dafür erhöhen, daß die entsprechenden Varianten bereitgestellt werden.«

Aus dem, was die Grants momentan auf Daphne beobachten, ergibt sich der Schluß, daß sich gegenwärtig ähnliche Prozesse auf erbbiologischer Ebene bei den Darwinfinken vollziehen. Wenn die Finken sich immer nur innerhalb der gleichen Art miteinander gepaart und Nachkommen gezeugt hätten, dann hätten sie ihre Genpools voneinander abgeschottet. Ihr Schatz an Variationen, ihre einzigartige Kombination aus Tausenden und Abertausenden von Genen, würde deutlich auseinandergehalten. Jede einzelne Art behielte ihren eigenen Gensatz.

Doch ihre Genpools sind beileibe nicht voneinander abgeschottet. Durch die Kreuzung von Arten und die Zurückkreuzung von Hybridbildungen fließen ständig Gene zwischen ihnen hin und her. Die Inseln sind ein Schmelztiegel.

Wenn sie sich nie miteinander kreuzten, wären sie im Hinblick auf ihre DNS, auf ihre Schnäbel und Körper viel stabiler und einheitlicher. Die Vermischung verstärkt ihre Variabilität. Tatsächlich besteht allem Anschein nach genau darin das Geheimnis der bemerkenswerten Variabilität unter den Darwinfinken. Die Grants haben berechnet, daß, wenn auch nur ein einziger Immigrant auf Daphne seine Gene an jede einzelne Finkenart in jeder Generation weitergeben würde, dieses Einfließen frischer Gene ausreichen würde, um die Genpools aller Finken nicht zur Neige gehen zu lassen. Eine Geninjektion bei jeder Art in jeder Generation wäre ausreichend, um die Vögel so variabel sein zu lassen, wie sie es waren, als die Grants in den siebziger Jahren damit begannen, die Finken auf Daphne zu beobachten.

Jetzt ist der Zufluß frischer Gene allerdings um vieles höher, und er nimmt weiter zu. Man kann aus dem Erfolg gemischter Arten auf Daphne schließen, daß die DNS der Darwinfinken reichhaltiger und spezifischer wird, als man es sich je vorstellte. Die Hybridbildungen geben ihre buntscheckige Kollektion fremdartiger Gene an alle eigentlich getrennten Arten auf Daphne weiter. Es ist so, als sammelten die Finkenforscher nicht nur die Manuskripte eines Reisenden, sondern gleich von dreizehn jungen Reisenden ein; jeder einzelne von ihnen schreibt noch, lernt immer noch die Rechtschreibung, und viele von ihnen schreiben ganze Sätze, Abschnitte oder gar Seiten voneinander ab.

Diese ganze frei flottierende DNS steigert die Variabilität der Finken ebenso rasch, wie es die SOS-Reaktion bei *E. coli* in einer Petrischale vollbringt. Es ist gut möglich, daß das Einfließen neuer Gene die Mutationsgeschwindigkeit bei den Vögeln steigert. Ein solcher Effekt ist im Labor bei der DNS einer hybriden *Drosophila* beobachtet worden.

So ändern sich die Zeiten: Die Vögel befinden sich im Streß, sie reißen ihre unsichtbaren Barrieren nieder, nehmen neue Gene auf und werden immer variabler. Die Flut des Jahres 1982 war Anlaß für eine ganze Flut an Genen, einen Austausch geheimer Nachrichten, einen Pendelverkehr mit unsichtbaren Schriftzeichen, ein Fest der Vermischung, einen gewaltigen Anstieg der Zahl versteckter Variationen unter den Darwinfinken. Als vor Millionen von Jahren die ersten Finken auf die Galapagosinseln kamen, muß der Streß bei der Besiedlung der jungen Vulkaninseln extrem gewesen sein. Die Intensität natürlicher Selektion, die Rate der Vermischung und die Geschwindigkeit der Evolution müssen zusammengenommen eine außerordentliche Wirkung gehabt haben. Nun scheint sich wieder etwas Ähnliches zu ereignen.

16
Das gigantische Experiment

Man wird einmal über den Menschen sagen,
daß er versucht hat, ein Experiment gigantischen
Ausmaßes durchzuführen,
ein Experiment, das die Natur unaufhörlich über
einen langen Zeitraum hinweg durchgeführt hat.

CHARLES DARWIN
Das Variieren der Tiere und Pflanzen im
Zustande der Domestikation

Seit der ersten Stunde auf San Cristóbal, als Darwin einen Falken mit
seiner Gewehrmündung von einem Ast vertrieb und beobachtete,
wie ein Fink mit einem Hut erschlagen wurde, wußte er, daß die Vögel
auf den Galapagosinseln keine Erfahrung mit Menschen hatten. Wenn er
die Vögel dieser Inseln in seinem Tagebuch erwähnt, dann fast immer nur,
um ihre Unschuld zu bestaunen.
»Ich beobachtete einen Jungen, der an einer Quelle saß und eine Rute in
der Hand hielt, mit der er Tauben und Finken tötete, wenn sie zum
Trinken kamen«, schreibt Darwin, nachdem er die Sträflingskolonie auf
Floreana besucht hatte. »Er wollte sie verspeisen und hatte bereits einen
kleinen Berg von ihnen vor sich aufgehäuft; und er sagte, daß es ihm
schon zur Gewohnheit geworden sei, dort aus eben jenem Grund auf sie
zu warten.«
»Als ich mich eines Tages hinlegte«, fährt Darwin fort, »ließ sich eine
Spottdrossel auf dem Rand des Kruges nieder, den ich in der Hand hielt
(er war aus dem Panzer einer Schildkröte gefertigt). In aller Seelenruhe
begann sie, am Wasser zu nippen, und ließ sogar zu, daß ich sie langsam
mit dem Gefäß hochhob. Ich habe es oft versucht und hätte es auch fast
geschafft, diese Vögel an den Beinen zu ergreifen.«
Darwin hatte den zweiten Band von Lyells *Prinzipien der Geologie*

gelesen, den er im Hafen von Montevideo mit der Post erhalten hatte. Das gesamte Buch ist eine Streitschrift gegen die Existenz der Evolution. Doch Lyell schreibt auch über Veränderungen, die ein Eindringling auf einer Insel hervorrufen kann. Als etwa die ersten Eisbären auf einem Eisberg nach Island kamen, muß es ein »schreckliches« Chaos gegeben haben, schreibt Lyell. Die Bären müssen sich an den Rehen, Füchsen, Seehunden und sogar an einigen Vögeln wahrhaft gütlich getan haben. Die Dezimierung des Wildes auf der Insel hätte indessen positive Auswirkungen auf die einheimischen Pflanzen und auch auf die Insekten gehabt, die sich von den Pflanzen ernährten. Weniger Füchse hätten zu einer Vermehrung der Enten geführt, was wiederum die Fischschwärme dezimiert hätte. Auf diese Weise könnte, schrieb Lyell, »die Ansiedlung einer einzigen neuen Art das Zahlenverhältnis zwischen sehr vielen Bewohnern der Insel, sowohl zu Wasser als auch zu Lande, verändern ..., und die indirekten Veränderungen könnten sich durch alle Klassen lebender Geschöpfe hindurch nahezu endlos fortsetzen.«

Für Darwin wurden die zahmen Vögel auf den Galapagosinseln zu einem Symbol für Lyells Lehre, und in diesem Sinne beschließt er sein Kapitel über die Galapagosinseln in seiner *Reise um die Welt*, nachdem er zuvor beschrieben hat, wie zahm die Vögel sind: »Wir können aus diesen Fakten erschließen«, schreibt er, »welche verheerenden Folgen das Auftreten eines neuen Raubtieres für ein Land haben muß, in dem sich die Instinkte der Ureinwohner noch nicht an die Geschicklichkeit und die Kraft des Eindringlings angepaßt haben.«

Darwin geht auf diese Frage in einem berühmten Abschnitt seiner *Entstehung der Arten* näher ein, der als Ausgangspunkt für die Wissenschaft von der Ökologie gelten kann. Die Gesamtheit der Lebewesen eines Gebiets ist durch »ein Netz komplexer Beziehungen« miteinander verbunden, schreibt Darwin. Wenn auch nur eine einzige Art hinzukommt oder wegfällt, erzeugt dies Wellen von Veränderungen, die sich in diesem Netz rasch »in immer größer werdenden, komplexen Kreisen« ausbreiten. Die simple Tatsache, daß in einem englischen Dorf Katzen erstmals aufträten, würde die Zahl der Feldmäuse verringern. Wenn die Mäuse getötet würden, hätte dies einen positiven Einfluß auf die Entwicklung der Hummeln, von deren Nestern und Waben sich die Mäuse häufig ernähren. Stiege die Zahl der Hummeln an, so wäre dies von Vorteil für die Stiefmütterchen und den roten Klee, die beide nahezu ausschließlich von Hummeln befruchtet werden. Deshalb könnte die Einführung von Katzen im Dorf dazu führen, daß sich die Blumen vermehren.

Nach Darwin bestätigt der gesamte Galapagosarchipel diese grundlegende Erkenntnis. In biologischer Hinsicht sind die Vulkane auf den Inseln wesentlich vielfältiger als in ihren geologischen Merkmalen. Dieser Gegensatz legt die Vermutung nahe, daß die Arten in ihrem Existenzkampf mindestens so stark von der örtlichen Flora und Fauna geprägt werden wie durch den Boden und das Klima in dieser Gegend. Warum unterschieden sich Pflanzen und Tiere auf den einzelnen Inseln sonst so deutlich voneinander, wo doch für sie »dieselben geologischen Bedingungen, dieselbe Höhe über dem Meeresspiegel, dasselbe Klima & c« kennzeichnend sind?

»Lange bereitete mir dies große Schwierigkeiten«, schreibt Darwin am Ende der *Entstehung der Arten*, »doch läßt es sich im Kern auf den tiefgreifenden Fehler zurückführen, die physischen Bedingungen in einem Land als das Wichtigste für dessen Einwohner zu betrachten; dennoch läßt sich, wie ich meine, nicht bestreiten, daß die Eigenart der anderen Bewohner, zu denen jedes einzelne Lebewesen in Konkurrenz treten muß, mindestens ebenso wichtig ist und im allgemeinen ein weit wichtigeres Element des Erfolgs ist.« Als die einzelnen Samen und Vögel die Inseln erreichten, sagt Darwin, mußten sie »sich gegenüber unterschiedlichen Gruppen von Organismen behaupten … und waren den Angriffen unbekannter Feinde ausgesetzt. Wenn nun Variationen auftraten, begünstigte die natürliche Auslese wahrscheinlich unterschiedliche Varietäten auf unterschiedlichen Inseln.«

Wiederum beobachtete Darwin nicht tatsächlich, wie dies geschah. Doch er zog die Schlußfolgerung, daß die Einführung einer neuen Art an jedem beliebigen Ort der Erde ein evolutionäres Ereignis sein könne: Kleine Invasionen können weitreichende Konsequenzen haben. Der Eindringling selbst entwickelt sich schnell, weil er sich an seine neue Heimat anpaßt; in der Zwischenzeit paßt sich alles, was dort lebt, entweder an den Eindringling an oder wird ausgelöscht. Im Endeffekt ergibt sich ein intensiverer Rhythmus von Evolution und Auslöschung, eine allgemeine Beschleunigung der Veränderung.

In der Vergangenheit ging die Veränderung im allgemeinen langsam vor sich. Ein Fink mußte auf eine Laune des Windes warten, der Eisbär auf den Eisberg. Einheit und Aufspaltung der Kontinente waren durch die

Geschwindigkeit der Kontinentaldrift begrenzt; und die betrug nur wenige Zentimeter im Jahr.

Derartige Invasionen kommen heute fast täglich vor, nahezu jeder Fleck auf der Erdoberfläche ist variierenden, neuen evolutionären Kräften ausgesetzt. Eindringlinge reisen in dem Wasser, das sich in alten Autoreifen sammelt, im Bilgewasser von Schiffen, in den Druckkabinen von Flugzeugen, in Koffern, an Hosenbeinen und dreckigen Schuhsohlen überallhin. Es handelt sich um Darwins alte Experimente in Marmeladengläsern, aus denen heute Ernst geworden ist. Die Konsequenz besteht darin, daß die Kräfte der Selektion immer intensiver wirken, und zwar nicht nur auf den Galapagosinseln, sondern überall auf der Welt.

Der amerikanische Evolutionsforscher Hermon Carey Bumpus war gegen Ende des Darwinschen Jahrhunderts Zeuge einer solchen Invasion im kleinen Maßstab. Am letzten Januartag des Jahres 1898 wurde die Stadt Providence im US-Bundesstaat Rhode Island von einem Schneesturm heimgesucht. Der Sturm legte Straßenbahn und Eisenbahn lahm, knickte Telegraphen- und Telefonmasten um und ließ aus den herabhängenden Drähten Funken auf das Schindeldach des Möbelgeschäfts von Walter H. Willis sprühen. (Glaubt man der Titelgeschichte des *Providence Journal* vom nächsten Tag, wurde das Feuer von »einer johlenden Menschenmenge« mit Schneebällen gelöscht.)

Bumpus lehrte Biologie an der Brown University. Jeden Morgen führte ihn sein Weg zur Arbeit den College Hill hinauf und am Athenaeum von Providence vorbei, einer der ältesten Bibliotheken der Vereinigten Staaten. Als er sich am Morgen nach dem Sturm seinen Weg durch den Schnee bahnte, bemerkte er plötzlich eine große Zahl Englischer Sperlinge, die tot oder erschöpft in den Schneewehen unter dem Athenaeum lagen. Die Sperlinge hatten im Efeu überwintert, das die Bibliothek überwucherte; den heftigen Windstößen hatten sie nicht standhalten können.

Bumpus wußte, daß es Sperlinge in Neuengland noch nicht so lange gab; es waren Vögel aus der Alten Welt. Im Jahre 1851, ein Jahrzehnt, bevor Bumpus geboren wurde, war eines der ersten Paare im Central Park von New York von einem wunderlichen Vogelliebhaber freigelassen worden, der jeden einzelnen Vogel aus den Shakespeareschen Dramen in den Vereinigten Staaten heimisch werden lassen wollte. So gesehen lagen die

Vögel an diesem Morgen auch deswegen im Schnee, weil Shakespeare einmal geschrieben hatte: »... es waltet eine besondere Vorsehung über den Fall eines Sperlings.«

Bumpus sammelte so viele Sperlinge auf, wie er konnte, und brachte sie ins anatomische Labor. In der Wärme des Labors erholten sich 72 Sperlinge wieder, 64 starben. Sowohl bei den lebenden als auch bei den toten Tieren zeichnete er die Geschlechtszugehörigkeit, die Körperlänge, die Flügelspannweite und das Gewicht auf; er vermaß auch die Länge des Kopfes, des Schulterblatts, des Oberschenkels, des Schienbeins, des Schädels und des Brustbeins. Als er all diese Ergebnisse in einer Tabelle darstellte, fand er heraus, daß es sich bei den meisten Überlebenden um Männchen handelte, daß unter den Männchen die Überlebenden eher kürzer und leichter als der Durchschnitt waren und daß sie »längere Flügelknochen, längere Beine, längere Brustbeine sowie ein größeres Gehirnvolumen« hatten.

Damals breiteten sich die Englischen Spatzen stark aus und fielen überall in Nordamerika ein. Bumpus glaubte, daß »der Englische Sperling, seitdem er in dieses Land eingeschleppt wurde, ein so leichtes Leben vorfand, daß der Vorgang der natürlichen Selektion praktisch ausgesetzt war und die amerikanische Rasse folglich degenerierte.« Die Vögel, die im Sturm umgekommen waren, waren diejenigen, die am stärksten von der ursprünglichen Rasse abwichen. Es handelte sich um einen Vorfall, den wir heute mit dem Begriff stabilisierende Selektion beschreiben würden.

In den frühen siebziger Jahren las sich Peter Grant kurz vor seiner ersten Reise auf die Galapagosinseln Bumpus' Artikel noch einmal durch und studierte erneut die Tabellen mit den Zahlen. Der Artikel hatte schon lange als eine der berühmtesten Untersuchungen gegolten, die jemals über die Evolution in Aktion durchgeführt wurden. Peter analysierte die Daten neu und benutzte dazu wirkungsvolle statistische Methoden. Er kam zu dem Schluß, daß Bumpus tatsächlich nicht nur eine, sondern zwei Arten natürlicher Selektion beobachtet hatte. Auf die Weibchen unter den Sperlingen wirkte der Sturm stabilisierend. Das Ereignis tötete die größten und die kleinsten, ließ jedoch die mittleren am Leben, wie Bumpus es beschrieben hatte. Doch bei den Männchen ging der Einfluß des Sturms lediglich in eine einzige Richtung, nur die kleineren Vögel wurden begünstigt.

Eine erneute Analyse der klassischen Daten von Bumpus brachte die Grants auf die Idee, ihre erste Reise auf die Galapagosinseln zu unternehmen. Bei der Dezimierung dieser Sperlinge regierte die Vorsehung. Wenn man natürliche Selektion unter diesen verrückten Bedingungen belegen konnte, dann fragten sich Peter und Rosemary, was sie wohl unter vergleichsweise normalen Bedingungen beobachten könnten. Möglicherweise würden sie überhaupt nichts finden.

Auch heute noch entwickelt sich der Englische Sperling weiter und paßt sich mit Hilfe des Darwinschen Prozesses an Nordamerika an (und an Südamerika, Südafrika, Hawaii, Australien und Neuseeland). Ähnlich verhält es sich bei den Entenmuscheln, die, befördert von Schiffen der US-Marine, während des Zweiten Weltkrieges in die Salton-See eindrangen. Ebenso bei den Fruchtfliegen, die in den siebziger Jahren nach Chile vordrangen. Bei diesen und vielen anderen Arten verfolgen Biologen jetzt die Evolution in Aktion und sind sich – da die Grants und andere eine Vielzahl von Untersuchungen durchführten – recht sicher, daß man diesen Vorgang beobachten kann. All diese Lebewesen befinden sich, nun, da wir sie in einer neuen Gegend dieser Welt ausgesetzt haben, in einer akuten Krise. Es ist ein epochales Ereignis, wie die Ankunft der ersten Finken auf den Galapagosinseln, und wie bei den Finken läuft die Evolution hier außerordentlich schnell ab.

Immer wenn wir einen Fremdling in ein neues Land bringen, verändern wir auch die Lebensbedingungen der Einheimischen – dies ist der Kern von Lyells Geschichte über die Eisbären und auch Darwins Thema in seiner Vision von den Katzen, die den Blumen zum Vorteil gereichen. Solche Ketten von Ereignissen gibt es überall, und auch sie lassen sich beobachten.

Der Evolutionsforscher Scott Carroll von der Universität von Utah belegt dies anhand der Mundwerkzeuge einer Seifenbaumwanze, die einen langen nadelförmigen Rüssel hat, der praktisch als Schnabel dient. Die Wanze durchsticht mit ihrem Rüssel die Fruchtwände und die Wände der Samen, verflüssigt die Nährstoffe und saugt sie heraus, als tränke sie Apfelwein mit einem Strohhalm.

Carroll, ein hoch aufgeschossener Mann, hat in den letzten Jahren zahlreiche Arbeitsstunden damit verbracht, sich über Seifenbaumwanzen von Vavapai County (Arizona) bis nach Key Largo (Florida) zu beugen. Es sind Wanzen der Neuen Welt, die recht hübsch anzusehen sind. Carroll malt schwarze Zahlen auf ihre Rücken, um die einzelnen Tiere besser verfolgen und bei ihnen beobachten zu können, was sie fressen. Zu Beginn seiner Untersuchung nahm er an, es handle sich bei ihnen um so etwas wie kleine Aufziehautomaten. Aber das stimmt nicht: Insgeheim kam er durch seine Beobachtungen zu der Überzeugung, daß jede einzelne von ihnen eine andere Persönlichkeit besitzt, doch das ist nicht der Gegenstand seiner Untersuchungen.

Zwischen der Mitte und dem Süden der Vereinigten Staaten ernähren sich Seifenbaumwanzen von Seifennußbäumen. An der Südspitze von Texas leben sie von *serjania*-Weinstöcken, im südlichen Florida von dem immergrünen Blasenerbsen. Es handelt sich hier jeweils um ihren natürlichen Wirt; das symbiotische Verhältnis des Käfers zu diesen Pflanzen dauert schon Tausende von Jahren an.

Außer bei diesen drei einheimischen Pflanzen holen sich die Käfer auch Samen von drei Arten, die erst kürzlich in ihren Revieren eingeführt wurden, und zwar beim »rundschotigen« Samanbaum, beim »flachschotigen« Samanbaum, der als Zierpflanze aus Südostasien importiert wurde, und beim Echten Herzsamen, der in Louisiana und in Mississippi wild wächst.

Der Rüssel der Seifenbaumwanze läßt sich leicht messen, und die Bedeutung von Variationen ist offensichtlich. Abraham Lincoln wurde einmal gefragt, wie lang seiner Meinung nach ein menschliches Bein sein solle. Abraham Lincoln soll geantwortet haben: »Gerade so lang, daß es bis zum Boden reicht«; entsprechend sollte der Rüssel der Seifenbaumwanze gerade so lang sein, daß er bis zu den Samen reicht.

Die Frucht der Blasenerbse, die in Südflorida heimisch ist, hat einen Radius von einem Dutzend Millimetern. Die Rüssellänge der Seifenbaumwanze, der sich von ihr ernährt, ist kaum länger als 9 Millimeter, gerade lang genug, um an die Samen heranzureichen, die sich um die Mitte der Frucht herumgruppieren. Die Frucht des flachschotigen Samanbaumes, der in Florida neu eingeführt wurde, hat jedoch einen Durchmesser von weniger als 6 Millimetern. Die Seifenbaumwanzen, die sich von diesen Früchten ernähren, brauchen keine solch langen Rüssel, und entsprechend haben sie auch kürzere entwickelt: Im Durchschnitt sind sie weniger als 7 Millimeter lang. Hier liegt eine rasche Evolution vor, weil der Goldregen in Florida bis in die fünfziger Jahre hinein (einige 1000 Generationen für die Wanzen) nicht in nennenswerter Zahl angepflanzt wurde. Es ist wahrscheinlich, daß ihre Rüssel im Laufe der Zeit noch kürzer werden. Indessen hat die Frucht des heimischen Seifenbaumes einen Radius von lediglich 6 Millimetern, und der Schnabel des Käfers, der hier seine Nahrung sucht, ist genau 6 Millimeter lang. Die Frucht des neu einge-führten Echten Herzsamen hingegen ist fast 9 Millimeter groß. Seifen-baumwanzen, die zum Herzsamen übergewechselt sind, haben heute Rüssel mit einer Länge von fast 8 Millimetern. Hier handelt es sich sogar um eine noch schnellere Evolution, weil Herzsamen im Gebiet der Seifen-baumwanzen bis ungefähr 1970 überhaupt nicht vorkam. Im Laufe der Zeit werden ihre Rüssel wohl noch länger werden.

Carroll hat Exemplare dieser Wanze in den Naturkundemuseen der entsprechenden Bundesstaaten und Kreise vermessen. In einem Fall nach dem anderen fand er heraus, daß die Veränderungen der Rüssellänge genau zum richtigen Zeitpunkt stattgefunden hatten – das heißt ungefähr zur selben Zeit, als die Pflanzen in dieser Gegend neu eingeführt wurden. Auf jeden Fall entwickeln sich die Rüssel der Seifenbaumwanzen genau so, wie Lincolns Regel es vorsieht: Sie sind gerade lang genug, um an die Samen heranzureichen. Und weil das Datum der Einführung neuer Pflan-zen so gut bekannt ist und alles erst jüngeren Datums ist, wird verständ-lich, daß es sich hier um ein weiteres Beispiel für die Evolution, wie sie sich gewissermaßen vor unserer Haustür abspielt, handelt; sowohl Aktion als auch Reaktion sind deutlich erkennbar. Carroll nennt dies »Naturge-schichte in der Geschichte«.

Darwin vermutete, daß diese Art von Gewohnheitswandel manchmal in eine überraschende Richtung führt. In der *Entstehung der Arten* merkt er an, daß es Arten britischer Insekten gibt, die sich ausschließlich von den Früchten britischer Bauern ernähren. Unterdessen vertilgen die Ahnen dieser Insekten weiterhin das Unkraut in den umliegenden Wäl-dern und in den Hecken zwischen den Feldern. Darwin schließt daraus, daß »innerhalb desselben Gebiets Varietäten desselben Tieres sich lange dadurch voneinander getrennt halten können, daß sie unterschiedliche Gebiete aufsuchen, daß sie sich zu leicht unterschiedlichen Jahreszeiten fortpflanzen oder es vorziehen, sich mit Varietäten derselben Art zu paaren.« Er dachte, daß sich zahlreiche neue und »vollständig bestimmte« Arten möglicherweise auf diese Weise gebildet haben könnten, und zwar nicht auf Inseln, sondern unmittelbar nebeneinander auf den Feldern und in den Hecken des ländlichen Englands.

Einer der ersten Leser der *Entstehung der Arten* in der Neuen Welt war ein britischer Cambridge-Absolvent, der demselben Jahrgang wie Darwin angehörte. Benjamin Walsh hatte in Cambridge Theologie studiert, und wie Darwin hatte er entdeckt, daß es ihm mehr Freude bereitete, Käfer zu sammeln. Aber statt sich wie Charles und Emma Darwin auf einem Landsitz außerhalb Londons niederzulassen, gingen Walsh und seine Frau in die Vereinigten Staaten.

In Illinois baute sich Walsh »eine mit Lehm verputzte Blockhütte, die einen so großen Kamin hatte, daß die Holzscheite von einem Ochsen hineingezogen werden mußten«, wie er Darwin später nach Down schrieb:

> Ich war besessen von dem absurden Gedanken, daß ich ein vollkommen natürliches Leben führte, von der ganzen Welt unabhängig – *in me ipso totus teres atque rotundus.* Deshalb kaufte ich einige Hundert Hektar Land in der Wildnis, zwanzig Meilen entfernt von jeglicher Ansiedlung, die man nicht einmal als Dorf bezeichnet hätte, mit nur einem einzigen Nachbarn. Ich arbeitete dort wie ein Pferd und baute nach und nach eine Farm auf …

Bis Darwin die *Entstehung der Arten* veröffentlichte, hatte sich Walsh die Malaria geholt, zwei Farmen verloren, mit Holz gehandelt, zehn Mietskasernen gebaut, war in die örtliche Politik ein- und wieder ausgestiegen und schließlich zur Entomologie, zur Insektenkunde, zurückgekehrt. Im Jahre 1864 schickte er diesen Brief nach England:

> Vor mehr als dreißig Jahren wurde ich Ihnen in Ihrer Wohnung im Christ's College vorgestellt … und hatte das große Vergnügen, Ihre hervorragende Sammlung britischer *Coleoptera* zu sehen. Erlauben Sie mir, diese Gelegenheit zu ergreifen, um Ihnen für die Veröffentlichung Ihrer *Entstehung der Arten* zu danken … Beim ersten Durchblättern verschlug es mir die

Sprache, der zweite Blick überzeugte mich, und je öfter ich es lese, desto mehr bin ich von der Solidität Ihrer Theorie überzeugt.

Walsh wandte Darwins Theorie auf die Vorgänge in den Wäldern und Feldern seines Landes an. In Amerika ist eine Art von Fruchtfliegen heimisch, die man dort Hagedornfliegen nennt, weil sie ihre Eier auf wildwachsendem Hagedorn ablegen. Zu Walshs Zeit hatten die Bauern damit begonnen, im Tal des Hudson Apfelplantagen anzulegen und sie zu kultivieren. Darauf verschmähten nun einige Hagedornfliegen den Hagedorn und waren dazu übergegangen, sich von Äpfeln zu ernähren. Obwohl es diese Fliegenart »sowohl im Osten als auch im Westen gibt«, schrieb Walsh 1867, »greift sie die Apfelplantagen nur in einem bestimmten begrenzten Gebiet an, und das selbst im Osten, weil ... dieser neue, gefährliche Feind des Apfels sich nur im Hudson-Tal findet und New Jersey noch nicht erreicht hat.« Er sagte voraus, daß sich die Fliegen stärker ausbreiten und eines Tages anfangen würden, sich weiterzuentwickeln. Wie Darwin in der *Entstehung der Arten* nahelegt, könnten die Hagedornfliegen und die Apfelfliegen weiterhin Seite an Seite leben, sich jedoch in zwei getrennte Arten verwandeln.

Unglücklicherweise starb Walsh, kurz nachdem er seinen Artikel über die Apfelfliege veröffentlicht hatte. Wie von ihm vorhergesagt, breiteten sich die Fliegen weiter aus. 1872 traten sie nördlich des Hudson-Tales in Vermont und New Hampshire auf, 1876 in Maine und in Kanada. Etwa 1894 zogen sie durch Georgia und erreichten um 1902 Michigan. Sie fraßen jetzt Äpfel an der gesamten Ostküste Nordamerikas und im Mittleren Westen; im letzten Jahrzehnt des vorigen Jahrhunderts erreichten sie die Westküste. Die Fliege befällt auch Hagebutten, manchmal selbst Birnen und Pflaumen; auf der Halbinsel Door in Wisconsin fällt sie heute auch über Sauerkirschen her. Unterdessen ernähren sich die Hagedornfliegen noch immer vom Hagedorn.

Nach Meinung heutiger Evolutionsforscher ist die Möglichkeit der Artenbildung unter Nachbarn weiterhin eine unorthodoxe Auffassung, obwohl dies selbst Darwin vorgeschlagen hatte. Das traditionelle Modell der Artenbildung setzt voraus, daß die Arten geographisch isoliert voneinander auftreten. Dies ist das kanonische Muster seit gut fünfzig Jahren und zahlreiche Evolutionsforscher glauben, daß es sich hier um ein

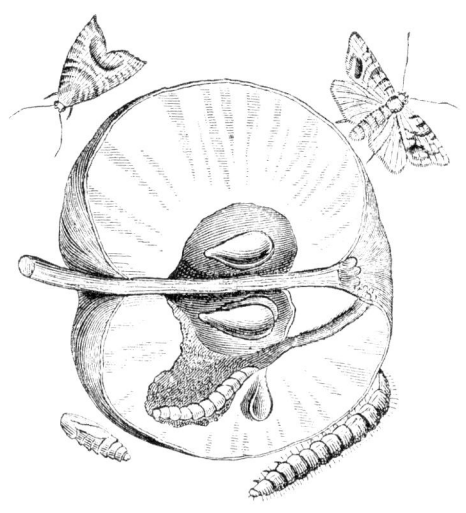

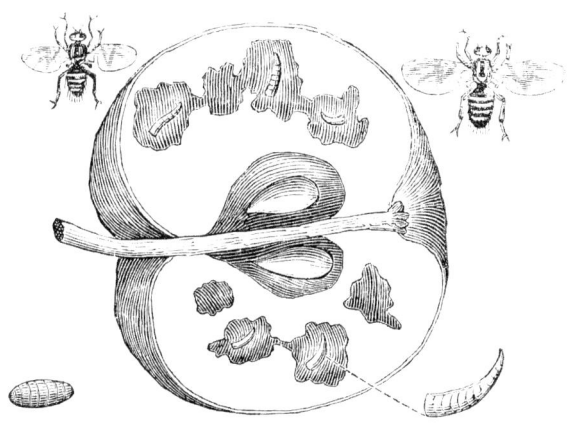

Der Apfel (oben) ist von einem Apfelwickler befallen worden,
der Apfel (unten) von einer Apfelfliege.
Aus: Benjamin D. Walsh, »Apfelwurm und Apfelmade«.
Bibliothek der Academy of Natural Sciences, Philadelphia

allgemeingültiges Muster handelt. Doch die Evolutionsforscher haben sich schon seit eh und je in immer neue Sekten aufgespalten, in Reiche des Entweder/Oder. Entstehen neue Arten wie etwa die Darwinfinken auf Archipelen, oder entstehen sie unter Nachbarn? Ist die Entstehung der Arten ein schneller oder ein langsamer Vorgang? Liegt dem der Mechanismus der natürlichen Selektion oder der der sexuellen Selektion zugrunde? Und so weiter und so fort. Keine dieser Fragen muß wirklich als Entweder/Oder-Frage formuliert werden. Es handelt sich fast um ein Gesetz der Naturwissenschaft: Je indirekter die Beweise, desto polarisierter die Diskussion. Evolutionsforscher ertappen sich manchmal selbst dabei, daß sie sich wie die Spitzender und die Stumpfender in *Gullivers Reisen* verhalten, die mit Zähnen und Klauen über das richtige Verfahren streiten, wie man ein Ei aufschlägt. Dennoch läßt sich sagen: Je direkter die Beweise, desto weniger haben die Antworten etwas vom Entweder/Oder an sich.

Fliegen, die vom Hagedorn zum Apfel überwechselten, legen ihre Eier in einen Apfel, der noch am Baum hängt. Die Tiere schlüpfen innerhalb von zwei Tagen aus den Eiern; die Larve wächst und wächst, wobei sie die Frucht dadurch, daß sie sie frißt, aushöhlt und in eine Wabe verwandelt. Wenn der Apfel reif ist und zu Boden fällt, graben sich die Larven in die Erde ein. Sie überwintern im Boden unter dem Baum, den sie im Sommer zuvor befallen haben. Wenn der nächste Sommer kommt, sind sie für eine weitere Apfelernte gerüstet.

Die Fliegen paaren sich nur auf den Bäumen, von denen sie sich ernähren. Folgt man der Darstellung eines Experten für Apfelfliegen, so fliegt das Männchen zu Beginn der Paarungszeit zum Weibchen und starrt es aus einer Entfernung von 1 bis 2 Zentimetern an. »Und wenn sich optisch der Eindruck ergibt, daß das Insekt seinen Eigenschaften nach tatsächlich von derselben Art ist, springt das Männchen auf den Hinterleib [des Weibchens] und versucht, zu kopulieren.« Häufig findet all das auf einem Apfel statt.

Im weiteren Verlauf verändern sich die Paarungsmuster. Die Männchen haben Territorien abgesteckt und verteidigen ihr Gebiet gegen andere Männchen, während sie auf Weibchen warten, die sich in ihrer Nähe niederlassen. Zwei Apfelfliegen kämpfen manchmal gegeneinander um die Herrschaft über einen Apfel. Allem Anschein nach verbindet sich also das Leben dieser Fliegen immer stärker mit den Apfelbäumen. Möglicherweise sind sie gerade dabei, sich von den Hagedornfliegen zu trennen und eine neue Art zu bilden, genauso wie es Walsh vor einem Jahrhundert vorhersagte.

Momentan untersucht der junge Evolutionsforscher Jeffrey Feder diese Möglichkeit auf molekularem Niveau. In einer Studie beobachtete er Hagedorn- und Apfelfliegen auf einer alten verlassenen Plantage in der Nähe der Stadt Grant im US-Bundesstaat Michigan. Seine Mitarbeiter und er untersuchten sechs Enzyme bei den Fliegen. Bei allen sechs Enzymen fand Feder kleine Unterschiede zwischen den Fliegen auf dem Hagedorn und denen auf den Äpfeln. Diese Unterschiede sind allerdings geringfügig. In der Tat fand Feder genau dieselben sechs Enzyme bei beiden Fruchtfliegen, den Hagedorn- und den Apfelfliegen. Er fand auch dieselben Varianten der sechs Enzyme. Die Hagedorn- und die Apfelfliegen unterschieden sich lediglich in den *Proportionen,* in der relativen Anzahl der varianten Formen. Es ist, als hätten Menschen auf zwei Kontinenten denselben Gensatz für die Augenfarbe – Blau, Braun, Schwarz und Grün –, aber auf einem Kontinent wäre Blau etwas verbreiteter als Schwarz und auf dem anderen Schwarz etwas verbreiteter als Blau. Die Genpools der beiden Fliegenrassen in der Plantage scheinen teilweise verbunden, teilweise aber voneinander getrennt zu sein. Möglicherweise beobachten wir die Anfangsstadien der Divergenz zweier Arten. In einer ausführlicheren Untersuchung beschäftigte sich Feder mit zwei Dutzend Enzymen bei Fliegen aus einem Dutzend Plantagen in den gesamten Vereinigten Staaten und Kanada. Er stellte fest, daß sich überall auf dem Kontinent die Gen-Ausstattung der Apfelfliegen und der Hagedornfliegen auf diese Weise auseinanderentwickelt hatte.

Äpfel werden ungefähr einen Monat früher reif als die Beeren des Hagedorn und fallen entsprechend früher zu Boden. Wenn die Fliegen eine Schicksalsgemeinschaft mit den Äpfeln eingehen, dann müssen sie ihre Nahrungs- und Brutmuster um einen Monat vorverlegen. Ein Monat ist eine Riesenzeitspanne im Leben dieser Fliegen: Es ist fast die gesamte Lebenszeit einer erwachsenen Fruchtfliege. Deshalb entwickeln sich die Genpools beider Arten auseinander, wenn die Fliegen zu den Apfelbäumen überwechseln. Hagedornfliegen und Apfelfliegen kapseln sich eher auf Zeitinseln als auf Rauminseln ein. Diese Fliegen machen anscheinend die ersten Schritte in Richtung auf eine neue Art, genauso wie es sich Darwin und Walsh vorgestellt hatten.

Ohne daß wir es wahrnehmen, geht vermutlich derselbe Prozeß bei Tausenden anderer Arten auf der ganzen Welt vor sich, weil die Landwirtschaft den Insekten überall neue Inseln und Nischen bietet, wie jeder Bauer aus leidvoller Erfahrung weiß. Auch die Kochapfelmotten haben sich an die nordamerikanischen Apfelplantagen angepaßt, seitdem die Motten vor 200 Jahren das Hudson-Tal erreichten. Andere Populationen von Kochapfelmotten haben sich auf persische Walnüsse, Schweizer Aprikosen, südafrikanische Birnen oder kalifornische Pflaumen spezialisiert. Buckelzirpen haben sich auseinanderentwickelt und sich in sechs unterschiedliche Richtungen verzweigt, um sich besser auf sechs unterschiedliche Gattungen von Bäumen und Büschen spezialisieren zu können; zu ihren Wirtspflanzen gehören der Bittersüße Nachtschatten, Walnußbaum *Viburnum* und *Cercis*, allgemein als Espe bzw. Judasbaum bekannt. Buckelzirpen auf einer bestimmten Gattung von Bäumen paaren sich nicht mit Buckelzirpen von einem anderen Baum, selbst wenn die beiden Bäume nebeneinander wachsen. Die Buckelzirpen sind vollständig voneinander isoliert, wenn sie sich vermehren.

Feder hat auch eine Entwicklungslinie von Fliegen untersucht, die genauso aussehen wie die Hagedorn- und die Apfelfliegen, aber Blaubeeren und Heidelbeeren befallen. Sie bedrohen die Blaubeerfelder von Neuschottland bis Florida und treten im Mittleren Westen bis nach Michigan hinein auf. Wenn man ein paar Apfelfliegen mit einigen Blaubeerfliegen in einem Glas zusammenbringt, dann werden sie sich paaren und vollkommen normal aussehende, gesunde, hybride Fliegen hervorbringen. Im Glas paaren sie sich anscheinend ohne jegliche Einschränkung. Doch Feder beschäftigte sich genauer mit den Genen der erwachsenen Fliegen, die er von benachbarten Blaubeersträuchern und Apfelbäumen einsammelte. Er fand heraus, daß ihre Gene eindeutig unterschiedlich und »artspezifisch«, also für die Apfelfliege beziehungsweise die Blaubeerfliege charakteristisch sind. Deshalb bringen sie in der Natur selten, wenn überhaupt, Hybride hervor. Sie tauschen keine Gene untereinander aus. Selbst wenn sich die höchsten Zweige eines Blaubeerstrauchs und die am tiefsten hängenden Zweige eines Apfelbaums wie die Finger zweier Hände kreuzen, vermischen sich die beiden Fliegenrassen immer noch nicht. Jede Fliege ernährt sich von der Frucht ihrer Rasse und paart sich, wie es ihrer Art entspricht, so abgekapselt von der anderen, als lebten die Blaubeer- und die Apfelfliegen auf weit voneinander entfernten Inseln.

17

Die Macht des Fremden

Wir können aus diesen Fakten erschließen, welche
verheerenden Folgen das Eindringen eines
neuen Raubtieres in einem Land haben
muß, bevor sich die Instinkte der heimischen Arten an
die Geschicklichkeit und die Kraft des Fremden
angepaßt haben.

CHARLES DARWIN
Reise um die Welt

Auf den Galapagosinseln wurden weite Teile des Hochlands von Floreana, Santiago, San Cristóbal und Santa Cruz gerodet, um dort Rinder weiden zu lassen. Die Farmer pflanzen Tomaten, Avokados, Guaven, Papayas, Orangen, Zitronen, Bananen, Kartoffeln, Kohl, Kaffee und eine Frucht an, die auf Galapagos als norwegische Birne bekannt ist. Auf Santa Cruz, das in Sichtweite von Daphne Major liegt, führt eine staubige Straße durch das Hochland bis zum höchsten Punkt der Insel, von dem aus man einen schönen Blick auf die Plantagen und Weiden hat; auch kleine weiße Kreuze, die an Grabkapellen am Wegesrand erinnern, sind zu erkennen und gemahnen an Autounfälle mit tödlichem Ausgang. Pferde, Esel, Kühe und Kuhreiher (alles Neuankömmlinge auf diesen Inseln, wie auch der Mensch) stehen auf den Feldern, durch die immer noch einige Galapagosriesenschildkröten ziehen, wenn sie nicht in Teichen weiden, deren Wasseroberfläche aussieht, als bestünde sie aus grünem Schaum, und dabei sitzen Darwinfinken auf ihrem Panzer. Die Schildkröten sind für die Farmer durchaus nützlich, weil sie Pampelmusen, Orangen und Zitronen fressen, wo immer sie diese finden, und dabei die Samen über das ganze Hochland verstreuen.

Die größte Siedlung auf dem Archipel ist das Dorf Puerto Ayora an der Südküste von Santa Cruz. Die Darwinfinken sind die Spatzen des Dorfes.

Während die Männer in den Cafés sich gegenseitig im Spaß mit ehrenwerten Beinamen begrüßen – »Capitán!«, »Professor!« –, hüpfen die Finken unter ihren Füßen herum und suchen nach Krümeln und Resten. Sie jagen und picken in jedem Vorgarten, baden in den Pfützen mitten auf den ungepflasterten Straßen und bieten den Fahrrädern und halboffenen Lastwagen die Stirn.

Die Menschen hier nennen die Finken *chiques*, nach dem Ton, den sie von sich geben. Sie wissen, daß die Vögel berühmt sind, aber sie wissen nicht, warum. Sie nennen sie einfach *chiques* – alle Finken, von den kleinschnäbligen bis zu den großschnäbligen. Die Laubsängerfinken nennen sie *marias* oder *canarios*.

Darwin wußte, daß die Finken sich in ihren Gewohnheiten schnell anpassen können, damit sie ihren Anteil an dem Festbankett bekommen, das die Menschen vor ihnen ausbreiten. Im Hochland von Floreana beobachtete er Vögel, die sich die Samen von den Feldern der politischen Gefangenen Ekuadors holten. »Die Großschnäbel sind ausgesprochene Schädlinge für bebautes Land«, schreibt Darwin in seinen *Ornithologischen Bemerkungen*. »Sie spüren selbst Samen & Pflanzen auf, die sechs Zoll tief in der Erde liegen.«

In einem Aufsatz über die Variabilität der Arten berichtet Alfred Russel Wallace Ähnliches über den Kea, einen Bergpapagei auf Neuseeland. Bevor die Europäer in Neuseeland damit begannen, Schafe zu züchten, ernährte sich der Kea von Blütenhonig und den Insekten, die die Blüten umschwirrten. Er rundete seinen Speiseplan mit Früchten und Beeren ab. Kurz nachdem die Schafhirten nach Neuseeland gekommen waren, begannen die Keas damit, an Schaffellen, die zum Trocknen aufgehängt worden waren, oder an Hammelfleisch, das man für das Räuchern vorbereitete, herumzupicken. Eines Tages entdeckten die Hirten plötzlich Schafe mit offenen, blutenden Wunden auf dem Rücken. Ungefähr im Jahre 1868, schreibt Wallace, beobachteten einige Schafhirten tatsächlich Papageien dabei, wie sie ihre Schafe angriffen. »Seitdem«, berichtet Wallace, »ist bekannt, daß der Vogel sich buchstäblich in das lebende Schaf hineingräbt und sich bis zu den Nieren, die für ihn eine besondere Delikatesse sind, durchfrißt.« Daraufhin erklärten die Schafhirten den Papageien den Krieg und schossen sie, sobald sie einen zu sehen bekamen. »Dieser Fall«, schließt Wallace, »kann als bemerkenswertes Beispiel dafür gelten, wie die Kletterfüße und der mächtige gebogene Schnabel, die sich für einen bestimmten Zweck entwickelt hatten, für einen ganz anderen Zweck verwendet werden können, so daß sich zeigt, wie wenig wirkliche Stabilität es in Verhaltensbereichen gibt, die uns unveränderlich scheinen.«

Auf den Galapagosinseln haben sich die Lebensumstände der Siedler und der Darwinfinken vom ersten Augenblick an wie ein Netz miteinander verwoben. »Die Finken fressen die Blüten der Aussaat«, sagt Fabio Peñafiel, ein junger ekuadorianischer Naturforscher und Führer durch die Galapagosinseln, der im Dorf Puerto Ayora lebt. »Die *señora* von nebenan mußte es aufgeben, Ananas in ihrem Garten zu pflanzen«, sagt er, »weil die Finken einfach alles wegfraßen. Opuntienfinken und Baumfinken. Sie knabbern, knabbern und knabbern, so daß keine Früchte kommen.«

»Die *señora* hat schon Finken gegessen. Ja! Sie sagt, sie haben einen recht milden Geschmack. Sie kocht Suppe aus ihnen, und natürlich erzählt sie mir das! ›Deine Finken, deine albernen Finken haben meine Pflanzen gefressen‹, sagt sie, ›aber ich habe sie gegessen!‹«

»Völlig illegal! Finkensuppe! Die Leute auf der Finkenstation würden tot umfallen! Doch sie war ehrlich genug, es mir zu sagen. Stellen Sie sich vor, was die Leute oben im Hochland machen, wenn die Finken ihre Feldfrüchte fressen. Schließlich nimmt die Finkenpopulation wahrscheinlich gerade wegen dieser Feldfrüchte zu. Ich mag keine Sentimentalität. Fakten sind Fakten.«

Auf der Charles-Darwin-Forschungsstation, die sich etwas außerhalb des Dorfes befindet, hüpfen die Darwinfinken im Kies zwischen den niedrigen Gebäuden herum und suchen unter den Steinen und narbigen, ausgebleichten Korallen nach Samen. Vom Rand der Wellblechdächer und dem Geländer vor dem Schlaftrakt aus schauen sie den Wissenschaftlern zu, die hier ihre Forschungen betreiben. Entlang der Touristenwanderwege hocken sie auf den Schildern, als ob sie Orientierung für die Evolution suchten. Vor der Bibliothek der Forschungsstation sind die Finkenschwärme am dichtesten, weil die Bibliothekarin Gayle Davies Reis für sie ausstreut; als wollte sie eine Mode für Bibliothekarinnen in den Tropen kreieren, hat sie ihr Hemd vorne geknotet und auch ihr Haar hinten zu einem Knoten zusammengebunden. Sie füttert die Finken selbst auf der Veranda ihres Hauses, das eineinhalb Kilometer von der Station entfernt an einer Schotterstraße liegt. Dort schüttet sie den Reis immer in eine

Darwinfinken auf einem
Wegweiser für Touristen an der
Charles-Darwin-Forschungsstation
im Dorf Puerto Ayora.
Zeichnung: Thalia Grant

Schale, die sie an der Veranda aufgehängt hat. Dutzende von *fuliginosa, fortis, magnirostris* und *scandens* hüpfen auf der Schale herum, halten sich an den Drähten fest, zwitschern und fressen Körner direkt aus der Hand.

»Da mein Mann häufig fort ist – er fährt oft aufs Meer hinaus –, ist es schön, etwas Lebendiges um sich zu haben«, sagt Gayle. »Sie sind morgens da, sie sind mittags da, und den ganzen Tag über sind sie voller Hoffnung. Kommt jemand, wenn ich weg bin, dann ist es so, als ginge ein Gerücht um: Ganz plötzlich ist ein Schwarm von ihnen da.«

Sie bewahrte den Reis gewöhnlich in einer offenen Schale in der Küche auf, und einige Finken, die zutraulichsten, flogen unmittelbar in die Küche und fraßen aus der Schale. Die meisten zogen es vor, draußen zu warten, bis das Fressen serviert wurde. »Doch einige wenige, die nicht im Gedränge fressen wollten, flogen direkt durch das offene Fenster zu der Schale und fraßen in Ruhe, selbst wenn die Schale draußen voll war«, berichtet Gayle.

»Eines Tages war ich im Haus, saß auf dem Bett und las. Das Haus, in dem wir damals lebten, bestand lediglich aus einem Raum – das Bett nutzten wir tagsüber als Couch. Ich saß also auf dem Sofa, als plötzlich ein Fink auf einem Kissen unmittelbar neben meinem Kopf landete. Ich konnte beobachten, daß etwas mit seinem Schnabel nicht in Ordnung war. Es waren die Blattern. Sie treten normalerweise an den Füßen auf, doch manchmal kommen auch Wucherungen an der Innenseite des Schnabels vor. Es gelang mir, sie abzukratzen. Dann pinselte ich die Stelle mit Jod ein. Ich versuchte ihm zu helfen.«

»Nie zuvor hatte ein Fink so etwas getan: Er flog direkt zu mir hin und sah mich an. Wenn man sie füttert, legen sie ihren Kopf auf die Seite und schauen einen an, doch das hier war etwas ganz anderes. Ich hatte das Gefühl – um in einen Anthropomorphismus zu verfallen –, daß es ein kleiner Hilfeschrei war. Natürlich weiß man das nicht. Es könnte auch so gewesen sein, daß er nicht fressen konnte, ja eigentlich schon am Verhungern war. Und ich war eben die Nahrungsquelle, diejenige, die den Reis herausstellte. Wer weiß? Ich faßte es als ein ›Hilf mir‹ auf.«

Die Ankunft des Menschen führte zu einer neuen Phase in der Evolution der Darwinfinken. Und die Richtung, in die es geht, ist immer noch unbestimmt. »Auf den bewohnten Inseln«, sagt Peter Grant, »haben wir keine Untersuchungen über die Auswirkungen von Katzen, Ratten, Mäusen, Hunden, Ziegen, Eseln, Feuerameisen, Ananas, Bananen, Guaven und so weiter durchgeführt. Hat dies jeweils Auswirkungen auf die Finken? Strenggenommen können wir aufgrund unserer Untersuchungen diese Frage nicht beantworten. Wir nehmen an, daß es sich auswirkt, aber wir haben keine dieser Veränderungen *beobachtet*.«

Rosemary und Peter sind der Auffassung, daß mit den Finken von Santa Cruz etwas nicht stimmt. Die Vögel im Dorf und um die Forschungsstation herum bilden anscheinend wieder stärker eine Einheit. Die Grants haben nie eine systematische Untersuchung zu dieser Frage durchgeführt; doch ihrer Auffassung nach könnte es sein, daß die Vögel fast schon wieder miteinander verschmelzen. »Sie gehen einfach ineinander über«, sagt Rosemary. Es gibt praktisch keinen Unterschied mehr zwischen dem größten *fortis* und dem kleinsten *magnirostris*.

»Wir müßten eigentlich die Finken, die vor hundert Jahren hier waren, mit denen vergleichen, die wir jetzt vorfinden«, sagt Peter vorsichtig. Doch er und Rosemary fragen sich, ob die Tatsache, daß es nun soviel Wasser und soviel Nahrung in Puerto Ayora gibt, die Vögel dazu gebracht hat, dicht gedrängt nebeneinander zu brüten und sich um das Dorf herum zu vermehren. Vielleicht war der Existenzkampf weniger intensiv. Wenn der Selektionsdruck durch das Wachstum des Dorfes von Finkengeneration zu Finkengeneration abnimmt, dann verwandeln sich die Vögel möglicherweise in einen hybriden Schwarm.

Wie die Finkenforscher zeigen konnten, ist dies auf Daphne oder Genovesa bisher nicht geschehen. In periodischen Abständen gibt es weiterhin einen intensiven Existenzkampf auf diesen unbewohnten Inseln. In schweren Zeiten kommt den unterschiedlichen Finkenschnäbeln eine so große Bedeutung für die Anpassung zu, daß die Schnäbel durch die natürliche Selektion immer wieder erhalten bleiben. Im Spätherbst des Jahres 1983, nach dem großen *Niño*, war zum Beispiel die Vegetation auf Genovesa ungewöhnlich üppig, so daß die Lebensbedingungen für die Darwinfinken ebenfalls ungewöhnlich günstig waren, so günstig, wie sie es das ganze Jahr über auf Gayle Davies' Veranda sind. In dieser Zeit waren auch die Schnabelhöhen des *conirostris* und des *magnirostris* auf Genovesa außergewöhnlich variabel; der höchste *conirostris*-Schnabel und der flachste *magnirostris*-Schnabel unterschieden sich nur noch unwesentlich voneinander.

Wenn die Lebensbedingungen weiterhin so üppig gewesen wären, wären diese Finkenarten wahrscheinlich miteinander verschmolzen. Doch in den Jahren 1984 und 1985 gab es eine lange Trockenperiode. »Alle Vögel, die zwischen den Extremen lagen, verschwanden von der Bildfläche«, sagt Rosemary. »Sie starben, um genau zu sein. Alle Finken, deren Maße zwischen denen des *conirostris* und des *magnirostris* lagen, starben.«

Beim *magnirostris* nahmen Länge und Höhe zu, doch bei *conirostris* nahmen sie ab. Im Endeffekt wurden die beiden Arten durch den Gang der Selektion wieder getrennt, sagt Rosemary und gestikuliert, als würde sie einen Klumpen Lehm auseinanderziehen. »Unter dem Strich war das Ergebnis Divergenz. Es ergab sich eine wirkliche Lücke.«

Deshalb spekulieren die Grants darüber, ob einige Arten von Darwinfinken auf Inseln wie Santa Cruz, wo die Selektion so wenig gegen Hybridbildungen arbeitet, nicht doch irgendwann einmal miteinander verschmelzen könnten. Die Menschen haben möglicherweise das Gleichgewicht zwischen Spaltung und Verschmelzung aus dem Lot gebracht. Um die Dörfer und Farmen herum lösen sich womöglich zahlreiche der allseits bekannten Unterschiede zwischen den Schnäbeln der Finken einfach in Luft auf.

Vor einigen Jahrzehnten schrieb der Botaniker Edgar Anderson einen spekulativen wissenschaftlichen Essay mit dem Titel »Die Hybridisierung des Habitats«. Anderson ist der Evolutionsforscher, der den Begriff introgressive Hybridisierung prägte. Er möchte damit hervorheben, daß die Rückkreuzung von Hybriden mit den Abstammungslinien einer der beiden Eltern ein Mittel darstellt, um die Gene dieser beiden Entwicklungslinien miteinander zu vermischen – was möglicherweise ein wichtiger evolutionärer Schritt ist.

In seinem Aufsatz vertritt Anderson die Auffassung, daß das Durcheinander, zu dem das Auftreten des Menschen überall auf dem Planeten führt, zur Folge hat, daß die Zahl der Hybridbildungen überall zunimmt und daß Tausende dieser Hybridbildungen sowie ihr Habitat sich als Ausgangspunkt für neue evolutionäre Entwicklungslinien erweisen werden. Den wichtigsten evolutionären Schritt macht seiner Auffassung nach nicht die erste hybride Generation, sondern die zweite. »An die erste Hybridbildung werden einheitliche Anforderungen gestellt werden, die unter dem Strich zwischen den Anforderungen liegen werden, denen die Eltern ausgesetzt waren«, schreibt Anderson. Genau dies haben die Grants bei den Darwinfinken beobachtet: Die erste Generation der Hybride nimmt im Hinblick auf Schnabel und Körper eine Zwischenstellung zwischen den Eltern ein. Wirkliche Überraschungen jedoch erlebt man bei ihrer Nachkommenschaft. »Die zweite Generation wird sich aus Einzeltieren zusammensetzen, von denen jedes einzelne sein eigenes, speziell zugeschnittenes Habitat braucht«, schreibt Anderson und wiederholt diese Aussage in Großbuchstaben: »DIE ZWEITE GENERATION WIRD SICH AUS EINZELTIEREN ZUSAMMENSETZEN, VON DENEN JEDES EINZELNE SEIN EIGENES, SPEZIELL ZUGESCHNITTENES HABITAT FÜR EINE OPTIMALE ENTWICKLUNG BRAUCHT.«

Anders ausgedrückt, die Nachkommenschaft der Hybride wird neuartig und bizarr ausfallen, und sie werden ein Habitat brauchen, das so neuartig und bizarr ist wie sie selbst. In einer Studie über zwei Arten von Graslilien, die in den Ozark-Bergen wild wachsen, zeigte Anderson, wie das wahrscheinlich vor sich geht. Eine Art wächst tief in den dichten Wäldern am Fuße der Felsen, sagt Anderson, während die andere oben in der Sonne auf den Felsen gedeiht. In vielerlei Hinsicht sind diese Habitate direkte Gegensätze. Die Art unterhalb der Felsvorsprünge braucht:

- fruchtbaren Lehmboden
- tiefen Schatten
- den Schutz von Blättern

Die Art oben auf den Felsen braucht hingegen:

- felsigen Boden
- pralle Sonne
- keinen Schutz von Blättern

Die beiden Graslilien, sagt er, »sind wohldifferenzierte Arten; jedenfalls ist keine die nächste Verwandte der anderen.« In Versuchsgärten war es für den Forscher ein leichtes, beide Arten miteinander zu kreuzen; er lernte schon bald, die verschiedenen Erscheinungsformen der Hybride zu unterscheiden. Nur selten jedoch beobachtete er, wie eine von ihnen in der freien Natur wuchs, weil das Habitat der Ozark-Berge lediglich in Ausnahmefällen zwischen beiden Extremen liegt (auch der Bereich in der Mitte der Felsen wäre dafür nicht geeignet).

Anderson entdeckte tatsächlich einige wildwachsende Hybride im Wald. Man stelle sich vor, was geschähe, wenn diese Hybridbildungen gekreuzt würden, schreibt er. Wenn man bei ihrer Nachkommenschaft die unterschiedlichen Gensätze kombinierte, dann bräuchte es sechs weitere Habitate neben den beiden Habitaten der Eltern:

– fruchtbarer Lehmboden	– felsiger Boden
– pralle Sonne	– tiefer Schatten
– kein Schutz durch Blätter	– Schutz durch Blätter
– fruchtbarer Lehmboden	– felsiger Boden
– pralle Sonne	– pralle Sonne
– Schutz durch Blätter	– Schutz durch Blätter
– fruchtbarer Lehmboden	– felsiger Boden
– tiefer Schatten	– tiefer Schatten
– kein Schutz durch Blätter	– kein Schutz durch Blätter

Die tatsächliche Zahl der Unterschiede zwischen den beiden Arten ist viel höher als in diesem schematischen Beispiel. Darüber hinaus, betont Anderson, wird die Zahl der unterschiedlichen Habitate, die von den Hybriden benötigt werden, »exponentiell mit der Zahl grundlegender Unterschiede zwischen den Arten wachsen. Bei zehn solcher Unterschiede bräuchte man ungefähr tausend unterschiedliche Habitate, um für die unterschiedlichen neuen Kombinationen irgendwo eine Nische zu finden … Bei nur zwanzig solcher grundlegenden Unterschiede (und das ist wohl eher eine vorsichtige Zahl) wären über eine Million unterschiedlicher, neukombinierter Habitate erforderlich.«

Unter natürlichen Bedingungen kommen solche chaotischen Situationen nicht vor, doch entstehen sie im Gefolge der Störungen des Gleichgewichts, die von Menschen verursacht werden. Die Tatsache, daß der Mensch die Bühne betritt, sagt Anderson, »kann eigenartige neue Nischen für hybride Neukombinationen ermöglichen.« So regen die durch uns hervorgerufenen Schäden zur Hybridbildung an, allgemein in der Umwelt und speziell bei den Tieren und Pflanzen. Wir hybridisieren unseren Planeten.

Die Botaniker haben in der Realität beobachtet, wie dies vor sich geht. So gibt es leichte Unterschiede in der Art und Weise, wie die Farmer im Mississippi-Delta ihr Land bestellen; Botaniker haben nun entdeckt, daß die unterschiedlichen Lebensbedingungen auf jeder Farm unterschiedliche Hybridbildungen bei Wildblumen nach sich ziehen. Es handelt sich um dasselbe Land, dasselbe Klima, doch die Hybridbildungen reichen manchmal, wie Anderson schreibt, »nur bis zum Zaun an der Grenze einer Farm und hören dort auf.« Dasselbe Muster läßt sich auf den Feldern und Weiden des Sankt-Lorenz-Tales und für andere Gebiete belegen. Ein Botaniker hat zwei Arten von Salbei untersucht, die im Kakteendickicht der San-Gabriel-Berge wachsen. Inmitten der Kakteen fanden sich keine Hybride des Salbei, doch entdeckte der Naturforscher, daß sie sich unmittelbar nebenan in einem verlassenen Olivenhain gut entwickelten. »In diesem vollständig durcheinandergeratenen Gebiet waren neue Nischen für Hybride geschaffen worden, die es im Kakteendickicht offensichtlich schon immer gegeben hat, wenn auch höchst selten«, schreibt Anderson. »In diesem eigentümlichen neuen Arrangement unterschiedlicher Habitate wurden einige Mischlinge in stärkerem Maße selektiv begünstigt.« Der Salbei in dem verlassenen Olivenhain bestand aus Hybriden, aber fast keine der ursprünglichen Arten wuchs dort.

Ähnlich muß es verlaufen sein, wenn Samen vom Wind oder von Seevögeln auf neue Inseln getragen wurden, wie auf Galapagos. Und so muß es gewesen sein, wenn neue Kontinente von neuen Pflanzen und Tieren besiedelt wurden. »In solchen Zeiten und an solchen Orten«, argumentiert Anderson, »muß die introgressive Hybridisierung eine wichtige Rolle für die Evolution gespielt haben.«

In einem Artikel mit dem Titel »Hybridisierung als Stimulus der Evolution«, den er zusammen mit G. Ledyard Stebbins schrieb, stellt Anderson die These auf, daß es sich bei dem, was wir jetzt auf der Welt beobachten können, um etwas handelt, was sich in der einen oder anderen Form schon häufig zugetragen hat. Wir sind ökologisch dominant, schreiben die beiden Evolutionsforscher, doch sind wir nicht die ersten, die die Welt als Eroberer betreten. »Als die ersten Landwirbeltiere in die Vegetation der Erde eindrangen, muß sich dies auf die Flora, die sich in Abwesenheit solcher Lebewesen entwickelt hatte, genauso katastrophal ausgewirkt haben. Als zum erstenmal die großen pflanzenfressenden Reptilien auf den Plan traten und auch als sich die ersten großen Landsäugetiere auf der Welt ausbreiteten, muß es zu gewaltsamen Neuanpassungen und zur Schaffung neuer ökologischer Nischen gekommen sein.«

Dies dürfte auf Hawaii ebenso geschehen sein wie auf den Galapagosinseln und im Baikalsee, überall, wo »Arten zusammengebracht wurden, die aus einer anderen Fauna und aus einer anderen Flora stammten« und »physische sowie biologische Barrieren niederrissen«. Wahrscheinlich ist es vor noch gar nicht so langer Zeit im Pleistozän geschehen, als Eismassen sich über die Kontinente der nördlichen Welthalbkugel erstreckten und sogar die Gipfel der Berge auf Hawaii von Eis und Schnee bedeckt waren. Deshalb wird die Hybridbildung in chaotischen Zeiten, etwa nach jeder Überschwemmung, mit dazu beitragen, daß der normale Darwinsche Mechanismus schneller vonstatten geht. Indem wir den Selektionsdruck überall auf der Welt stärker werden lassen und überall die Lebensbereiche der Lebewesen durcheinanderbringen, schaffen wir möglicherweise Bedingungen, unter denen die Evolution mit maximaler Geschwindigkeit abläuft. Anderson und Stebbins schließen daraus, daß »die kürzlich beobachtete rasche Evolution der Gräser und Halbgräser ein Indiz für das ist, was in der geologischen Geschichte immer wieder geschehen sein muß, wenn irgendeine Art oder Gruppe von Arten ökologisch so dominant wurde, daß sie die Habitate ihrer Epoche durcheinanderbrachte.«

Unter unserem Einfluß, schreiben Anderson und Stebbins, »hat sich die Geschwindigkeit der Evolution stark beschleunigt. Es hat eine rasche Evolution bei domestizierten Pflanzen und Tieren gegeben und eine nahezu gleich schnelle Evolution bei Grasarten und -sorten in stark gestörten Habitaten.«

Normalerweise stellen wir uns das Eindringen von Gräsern und neu eingeführten Arten als Abweichung vom großen Werk der Natur, vom kreativen Prozeß des Darwinismus vor. Solche Umwälzungen kamen immer wieder vor; doch nie zuvor geschah dies durch ein mit Bewußtsein ausgestattetes, dominantes Wesen, das uns vergleichbar gewesen wäre, durch einen Eroberer also, dem es um Erkenntnis geht. Was wir somit beobachten, ist ein Exempel der Evolution, wie es über die Zeitalter hinweg immer wieder vor sich gegangen ist. »Weit davon entfernt, ohne Belang für allgemeine Evolutionstheorien zu sein«, führen Anderson und Stebbins aus, sind diese Ereignisse vielmehr »von erheblicher Bedeutung, weil sie zeigen, um wieviel schneller die Evolution unter dem Ansturm einer neuen ökologischen Dominante (in diesem Fall des Menschen) vor sich gehen kann.«

»Die gesteigerte Evolution, die wir in unseren eigenen Gärten und Vorgärten, auf Abfallkippen und entlang der Straßen beobachten, ist vielleicht typisch für das, was sich früher beim Aufstieg ökologischer Dominanten abgespielt haben muß«, schreiben sie. Wir machen das, was vor uns die Dinosaurier getan haben, nur schneller. Wir bringen Fremde zusammen, die dann merkwürdige Bettgenossen abgeben, und richten das Bett sogleich neu wieder her.

Darwin und seine Mitreisenden fingen fünfzehn Finken auf der Insel Floreana. Fünf von ihnen gehörten einer ungewöhnlich großen Rasse an, *magnirostris magnirostris*, dem größten der großen Darwinfinken. Zu dieser Zeit müssen sie auf der Insel außerordentlich stark verbreitet gewesen sein; in alten Höhlen der Eulen auf Floreana sind die Knochen dieser Riesen unter den Finken zwölfmal häufiger als die irgendeines anderen Finken.

Der Evolutionsforscher David Steadman hat eine Studie zu den großen Galapagosfinken vorgelegt. Er merkt an, daß als im Jahre 1838 Adolphe-Simon Neboux und Charles-René-Augustin Leclancher von der französischen Fregatte *Venus* die Vögel auf Floreana studierten, sie, nur drei Jahre nach Darwin, nicht einen einzigen *magnirostris magnirostris* mehr fanden. So erging es 1846 auch Thomas Edmonston von der *Herald* und 1852 Dr. Kinberg von der schwedischen Fregatte *Eugenie*. Und tatsächlich ist der *magnirostris magnirostris* seitdem nie wieder gesehen worden. Anscheinend ist er auf den Inseln fast unmittelbar nach Darwins Besuch ausgestorben. Darwin war der erste Naturforscher, der ein Exemplar sammelte, und gleichzeitig der letzte, der ein lebendes Exemplar zu sehen bekam.

Was geschah mit den Riesenfinken von Floreana? Niemand auf der Insel beobachtete dies in derselben Weise, wie dies jetzt die Finkenforscher auf Daphne tun. Gewiß ist jedoch, daß sie nicht durch einen Vulkanausbruch ausgelöscht wurden, weil der Vulkan auf Floreana nicht mehr tätig war, seit Menschen auf den Inseln leben. Die Finken starben mit ziemlicher Sicherheit durch eine andere Art von Eruption, durch die Veränderungen, die der Mensch auf dieser Insel bewirkte. Ihre Auslöschung läßt sich ganz sicher auf die Tatsache zurückführen, daß dort nur wenige Jahre vor Darwins Ankunft eine Strafkolonie eingerichtet wurde. Wie Darwin in seinem Tagebuch festhält, gab es 200 bis 300 ekuadorianische Gefangene auf der Insel, als die *Beagle* dort vor Anker ging. Sie hatten im Hochland Gebiete gerodet, um in dieser Gegend Süßkartoffeln und Plantainbananen anzubauen. Sie jagten wilde Schweine und Ziegen und machten sich über die Riesenschildkröten her. Und mindestens eine Familie aß Finkensuppe. In mancher Hinsicht erwies sich die Landwirtschaft als Goldgrube für die Finken. Sie selbst wurden, so wie heute auf Santa Cruz, zu einer Plage für die Bauern. Die »Großschnäbel«, die Darwin auf den Feldern nach Samen suchen sah, waren mit ziemlicher Sicherheit *magnirostris magnirostris*.

Zum Unglück der Finken brachten die Gefangenen jedoch nicht nur Samen auf die Insel, sondern auch Rinder, Ziegen, Schweine, Katzen und Ratten. Und obwohl die Gefangenen schon bald wieder fort waren (die Strafkolonie wurde bereits wenige Jahre nach Darwins Besuch wieder aufgelöst), blieb ihre Hinterlassenschaft an Tieren zurück und vermehrte sich. Als Kapitän A. H. Markham von der *Triumph* im Jahre 1880 die Insel besuchte, mußte er feststellen, daß sie »fest in der Hand wilder Rinder war«. Er sah auch »Esel, Hunde, Schweine und andere Tiere, die wild dort lebten, nachdem die früheren Einwohner die Insel verlassen hatten.«

Magnirostris magnirostris war ein großer Vogel und flog wahrscheinlich nicht viel umher, selbst wenn man ihn mit den Bodenfinken vergleicht, sagt Peter Grant. Er muß für Ratten und Katzen leichte Beute gewesen sein. Verschlimmernd kam hinzu, daß der heimische Kaktus ausstarb. Wahrscheinlich war das Leben von *magnirostris magnirostris* eng mit diesem Kaktus verknüpft, bei dem es sich gleichfalls um eine ungewöhnliche einheimische Rasse handelte: *megasperma megasperma*, was soviel bedeutet wie großer, großer Samen. Die Samen dieses Kaktus sind die größten und härtesten auf den Galapagosinseln. Sie haben einen Durchmesser von ungefähr 1,3 Zentimeter. Eine Restpopulation des Riesenkaktus überlebt auf der entlegenen kleinen Insel Champion, die vor der Küste von Floreana liegt. Die Grants haben seine Samen mit Hilfe ihres McGill-Nußknackers getestet. Im Hinblick auf Größe und Härte wird er auf ihrer Skala mit 20 eingestuft, wobei der nächsthärteste Kaktussamen auf Galapagos, und zwar auf Española, einen Härtegrad von etwas unter 11 hat. *Megasperma megasperma* bringt diese gigantischen Samen in ungeheurer Zahl hervor. Die Riesenfinken konnten diese Samen wahrscheinlich knacken, sagt Peter Grant, und der Lohn für die geringe Mühe, die sie dafür aufwenden mußten, war groß. Kein anderer Fink hätte es je fertiggebracht, sie zu knacken.

Ganz sicher war der ausgestorbene *magnirostris magnirostris* auf *megasperma megasperma* spezialisiert. Tatsächlich haben sich ihre Schnäbel und die Kaktussamen möglicherweise eine Art Rüstungswettlauf geliefert: Die Werkzeuge der Finken trieben den Kaktus dazu an, immer größere Samen hervorzubringen, und die immer größeren Samen veranlaßten die Finken, immer größere Schnäbel zu entwickeln.

Als die Gefangenen die Insel Floreana verließen, lernten es die zurückgelassenen Rinder und Esel, den Kaktus umzustürzen und sein Fleisch zu kauen, um an das kostbare Naß zu kommen. Innerhalb kürzester Zeit gab es praktisch keine *megasperma megasperma* mehr auf der Insel. Ohne diese Kakteen war ein Leben für den *magnirostris magnirostris* praktisch nicht mehr möglich. Etwa zur selben Zeit starben auch die Spottdrosseln auf Floreana aus. Denn die Spottdrosseln der Galapagosinseln bauen ihre Nester in Kakteen.

Heute tun die Wissenschaftler der Forschungsstation ihr Bestes, um zahlreiche Tiere auf den Galapagosinseln zu retten; dazu zählen die Leguane, die Schildkröten und die Sturmschwalben mit ihrem schwarzen Rumpf. Die Lebewesen auf den Inseln sind verwundbarer als ihre Verwandten auf dem Festland, weil ihre Zahl klein ist und weil sie sich abseits des Tumults der Konkurrenz entwickelten, der auf den Kontinenten herrscht. Es ist bekannt, daß weltweit ungefähr 100 Vogelarten mit insgesamt über 80 Unterarten seit dem 17. Jahrhundert ausgestorben sind; über 90 Prozent dieser ausgestorbenen Arten und Unterarten lebten auf Inseln.

»Kämen beispielsweise Ziegen nach Daphne, dann würden sie die Kakteen auffressen, was sicherlich den *scandens* zum Aussterben verurteilen würde«, sagt Rosemary. »Und wären sowohl der Kaktus als auch der *Tribulus* verschwunden, dann wäre es vorbei mit allen Finken, die große und mittelgroße Schnäbel haben «

Aus diesem Grund treffen die Grants jedesmal außergewöhnliche Vor-

Opuntienfink.
Zeichnung: Thalia Grant

sichtsmaßnahmen, wenn sie von Santa Cruz zur Landestelle auf Daphne oder zur Darwinbucht auf Genovesa reisen. Sie möchten auch nicht eine einzige trächtige Feuerameise mitbringen.

»Wir wären ziemlich entsetzt«, sagt Peter.

»O ja, mein Gott«, ruft Rosemary.

»Weil das nicht der natürliche Zustand der Insel wäre«, fährt Peter fort.

»Und wenn wir daran schuld wären, wären wir am Boden zerstört.« Aus diesem Grunde waschen sie jedesmal, wenn sie auf der Insel an Land gehen, die gesamten frischen Nahrungsmittel sorgfältig mit Salzwasser ab, ebenso die Stangen für die Nebelnetze. Manchmal ziehen sie die Stangen sogar während der gesamten Schiffsfahrt zur Insel im Wasser hinter sich her, um ganz sicherzugehen, daß Ameisen, die als blinde Passagiere mitfuhren, ertrunken sind. »Die Zelte und die Vogelbehälter waschen wir immer aus, wir reinigen praktisch alles«, sagt Rosemary. »Gewöhnlich nehme ich für den Notfall eine Sprühdose mit, aber wir mußten sie noch nie benutzen.«

»Die Feuerameisen würden alle Skorpione töten und wahrscheinlich auch die Spinnen«, erläutert Peter. »Und da es sich um kleine Inseln handelt, würden die Skorpione und die Spinnen vermutlich aussterben.«

Es gibt viele Menschen, die froh wären, wenn es keine Skorpione und Spinnen mehr gäbe, doch viele Menschen, hält Peter dem entgegen, »leben in Städten«.

»Wenn sie die Skorpione töteten, hätte dies Konsequenzen für den *Tropidurus*, die Lava-Echse«, sagt Rosemary.

»Doch geht es uns eher um das allgemeine Prinzip als um den Einsatz für bestimmte Arten«, holt Peter aus. »Wenn irgendeine neue Art eindringt, ist das alte Gleichgewicht dahin.«

»Die Veränderungen würden sich über die ganze Nahrungskette hinweg auswirken«, ergänzt Rosemary.

»Ja, und zwar, ohne daß man sie vorhersagen könnte. Es wäre ziemlich schwer, sich die Konsequenzen für Organismen weiter oben in der Nahrungskette auszumalen. Die Habitate, die wir beobachten, sind so empfindlich und zerbrechlich«, nimmt Peter den Faden wieder auf. »Man kann sich leicht große Veränderungen auf beiden Inseln ausmalen.«

»Es gibt so wenige Gegenden, die von Menschen noch unberührt sind«, sagt Rosemary. »Sie können sich ja vorstellen, was geschehen würde, wenn ein großes Hotel, ein Holiday Inn, auf Daphne oder Genovesa gebaut würde – wenn Pflanzen, Insekten, Ratten und Katzen eingeschleppt würden ...«

»Papageien, Wellensittiche ...«

»Man würde Daphne und Genovesa vollständig zerstören.«

Hawaii, das einmal der abgelegenste Archipel der Welt war, wurde von Menschen zu Beginn des ersten Jahrtausends besiedelt. Zahlreiche andere aggressive Arten gingen mit uns an Land, in immer kürzeren Abständen zwischen den einzelnen Wellen, unter ihnen Schweine, Ziegen, Ratten, Mungos, Moskitos, Raupen der Eulenfalter, Buchwürmer, Kakerlaken, Tausendfüßler und Skorpione, ganz zu schweigen von den Englischen Sperlingen und über 4500 Arten fremder Pflanzen. Unter diesen Flutwellen wurden die adaptiven Radiationen einheimischer Vögel im ganzen Archipel begraben. Verschiedene Arten von Finken, Falken, Eulen, flugunfähigen Ibissen und flugunfähigen Rallen starben aus. Die Finken traf es besonders hart. »Selbst oberflächlichen Beobachtern ist aufgefallen, wie im Verlauf der letzten dreißig Jahre, einem Kaleidoskop vergleichbar, die Dominanz unterschiedlicher fremder Vogelarten wechselte«, sagt der Ökologe Peter Vitousek. »Die einzige Konstante bestand darin, daß fast überhaupt keine einheimischen Tiere vertreten waren.« Weit im Nordwesten des Hawaii-Archipels gibt es ein Atoll mit dem Namen Laysan. Die adaptiven Landschaften dieser entlegenen Insel wurden im 19. Jahrhundert durch die Ankunft europäischer Kaninchen und Ratten völlig in Unordnung gebracht. 1967 ließ die amerikanische Naturschutzbehörde in einer Art Arche-Noah-Projekt über hundert Exemplare einer bedrohten Art von Hawaiifinken einfangen und sie mit dem Boot zu einer ungefähr 500 Kilometer entfernten, kleinen Gruppe von Hawaii-Inseln bringen, die als Pearl- und Hermesriff bekannt sind.

Nachdem der Laysanfink auf diesem Riff angesiedelt worden war, begann Sheila Conant, eine Ornithologin an der Universität von Hawaii, angeregt von der Arbeit der Grants auf Galapagos, die Vögel auf ihren neuen Heimatinseln zu beobachten. Die Laysanfinken sind ebenso zahm wie die Darwinfinken; Conant und einigen ihrer Mitarbeiter gelang es, die meisten von ihnen zu beringen. Sie konnte die Vögel zwar nicht ständig auf dieselbe Weise wie die Grants und ihre Gruppe beobachten, doch führten sie im Abstand weniger Jahre mehrere Expeditionen auf die Inseln.

Ein Galapagosfink jagt Fliegen
auf einem Leguan.
Zeichnung: Thalia Grant

In den zwanzig Jahren ihres Daseins auf den Inseln des Pearl- und Hermesriffs hatten die Finken begonnen, sich in unterschiedliche Richtungen zu entwickeln. Auf Laysan hatten ihre Vorfahren flache, breite Schnäbel von mittlerer Länge. In ihrer neuen Heimat haben die Finken auf der südöstlichen Insel nun längere Schnäbel, während die Finken auf der Nordinsel kürzere, höhere und schmalere Schnäbel haben.

Es handelt sich hier um Finken, die sich von Körnern ernähren. Die Größe der Samen, die sie fressen, reicht von sehr kleinen und weichen bis zu großen und harten. Die härteste Nuß ist wieder einmal *Tribulus*, der wahrscheinlich auf dieselbe Weise nach Hawaii gelangt ist, wie er auf die Galapagosinseln geriet: im Gepäck von Matrosen und Walfängern. Der *Tribulus* ist auf Laysan nicht sehr weit verbreitet, aber auf dem Pearl- und Hermesriff kommt er häufig vor; entsprechend verwenden die Finken in ihrer neuen Heimat viel mehr Zeit auf *Tribulus*. Und die Teilfrüchte des *Tribulus* auf der südöstlichen Insel sind größer als die auf der Nordinsel, was möglicherweise eine Erklärung für die Unterschiedlichkeit der Schnäbel dieser Finken ist.

Die Geschwindigkeit, mit der sich diese Finken angepaßt haben, ist erstaunlich, und sie zeigt, wie schnell sich die Urahnen der Darwinfinken, als sie auf die Galapagosinseln kamen, anpaßten.

»Pfuschen wir der Evolution ins Handwerk?« fragt Sheila Conant. Die Antwort lautet natürlich: Ja. Je mehr Arten bedroht sind, desto mehr gutgemeinte Versuche zu ihrer Rettung bringen es mit sich, sie in einer anderen Gegend heimisch werden zu lassen oder sie erneut in ihrer alten Heimat anzusiedeln. Was dann geschieht, wird nur selten so genau registriert, wie dies die Grants auf Daphne und Sheila Conant auf Laysan getan haben. Aus ihren Untersuchungen ging jedoch eindeutig hervor, daß sich die eingeführte Art, wenn sie überlebt, in ihrer neuen Heimat rasch und auf unvorhersehbare Weise entwickeln kann. Für Sheila Conant ist dies faszinierend und verblüffend zugleich. Umweltschützer sind möglicherweise enttäuscht darüber, daß sie, indem sie eine Art an einer anderen Stelle aussetzten, nicht in erster Linie zu deren Überleben beitrugen, sondern ihr vielmehr zu einer neuen Gestalt verhalfen.

Aus diesem Grund nahmen Rosemary und Peter das Wort *Dynamik* in den Titel des ersten Buchs auf, das sie zusammen geschrieben haben: *Evolutionäre Dynamik einer natürlichen Population.* »Es ist wichtig, sich das in Erinnerung zu rufen«, sagt Rosemary. »Es gibt keinen Stillstand bei den Arten. Man kann keine Art ›erhalten‹.« Jede einzelne Art, so beschließen die Grants ihr Buch, »ändert sich ständig und ist zu weiterer Veränderung in der Lage.«

All das enthält eine »bittersüße Botschaft«, wie Peter Boag zum hundertsten Todestag von Charles Darwin in der Zeitschrift *Nature* schrieb: »Über die Evolution auf den Galapagosinseln wissen wir viel weniger, als die meisten Menschen meinen, doch die Populationen und Gemeinschaften ändern sich dort im Augenblick wahrscheinlich schneller als je zuvor.«

18

Resistenzreaktionen

Lassen Sie einen Mann öffentlich kundtun,
er habe irgendein neues Spezialpulver
namens Pimperlimplimp
entdeckt, von dem eine einzige Prise,
in alle vier Ecken eines Feldes gestreut,
jedes Ungeziefer darin vernichten wird,
und die Menschen werden ihm mit Aufmerksamkeit
und Respekt zuhören. Stellen Sie ihnen jedoch
einen einfachen Plan vor,
der auf dem gesunden Menschenverstand
und korrekten wissenschaftlichen Grundsätzen beruht
und mit dem die Insekten als Feinde der Bauern
unter Kontrolle und innerhalb
vernünftiger Grenzen gehalten werden,
und man wird es mit Hohngelächter quittieren.

BENJAMIN WALSH
Der praktische Entomologe (1866)

Den ganzen Sommer über haben die Boten von Federal Express große
weiße Pakete an das Labor unten auf der Moffett C-Ebene ausge-
liefert. Die Pakete kommen aus kleinen Ortschaften in Louisiana, Südka-
lifornien und anderen Staaten, die dazwischen liegen: aus der Gegend der
Vereinigten Staaten, die man oft den Baumwollgürtel oder den Bibelgürtel
nennt.
Wenn diese Pakete ankommen, legt sie ein wissenschaftlicher Mitarbeiter
des Labors auf einen Labortisch, bricht das Siegel von Federal Express
auf und öffnet den hermetisch verschlossenen Deckel. Im Inneren der
Pakete finden sich seltsam geformte Kästen: Sie sind innen so ausgehöhlt,
daß sie die Gestalt von Kratern haben. Am Boden jedes dieser weißen

Krater finden sich ein Dutzend graue Motten, die inmitten einer aufsteigenden blassen Dampfwolke auf einem Bett aus Trockeneis liegen. Der Mitarbeiter, Martin Taylor, holt eine Motte nach der anderen mit einer Pinzette heraus. Wie ein Apotheker alten Stils zerstößt er dann eine nach der anderen mit einem Stößel in einem Mörser, um ihre DNS zu extrahieren. Von seiner Laborbank aus studiert er diese Motten auf dieselbe Weise, wie Peter Boag die Darwinfinken untersucht. Der größte Widerstand gegen die Evolution kommt unter anderem von den Farmern im Baumwollgürtel, aber genau dort hat Taylor einen der dramatischsten Fälle auf der Erde ausgemacht, bei dem sich die Evolution in Aktion beobachten läßt.

Es ist noch gar nicht so lange her, daß diese besondere Mottenart, *Heliothis virescens,* ihr Leben im verborgenen führte, wahrscheinlich in Wäldern und Hecken, wo sie sich von Unkraut ernährte. Doch im Jahre 1940 begannen die Baumwollfarmer damit, ihre Felder mit der chemischen Verbindung Dichlordiphenyltrichloräthan, besser bekannt als DDT, zu besprühen. Dieses erste Insektenvertilgungsmittel tötete so viele Insekten und so viele der Vögel, die Insekten fraßen, daß die Baumwollfelder, biologisch gesehen, praktisch unbewohnt waren, wie ein Archipel aus gerade neu entstandenen Inseln – und aus den Wäldern und Hecken flatterte *Heliothis virescens* herbei.

Einige dieser Motten hatten eine Resistenz gegen DDT entwickelt. Sie lebten lange genug, um ihre Eier in den Baumwollkapseln abzulegen. Aus ihren Eiern schlüpften Larven, und die Larven fraßen die Baumwolle.

Voller Optimismus bombardierten die Pestizidhersteller in den folgenden Jahren *Heliothis* mit immer höheren Dosen DDT. Auch entwickelten sie weitere Gifte aus derselben chemikalischen Familie: Aldrin und Chlordan. Sie hatten kein geringeres Ziel, als die Kontrolle über die Natur zu erlangen, und die Pestizidhersteller glaubten wirklich, daß sie kurz davor standen, diese Kontrolle zu erlangen. Ausgehend vom DDT, dem allerersten Produkt im Jahre 1940, bis hin zu den großen Wellen neuer chemischer Produkte in den sechziger und siebziger Jahren, kamen jedes Jahr neue Pestizide, Dutzende von Herbiziden und Insektiziden, auf den Markt. *Heliothis* wurde zu einer der am heftigsten bekämpften Arten; es kam gewissermaßen zu einem biologischen Krieg. All diesen Widrigkeiten zum Trotz waren die Motten von der Baumwolle nicht zu vertreiben. Gegenwärtig besprühen die meisten Farmer im Baumwollgürtel ihre

Felder mit Pyrethroiden, die unter Markennamen verkauft werden, wie sie optimistischer nicht klingen können: Zwei der gängigsten heißen »Pfadfinder« und »Karate«. Als diese Pyrethroide erstmals eingeführt wurden, steigerten sie die Baumwollerträge um ungefähr ein Viertel, manchmal sogar um ein Drittel. 1980 jedoch kamen aus dem kalifornischen Imperial Valley Berichte über Motten mit einer fünfzigfachen Resistenz gegen Pyrethroide. Wie zuvor bereits die anderen breitete sich auch diese Resistenz aus.

»Im Moment versetzt *Heliothis* gerade die Baumwollindustrie von Louisiana in Panik«, sagt Bruce Black, ein Entomologe der Firma American Cyanamid, eines Pestizidgiganten mit Sitz in Princeton. »Die Motten sind nahezu völlig resistent gegenüber allen Pestiziden geworden, angefangen bei den Cyclodienen über die Organophosphate und die Karbamate bis hin zu den meisten Pyrethroiden. Und diese Pyrethroide sind buchstäblich das letzte Bollwerk, das die Baumwollindustrie noch vor dem Kollaps bewahren kann. Auf den Feldern Louisianas gibt es Insekten, die eine zweihundertfache Resistenz gegen Pyrethroide besitzen. Die Farmer sagen, nächstes Jahr könnten sie keine Ernte einfahren. Das Ungeziefer werde sie ruinieren.«

Martin Taylor erhielt ein Forschungsstipendium von American Cyanamid, um herauszufinden, wie sich *Heliothis* entwickelt.

Wenn er Vorträge über *Heliothis* hält, fängt Taylor gewöhnlich mit einer Folie an, auf der in großen Buchstaben geschrieben steht:

Variation bei domestizierten Pflanzen und Tieren
unter besonderer Berücksichtigung der
Resistenz von Insekten gegenüber Pestiziden
von Charles Darwin, MA, FRS, & c.

»Es handelt sich um ein ungewöhnlich aussagekräftiges Beispiel für die Evolution, wie sie sich vor unseren Augen abspielt«, sagt Taylor, »um deutlich sichtbare Evolution.«

Genauso wie eine Dürre oder eine Flut läßt auch ein Pestizid einen Selektionsdruck entstehen. Das Gift selektiert *zuungunsten* der Eigenschaften, die eine Art wehrlos gegen das Gift machen; denn die Individuen, die am wehrlosesten sind, sterben als erste. Das Gift selektiert jedoch *zugunsten* jeglicher Eigenschaft, die eine Art weniger verwundbar macht; denn je weniger verwundbar die einzelnen Tiere sind, desto länger überleben sie und desto mehr Nachkommenschaft hinterlassen sie. Auf diese Weise löste die Erfindung der Pestizide im zwanzigsten Jahrhundert bei den Insekten überall auf der Welt evolutionäre Schübe aus. *Heliothis* ist lediglich einer von Hunderten solcher Fälle. Flugfähige Schildläuse entwickelten in nur sechs Generationen eine ausgeprägte Resistenz gegen Buquinolat. In den Eingeweiden von Schafen entwickelten Fadenwürmer innerhalb von drei Generationen eine starke Resistenz gegen Thiabendazol, und Schafzecken entwickelten in nur zwei Generationen eine starke Widerstandskraft gegen HCH-Dieldrin. 1967 verkündete ein bekannter Entomologe in der Zeitschrift *Scientific American* die Entdeckung einer »resistenzsicheren« Familie von Insektiziden. Die Gifte waren Varianten einiger Insektenhormone. Wie konnten Insekten ihren eigenen Hormonen entgehen? Doch innerhalb von fünf Jahren hatten die Fliegen die hundertfache Resistenz entwickelt.

»Für einige war dies anscheinend eine Überraschung«, sagt Taylor. »Einen Evolutionsbiologen hätte dies nicht weiter überrascht. Doch die Pestizidsprüher und die Hersteller chemischer Produkte überraschte es über die Maßen.«

»Wenn man sich die Veröffentlichungen anschaut«, sagt Linda Hall von der Cornell University, die sich auf die Erforschung der Resistenz gegenüber Pestiziden spezialisiert hat, »findet man Leute, die sagen: ›Es kann sich keine Resistenz gegen Pyrethroide entwickeln.‹ Das war unglaublich naiv. Gegen nahezu alles, was man zur Bekämpfung eines Insekts einsetzt, gegen nahezu jede Methode, die man zu seiner Tötung entdeckt, wird das Insekt einen Weg finden, nicht getötet zu werden. Dies ist das ganze Geheimnis der Evolution: Ganz gleich, welche Tötungsmethode man auswählt, es wird eine Methode finden, nicht getötet zu werden. Doch gab es immer Leute aus unterschiedlichen Firmen, die sich auf den Tagungen der American Chemical Society zu Wort meldeten und behaupteten: ›Insekten können eigentlich keine Resistenz gegen Pyrethroide entwickeln.‹ Ich weiß nicht«, sagte sie, »ich verstehe es überhaupt nicht.« Wenn Evolutionsforscher diese weltweiten Resistenzreaktionen untersuchen, dann lassen sich deutlich vier Klassen von Anpassungen erkennen, denn einem Insekt, das bekämpft wird, bleiben vier Wege zum Überleben.

Zum ersten kann es einfach ausweichen. Bestimmte Malariamoskitos in Afrika flogen gewöhnlich in eine Hütte, stachen jemanden und ließen sich dann an den Wänden der Hütte nieder, um ihre Mahlzeit zu verdauen. In den fünfziger und sechziger Jahren begannen Mitarbeiter der Gesundheitsbehörden damit, die Hüttenwände mit DDT auszusprühen. Unglücklicherweise gab es in jedem Dorf immer einige Moskitos, die durchs Fenster hereinflogen, zustachen und unmittelbar danach wieder zum Fenster hinausflogen. Millionen von Moskitos starben, diese wenigen jedoch überlebten und vermehrten sich. Innerhalb kürzester Zeit handelte es sich bei fast allen Moskitos im Dorf um Exemplare, die zustachen und schnell wieder fortflogen.

Zum zweiten kann das Insekt eine Methode entwickeln, um das Gift, wenn es ihm schon nicht ausweichen kann, nicht unter seine Haut dringen zu lassen. Einige Kohlmotten fliegen sofort weiter, wenn sie auf einem Blatt landen, das mit Pyrethroiden in Kontakt gekommen ist, und lassen ihre kontaminierten Beine zurück. Das ist ein adaptiver Trick, der als »Beinabwerfen« bekannt ist.

Drittens entwickelt das Insekt möglicherweise ein Gegenmittel, wenn es schon das Eindringen des Gifts nicht verhindern kann. Eine Moskitoart, die *Culex pipiens* heißt, hat heute die Fähigkeit, massive Dosen von Organophosphat-Insektiziden zu überleben. Die Moskitos können das Gift tatsächlich *verdauen*, indem sie eine Gruppe von Enzymen einsetzen, die unter dem Namen Esterasen bekannt sind. Die Gene, die diese Esterasen hervorbringen, sind die Allele B1 und B2. Zahlreiche Stämme der *Culex pipiens* haben nicht weniger als 250 B1-Allele und 60 B2-Allele. Weil die Gene von Kontinent zu Kontinent, Buchstabe für Buchstabe, im wesentlichen identisch sind, gibt es eine hohe Wahrscheinlichkeit, daß sie von einem einzigen Glückspilz unter den Moskitos stammen. Von diesem Mutanten, dem Begründer dieser ungewöhnlichen Resistenz, nimmt man an, daß er in den sechziger Jahren irgendwo in Afrika oder Asien lebte. Seine Nachkommen sind offensichtlich als blinde Passagiere in Flugzeugen um die Welt geflogen. Erstmals tauchten die Gene 1984 bei kalifornischen Moskitos auf, dann 1985 bei italienischen Moskitos und 1986 bei französischen Moskitos.

Schließlich kann das Insekt, wenn es nicht in der Lage ist, ein Gegenmittel zu entwickeln, bisweilen eine interne Vermeidungsstrategie aufbauen. Das Gift zielt auf eine bestimmte Stelle im Insektenkörper. Das Insekt kann dieses Zielgebiet zusammenschrumpfen lassen, es verschieben oder es gar zum Verschwinden bringen. Von allen vier Anpassungstypen, den vier Überlebensstrategien, ist diese von der Evolution am schwierigsten hervorzubringen – doch Taylor ist der Auffassung, daß *Heliothis* sich mit Hilfe dieser Methode weiterentwickelt.

»Ich fand es schon immer erstaunlich, daß die Evolutionsforscher derartigen Dingen sowenig Aufmerksamkeit widmen«, sagt Taylor, »und daß ausgerechnet die Baumwollfarmer in genau den Bundesstaaten, deren Parlamente der Evolutionstheorie so feindlich gegenüberstehen, mit diesen Schädlingen konfrontiert sind. Denn es ist die Evolution selbst, gegen die sie auf ihren Feldern in jeder Saison neu ankämpfen. Diese Leute versuchen, die Evolutionslehre aus ihren Schulen zu verbannen, während gleichzeitig ihre eigene Baumwollernte eben wegen der Evolution vernichtet wird. Wie kann man da als Farmer noch weiter Kreationist sein?«

Innerhalb einer einzigen Saison kann *Heliothis* eine Resistenz gegen Pyrethroide entwickeln. Im Mai 1987 überlebten in Arkansas nur ungefähr 6 Prozent der Motten eine bestimmte Dosis des Gifts. Im September desselben Jahres jedoch, also einige Mottengenerationen später, überlebten 61 Prozent von ihnen dieselbe Dosis. Dieselbe rasche Evolution wurde auch auf den Baumwollfeldern von Louisiana, Oklahoma, Texas und Mississippi beobachtet.

Als vor Jahren die DDT-Resistenz erstmals auftrat, untersuchten Genetiker das Problem anhand von Hausfliegen im Labor. Fliegen, die bestimmte Dosen DDT überlebten, hatten häufig ein bestimmtes mutierendes Gen auf dem dritten Chromosom, einen Mutanten, den man fortan *kdr* nannte, für *knockdown resistance,* das heißt Tötungsresistenz. Auf dieses einzelne Gen ließ sich die Resistenz gegenüber DDT und allen seinen Varianten zurückführen.

Heute hat jede postmoderne, gut ausgestattete Stubenfliege nicht nur *kdr*, sondern auch ein mutiertes Gen mit dem Namen *pen,* das die Aufnahme von Insektiziden verringert. Auf dem vierten Chromosom der Fliege gibt es ein mutantes Gen mit der Bezeichnung *dld-r*, das ihre eine Resistenz gegen Dieldrin und die ganze Dieldrinfamilie von Giften verleiht. Auf ihrem zweiten Chromosom gibt es ein mutantes Gen, das als *AChE-R* bekannt ist und vor Organophosphaten wie auch vor Karbamaten schützt.

Erstaunlich schnell entwickelten die Fliegen eine Resistenz gegen Pyrethroide, und zahlreiche Forscher sind der Auffassung, daß sie so gut damit fertigwurden, weil sie sich mit Hilfe des DDT bereits in die richtige Richtung entwickelt hatten. Dasselbe *kdr*-Gen, das gegen DDT erfolgreich war, scheint sich auch im Kampf gegen die Pyrethroide bewährt zu haben. Wenn nun beide Eltern einer Fliege das *kdr*-Gen besitzen, so daß Mutter und Vater jeweils das Gen vererben, dann wird dieses Exemplar häufig eine tausendfache Resistenz gegen Pyrethroide aufweisen.

Nach heutiger Auffassung setzen sowohl DDT als auch Pyrethroide bei der Fliege an derselben Stelle an: an mikroskopisch kleinen Öffnungen in den Membranen der Nervenzellen. Diese Öffnungen, die Natriumkanäle, öffnen sich und schließen sich wieder, um die Nervensignale durch die Zelle hindurchzuleiten. Sowohl vom DDT als auch von den Pyrethroiden nimmt man an, daß sie die Öffnung dieser Kanäle erzwingen und dadurch wiederholte unkontrollierte Entladungen in den Nervenzellen hervorrufen. Wenn eine ausreichende Zahl dieser Kanäle geöffnet bleibt, setzen bei der Fliege Krämpfe ein, schließlich treten Lähmungen auf, und sie stirbt.

Selbst bei Tieren, die, wie Fliegen, Aale und Ratten, weit entfernt voneinander auf dem Baum der Evolution leben, und nicht zuletzt beim Menschen ist die Struktur der Natriumkanäle fast identisch. Dies weist darauf hin, daß sich die Struktur vor langer Zeit in der Evolutionsgeschichte entwickelte, bevor sich die Wege der Wirbeltiere und wirbellosen Tiere trennten. Bei den Natriumkanälen setzt das Gift also an einer Struktur an, die alt, lebenswichtig und in ihrer Konstruktion durch das ganze Tierreich hindurch universell festgelegt ist. Man könnte der Auffassung sein, daß es für eine Fliege außerordentlich schwierig ist, an einer so ehrwürdigen Konstruktion etwas zu ändern. Ebendies gelang den Fliegen jedoch. Sie änderten die Gene, die die Kanäle ausformten, so ab, daß die Fliegen nun von der Wirkungsweise des Gifts verschont bleiben.

Das Gen für den Natriumkanal wurde bei *Drosophila melanogaster* vollständig aufgeschlüsselt; das heißt, alle unsichtbaren Buchstaben, aus denen sich die Gene zusammensetzen, wurden entziffert und die Ergebnisse veröffentlicht. In weiser Voraussicht beschlossen daher Taylor und der Betreuer seiner Doktorarbeit, Marty Kreitman, sich mit der DNS der Motte zu beschäftigen und nach demselben Gen zu suchen. Obwohl das Genom der *Heliothis* für ein Insekt ungewöhnlich groß ist – es ist größer als das eines Huhnes und nähert sich mit einer Milliarde Buchstaben der

Größe des menschlichen Genoms –, wußte Taylor genau, was er zu tun hatte, um das Gen zu finden. Mit Hilfe neuartiger molekularer Verfahren war dies denkbar einfach.

Das Gen der *Drosophila* lautet ATCGAGAAGTACTTCGTGT ... und so weiter. Taylor bediente sich einer kleinen Maschine, die an einer Wand des Labors steht, eines Synthesegeräts für DNS, das bei Molekularbiologen zur Standardausrüstung zählt. Diesem Gerät, das er so nebenher bedient, als benutze er gerade irgendeine Tastatur, gab er die Anweisung, die entsprechende Buchstabensequenz zusammenzusetzen: ein Fragment künstlicher DNS. In einem Mörser zerstampfte er dann mit einem Stößel Teile und Stücke von *Heliothis*-Motten, extrahierte deren DNS und mischte sie mit der künstlichen DNS.

Wenn die Motten dasselbe Gen wie die Fliege besäßen, würde Taylors DNS-Fragment es finden und mit ihm eine Verbindung eingehen. Der kleine Strang künstlicher DNS würde in diesem Fall an dem langen Abschnitt der Motten-DNS heften. Um herauszufinden, ob die beiden Stücke aneinanderhängen, weichte Taylor die gesamte DNS in einer Spezialenzymlösung ein, die sie in kleine Stückchen aufspaltete, und siebte die Stückchen heraus.

(»Es ist ein sehr robustes Material, eben DNS«, sagt Taylor. »Man kann das alles zerstoßen, und es bricht nicht. Nur die Enzyme stellen eine Gefahr dar.«)

Nach monatelanger Arbeit fand Taylor ein Fragment im Genom der Motte, das einem Genteil der Fliege entsprach. Das Motten-Gen hatte die Buchstabensequenz ATCGAGAAGTACTTCGTGT ... und so weiter, mit 184 von Darwins unsichtbaren Buchstaben. Insgesamt fast 200 Buchstaben, und lediglich bei einem einzigen Zeichen gab es Unterschiede zwischen *Heliothis* und *Drosophila*. Die Motte hatte nahezu dieselbe genetische Information wie die Fliege.

Jetzt sucht Taylor in den Genen, auf die die Entstehung des Natriumkanals bei der Motte zurückgeht, nach Veränderungen, die die Motte vor Pyrethroiden schützen. Welche Buchstaben entlang der DNS haben sich verschoben und *Heliothis* gerettet? Dieser Teil der Suche ist sehr viel mühsamer. Lediglich ein einziger Buchstabe muß sich verschieben oder an einer bestimmten Stelle ersetzt werden, um die Motte gegen das Gift resistent zu machen. Und das Gen besteht insgesamt aus Tausenden solcher Buchstaben.

Die Hersteller von Pestiziden waren früher der Auffassung, daß sie die Schädlinge mit Hilfe der Pyrethroide ein und für allemal ausrotten würden. »Menschen haben es nicht gern, wenn die Kategorien, in denen sie denken, ins Schwanken geraten«, sagt Taylor. »Sie ziehen folgende Denkweise vor: Das ist eine Motte, und dies ist eine Fliege, starre Kategorien eben. Sie denken nicht gerne an die Vielzahl von Hybridbildungen und Veränderungen, die die ganze Zeit über in jeder Entwicklungslinie von Motten und Fliegen auftreten, an so viel Evolution in Aktion überall um sie herum.«

»Selbst Menschen, die meinen, sie verstünden Darwin, neigen dazu, nicht darüber nachzudenken, weil sie darin geschult sind, in Darwins Begriffen der graduellen Veränderung zu denken.«

»Es ist schwer genug, Schädlinge unter Kontrolle zu bringen, selbst wenn wir wissen, was vor sich geht. Man kann sie jedoch nicht unter Kontrolle bringen, wenn man nicht erkennt, daß sich auch das, worauf man zielt, bewegen kann.«

Weil unser Denken nicht von dieser Auffassung geleitet wird, machen wir leider immer wieder dieselben taktischen Fehler, – Fehler, die für uns äußerst verhängnisvoll werden können. Resistenz gibt es nämlich nicht nur draußen in den Baumwollfeldern. Es gibt sie auch in nächster Nähe. Während der letzten fünfzig Jahre, in denen wir die Schädlinge auf unseren Feldern in gutem Glauben mit Gift bekämpften, sind wir auch den Schädlingen in unserem eigenen Körper mit immer größeren Mengen von Chemikalien zu Leibe gerückt. Auch hier beobachten Wissenschaftler jetzt die Evolution in Aktion.

In den fünfziger Jahren fing man in den Krankenhäusern der westlichen Welt damit an, regelmäßig Antibiotika zu verwenden, und innerhalb von ein oder zwei Jahren tauchte eine Resistenz gegen diese Mittel auf. Jeder dritte Patient in einem Krankenhaus der westlichen Welt wird heute mit Antibiotika behandelt, und die Resistenz gegen Antibiotika nimmt so rapide zu, daß zahlreiche Ärzte schon von einer weltweiten Epidemie sprechen.

Diese Art von Resistenz nimmt gewöhnlich denselben Verlauf wie die Pestizidresistenz: Großkonzerne, Apparatemedizin, Breitbandbehandlung – die Rückschläge lassen nicht auf sich warten.

»Im allgemeinen kennen sich diese Chemiefirmen mit der Evolution nicht aus«, sagt Martin Taylor.

In den USA richtete das Zentrum für die Bekämpfung und Prävention von Krankheiten in Atlanta eine Leitstelle für Medikamentenresistenz ein. »Wenn diese neuen Formen von Medikamentenresistenz sich in den Krankenhäusern ausbreiten«, sagte ein Mediziner kürzlich gegenüber der Zeitschrift *Science,* »dann sind Sie zu Hause besser aufgehoben als im Krankenhaus, wenn Sie nicht gerade eine wirklich schreckliche Krankheit haben.«

Bei dem verbreitetsten Bakterium im menschlichen Darm, dem *E. coli,* ist es relativ einfach, eine Resistenz hervorzurufen. Man läßt eine Kolonie von *E. coli* in einer Petrischale entstehen. Die Bakterien vermehren sich so rasch, daß aus einer einzigen mikroskopisch kleinen Zelle in der Zeit von morgens bis nachmittags ein sichtbarer Stamm von 10 Millionen *E. coli* entstehen kann; für das menschliche Auge sehen 10 Millionen *E. coli* wie ein kleines Häufchen Salz aus.

Als nächstes verabreicht man der Kolonie eine Dosis Antibiotika, und sie löst sich ebenso schnell auf, wie sie entstanden ist. Lediglich einige wenige Zellen der Kolonie werden überleben – die zwei oder drei Zellen, die eine seltene Resistenz gegen dieses Antibiotikum in ihren Genen verankerten. Diese wenigen Überlebenden vermehren sich und geben ihr erfolgreiches Gen an ihre Nachkommenschaft weiter. Schon bald wird es eine neue Kolonie in der Schale geben, eine Kolonie, in der praktisch jede einzelne Zelle gegen dieses Antibiotikum resistent ist.

»Darwin hätte sein Vergnügen daran gehabt, dieses simple Experiment zu beobachten«, sagt ein Molekularbiologe. »Genau so beschrieb er die natürliche Selektion, und alles kann in ein oder zwei Tagen passieren.«

Bruce Levin, ein Mikrobiologe, der jetzt an der Emory University in Atlanta lehrt, bildete einmal mit mehreren Kollegen eine Gruppe, um die Evolution des *E. coli* in seinem eigenen Darm zu beobachten. Im Abstand von einigen Tagen nahm er, wenn er auf die Toilette ging, eine Probe. (Ein einziges Blatt Toilettenpapier ergibt nach der Benutzung zwei Billionen Einzelexemplare der Spezies *Bacteroides*, 20 Milliarden einzelner Enterobakterien und Dutzende weitere Arten, denen die Wissenschaft noch keine Bezeichnung gegeben hat.)

Die Wissenschaftler begleiteten Levins *E. coli* nahezu ein Jahr lang. Sie fanden heraus, daß sich die Ökologie seines Darms als hektisch, eklektisch und tumultuös beschreiben ließ. Stämme des *E. coli* tauchten ständig neu auf und verschwanden dann wieder von der Bildfläche. Im Laufe des Experiments identifizierten die Mikrobiologen insgesamt 53 unterschiedliche Stämme, von denen bis auf zwei bald alle ausstarben. Levin wurde offensichtlich von den Bakterienstämmen besiedelt wie die Galapagosinseln von den Vögeln. Die Stämme kamen über die Nahrung, die er zu sich nahm, durch jede Berührung mit seiner Frau, seinen beiden Kindern, mit Hund und Katze in seinen Körper, eine Konstellation, die ein Kommentator in der Zeitschrift *Nature* »den Levin-Archipel« taufte.

Bei Bakterienzellen ist die DNS nicht in einem Kern, der von einer Membran umgeben ist, eingeschlossen, sondern sie schwimmt frei herum und sieht wie ein langes DNS-Halsband aus, ein kreisförmiges Gebilde aus ungefähr 10 000 Genen. Es schwimmen auch noch kleinere Halsbänder in der Zelle herum, Ringe aus DNS, die man Plasmide nennt. Ein typisches *E. coli* enthält zwei oder drei Plasmide. Dutzende dieser Plasmiden können zwischen unterschiedlichen Bakterienarten hin und her wechseln wie geheime militärische Kodes, die mit Darwins unsichtbarer Tinte geschrieben wurden. Einige ihrer Gene können tatsächlich aus dem Plasmid ausscheren und sich in das Haupthalsband einfügen oder sich vollständig aus der Zelle herauskatapultieren und in eine andere Bakterienzelle eindringen, wie Briefe ohne Umschlag. Wenn sich die Bakterien im Streß befinden – zum Beispiel, wenn ihr menschlicher Wirt ein Antibiotikum nimmt –, dann setzen die Zellen häufig diese Kuriergene dafür ein, in hohem Tempo Resistenzgene untereinander auszutauschen.

»Wir führten dazu eine Untersuchung durch«, sagt Levin. »Wie schnell kann die Evolution im menschlichen Körper voranschreiten? Meine Frau nahm Ampicillin, mir wurde Erythromycin verabreicht. Innerhalb weniger Tage hatten sich bei uns beiden resistente Bakterien ausgebreitet. Es entwickelte sich nicht nur eine Tetracyclinresistenz, sondern auch eine Resistenz gegen Streptomycin, Kanamycin und Karbenicillin – innerhalb einer erstaunlich kurzen Zeit bildeten unsere Bakterien eine Mehrfachresistenz aus, nachdem zuvor überhaupt keine Resistenz feststellbar war.«

»Hätte man die Untersuchung in einem Teströhrchen durchgeführt, wäre man keineswegs überrascht gewesen. Doch ein paar Pillen zu nehmen und zu beobachten, wie sich die Resistenz im eigenen Körper entwickelt, läßt einen aufhorchen. Es läßt in einem ein unheimliches Gefühl aufkommen: Wenn wir über die natürliche Selektion reden, dann sprechen wir nämlich nicht über Zeiten, die weit zurückliegen. Es geht nicht nur um tote Dinosaurier.«

Momentan wächst die Resistenz bei Gonorrhöe, Streptokokken, Tuberkulose und Salmonellen. Zwischen 1988 und 1990 hat sich in den Vereinigten Staaten die Penizillinresistenz bei dem Bakterium *Neisseria gonorrhoae* verdreifacht. In Burundi brach 1990 eine verhängnisvolle Ruhrepidemie aus; die Mikroben waren gegen jedes oral verabreichte Antibiotikum im Land resistent.

Solche lokalen Resistenzreaktionen können um die ganze Welt getragen werden und Millionen von Menschen mit Epidemien überziehen. Grundsätzlich ist dies keine neue Erscheinung. Von 165 bis 180 nach Christus verbreiteten sich die Masern entlang der Karawanenrouten des Römischen Reiches, in den Jahren 251 bis 266 folgten die Pocken, so daß entlang der Karawanenrouten jeder Dritte starb. Doch heutzutage durchkreuzen die Karawanenrouten hauptsächlich die Wolken, und die Concord ist schneller als ein Kamel. Innerhalb weniger Tage kann ein neues Virus oder Bakterium die Welt umrunden.

»Eine Lungenentzündung, die durch Pneumokokken hervorgerufen wurde, heilte man 1941 mit 10 000 Einheiten Penizillin, die vier Tage lang jeweils viermal am Tag verabreicht wurden«, schreibt der Arzt Harold Neu von der Columbia University. Heute würde man einem Patienten bis zu 24 Millionen Einheiten Penizillin am Tag geben, und trotzdem könnte er der Krankheit immer noch erliegen. »Die Bakterien sind klüger als die Menschen.«

Als ein Molekularevolutionsforscher vor kurzem auf der ersten Seite einer Zeitung die Meldungen zur Medikamentenresistenz las, stutzte er bei dem Wort *übermäßig*. Die Überschrift besagte, daß die Bakterien in einigen Krankenhäusern »übermäßig penizillinresistent« seien. »Na ja«, meinte er, »sie sind nicht übermäßig resistent dagegen, sie sind vollständig resistent dagegen. Man könnte genausogut auf Penizillin verzichten.«

»Bedenkt man, wie wenig Zeit verstrichen ist, dann ist es erstaunlich, welch große Zahl unterschiedlicher Gegenmaßnahmen gegen antibakterielle Agentien sich diese Bakterien ausgedacht haben«, schreibt Alexander Tomasz von der Rockefeller University. Diese Zellen haben ein erschreckendes Waffenarsenal gegen Penizillin und die Familie der Antibiotika entwickelt. Sie verfügen über antiantibiotische Enzyme, die es mit jedem Antibiotikum aufnehmen können, das wir gegen sie einsetzen. All diese chemischen Waffen und Gegenwaffen, sagt Tomasz, »bieten sich gegenseitig Paroli wie Defensiv- und Offensivwaffen in der klassischen Kriegführung: Schutzschilde gegen Pfeile, Panzerfäuste gegen Panzer.« Heute gibt es Medikamente, die erfunden wurden, um die Resistenz der Bakterien gegen Antibiotika zu bekämpfen: Anti-Anti-Antibiotika. Und ein Großteil dieses High-Tech-Krieges entwickelte sich zu Lebzeiten der Ärzte, die gegenwärtig praktizieren. »Das erstaunliche Maß an Variation« bei einigen Arten von Resistenz, schreibt Tomasz, legt die Vermutung nahe, daß diese Widerstandskräfte »sich unter unseren Augen ständig weiterentwickeln.«

Wie bei den Pestiziden verfolgen die Forscher jetzt die Evolution der Antibiotika-Resistenz auf der Ebene der DNS. Der Kampf gegen die Tuberkulose etwa konzentriert sich auf die Isonikotinsäure, ein Medikament, das als Isoniazid bekannt ist. Vor kurzem beschäftigten sich Forscher mit Stämmen des *Mycobacterium tuberculosis,* das man bei zwei Patienten isoliert hatte. Sie fanden heraus, daß die Bakterien jedes Stammes ein Gen namens *katG* aus ihren Chromosomen entfernt hatten. Die Bezeichnung *katG* verweist auf die Produktion von zwei Enzymen: Katalase und Peroxidase. Im Labor isolierten die Forscher einen Bakterienstamm, dem dieses Gen fehlte. Der Stamm brachte nur sehr geringe Mengen dieser beiden Enzyme hervor und war gegen Isoniazid resistent. Bei diesem Stamm fügten die Forscher das fehlende Gen *katG* ein. Unmittelbar danach begann der Stamm die beiden Enzyme zu produzieren, doch wurde er jetzt durch Isoniazid abgetötet.

Offensichtlich mußten die Zellen einen Preis dafür entrichten, daß sie sich gegen das Medikament verteidigen konnten. Sie hatten ein evolutionäres Tauschgeschäft abgeschlossen, als sie einen Teil ihrer adaptiven Ausstattung um des Überlebens willen aufgaben. Der Bazillus entledigte sich seiner Achillesferse, aber nun hatte er einen Fuß ohne Ferse.

Dieser anpassungsfähige Bazillus, das *Mycobacterium tuberculosis,* befällt jedes Jahr ungefähr acht Millionen Menschen. Ungefähr jeder dritte Mensch auf der Erde ist bereits Träger dieses Bakteriums, und 10 Prozent von ihnen entwickeln die Symptome. In den Entwicklungsländern gehen ungefähr 7 Prozent aller Todesfälle auf diese Krankheit zurück. Bis in die achtziger Jahre hinein war die Tuberkulose in den USA ein Jahrhundert lang im Rückzug begriffen. Die Ärzte und die Strategen der Gesundheitsprogramme hielten sie für eine besiegte Krankheit. Sie haben nicht genau hingesehen. Zwischen 1985 und 1992 nahm die Tuberkulose um ungefähr 20 Prozent zu. Bei Kindern, die in den USA geboren und jünger als fünf Jahre sind, stieg die Anzahl der Fälle zwischen 1987 und 1990 um 30 Prozent an. In einem Übersichtsartikel über die Krankheit und ihr Wiederentstehen bemerken zwei Ärzte dazu: »Das größte Risiko für die Ansteckung mit TB ist das Atmen.«

Ärzte können beobachten, wie das menschliche Immunsystem Eindringlinge angreift, und sie können beobachten, wie die Bakterien und Viren ausweichen und ihre Gestalt verändern. F. MacFarlane Burnet, der für seine Arbeiten im Bereich der Immunologie den Nobelpreis erhielt, nannte dies »die sichtbar gemachte Evolution«.

Forschergruppen untersuchen im Augenblick die Evolution von AIDS in den Körpern einzelner Patienten. Gründliche Studien dazu wurden in England, in den Vereinigten Staaten und in Afrika durchgeführt.

Viren sind die ersten Organismen auf der Erde, deren Gensequenz von Anfang bis Ende entschlüsselt und veröffentlicht wurde. Die vollständige Nukleotidsequenz eines Stranges des AIDS-Virus HIV-I ist 9749 Basenpaare lang. Doch diese Sequenz bleibt nicht so erhalten, wie sie ist, weil das Virus keinen Korrekturleser hat. Wenn die Forscher bei einem einzelnen Patienten eine Reihe von Gewebeproben entnehmen, dann sind sie mit einer schnellen Evolution konfrontiert. Einzelne Buchstaben in der Sequenz verändern sich, Gruppen von Buchstaben wandeln sich, ganze DNS-Abschnitte verschwinden, während andere Abschnitte sich an anderen Stellen entlang des Streifens wieder einfügen. Ein menschlicher Körper mit AIDS ist wie der Galapagosarchipel: Ist das erste Virus einmal eingedrungen, beherbergt er anschließend Gruppen von Viren, die sich immer stärker voneinander unterscheiden. Das erste Viruspartikel, das eindringt, bringt ganze Schwärme varianter Entwicklungslinien hervor.

Das Gen beim AIDS-Virus, das *env* genannt wird, ist dasjenige, das sich am schnellsten entwickelt. *Env* steht für die Hülle des Virus. Das Immunsystem versucht nämlich, die Hülle anzugreifen und zu zerstören. Das *env*-Gen verändert sich mit einer Mutationsrate, die millionenfach größer ist als die normale Mutationsrate bei seinem Wirt, dem menschlichen Körper. Nach heutiger Vorstellung gelingt es ihm auf diese Weise, dem

Zugriff des Immunsystems zu entgehen. In gewisser Hinsicht ist die Variation selbst die Waffe des Virus.

Auch das Grippevirus entwickelt sich rasch. Die Sequenz des menschlichen Grippevirus verändert sich mit einer Geschwindigkeit von mehr als zwei Buchstaben im Jahr. Es kann sich sogar noch schneller entwickeln, wenn es zufällig auf ein Virus trifft, das Pferde, Schweine oder Möwen mit der Krankheit ansteckt. Recht häufig treffen die beiden Stämme aufeinander, wenn sie gerade den Körper desselben Schweins infizieren. Dort übertragen sie nicht nur die Grippe auf das Schwein, sie tauschen auch Gene aus. Sie bilden hybride Formen, und das neue Virus wird manchmal ausreichend stark verändert, um die Angriffe des menschlichen Immunsystems zu unterlaufen und auf Weltreise zu gehen.

Trotz aller Krankheiten hatten wir bisher jedoch Glück. Prinzipiell könnte nämlich eine zufällige Mutation oder eine Hybridbildung eines Tages ein Virus hervorbringen, das die infektiösen Eigenschaften der Grippe, die über die Luft übertragen wird, mit den todbringenden, lange Zeit latenten, langsam tötenden Eigenschaften von AIDS kombinierte. Bisher ist das noch nicht geschehen, aber im Darwinschen Prozeß gibt es keinen Mechanismus, der dies verhindern könnte. Und je mehr menschliche Lebewesen es auf der Erde gibt, desto mehr unterschiedliche Viren wird es geben. »Unsere einzigen wirklichen Konkurrenten hinsichtlich der Herrschaft über den Planeten sind die Viren«, sagte einmal der Mikrobiologe Joshua Lederberg. »Das Überleben der Menschheit«, fügte er hinzu, »ist nicht vorherbestimmt.«

Resistenzreaktionen können selbst bei unseren eigenen Zellen urplötzlich auftreten und auf uns einstürmen. Eine Zelle, die sich zu einer Krebszelle wandelt, ist eine Zelle, die den molekularen Beschränkungen entschlüpfte, welche die meisten unserer Zellen davon abhalten, außer Kontrolle zu geraten und sich übermäßig zu vermehren. Wenn die Ärzte solche Zellen mit Hilfe von Medikamenten, Bestrahlung oder Hitze zu treffen suchen, überstehen einige dieser Zellen möglicherweise den Angriff.

»Wenn man Krebs hat und sich einer Chemotherapie unterziehen muß, treten Resistenzreaktionen auf«, sagt Bruce Levin. »Bei uns selbst kann man das Problem genau beobachten.« Im Regelfall werden die meisten Tumorzellen durch die ersten Dosen chemischer Stoffe abgetötet, diejenigen jedoch, die überleben, können sich vermehren. »Die rasch wachsenden Zellen – es ist ihre Bestimmung, zu verhindern, daß sie getötet werden«, sagt Levin. »Es ist nichts anderes, als Streptomycin in eine Bakterienkultur zu geben. Die Evolution in Aktion! Wir können sie zu Hause sehen. Das ist natürlich das letzte, was einem in den Sinn kommt.«

All dies ist eine einfache Randnotiz zum Darwinschen Gesetz. Immer wenn wir, aus welchem Grund auch immer, unsere Waffen direkt auf eine Art richten, beschleunigen wir ihre Evolution, häufig nicht so, wie wir es uns vorgestellt haben, sondern in entgegengesetzter Richtung. Warum auch immer wir eine Art bekämpfen und ganz gleich, ob die Art nun submikroskopisch oder gigantisch ist, das Gesetz hat Bestand. In den späten siebziger und frühen achtziger Jahren wurden jedes Jahr zwischen 10 und 20 Prozent aller Elefanten in der Wildnis getötet. Wäre dies so weitergegangen, wären die Elefanten Ende dieses Jahrhunderts ausgestorben. Auch hier handelte es sich um ein intensives Selektionsereignis.

Die Wilderer jagten vor allem Elefanten mit großen Stoßzähnen. Elefanten mit kleinen Stoßzähnen hatten größere Chancen, verschont zu werden, und die Tiere, die überhaupt keine Stoßzähne hatten, wurden gar nicht erst geschossen. Obwohl dies niemand erkannte, waren damals im Endeffekt die afrikanischen Elefanten in Gegenden, in denen die Wilderei verbreitet war, einem enormen Selektionsdruck in Richtung auf den Verlust der Stoßzähne hin ausgesetzt. Und in der Tat entdeckten Elefantenschützer in den Gebieten, die am stärksten von Wilderern heimgesucht wurden, in der Wildnis immer mehr Elefanten ohne Stoßzähne. Andrew Dobson, ein Ökologe aus Princeton, erstellte Graphiken zu dieser Entwicklungstendenz und verfolgte die Evolution des Verlusts der Stoßzähne in fünf afrikanischen Wildreservaten: Amboseli, Mikumi, Ost-Tsavo, West-Tsavo und dem Königin-Elisabeth-Nationalpark. In Amboseli, wo die Elefanten relativ sicher leben, ist der Anteil der weiblichen Elefanten ohne Stoßzähne gering; er beträgt nur wenige Prozent. Doch in Mikumi, also in einem Park, in dem die Wilderer besonders hartnäckig Jagd auf die Elefanten machen, nimmt die Anzahl der Elefanten ohne Stoßzähne zu. Je länger eine Generation lebt, desto weniger Stoßzähne trägt sie. Unter den weiblichen Elefanten im Alter zwischen 5 und 10 Jahren haben ungefähr 10 Prozent keine Stoßzähne. Unter den weiblichen Elefanten im Alter zwischen 30 und 35 Jahren sind es ungefähr 50 Prozent.

Männliche Elefanten setzen ihre Stoßzähne im Kampf um die Weibchen ein. Wenn die meisten Bullen Stoßzähne besitzen, dann ist ein Bulle ohne Stoßzähne wie ein Ritter ohne Lanze. Wenn jedoch immer weniger Bullen Stoßzähne tragen, dann hat ein Bulle ohne Stoßzähne gute Chancen, einen Harem zu erkämpfen und seine Gene, die für das Fehlen der Stoßzähne verantwortlich sind, weiterzugeben. Er wird immer überlebenstüchtiger. Hier handelt es sich um evolutionäre Veränderungen, und was auch immer geschehen mag, über viele Generationen und viele Jahrhunderte hinweg wird sich ein Gleichgewicht unter den Genen herausbilden – wenn die Elefanten so lange leben.

Auch in den Weltmeeren findet ein vergleichbarer evolutionärer Wandel statt. Die meisten Fischer und Sportfischer folgen einer Grundregel: Behalte die Großen und wirf die Kleinen zurück. Auch das ist ein evolutionärer Druck. Ein Netz ist ein wirksamer Träger der Darwinschen Selektion. Bei einem kürzlich durchgeführten Laborexperiment züchteten Forscher Wasserflöhe in verschiedenen Aquarien. Alle vier Tage zogen sie feinmaschige Netze durch die Bassins. Sie warfen die kleinen Wasserflöhe in bestimmte Bassins zurück, während sie die großen Wasserflöhe töteten. Bei den anderen Bassins warfen sie die großen Wasserflöhe zurück und töteten die kleinen. Sie verfolgten diese Strategie über mehrere Generationen von Wasserflöhen hinweg und beobachteten eine dramatische evolutionäre Reaktion. In den Bassins, in denen sie die kleinen Wasserflöhe ausmerzten, begannen die Wasserflöhe schneller zu wachsen und das Alter der ersten Fortpflanzung nach hinten zu verschieben. Wasserflöhe, die ihre ganze Energie und ihre gesamten Ressourcen in schnelles Wachstum investierten, hatten die besten Chancen, dem Netz zu entgehen. Sie verlegten den Fortpflanzungsakt, der selbst für einen Wasserfloh (bezogen auf Zeit und Ressourcen) aufwendig ist, auf ein Alter, in dem sie älter, größer und sicherer waren.

In den Bassins jedoch, in denen die großen Wasserflöhe getötet wurden, verlief die Evolution in der entgegengesetzten Richtung. Dort wuchsen die Wasserflöhe langsamer und begannen, sich fortzupflanzen, wenn sie noch klein waren. Diejenigen Wasserflöhe, die am längsten klein blieben, lebten am längsten und gaben die meisten Gene weiter.

Sowohl in der freien Natur als auch im Labor beobachtete John Endler dieselbe Art evolutionärer Reaktion bei seinen Guppys. Einige Guppy-Fresser mögen ihre Guppys lieber groß, andere mögen sie lieber klein; und auch die Guppy-Fresser treiben die Evolution ihrer Beute voran. Die Veränderungen sind vorhersagbar und gehen rasch vonstatten; es dauert lediglich fünfzig Guppy-Generationen.

In den Weltmeeren werden der norwegische Kabeljau, der pazifische Lachs, der atlantische Lachs, der Rotbarsch und die rote Meerbrasse immer kleiner; dies läßt sich wahrscheinlich auf den Selektionsdruck zurückführen, der von den Netzen ausgeht. Die Fischer freuen sich natürlich über diese Entwicklung zum kleinen Fisch genausowenig, wie die Wilderer sich über die Entwicklung von Elefanten freuen, die keine Stoßzähne haben. Beide Gegenbewegungen sind jedoch unmittelbare Auswirkungen des Darwinschen Gesetzes.

So spät noch bei der Arbeit?« fragt einer der Laborassistenten.
»Das Übliche«, antwortet Taylor. Er hat einen Zweitagebart, trägt einen verschlissenen Rollkragenpullover, und seine Gesichtsfarbe ist von einem fahlen Grau.

»Ich weiß eigentlich gar nicht, warum du noch eine Wohnung hast«, sagt der Assistent. »Du bist ja doch immer hier. Genausogut könntest du hier eine Hängematte aufspannen.«

»Möglich«, erwidert er.

Es ist nach Mitternacht, und Taylor zerkleinert immer noch Motten. Doch sie entwickeln sich schneller, als daß er mit ihnen Schritt halten könnte. In Australien und auch in den Vereinigten Staaten, meistens westlich von Alabama, werden sie immer resistenter. Offensichtlich hängt die Resistenzreaktion mit mehr als einem Gen zusammen. Der Natriumkanal ist vielleicht nur der Anfang der Geschichte.

Unterdessen sprühen die meisten Baumwollfarmer immer noch routinemäßig Pestizide, häufig sogar, bevor sich Schädlinge zeigen. Diese Praxis ist auch bekannt als »Versicherungssprühen«, ihr Motto lautet: »Sprühe und bete«. Deshalb ist der Selektionsdruck auf *Heliothis* und die anderen Schädlinge auf den Baumwollfeldern einschließlich des Baumwollkapselkäfers weiterhin intensiv, und die Schädlinge werden immer resistenter. Da immer mehr Entwicklungsländer vom DDT zu Pyrethroiden überwechseln, wird es dort wahrscheinlich zu genau denselben evolutionären Ereignissen kommen, zur selben Evolution des *kdr* und zum selben Mißerfolg bei dem Versuch, alles unter Kontrolle zu bringen.

Die Erfolgschancen jedes neuen Pestizids, das gerade in der Entwicklung ist, werden immer geringer, und die Entwicklungskosten steigen ständig. Ein Experte fragt sich, ob wir bei den Schädlingen diejenigen Gene selektiert haben, die für die Resistenz verantwortlich sind, »praktisch gegenüber jedem toxischen Mittel, das gegen sie eingesetzt werden kann. Ihre Antwort«, fügt er fatalistisch hinzu, »werden uns die Schädlinge beizeiten wissen lassen.«

Bevor man in den vierziger Jahren Berge von Pestiziden angehäuft hatte, wir also noch am Anfang dieses evolutionären Abenteuers standen, verloren die Farmer in den Vereinigten Staaten ungefähr 7 Prozent ihrer Ernte durch Insekten. Während des Blitzkrieges in den siebziger und achtziger Jahren verloren die Insekten keineswegs an Boden. Statt dessen verdoppelten sie ihren Anteil auf 13 Prozent. »Tatsächlich«, bemerken dazu die Ökologen Robert May und Andrew Dobson, »hat sich der Anteil an der Gesamternte, der in den Vereinigten Staaten den Schädlingen zum Opfer fällt, im Vergleich zum mittelalterlichen Europa nur wenig verändert. Damals sagte man, eins von drei Körnern sei der Tribut für die Schädlinge …, so daß ein Korn für die Saat des nächsten Jahres und eins zum Essen bleibe.«

May und Dobson sind der Auffassung, daß dieses weltweite evolutionäre Desaster »dazu beitragen kann, zu zeigen, daß die Evolution nicht irgendeine akademische Abstraktion ist, sondern vielmehr eine Realität, die jedes Kontrollprogramm unterminiert und auch weiter unterminieren wird, dem es nicht gelingt, evolutionäre Prozesse miteinzubeziehen.«

Von den Enterobakterien bis zum Streptokokkus sind heute mittlerweile die zehn unerwünschtesten Mikroben der Welt resistent gegen nahezu alles, womit wir sie bekämpfen können. Jedes Jahr entwickeln pharmazeutische Firmen nur ganz wenige neue Mittel gegen sie, was mit Kosten von ungefähr 200 Millionen Dollar pro Mittel verbunden ist; und bei jedem neuen Mittel dauert es ungefähr sieben Jahre, bis es auf den Markt kommt. Harold Neu von der Columbia University sagt, für Ärzte, Patienten und pharmazeutische Firmen sei es jetzt außerordentlich wichtig, jeglichen unnötigen Gebrauch von Antibiotika bei Menschen und Tieren zu vermeiden, »weil es eben jener Selektionsdruck war, der uns in diese Krise führte.«

Wir begreifen offensichtlich an keiner dieser Fronten, daß wir die Schädlinge, je mehr Druck wir auf sie ausüben, desto stärker dazu anhalten, diesem Druck durch die eigene Weiterentwicklung zu begegnen. Der Druck ist ein evolutionärer Druck; was wir nicht begreifen, ist die Evolution selbst. Die Evolution findet nicht nur auf den Galapagosinseln statt oder dort draußen, jenseits der Fensterscheibe, wo sie das Rotkehlchen und die Eiche beutelt. Die Evolution ist ein Vorgang, der unmittelbar in unserer Nähe stattfindet. Es kommt uns wie eine schreckliche Ironie vor: Genau dort, wo wir die Umwelt am stärksten kontrollieren und sie möglichst vollständig unserer Herrschaft unterwerfen wollen, gelingt es uns am allerwenigsten. Wir werden belagert und bedrängt von »Widerstandsbewegungen«, die anscheinend umso schneller entstehen, je mehr wir versuchen, ihnen – wie Hydra – die Köpfe abzuschlagen. Je mehr wir gegen diese »Widerstandsbewegungen« anrennen, desto stärker und schneller geht ihre Entwicklung vor unseren Augen vonstatten – weil wir gerade durch unsere angestrengten Bemühungen, die Kontrolle über sie zu erlangen, ihre Evolution vorantreiben. Was wir Kontrolle nennen, ist für sie eher eine Veränderung in ihrer Umwelt, eine erneute Veränderung in einer endlosen Reihe von Veränderungen – und sie sind hervorragend in Stellung gebracht und bestens dafür gerüstet, mit solchen Veränderungen Schritt zu halten. Solange wir den Druck willkürlich aufrechterhalten, werden sie weiterhin als Plagen über uns hereinbrechen, wie die Frösche, die über Ägypten kamen, oder der Staub, der sich in ganz Ägypten in Läuse verwandelte.

Na schön«, sagt Taylor übernächtigt, während er eine weitere Motte aus ihrem Eiskrater holt und sie mit der Pinzette festhält: »Wie funktioniert dein Trick?«
Er läßt sie auf den Boden einer durchsichtigen Plastikphiole fallen. Wie sie so daliegt, umgeben von surrenden Zentrifugen und den zirpenden Geigerzählern des Labors, wirkt sie ganz fehl am Platze, wie eine afrikanische Maske an der Wand einer schicken Galerie für moderne Kunst. Taylor hantiert im Labor herum. »Es ist recht – *hmmm* – mühsam«, brummt er sich in den Stoppelbart. Er nimmt ein Glasstäbchen, um ein Stückchen der Motte am Boden der Phiole zu zerkleinern.
»Noch ist sie nicht resistent gegen Stößel«, sagt er.

19

Partner im Schöpfungsprozeß

Die Schöpfung ist nicht ein Akt, sondern ein Prozeß;
sie fand nicht vor fünf- oder sechstausend Jahren statt,
sondern spielt sich vor unseren Augen ab.
Der Mensch ist nicht gezwungen, nur Zuschauer zu sein;
er wird vielleicht die Rolle eines Assistenten,
eines Mitarbeiters, eines Partners im Prozeß der
Schöpfung spielen.

THEODOSIUS DOBZHANSKY
Die Veränderung des Menschen

Im letzten Jahrzehnt wurden Rosemary und Peter Zeuge der beiden extremsten Jahre des Jahrhunderts auf Galapagos: des feuchtesten und des trockensten. Im feuchtesten Jahr fiel an einem einzigen Tag mehr Regen als normalerweise in einem Jahr mit durchschnittlichen Niederschlägen. Im trockensten Jahr fiel nicht ein einziger Tropfen Regen. Wie Peter es ausdrückt, trockener kann ein Jahr nicht mehr werden.

Zu jeder anderen Zeit hätte man die Flut oder die Dürre für höhere Gewalt, für Ausrutscher der Natur gehalten. Doch wenn die Grants heute diese Malthusianischen Jahre Revue passieren lassen, dann gibt ihnen das zu denken.

»Im Laufe des letzten Jahrhunderts wurde der Gedanke, daß sich Organismen entwickeln, von einer Vermutung zur Tatsache«, schreiben sie in den *Noticias de Galápagos*, der Zeitschrift der Charles-Darwin-Forschungsstation. »Jetzt, wo sich unser Jahrhundert seinem Ende zuneigt, werden wir Zeuge eines weiteren Übergangs von der Spekulation zur Gewißheit. Die Vermutung, daß die Temperaturen auf der Erde langsam ansteigen, wird mittlerweile auf der ganzen Welt als Tatsache anerkannt.« Die meisten Geowissenschaftler stimmen jetzt darin überein, daß während der letzten hundert Jahre die Oberflächentemperatur der Erde, mit

Unterbrechungen und Rückschritten, um ungefähr ein halbes Grad zu-nahm. Diese inzwischen allseits bekannte globale Erwärmung begann zur Zeit von Darwins Tod in den achtziger Jahren des letzten Jahrhunderts; und gegen Ende der achtziger Jahre dieses Jahrhunderts, die, wie die Grants schreiben, »zweifellos das wärmste Jahrzehnt des Jahrhunderts« darstellen, war sie deutlich zu erkennen.

Weniger zögerlich und ohne Rückschritte nahm gleichzeitig auch das Kohlendioxyd in der Atmosphäre zu. Auch andere Gase treten vermehrt auf. Bei allen handelt es sich um Abfallprodukte des Menschen in Industrie und Landwirtschaft: Unsichtbar steigen Kohlendioxyd, Kohlen-monoxyd und Stickoxyd aus unseren Feuern, unseren Schornsteinen und unseren Auspuffen auf und Methan aus den großen Flächen, auf denen Rinder ebenso wie Schafe grasen und Reis angebaut wird. Die Gase speichern Wärme, weshalb man sie Treibhausgase nennt, und die meisten Geowissenschaftler erwarten, daß sie im nächsten Jahrhundert immer mehr Wärme speichern werden.

Die Vorhersagen sind äußerst unsicher; die Kristallkugel ist in Wolken gehüllt. »Trotzdem«, schreiben die Grants, »sollten wir über die Konse-quenzen nachdenken, die sich aus der globalen Erwärmung für die Galapagosinseln ergeben.«

Für die Galapagosinseln ist die globale Erwärmung von besonderem Interesse, weil auf diesen Inseln der Wechsel der Jahreszeiten durch Meeresströmungen hervorgerufen wird. Die eine Hälfte des Jahres ist der Archipel von kalten, die andere Hälfte von warmen Wassermassen um-geben. Die kalten Wassermassen gehören zum südlichen Äquatorial-strom, die warmen zum nördlichen Äquatorialstrom. Der Temperaturun-terschied zwischen diesen beiden Strömungen beträgt häufig 10 Grad, manchmal sogar bis zu 20 Grad; dies ist mehr als genug, um auf den Inseln unterschiedliche Jahreszeiten zu bewirken.

Wenn diese unterschiedlichen Strömungen nicht wären, gäbe es auf den Inseln überhaupt keine Jahreszeiten, weil sie genau auf dem Äquator liegen. Auch gäbe es die bizarre Flora und Fauna nicht. Weil sich hier Meeresströmungen aus dem Norden und dem Süden treffen, ist die Passagierliste der Inseln so vielfältig, denn auf ihr finden sich nicht nur tropische Eidechsen, sondern auch Seehunde, nicht nur tropische Flamin-gos, sondern auch Pinguine – die einzigen Pinguine in aquatorialen Breiten.

Selbst eine Erwärmung um lediglich ein halbes Grad kann einen Wechsel in den globalen Zirkulationsmustern hervorrufen. Sie könnte dazu führen, daß die Passatwinde und die Meeresströmungen in anderen Richtungen verlaufen. Weil die Jahreszeiten auf den Galapagosinseln so stark von Winden und Strömungen abhängen, sind diese Inseln besonders empfindlich gegenüber solchen Veränderungen. Aus diesem Grund schreiben die Finkenforscher auf Daphne Major das Wort »typisch« immer in Anführungszeichen, wenn sie eine typische Regen- oder Trockenzeit beschreiben. Die Strömungen sind so variabel, daß sie sich in keinem Jahr gleichen. Darüber hinaus liegen die Galapagosinseln in der Nähe einer Schlüsselregion für das globale Zirkulationssystem: dem Geburtsort von *El Niño*. Die über die Jahre hinweg immer wiederkehrenden Heimsuchungen der Inseln durch *El Niño* wirken sich so aus, daß der Unterschied zwischen warmem und kaltem Wasser verstärkt wird und länger anhält. Obwohl sich keine zwei Jahre finden, die sich gleichen, weichen die *Niño*-Jahre stärker von den übrigen ab. Jeder *El Niño* stellt das Leben auf den Kopf, wenn er kommt und wieder geht.

Wären die Winde, Strömungen und daher auch die Jahreszeiten nicht so variabel, bräuchten die Galapagosfinken nicht so variable Schnäbel. Es muß in der Tat eine Laune dieser variablen Strömungen gewesen sein, die Finken auf die Inseln zu befördern. Diese Winde und Strömungen ließen die Darwinfinken anschließend zu dem werden, was sie heute sind, und auch gegenwärtig noch formen sie die Finken.

Es ist keine Übertreibung, zu behaupten, daß eine nachhaltige Veränderung der Meeresströmungen – besonders eine Veränderung in der Intensität oder Häufigkeit des *El Niño* – den Verlauf der Evolution auf Darwins Inseln verändern würde. Denn die Inseln liegen an einer Stelle, an der selbst eine leichte globale Erwärmung schon frühzeitig gravierende Konsequenzen hätte.

Als Rosemary und Peter vor ein paar Jahren aus Daphne zurückkehrten und angesichts der Nachrichten aus aller Welt ihre alljährliche Aufholjagd antraten, lasen sie mit Interesse einen kurzen Artikel, der in der Zeitschrift *Science* erschienen war. Der Artikel war von Andrew Bakun verfaßt worden, einem Klimatologen von der amerikanischen Bundesbehörde, die für die Ozeane und die Atmosphäre zuständig ist; er beschrieb die Schlußfolgerungen seiner Untersuchung als »ungewiß, aber möglicherweise dramatisch«.

Wenn die heutige Sichtweise der globalen Erwärmung korrekt ist, argumentierte Bakun, und die Erdatmosphäre wärmer wird, dann wird die Oberfläche unseres Planeten nicht überall in gleicher Weise reagieren. Die Landgebiete müßten sich schneller erwärmen als das Meer. (In den Ozeanen wird immer kaltes Wasser aus den tieferen Meeresschichten nach oben befördert.)

Wenn die Kontinente sich schneller erwärmen als die Meere, die sie umgeben, so folgerte Bakun, dann müßte der Temperaturunterschied zwischen den Landmassen an der Küste und dem Meerwasser an der Küste zunehmen. In der Folge ergäbe sich eine Beschleunigung ablandiger Winde, weil derartige Winde durch genau diesen Temperaturunterschied zwischen Küstengebieten und Meer angefacht werden.

Bakun sammelte Daten zur Windstärke für die nördlichen und südlichen Küsten Perus, aber auch für Kalifornien, die Iberische Halbinsel und Marokko. Er fand heraus, daß an diesen Küsten die Stärke der Winde seit der Mitte dieses Jahrhunderts signifikant angestiegen war. Nach Bakun stellen die Meeresgebiete vor Peru, dem Geburtsort von *El Niño*, einen Extremfall dar. Und inmitten dieses Extremfalles liegen, wie sollte es anders sein, die Galapagosinseln.

Daher kann das außergewöhnliche Wetter, das die Grants in den vergangenen zehn Jahren beobachteten, mehr als nur Zufall sein. Möglicherweise wurde es von der globalen Erwärmung beeinflußt, und wenn das zutrifft, dann ist dies erst der Anfang.

In der *Entstehung der Arten* bittet Darwin seine Leser, sich, rein hypothetisch, »das Beispiel eines Landes vorzustellen, das geringfügigen physischen Veränderungen, etwa des Klimas, ausgesetzt wäre«. Wenn das Land Teil eines Kontinents wäre, könnten seine Grenzen etwa von Immigranten überrannt werden, schreibt Darwin, mit unabsehbaren evolutionären Kettenreaktionen. Selbst auf einer einsamen Insel würden sich die Einwohner an die veränderten Bedingungen anpassen, »und die natürliche Selektion hätte für ihr Werk der Verbesserung einen großen Spielraum«.

Es gibt keine Inselgruppe, die für solche Experimente zu entlegen wäre, nicht einmal die Galapagosinseln. In der Tat scheint die Natur auf Darwins Inseln wieder einmal einen besonders dramatischen Fall arrangiert zu haben, eine Demonstration des Einflusses geringfügiger physischer Veränderungen, die den Darwinschen Prozeß in überraschende Richtungen lenken. Als Darwin in diesem Abschnitt von »einer geringfügigen physischen Veränderung« sprach, dachte er wahrscheinlich an bedeutendere Ereignisse als an einen globalen Temperaturanstieg von einem halben Grad. Ein jährlicher Anstieg der Kohlendioxydkonzentration von 1 ppm* wäre Darwin wahrscheinlich zu unbedeutend vorgekommen, um darüber nachzudenken, zu geringfügig, um seinen Prozeß voranzutreiben. Doch selbst solch kleine Veränderungen können sich im Klimasystem der Erde und in Darwins »Netz komplexer Beziehungen« fortpflanzen, bis sie buchstäblich das Antlitz der Erde verändern.

Die Argumentationskette der Grants zum Thema Verschmelzung oder Spaltung bei den Darwinfinken zum Beispiel setzt voraus, daß das Klima auf den Inseln mehr oder minder so bleibt, wie sie es in den letzten zwanzig Jahren beobachten konnten. Wenn Rosemary und Peter Voraussagen über das Schicksal der Darwinfinken machen, dann haben sie stets angenommen, daß es im Ablauf der Jahreszeiten auf dem Archipel keine größeren Veränderungen geben wird. Sie gehen davon aus, daß das Pendel der Meeresströmungen weiterhin im jährlichen Rhythmus, doch mit einiger Unberechenbarkeit zwischen Regen- und Trockenzeit hin und her schwingen wird. Doch längst handelt es sich hier um keine sichere Annahme mehr, schreiben die Grants: »Die globale Erwärmung verändert die Lage.«

Wenn die globale Erwärmung das »wilde Kind« von 1982 zur Welt bringen konnte, dann könnte eine weitere Erwärmung, wenn sie denn kommt, weitere Niños hervorbringen. Häufig wurde der Niño des Jahres 1982 als der heftigste dieses Jahrhunderts bezeichnet. Einige Klimaforscher glauben inzwischen, daß es der heftigste seit vielen Jahrhunderten war, vielleicht sogar der heftigste in der zweiten Hälfte dieses Jahrtausends.

In der Zeit vor diesem Flutjahr hielt die Darwinsche Selektion die Darwinfinken auf Daphne Major auseinander und bewahrte die Unterschiede. Nach der Flut begann sich der Selektionsdruck auf Daphne so auszuwirken, daß die Vögel miteinander verschmelzen mußten. Wenn die globale Erwärmung weitere extreme Niños hervorbringt, dann braucht

---

* A. d. Ü.: Konzentration in »Teilen pro Million« (engl.: parts per million).

der Selektionsdruck auf den Inseln möglicherweise recht lange, um wieder den Ausgangszustand vor der Flut zu erreichen. Die Lebensbedingungen auf den Inseln könnten sich auf Jahrzehnte hinaus verändern, spekulieren die Grants, »vielleicht sogar ein Jahrhundert lang, in dem es wahrscheinlicher wird, daß drei Arten zu einer einzigen Population verschmelzen.« Auf den Inseln reagieren die kleinen, mittleren und großen Bodenfinken außerordentlich sensibel auf Veränderungen des Wetters. Wenn die *Niños* im nächsten Jahrhundert verheerender und schneller werden sollten, dann bräuchten die Finken lediglich zweihundert Jahre, um miteinander zu verschmelzen, um all die evolutionäre Arbeit rückgängig zu machen, die sie voneinander getrennt hat.

Andererseits benötigt der Darwinsche Prozeß möglicherweise nicht viel Zeit, um die Vögel wieder auseinanderzudividieren: eine Gruppe *fuliginosa* in *fortis* zu verwandeln oder eine Gruppe *fortis* in *magnirostris*. Nach Berechnungen von Trevor Price wären ungefähr zwanzig Selektionsereignisse erforderlich, die so intensiv wären wie die Dürre des Jahres 1977, um einen *fortis* in einen *magnirostris* zu verwandeln. Und wenn der Ausgangspunkt nicht Daphne wäre, sondern eine der Inseln, auf denen *fortis* größer ist, dann wären lediglich ein Dutzend Dürren notwendig, um die Veränderung herbeizuführen. »Trevor fand heraus, daß man nur eine vergleichsweise kurze Zeit benötigen würde, um von A nach B zu kommen«, sagt Peter Grant. »Als ich mit meiner Arbeit begann, hätte ich nie gedacht, daß es überhaupt möglich wäre.«

Anders ausgedrückt wären beim gegenwärtigen Klima auf den Galapagosinseln lediglich tausend Jahre erforderlich, um neue Arten von Darwinfinken auf den Inseln hervorzubringen, ohne daß das Wetter sich ändern müßte. Und sollte sich das Klima ändern und eine Reihe schwerer Dürren oder Fluten in genau den richtigen Intervallen ohne größere Unterbrechungen hervorbringen, dann könnte in einem einzigen Jahrhundert eine neue Art entstehen.

Vorläufig ist die Beziehung zwischen dem Wetter auf den Galapagosinseln und der globalen Erwärmung rein spekulativ. Doch das Beispiel legt die Vermutung nahe, daß uns die globale Erwärmung unvorhersagbare lokale Ereignisse bescheren könnte, selbst auf den entlegensten Inseln der Welt.

Aber unser Einfluß auf den Darwinschen Prozeß ist, wie der Einfluß des Prozesses selbst, keineswegs hypothetischer Natur. Die industrielle Revolution veränderte die Umwelt und mit ihr den Ablauf der Evolution sogar schon, bevor Darwin die *Entstehung der Arten* veröffentlichte. Dies ist die Botschaft, die sich aus der bekanntesten Beobachtung eines Evolutionsereignisses in der Geschichte ergibt.

Im Jahre 1848 spießte ein Schmetterlingskundler in Manchester namens R. S. Edleston für seine Sammlung eine Motte auf; es handelte sich um eine seltene Form des Birkenspanners, lateinisch *Biston betularia*. Normalerweise war die Motte eher weißlich, mit einem Muster aus feinen schwarzen Linien und Punkten. Doch Edlestons Exemplar war fast so schwarz wie Kohle, von der es seinen wissenschaftlichen Namen *carbonaria* erhielt.

Sammlungen leben von Seltenheiten. In der zweiten Hälfte des Jahrhunderts, in dem Darwin lebte, war die schwarze Motte eine Zierde für jeden Schmetterlings- und Mottenjäger auf den Britischen Inseln. Man war so eifrig hinter ihr her, daß die Evolutionsforscher unseres Jahrhunderts in der Lage waren, die Materialien und Sammlungen der viktorianischen Schmetterlingskundler zu nutzen, um die Ausbreitung der schwarzen Mutanten in England zu verfolgen. Im Jahre 1860 wurde ein Exemplar von *carbonaria* in Cheshire gefangen, 1861 in Yorkshire, 1870 in Westmorland, 1878 in Staffordshire und 1897 in London. Kurz nachdem die schwarze Mutante erstmals aufgetreten war, breitete sie sich in all diesen Gegenden aus, bis die weiße Form schließlich seltener war als die schwarze.

Schwarze Mutanten eroberten auch den europäischen Kontinent. 1867 wurde ein Paar dieser Art in der niederländischen Provinz Nord-Brabant gefangen, als es gerade auf einer Ulme kopulierte. 1884 gab es Berichte über schwarze Mutanten in Hannover, 1888 traten sie in Thüringen auf. Von dort aus fanden sie anscheinend ihren Weg ins Rheintal.

Die schwarzen Mutanten verbreiteten sich überall dort in den Mottenpopulationen, wo die Luft vom Rauch der industriellen Revolution geschwärzt war. In den ländlichen Gebieten von Cornwall, Schottland und Wales nahm ihre Zahl hingegen nicht zu. Im ländlichen Kent, Darwins Wahlheimat, wurde die schwarze Form der Motte zu seinen Lebzeiten nicht gesichtet; aber Mitte des zwanzigsten Jahrhunderts waren 90 Prozent der *Biston betularia* in Bromley schwarz, 70 Prozent in Maidstone.

Natürlich war Manchester eines der schmutzigsten Zentren der industriellen Revolution. Ungefähr zur selben Zeit, als Edleston dort seine *carbonaria* aufspießte, beschrieb die Schriftstellerin Elizabeth Gaskell den Anblick, der sich einer Familie bot, als sie zum ersten Mal mit dem Zug in die Stadt fuhr: »Schnell flogen lange, gerade, triste Straßenzüge mit den immer gleichen Häusern, allesamt klein und aus Ziegelsteinen, an ihnen vorbei. Hier und da sahen sie eine große, rechteckige Fabrik mit vielen Fenstern, wie eine Glucke inmitten ihrer Küken, die schwarzen ›unparlamentarischen‹ Rauch ausstieß, was die Wolke, die Margaret für ein sicheres Anzeichen von Regen gehalten hatte, zur Genüge erklärte.«

Diese schwarze Wolke war »unparlamentarisch«, weil man schon damals Gesetze gegen die Luftverschmutzung verabschiedet hatte. Doch den Gesetzen fehlte der Biß. Der Ruß schwärzte die Bäume in der Umgebung von Manchester wie auch in jeder anderen Industriestadt Englands. Im zwanzigsten Jahrhundert zeigten die Experimente von H. B. Kettlewell aus Oxford, daß dieser Ruß bei Motten, die sich auf den Bäumen niederließen, über Tod und Leben entschied. Kettlewell filmte Heckenbraunellen, Grauschnäpper, Goldammern, Rotkehlchen, Drosseln und Kleiber dabei, wie sie Motten jagten. Auf der weißen Rinde der ländlichen Birken und Buchen konnten die Vögel die schwarzen Motten am schnellsten ausmachen. Rund um die Städte jedoch konnten die Vögel die weißen Motten auf der geschwärzten Rinde leichter entdecken.

Der Unterschied zwischen der schwarzen und der weißen Form geht auf ein einziges Gen zurück. Vor der industriellen Revolution war die schwarze Form einem außerordentlich starken negativen Selektionsdruck ausgesetzt, und außer in Wäldern mit Bäumen, die überwiegend schwarze Rinde hatten, kam die Mutation nur selten vor. Die Fabriken kehrten den Selektionsdruck um, weil die seltenen Motten selbst wie Ruß aussahen. Das Auftreten gesprenkelter Motten vermittelte den Evolutionsforschern eine erste undeutliche Vorstellung davon, wie schnell der Darwinsche Prozeß vor sich gehen kann. Nehmen wir einmal an, daß in der Gegend um Manchester 1848, also in dem Jahr, in dem zuerst über die Motten berichtet wurde, eine schwarze Mutante auf hundert weiße Motten kam (dies ist ganz bestimmt eine großzügige Schätzung). Fünfzig Jahre später, also 1898, waren 99 Prozent der Motten schwarz. Aus diesen Zahlen errechnete der britische Evolutionsforscher Haldane, daß der Vorteil jeder schwarzen Motte gegenüber einer weißen während der zweiten Hälfte des

Darwinschen Jahrhunderts bei bis zu 50 Prozent gelegen haben muß. Dies bedeutet, daß Generation für Generation jede schwarze Motte eine um 50 Prozent größere Chance besaß, ihre Gene weiterzugeben, als eine weiße Motte.

Mitte des zwanzigsten Jahrhunderts jedoch wurden in Großbritannien strenge Gesetze gegen die Luftverschmutzung in Kraft gesetzt. Die Luft über den Städten wurde langsam heller und ebenso die Rinde an den Bäumen außerhalb der Städte. 1966 war Manchester, wie ein britischer *Biston*-Experte schrieb, »von seiner äußeren Erscheinungsform her noch immer ausgesprochen satanisch, doch war man dabei, es zu reinigen und neu aufzubauen.« Als auch im übrigen Westeuropa Gesetze zum Schutz der Umwelt erlassen wurden, traten die weißen Motten plötzlich wieder häufiger auf. In West Kirby im Nordwesten Englands, wo im Jahre 1959 90 Prozent der *Biston* schwarz waren, verringerte sich deren Häufigkeit auf 50 Prozent im Jahre 1985 und weniger als 30 Prozent im Jahre 1989. In der niederländischen Provinz Nord-Brabant, wo 1867, zu Beginn der industriellen Revolution, die ersten beiden schwarzen Mutanten auf dem europäischen Festland gesichtet worden waren, verringerte sich die Häufigkeit schwarzer Mutanten von 70 Prozent auf 10 Prozent.

Praktisch überall in Großbritannien nimmt heutzutage die Häufigkeit der *carbonaria* ab, und so ergeht es auch den dunklen Formen des Marienkäfers und Dutzenden weiterer britischer Insekten, die infolge des selektiven Drucks, den die zunehmende Luftverschmutzung für ihre Entwicklung bedeutete, eine dunklere Körperfarbe entwickelt haben. Die Evolution selbst schlug wieder die Gegenrichtung ein. Die Finkenforscher konnten beobachten, wie die Evolution ihre Richtung wechselte, von der Dürre zur Flut und von der Flut wieder zur Dürre. Die Mottenforscher wurden jetzt Zeuge, wie sie beim Übergang vom industriellen zum postindustriellen Zeitalter ihre Richtung wechselte. Wenn diese Entwicklung sich fortsetzt, wird *carbonaria* im Jahre 2010 wieder so selten sein, wie sie es vor der industriellen Revolution gewesen ist.

K ohlendioxyd ist in Wirklichkeit nicht geheimnisvoller als der Ruß. Es handelt sich um ein Produkt desselben Verbrennungsprozesses, und es steigt aus denselben Schornsteinen auf. Doch das Gas ist unsichtbar und wirkt sich eher global als lokal aus. Wenn es denn einen Einfluß auf unser nächstes Jahrhundert hat, wie es die Warnungen der Geowissenschaftler jetzt erwarten lassen, dann wird dieser globale Effekt es bald weit bedeutsamer machen als Ruß: Die Ausbreitung dieses Gases in der Atmosphäre wird sich als die wichtigste physikalische Veränderung erweisen, die seit langer Zeit auf unserem Planeten wirksam wurde. Wenn die heutige Auffassung richtig ist, dann werden die Temperaturen in den nächsten hundert Jahren höher sein als in den vergangenen Millionen von Jahren, und die Veränderung könnte möglicherweise zehnmal so schnell vor sich gehen, wie sie in diesen Millionen von Jahren vor sich gegangen ist: ein unerhörtes evolutionäres Experiment.

Unterdessen manipulieren und beschleunigen die Gentechniker ganz bewußt die Evolution. Einige Gentechniker gehen so weit, ihre Arbeit als G.O.D.* zu bezeichnen – Schöpfung von Vielfalt. Und genau das tun sie: Sie bringen Vielfalt hervor. Ihre Labore der Evolution sind erst wenige Jahre alt, doch hoffen sie, noch fruchtbarer wirken zu können als die Evolution auf den Galapagosinseln. Sie erzeugen neuen Mais und Reis, neue Bakterien, neue Meerschweinchen sowie eine patentierte Harvard-Maus. Mit denselben Werkzeugen und Techniken könnten sie darangehen, den Menschen neu zu entwerfen, wenn wir dies zuließen.

Was die Gentechniker und ihre G.O.D. jetzt in Angriff nehmen, kann einem die Haare zu Berge stehen lassen. Vor kurzem berichteten zwei Gentechniker in der Zeitschrift *Nature*, sie hätten zwei neue Moleküle entwickelt, die in die DNS-Spirale paßten, neue Sprossen der gedrehten Leiter, neue Stufen der Wendeltreppe. Das heißt, sie hatten dem Alphabet des Lebens, über Darwins unsichtbare Buchstaben T, A, C und G hinaus, zwei neue Buchstaben hinzugefügt, die sie K und X nannten. In derselben Ausgabe von *Nature* fragte sich einer ihrer Kollegen überschwenglich, wie viele weitere Buchstaben wir noch entdecken (anscheinend sind zwölf Buchstaben möglich) und welche neuen Botschaften und Kreaturen wir mit diesem neuen Alphabet noch zusammensetzen können.

Die Tatsache, daß wir die zentralen Prozesse des Lebens so ungeheuer beschleunigen können, läßt ein genaues Studium der Evolution außeror-

* A. d. Ü.: G.O.D. ist die Abkürzung für den englischen Begriff »Generation of Diversity«, zu deutsch: Schöpfung von Vielfalt. G.O.D. steht aber auch für »Generation of Destructivity«: Hervorbringung von Zerstörung. Die Abkürzung, die für sich gelesen im Englischen das Wort »God« (Gott) ergibt, ist Sinnbild der Evolution, spielt aber auch auf den zwiespältigen Charakter menschlicher Eingriffe in die Evolution an.

dentlich dringlich erscheinen. Wir verändern die Lebensbedingungen und die ihnen zugrunde liegenden genetischen Mechanismen in immer schnellerem Tempo. All dies ist G.O.D., Schöpfung von Vielfalt, aber auch Hervorbringung von Zerstörung. In Gewächshäusern und in der freien Natur werden Studien darüber durchgeführt, wie sich die erhöhte Zufuhr von Kohlendioxyd, die der Mensch bewirkt, auf die Evolution von Eichensämlingen, Weizen, Mais, Schmetterlingen, Motten und Blattläusen auswirkt. Darüber hinaus gibt es Untersuchungen in Mikrokosmen und im offenen Meer, welche die durch das Ozonloch beschleunigte Evolution des Planktons in der Antarktis zum Gegenstand haben. Als man 1987 und 1988 das Plankton auf Anvers-Island in der Antarktis untersuchte, kam man zu dem Ergebnis, daß die UV-B-Strahlung durch das Ozonloch bis zu zwanzig Meter tief ins Meer eindringt; darin steckt ein großes Potential für schädliche Wirkungen, aber auch für evolutionäre Reaktionen. Bei einer neueren Untersuchung fand man heraus, daß, wenn sich das Ozonloch über die Planktonvorkommen hinwegbewegte, die UV-B-Konzentration die Anzahl dieser Lebewesen im Meer um 6 bis 12 Prozent verringerte, solange sie sich unter dem Ozonloch befanden. Glücklicherweise trafen die Strahlen nicht alle Arten so unmittelbar. UV-B hemmte das Wachstum der Arten aus der Gattung *Phaeocystis* stärker als das der Kieselalge *Chaetoceros socialis*.

Hier sehen wir also erneut die Kräfte der Variation am Werk, wie sie den Einfluß des Unvorhergesehenen und des Unvorhersehbaren ausgleichen. Die Zusammensetzung des Planktons im Meer ist ebenso wie seine Beeinträchtigung durch UV-B außerordentlich variabel. Diese Variationen lassen neue Stämme von Plankton und Krill im südlichen Ozean entstehen und führen Anpassungsprozessen, die durch das Ozonloch bedingt sind.

Was bedeutet all das für uns? Dies war der erste Gedanke derer, die 1859 die *Entstehung der Arten* lasen. Um die Antwort zu finden, blickten sie in die Vergangenheit. Sie dachten in Begriffen wie Vergangenheit, Geschichte, Vorfahren und Abstammungslinien, wie es auch Darwin in seinem Buch tat. Alle Bücher Darwins setzen sich hauptsächlich mit der Geschichte auseinander, selbst dort, wo sie auf die Gegenwart gemünzt sind. Von gleicher Art ist das Forschungsprogramm, das von Lyell etabliert wurde: Die Gegenwart ist der Schlüssel zur Vergangenheit. Lyell betont dies im Titel seines Meisterwerks *Prinzipien der Geologie: Ein*

Versuch, Veränderungen der Erdoberfläche in der Vergangenheit mit Hilfe von Ursachen zu erklären, die in der Gegenwart wirksam sind. Darwins Leser waren schockiert von dem, was sie in der *Entstehung der Arten* und später in der *Abstammung des Menschen* (ebenfalls Titel, die zurückschauten) über unsere Vergangenheit erfuhren. Doch wenn wir uns heutzutage mit dem Darwinschen Prozeß beschäftigen, erkennen wir, daß unsere gegenwärtige Lage nicht minder schockierend ist. Wir haben nur in Ansätzen damit begonnen, die Bedeutung der Darwinschen Schlußfolgerungen für die Gegenwart zu ermessen und das Ausmaß abzuschätzen, in dem wir alle dem Wirken der Evolution ausgesetzt sind. In diesem Sinne ist die Revolution, die im Jahre 1859 mit Darwin begann, immer noch nicht abgeschlossen.

In der *Entstehung der Arten* beschreibt Darwin die steinernen Zeugnisse, die schier endlose Reihe von im Nichts verschwundenen Wesen, all diese lange vergangenen Zeitalter unerforschten Lebens als »eine bruchstückhafte Geschichte der Welt«, von der wir lediglich einen einzelnen Band besitzen. »Von diesem Band ist nur hier und da ein kurzes Kapitel erhalten, auf jeder Seite sind nur ab und zu einige wenige Zeilen zu entziffern.«

Doch auch die Gegenwart verstehen wir nur unzureichend. Die Untersuchungen der Evolutionsforscher gleichen einzelnen Kapiteln und Zeilen einer langen Geschichte, die sich überall um uns herum abspielt. Die Darwinfinken können uns hier wiederum als Symbole dienen, als Herolde und Standartenträger von Ereignissen, die überall dort stattfinden, wohin wir unseren Blick richten, und nicht zuletzt dort, wohin wir ihn noch nicht gelenkt haben. Die Inseln weisen uns wieder einmal auf das hin, was direkt vor unserer Tür geschieht.

Die Veränderungen, die im Augenblick stattfinden, verwandeln den gesamten Planeten und jedes Leben auf ihm in einen einzigen gewaltigen Beweis für den Einfluß des Darwinschen Prozesses, einen Beweis, den wir den Galapagosinseln vorbehalten. Zahlreiche Entwicklungslinien des Lebens auf der Erde, einschließlich unserer eigenen, durchleben heute eine Zeit, die genauso starken Veränderungen unterworfen ist wie die Zeit, in der die letzten Dinosaurier lebten oder in der die ersten Finken die Galapagosinseln erreichten.

Diese Veränderungen werden durch den Aufstieg unserer eigenen Art vorangetrieben. Als die dominante Art unseres Planeten sind wir sowohl

Wirkung als auch Ursache der Evolution, Herren und Sklaven des Darwinschen Prozesses. Uns graut davor, uns diese Tatsache einzugestehen, ebenso wie sich Darwins Zeitgenossen davor fürchteten, die Verwandtschaftsbeziehungen zu untersuchen, die Darwins Theorie für die Vergangenheit des Menschen darlegte. Doch genau dazu zwingt uns die Arbeit der Evolutionsforscher, angefangen mit den frühesten Untersuchungen bis hin zu den neuesten Studien. Bei dem gegenwärtigen Prozeß handelt es sich um ein vielfältiges, allumfassendes evolutionäres Ereignis, und die Finken in ihrer gefährdeten Einsamkeit, auf ihren Inseln inmitten von Inseln, sind in besonderem Maße berufen, uns vor Augen zu halten, was dies für uns bedeutet.

Jede Zeit erscheint denen, die in ihr leben, als etwas Besonderes. Die Behauptung, daß es mit unserer Zeit eine besondere Bewandtnis hat, beruht jedoch weder auf Borniertheit noch auf Verzweiflung. Wie sich an Fossilienfunden ablesen läßt, hat es einen vergleichbaren Aufruhr in der Biosphäre lediglich fünfmal in den vergangenen 600 Millionen Jahren gegeben. Lediglich fünfmal wurden am Baum des Lebens so viele Zweige und Äste auf einmal gekappt. Es geschah jeweils am Ende der Zeitalter des Ordovizium, des Devon, des Perm, des Trias und der Kreide und nun geschieht es wieder. Wir sind dabei, die Grundlagen des Kampfes ums Dasein zu verändern: Wir verändern die Lebensbedingungen jeder Art, die unser Zeitgenosse ist.

Nie zuvor hatte die Ausbreitung einer einzigen Art solche gravierenden Auswirkungen. Nie zuvor war sich allerdings der Hauptakteur seines Tuns bewußt, besorgt über die Konsequenzen, schuldbewußt. Wie auch immer: Dies ist möglicherweise einer der spannendsten Augenblicke seit Beginn der Evolution, um die Evolution in Aktion zu beobachten.

20

Der metaphysische Kreuzschnabel

Wie erstaunlich sind doch die Launen und Vorlieben der Natur!
Aus welchem tieferen Grund, so unsere Rede,
gibt es in den Wäldern des südlichen Guayana einen Vogel,
der einen meterlangen Schnabel besitzt, lärmt wie
ein junger Hund und seine Eier in hohle Baumstämme legt?
Der Tukan wiederum könnte erwidern: Aus welchem tieferen
Grund wurden die feinen Herren in der Bondstreet geschaffen?
… Bei solchen Fragen gibt es kein Ende. Deshalb wird uns
die Metaphysik des Tukans nicht weiter beschäftigen.

SYDNEY SMITH, 1825

Die Metaphysik muß aufblühen.

CHARLES DARWIN, 1838

Gegenüber den übrigen Tieren auf diesem Planeten empfinden wir ein merkwürdiges Gefühl der Verwandtschaft und des Unterschieds. Wir sehen so vieles mehr und so viel weiter in die Ferne, als sie es können, daß die Augen der Darwinfinken, wie sie in den berühmten Stichen von Darwins Reise dargestellt sind, unser Mitleid erwecken. Sie wissen nicht, woher sie kommen, sie wissen nicht, was sie sind, und sie sehen nicht, wohin sie gehen, obwohl Vogelaugen so scharf sind wie unsere eigenen und die Vögel durch ihre Flügel einen Vorteil haben.

Von Anfang an haben wir zu verstehen versucht, was uns so ähnlich, aber auch so unähnlich macht; wir versuchten, eine derart ungleiche Machtverteilung zu erklären. In den Höhlen von Lascaux gibt es eine Zeichnung, die einen Mann mit einem Schnabel darstellt. In den Gräbern der Pharaonen gibt es Reliefs weiterer hybrider Vogelmenschen, die Götter Osiris, Horus und Thoth. Als er so in der Athener Akademie umherwandelte, definierte Plato eines Tages den Menschen als zweibeiniges Tier ohne Federn. Am nächsten Tag, so wird erzählt, kam Diogenes mit einem gerupften Hühnchen in die Akademie.

Wir sind eine Art, die ihrer selbst bewußt geworden ist (genauer besehen, ist dies gar kein so hoher Anspruch). Humanwissenschaftler diskutieren noch immer darüber, wie es zu dieser Entwicklung kam. Manchmal gelangt eine Art durch eine Reise in ein neues Territorium, wie die Darwinfinken, die durch einen langen Flug über das Meer zu ihren Vulkanen getragen wurden. Manchmal ist es nicht eine Reise, sondern eine Entdeckung, eine neuartige Anpassung, die eine neue Welt eröffnet. Die Erfindung des Kiefers vor 500 Millionen Jahren im Silur verschaffte möglicherweise den Vielborstern (Polychäten) gegenüber den Priapswürmern einen Vorteil. In den Meeren des Paläozoikums stellten die Kiefergelenke einen Wendepunkt in der Entwicklung der gepanzerten Fische, der Knorpelfische und der Fische mit Gräten sowie für die gesamte folgende Evolution der Wirbeltiere dar, von den Amphibien bis hin zu den Reptilien, Vögeln und Säugetieren.

Eine geringfügige Veränderung in der Position einzelner Zähne, vielleicht nur um einige Millimeter, führte bei bestimmten Entwicklungslinien von Fleischfressern zu spektakulären adaptiven Radiationen. Von Alaska bis zur Südspitze Argentiniens führte die Tatsache, daß bei den Vogelschnäbeln ein weiteres Gelenk oder eine neue Verdickung hinzukam, zu Weiterentwicklungen in ungefähr hundert unterschiedliche Amselarten.

Bei den Kreuzschnäbeln zeigte das raffinierte Experiment an der Universität von British Columbia, daß die erste leichte Biegung der Freßwerkzeuge bereits den großen Unterschied ausmacht. Diese durch Mutation entstandene Biegung bestimmte die Geschicke der Art. Sie erlaubte es dem Vogel, an Samen heranzukommen, die kein anderer Vogel im Wald fressen konnte. Sie eröffnete neue Lebensräume und setzte eine ganze Kaskade sekundärer Anpassungen in Gang. Das Kiefergelenk spezialisierte sich, so daß der Schnabel von einer Seite zur anderen, aber auch, wie bei normalen Schnäbeln, hoch- und runterbewegt werden konnte, wie der britische Ornithologe Ian Newton in seinem Buch *Finken* anmerkt. Die Kiefermuskeln wurden asymmetrisch, um die Freßwerkzeuge von einer Seite zur anderen verschieben zu können. Die Krallen wurden größer und stärker; dies unterstützte den Vogel dabei, einen Zapfen festzuhalten, um mit seinem Schnabel in die Zwischenräume zwischen den Schuppen zu gelangen. Der Kreuzschnabel entwickelte auch neue Instinkte, kunstvolle Routinen und Nebenroutinen, wie Newton erläutert:

> »Ein Vogel reißt zunächst mit seinem Schnabel den Zapfen ab, trägt ihn zu einem festen horizontal liegenden Ast und klemmt ihn zwischen dem einen Fuß und dem Ast fest. Mit der Schnabelspitze bahnt er sich dann seinen Weg hinter eine der Schuppen, wobei er den Zapfen so hält, daß er nach vorne und leicht zur einen Seite zeigt. Ein Vogel, bei dem das untere Freßwerkzeug leicht zur rechten Seite gebogen ist, hält den Zapfen mit seinem rechten Fuß und umgekehrt ... Das untere Freßwerkzeug wird dann zum Rumpf des Zapfens hinbewegt, so daß die Schuppe mit der Spitze des unteren Freßwerkzeugs angehoben werden kann. Liegt der Samen einmal frei, wird er mit der vorschnellenden Zunge herausgeholt.«

All dies Gezerre und Geschiebe bewerkstelligt der Kreuzschnabel häufig, während er mit dem Kopf nach unten am Baum hängt.

Nach allem, was wir heute wissen, entstand unsere eigene Entwicklungslinie vor 6 bis 7 Millionen Jahren in der afrikanischen Savanne, als unsere Vorfahren von der, wie man das im wissenschaftlichen Jargon nennt, Brachiation – dem Schwingen von einem Ast zum anderen – zum Gehen auf dem Boden übergingen. Wie bei den Kreuzschnäbeln führte diese Veränderung zu einer Kaskade von Anpassungen. Eine der ersten Anpassungen bestand in dem Kunststück, sich aufzurichten und auf den Hinterbeinen zu laufen; der Evolutionsforscher Richard Leakey nennt dies »eine der bedeutendsten Veränderungen der Anatomie, die sich in der Evolutionsbiologie beobachten lassen.«

Mehrere Millionen Jahre vor der nächsten großen evolutionären Veränderung, der Vergrößerung des Gehirns und des Schädels, gingen wir bereits aufrecht. Wie die Verlagerung des Körpergewichts auf die Hinterbeine stellt diese Vergrößerung, die vor ungefähr 2 Millionen Jahren einsetzte, eine der dramatischsten evolutionären Veränderungen dar, wie sich an den Fossilienfunden ablesen läßt. Die Größe des menschlichen Gehirns verdreifachte sich seit den Tagen von Lucy aus Hadar. Unterdessen entwickelten wir einen Daumen, den wir den übrigen Fingern gegenüberstellen können; darin besteht der wichtigste mechanische Unterschied zwischen dem Aufbau unserer Hände und der Hände unserer nächsten lebenden Verwandten, der Orang-Utans, Gorillas und Schimpansen. Wir veränderten das Zungenbein geringfügig, und dies versetzte uns in die Lage, mit Hilfe des gesamten Rachenraumes sprechen zu können. Auch kam es zu weiteren, eher kosmetischen Veränderungen; dazu gehören die Verkürzung des Mauls, das Schrumpfen des Kiefers und der Zähne und die Ausformung der Nase.

An irgendeiner Stelle in dieser Folge von Anpassungen (vielleicht schon ganz am Anfang, als sich das Gehirn vergrößerte) entwickelte sich jenes Bewußtsein, das wir selbst für die charakteristischste Eigenschaft unserer Art halten, jene Eigenschaft, auf die Plato von Diogenes wortlos hingewiesen wurde. Mehr als der Daumen, die Stimme, der aufrechte Gang oder das menschliche Gesicht ist es diese Eigenschaft, von der wir glauben, daß sie uns von anderen Lebewesen auf diesem Planeten unterscheidet. Ein Mann oder eine Frau ohne Hände, Beine, Stimme oder sogar Gesicht ist für uns immer noch ein menschliches Wesen; doch ein Körper, der für immer das Bewußtsein verloren hat, teilt nicht länger die Erfahrung des Menschseins.

Ein Teil dieses evolutionären Vorgangs fand ungefähr in derselben Zeit statt, während der sich die Darwinfinken auf den Galapagosinseln verbreiteten. Er ging ungefähr auch mit derselben Geschwindigkeit vonstatten, und aller menschlicher Voreingenommenheit und Eitelkeit zum Trotz entfernte dieser Prozeß unsere Entwicklungslinie, physisch betrachtet, nicht weiter von unseren Nachbarn, als die Finken sich untereinander auseinanderentwickelten. Um unserem Stolz zu schmeicheln, haben uns die Taxonomen in einer eigenen, von den übrigen Primaten getrennten Familie zusammengefaßt. Doch anatomisch gesehen sind Schimpansen, Orang-Utans, Gorillas und Menschen so eng miteinander verwandt wie die Darwinfinken untereinander, wie zwei Dutzend Arten von Kreuzschnäbeln oder zahlreiche andere jüngere Linien. Anscheinend sind die Schimpansen unsere engsten lebenden Verwandten: Einer neueren Schätzung zufolge sind 99 Prozent der Gene identisch. Mit anderen Worten: Wir sind so nahe mit dem Schimpansen verwandt wie ein Bodenfink mit einem Baumfinken.

»In seinem Dünkel hält sich der Mensch selbst für ein so großartiges Werk, daß es des Wirkens einer Gottheit bedarf«, kritzelte Darwin in eines seiner ersten geheimen Notizbücher, während in ihm die Überzeugung wuchs, daß es tatsächlich so etwas wie die Evolution gab. Darwin war der Auffassung, man solle »etwas bescheidener sein, & ich glaube fest daran, daß man den Menschen als etwas betrachten muß, das von den Tieren abstammt.« Unsere Fähigkeit, Bewußtsein zu entwickeln, ist ein Rätsel, eines der größten Rätsel der Biologie – doch haben wir es hier ebensowenig mit einem Wunder zu tun wie bei einem Schnabel, einer Feder oder einem Flügel. Entstanden ist es durch Modellierung und Formung desselben lebendigen Materials, in demselben Prozeß, eben Darwins Prozeß. Warum sollten wir annehmen, daß unser Bewußtsein sich mehr als nur graduell von dem anderer Arten unterscheidet. »Es ist unser Dünkel«, schrieb Darwin in sein Notizbuch, »es ist unsere Bewunderung für uns selbst.«

Die Neurobiologen hoffen, eines Tages im Gehirn den Ursprung des Bewußtseins zu entschlüsseln. Sie werden eine Biegung im neuronalen Netz des Frontallappens oder des Großhirns finden, die, wenn sie heranwächst, zu einer Art unendlicher Rekursion führt, zwei Spiegeln vergleichbar, die sich, wenn sie im richtigen Winkel zueinander aufgestellt werden, gegenseitig reflektieren. Es ist wohl noch ein weiter Weg, bis die physikalische Grundlage dieses Geheimnisses entdeckt wird, aber vielleicht sind wir dieser Entdeckung auch näher, als wir denken. Doch wie bei den Kreuzschnäbeln wird es sich wahrscheinlich nur um die leichte Krümmung eines Merkmals handeln, das wir ansonsten mit zahlreichen anderen Arten teilen: eine Krümmung, die das Kunststück, Gedanken zu formen, auf eine neue Stufe hebt und uns in die Lage versetzt, mit Hilfe unseres Bewußtseins von der Welt Dinge zu tun, zu denen kein anderes Tier fähig ist, Projekte anzugehen, die keine andere Art bewältigen kann.

Wenn die Biologen eines Tages vielleicht die Gesamtheit des menschlichen Genoms sequenziert und viele seiner Botschaften entziffert haben werden, wirft möglicherweise ein geringfügiger Unterschied zwischen unseren Genen und denen der Schimpansen neues Licht auf dieses Geheimnis und läßt uns die Eigenart unseres Gehirns verstehen, die uns in einen metaphysischen Kreuzschnabel verwandelt hat.

Eine der Gaben unseres gesteigerten Bewußtseins ist die Fähigkeit, neue Werkzeuge herzustellen. Damit können wir, innerhalb unserer eigenen Lebensspanne, Anpassungen aufbauen und entwickeln. Auch hier dachten wir einmal, daß diese Fähigkeit einzigartig und nur beim Menschen anzutreffen sei; Benjamin Franklin bezeichnete unsere Art als *Homo faber,* als den Menschen, der Werkzeuge herstellt. Doch auch Bonobo-Schimpansen stellen Werkzeuge her und benutzen sie, ebenso der Spechtfink auf den Galapagosinseln, der Kaktusstacheln abbricht und einsetzt, um die Funktionstüchtigkeit des Schnabels, mit dem er auf die Welt kommt, zu verbessern. Auch hier unterscheiden wir uns von anderen Arten nur graduell. Erst vor 30 000 bis 40 000 Jahren begann sich der Unterschied zu entwickeln, lange nachdem unsere Gehirne und Schädel ihr gegenwärtiges Volumen erreicht hatten. Plötzlich fingen wir in Südfrankreich und Nordspanien an, Knochen zu bearbeiten und Feuersteine so geschickt zurechtzuhauen, daß die Werkzeuge eines einzelnen Jägers den Schnäbeln aller Darwinfinken überlegen waren: Knochenkeile, die spitzer waren als ein spitzer Schnabel, Steinmeißel, die größer waren als ein großer Schnabel. In seiner ganzen Tragweite für die evolutionäre Auseinandersetzung kann man heute selbstverständlich den Vorteil, den unsere Werkzeuge uns in der Konkurrenz der Arten verschaffen, überall auf dem Planeten bewundern – selbst auf den Galapagosinseln, wo sich die Angehörigen unserer Art mit Flossen unter die Papageienfische mischen, höher und schneller als die Tölpel und Fregattvögel fliegen, das Meer schneller als die Delphine durchstreifen und jede Nacht draußen auf See verbringen, so daß sich die Lichter der Jachten in den Augen der Vögel auf den Klippen wie Sterne spiegeln.

Mit unserem entwickelten Bewußtsein waren wir in der Lage, weitere adaptive Nischen zu schaffen, und zwar schneller als jede andere Art auf dem Planeten, so daß wir, ausgehend von Afrika, die Kontinente der Welt erobern konnten. Wir sind dazu fähig, weil die Gesamtheit unserer Anpassungsleistungen – ein hochentwickeltes Gehirn, die Sprache und die opponierbaren Daumen – es uns ermöglichte, neue Lebensweisen zu erfinden (nicht nur neue Werkzeuge, sondern auch neue Nahrungsmittel, Kleider sowie Wohnräume) und sie an andere in einer nie gekannten Geschwindigkeit weiterzugeben. Wieder einmal ist der Unterschied nur graduell, wie der Biologe John Taylor Bonner in seinen kürzlich erschienenen Büchern *Die Evolution der Kultur bei Tieren* und *Lebenszyklen* belegt. In Großbritannien haben Blaumeisen gelernt, den Aluminiumverschluß der Milchflaschen aufzuhacken, die allmorgendlich vor den Haustüren stehen, um an die Sahne zu gelangen. Man konnte regelrecht beobachten, wie sich diese Fähigkeit von Haus zu Haus und von Wohnblock zu Wohnblock ausbreitete, und zwar in dem Maße, wie es die Blaumeisen im ganzen Land durch Beobachtung voneinander lernten. Eine Zeitlang war das Leben der Blaumeisen einfacher als das der Darwinfinken, die sich mit *Tribulus* herumschlagen mußten, oder das der Kreuzschnäbel mit ihren grünen Tannenzapfen. Doch schon bald werden die Molkereien, wie die Pflanzen, vermutlich damit beginnen, ihren Schatz mit einem festeren Verschluß zu versehen – wenn dies nicht schon geschehen ist.

Eine berühmte kleine Makaken-Äffin namens Imo lernte auf einer Insel vor der japanischen Küste, Süßkartoffeln im Meer zu reinigen, bevor sie sie fraß. Sie lernte auch, von Weizensamen den Sand zu entfernen, indem sie diese in der hohlen Hand hielt und ins Wasser tauchte. Die anderen Makaken auf der Insel griffen diese beiden Tricks auf, indem sie Imo nachahmten.

In Italien ließen kürzlich Forscher einen Tintenfisch in einem Bassin durch ein Fenster einen anderen Tintenfisch dabei beobachten, wie er ein Kunststück vollführte, bei dem er einen roten oder einen weißen Ball wählen mußte. Wenn der dressierte Tintenfisch den richtigen Ball wählte, fand er dahinter ein kleines Stückchen Fisch. Wenn er den falschen Ball wählte, bekam er einen elektrischen Schlag. Die Forscher nahmen den nicht dressierten Tintenfisch auf Video auf: Er beobachtete intensiv und verfolgte das Geschehen mit dem Kopf und den Augen. Als man ihn danach vor dieselbe Wahl stellte, wählte er meist den richtigen Ball.

Bei einer sozialen Art wie der unsrigen sind die Vorteile, voneinander zu lernen, so groß, daß sie das Wachstum des Zungenbeins förderten; dies führte zu einer immer besseren Vokalisierung und schließlich zur Sprache. Die zunehmenden Vorteile und Anforderungen der Sprache wiederum hatten möglicherweise die Vergrößerung des Gehirns zur Folge. Die Sprache wurde zu einem Werkzeug, das es uns erlaubte, uns nicht nur gegenseitig, sondern auch uns selbst etwas beizubringen, wenn wir für die opponierbaren Daumen und Finger eine neue Anwendungsmöglichkeit gefunden hatten. »Wenn man schreibt«, sagt Annie Dillard in *Das schreibende Leben*, »entwirft man eine Zeile aus Wörtern. Die Zeile aus Wörtern ist so etwas wie die Hacke für den Bergmann, die Schublehre für den Holzschnitzer oder die Sonde für den Chirurgen. Man führt die Feder, und sie bahnt sich einen Weg, dem man folgt. Schon bald befindet man sich auf Neuland.«

Die Fähigkeit, neue Fertigkeiten voneinander zu lernen, nennt man kulturelle Evolution, und sie ist ganz bestimmt nicht auf unsere Art beschränkt. Den vielleicht nachhaltigsten Einblick in die kulturelle Evolution bei einer anderen Art bekommt man, wieder einmal, durch die Darwinfinken – allerdings durch eine Art, die Darwin nie zu Gesicht bekam.

Es gibt eine für sich lebende Finkenart, die außerhalb der Galapagosinseln heimisch ist. Sie bewohnt das Fleckchen Land, das dem Archipel am nächsten ist, 630 Kilometer nordöstlich, ein Eiland, das Kokos-Insel genannt wird.

Wie die Galapagosinseln ist die Isla de Cocos vulkanischen Ursprungs. Die Insel hat praktisch keine Küste: Nahezu rundherum wird sie von steilen Klippen begrenzt, die bis zu 180 Meter hoch aufsteigen. Nie versuchte ein Mensch, dort eine Familie zu gründen, und es ist ziemlich unwahrscheinlich, daß irgend jemand es je versuchen wird, weil diese Gegend auf ihre Weise so abweisend ist wie Daphne Major. Doch im Unterschied zu Daphne wird sie fast täglich vom Regen durchnäßt. Auf der Insel fallen jährlich erstaunliche 7 bis 8 Meter Niederschlag, und vom Gipfel bis ganz zum Rand der Klippen wuchern üppige Regenwälder.

Auf ihre Weise unterscheiden sich die Finken auf Kokos stärker voneinander als die Galapagosfinken. Einige fressen Käfer, andere Krustentiere und wieder andere Nektar, Früchte und Samen. Einige haben sich darauf spezialisiert, auf dem Boden nach Nahrung zu suchen, andere finden ihre Nahrung in Büschen und wieder andere in großen Bäumen. Um Vögel mit einer solchen Bandbreite an Spezialisierungen zu versammeln, müßte man normalerweise nicht nur zahlreiche Arten sammeln, sondern viele Gattungen oder sogar Familiengruppen, also Gruppen von Gattungen. Bei den Finken auf der Kokos-Insel handelt es sich jedoch nur um eine einzige Art.

Diese Finken können sich auf Kokos nicht auseinanderentwickeln oder verzweigen wie ihre Geschwister auf dem Galapagosarchipel. Auf Kokos können sie sich nicht aus dem Weg gehen. Das Eiland ist zu klein, das nächste Stück Land zu weit entfernt (Kokos liegt ungefähr 500 Kilometer vor der Küste Costa Ricas). Es gibt keine Möglichkeit, sich in geographischer Hinsicht abzukapseln. In einem solchen Gebiet können sich Insekten und Schnecken auseinanderentwickeln, weil für sie selbst eine kleine Insel groß genug ist, um im Endeffekt einen Archipel mit isolierten Habitaten zu bilden. Doch Vögel verzweigen sich auf einer einzelnen isolierten Insel nicht in Arten und Unterarten.

Das ist übrigens auch der Grund, warum wir uns selbst nicht in neue Arten verzweigen. Für uns Menschen ist der ganze Planet Erde fast so klein, wie es Kokos für die Kokosfinken ist.

Rosemary und Peter Grant haben keine Untersuchungen zu den Kokosfinken angestellt. Ein weiteres Ehepaar unter den Evolutionsforschern, Tracey Werner und Tom Sherry, hat bisher am gründlichsten über diese Tiere gearbeitet. In den achtziger Jahren studierten sie bei insgesamt vier Forschungsaufenthalten die Finken auf Kokos, wobei sie sich auf ein großes Hibiskusdickicht konzentrierten. Dort beringten und vermaßen sie auf dieselbe Weise wie die Grants ungefähr hundert Finken (und tatsächlich war Nicola Grant eine ihrer Mitarbeiterinnen). Saison für Saison beobachteten sie ihre 100 Finken beim Fressen; sie registrierten und analysierten insgesamt 26 770 Versuche der Nahrungsaufnahme.

Auf der Kokos-Insel sind die Körper der Finken in Größe und Gestalt viel einheitlicher als auf den Galapagosinseln. Alle Vögel haben denselben spitzen, schmalen Allzweckschnabel. Ihre Besonderheiten haben nichts mit ihrem Geschlecht oder Alter oder mit geringfügigen Variationen der Größe und Gestalt ihrer Schnäbel zu tun. Auch ist das Nahrungsangebot auf Kokos nicht an Jahreszeiten, Tageszeiten oder einen besonderen Ort im Hibiskusdickicht beschränkt. Werner und Sherry beobachteten die Finken, wie sie unermüdlich zu allen möglichen Zeiten und an allen möglichen Orten ihrem Tagewerk nachgingen; sie beobachteten häufig ein halbes Dutzend Finken, wie sie jeweils auf ihre Weise zur selben Zeit im selben Gebüsch nach Nahrung suchten, wie Schmiede, Bäcker, Drucker und Schneider in ihren Werkstätten um den Dorfanger. Einige sammelten Käfer von Zweigen auf, andere stocherten an den Zweigen selbst herum, wieder andere lasen etwas von grünen Zweigen auf, andere wiederum von toten Zweigen und wieder andere von Blütennektar. Was auch immer ihr Metier war, Stunde für Stunde und Tag für Tag blieben sie bei ihrem Leisten.

Die meisten dieser Tätigkeiten erforderten fachmännische Arbeit. So mußten die Kokosfinken, die an den Ästen nach Käfern suchten, die Rinde an den Zweigen auf dieselbe Weise aufbrechen, abschälen und hochbiegen, um an die Insekten darunter zu kommen, wie die Baumfinken auf den Galapagosinseln. Tracey Werner sagt, daß das Metier der Finken häufig nicht nur besondere »Fachkenntnisse« voraussetzt, sondern wirklich hochspezialisiert ist: Einige Finken im Hibiskusdickicht verbrachten zum Beispiel den größten Teil ihrer Zeit damit, kleine Mottenlarven zwischen den unterschiedlichen Blattschichten von Winden herauszupicken.

Werner und Sherry vermuteten, daß die Finken all diese spezialisierten Arbeiten genauso wie Menschen lernten: von den Älteren. Häufig sahen die Finkenforscher einen Jungvogel, wie er einem ausgewachsenen Vogel in kurzem Abstand folgte, ihn beobachtete und dann nachmachte. Der Jungvogel beobachtete genau, hüpfte dann an dieselbe Stelle, die der ältere Vogel gerade verlassen hatte, und tat das, was der ältere Vogel zuvor an dieser Stelle getan hatte.

Werner und Sherry beobachteten auch Jungvögel, die hinter Grasmücken und Strandläufern herhüpften, sie beobachteten und nachahmten. Die kleinen Jungvögel bildeten, wie Teenager in einem Einkaufszentrum, sogar Gruppen mit bis zu dreißig Vögeln, und auch sie beobachteten sich und ahmten einander nach.

Evolutionsforscher wissen, daß Löwen, Affen, Elefanten und andere soziale Säugetiere von Älteren lernen, doch neigen sie zu der Auffassung, daß Vögel ihre Fähigkeiten einfach über Instinkte vererben. Wie der Evolutionsforscher Jared Diamond beobachtete, haben in den üppigen und vielfältigen Regenwäldern jedoch möglicherweise die Vögel, die von älteren Vögeln lernen können, einen adaptiven Vorteil. »Ein insektenfressender Vogel ist mit Dutzenden oder Hunderttausenden von lokalen Insektenarten konfrontiert«, merkt Diamond an, »allein bei einer Baumart sind es mehr als 1000 Käferarten.« Selbst Menschen, die sich auf diesem Gebiet sehr gut auskennen – Regenwaldschamanen und Entomologen, die ihre Doktorarbeit über die Ökologie des Regenwaldes geschrieben haben –, bringen Jahrzehnte, vielleicht sogar ihr ganzes Leben damit zu, einen Bruchteil dieser Vielfalt zu erforschen. Vielleicht wurden die Finken im Regenwald von Kokos wegen ihrer Lernfähigkeit in gleicher Weise selektiert, wie auch die Menschen in der Entstehungsphase unserer eigenen Art deswegen selektiert wurden.

Verglichen mit anderen Vögeln kamen die Kokosfinken den Finkenforschern bei der Nahrungssuche eher ungeschickt, ja sogar klobig vor. Sie sahen häufig Vögel, die ihren Halt verloren, während sie nach Käfern suchten, und herabfielen. Sherry beobachtete einmal einen Jungvogel dabei, wie er versuchte, von einem Zweig die Rinde abzuschälen. Der Fink fiel herunter, rappelte sich auf, flog wieder auf den Zweig, schälte, fiel herunter, rappelte sich auf, flog wieder hoch, schälte – immer wieder, bis er schließlich seinen Lohn herauszog, einen zweieinhalb Zentimeter langen Tausendfüßler. Ein anderes Mal beobachtete Sherry einen Finken dabei, wie er versuchte, auf einem Zweig eine Spinne zu fangen. »Der Vogel stürzte sich auf die Spinne, traf aber nicht«, schreibt Werner in ihrer Doktorarbeit über die Kokosfinken. »Die Spinne ließ sich herunter und hing an ihrem Faden. Der Vogel kletterte den Stamm des Hibiskus hinunter.« Jedesmal wenn er sich in die Nähe der Spinne vorgearbeitet hatte, stieß der Fink wieder zu und traf abermals nicht. Die Spinne seilte sich weiter ab, während der Vogel versuchte, Schritt zu halten: Er hüpfte, machte einen Satz nach vorne und verfehlte sein Ziel, die ganze Strecke bis zum Boden. Dort rannte die Spinne los – und ein anderer Fink erwischte sie.

Ein Finkenforscher beobachtete einmal einen Kokosfinken, der dasselbe Gehampel auf einer Liane vollführte. »Es kam mir merkwürdig vor«, schrieb er später. Wenn der Vogel seine Flügel eingesetzt hätte, hätte er die Spinne wahrscheinlich schnell ausgetrickst. Doch entschied er sich statt dessen dafür, langsam und ungeschickt die Schlingpflanze herunterzurutschen.

Das hört sich wie Klamauk an, bei dem die Tiere täglich ihren Spaß hätten, wenn sie uns bei unserem Tun beobachten würden. Im Vergleich zu den Fischen sind wir schlechte Schwimmer, im Vergleich zu den Vögeln keineswegs perfekt in der Luft, im Vergleich zu Geparden laufen wir lächerlich langsam, und im Vergleich zu Ameisen sind wir, was unsere Kooperation miteinander betrifft, einzelgängerisch. Trotzdem sind wir die erfolgreichste Art unserer Zeit. Wir haben die Territorien all dieser Tiere überrannt und sie auf den Kopf gestellt, weil wir dadurch, daß wir von der Generation vor uns lernen, in all diesen Bereichen zugleich passable Leistungen vollbringen können. Wie der Evolutionsforscher Ernst Mayr schreibt, haben wir uns »auf Despezialisierung« spezialisiert. Unsere Stellung auf dem Planeten ist dieselbe wie die der Kokosfinken in ihrem ureigenen Regenwald. Die Bandbreite des Nahrungsangebots, die wir vorfinden, übersteigt bei weitem unsere Möglichkeiten als Individuum, sie zu nutzen. Wie die Finken haben wir eine ungewöhnliche Lernfähigkeit entwickelt, so daß uns als Art kollektiv ein Vorteil aus diesen

Myriaden von Nischen erwächst, zumal wir immer neue Bereiche erschließen. In stärkerem Maße als jedes andere Tier füllen wir immer neue ökologische Nischen aus.

Dies gestattet uns, das monumentale Lernspiel fortzusetzen, das wir Wissenschaft nennen. Die Wissenschaft formalisiert unsere besondere Art des kollektiven Gedächtnisses oder Artgedächtnisses, in dem jede Generation auf dem aufbaut, was die vorangehende lernte, so daß die Generationen in die Fußstapfen ihrer Vorgänger treten und auf den Schultern ihrer Ahnen stehen. Jede Generation hat Respekt vor dem, was sie von der vorigen lernen kann, und schätzt die Entdeckungen, die sie an die nächste Generation weitergeben wird, so daß wir immer mehr erkennen können, als bestiegen wir einen unendlich hohen Berg.

Für das Tierreich fand ich heraus«, schrieb Darwin an seinen Botanikerfreund Hooker, »daß die Aussage, irgendein Körperteil oder Organ einer Spezies habe sich im Vergleich zu demselben Körperteil oder Organ verwandter Spezies, auf normale (d. h. nicht monströse) Weise in *hohem* oder *ungewöhnlichem* Ausmaß entwickelt, *außerordentlich variabel* erscheint. Aufgrund der Unmengen von Fakten, die ich sammelte, hege ich keinen Zweifel daran. – So ist der Kreuzschnabel, verglichen mit seinen übrigen Verwandten, bei den *fringillidae* im Hinblick auf die Struktur seines Schnabel recht abnorm, & der Schnabel ist *hochgradig variabel*.« Hooker schrieb Darwin, daß er dieses Phänomen bei Pflanzen nicht beobachtet habe. Darwin entgegnete: »Ich wage die Behauptung, daß die Abwesenheit bot. Fakten teilweise vielleicht dadurch erklärt werden kann, daß es schwierig ist, geringe Variationen zu messen. Nach der Niederschrift fiel mir dies in der Tat auf; denn ich habe hier gerade eine *Crucianella stylosa*, die in Blüte steht, & der Stempel sollte von der Länge her recht variabel sein, & als ich darüber nachdachte, kam in mir die Frage auf, wie jemand überhaupt beurteilen könnte, ob er in irgendeinem beträchtlichen Ausmaß variabel ist. Wie verschieden verhält es sich da doch mit dem Vogelschnabel!«

Darwin führt dieses Problem in der *Entstehung der Arten* aus; es findet sich im Kapitel »Die Gesetze der Abänderung« unter der Überschrift »Ein Merkmal, das bei einer beliebigen Art in außergewöhnlichem Ausmaß entwickelt ist, neigt im Vergleich zu demselben Merkmal bei verwandten

Arten zu hoher Variabilität.« Hier wählt Darwin als Beispiel die Schnäbel der Haustauben, deren Schnabel der Körperteil ist, anhand dessen sich verschiedene Züchtungen unterscheiden lassen.

Dieses Muster gilt für die gesamte Natur, wobei sich herausstellte, daß die Schnäbel der Darwinfinken ein besonders spannendes Beispiel sind. Von dem Moment an, in dem sie schlüpfen, unterscheiden sich diese Arten im Hinblick auf ihre Schnäbel stärker voneinander als hinsichtlich irgendeiner anderen Eigenschaft, die die Grants gemessen haben. Kein anderes Merkmal bei den Darwinfinken ist so variabel wie der Schnabel.

Bei unserer eigenen Art ist es das menschliche Gehirn, das sich wohl am dramatischsten von unseren nächsten Verwandten am Baum des Lebens fortentwickelte. Nach Darwins Gesetz ist das menschliche Gehirn, wie die Schnäbel der Darwinfinken, Tauben und Kreuzschnäbel, außerordentlich variabel in seinen Abmessungen.

Das Denken ist unser Schnabel, und das menschliche Denken ist sogar noch variabler als das Gehirn. Darwin etwa hatte eine ungewöhnliche Begabung fürs Beobachten, Sammeln, Theoretisieren und ein Talent, Mentoren zu finden. Doch er war ein schlechter Mathematiker. So schrieb er an einen Schulfreund, der seine Briefe nicht beantwortet hatte: »Ich nehme an, Du steckst zwei Klafter tief in der Mathematik, und wenn das stimmt, dann helfe Dir Gott, denn dies gilt auch für mich, mit einem einzigen Unterschied: Ich bleibe schnell in dem Schlamm am Grund stecken, und da werde ich auch bleiben.« Wie sich herausstellte, entsprach dies der Wahrheit. (Aus eben jenem Grund sind Darwins Theorien aber leichter zugänglich als die von Newton. Er drückte selbst seine tiefgründigsten Gedanken in einer Sprache aus, die jeder verstehen kann.)

Nicht jeder in einem Dorf oder einem Stadtviertel beherrscht jedes Metier, und kein Mann oder keine Frau beherrscht mehr als ein paar. Wenn sich Menschen jedoch spezialisieren, dann haben die Dorfbewohner, insgesamt gesehen, Hunderte von Fähigkeiten. Ihre unendliche Vielfalt beim Denken und im Hinblick auf ihre Begabungen unterstützt sie dabei, sich in all diese Handwerke und Spezialberufe aufzuteilen.

»Ich meine, daß dieser psychologische Polymorphismus ein wichtiger Grund für den Erfolg der menschlichen Art ist«, sagt J. B. S. Haldane. Die Variation ist das Geheimnis unserer adaptiven Fortentwicklung. Unsere grenzenlose Vielfalt ist von unendlichem Wert für die Art. Wie bei den Darwinfinken ist sie das Werkzeug, mit Hilfe dessen ein größerer Teil der

Fülle für uns zugänglich wird, als wir je erschließen könnten, wenn jeder einzelne von uns versuchte, alles selbst zu bewerkstelligen, wenn jedes einzelne menschliche Wesen versuchte, Generalist zu sein. Aus demselben evolutionären Grund sind unser Denken und unsere Begabungen ebenso variabel wie die Finkenschnäbel auf den Galapagosinseln: Hansdampf in allen Gassen, auf nichts festgelegt. Und ein Prozeß, der der Merkmalverschiebung ähnelt, treibt diese Fortentwicklung unserer Art voran. Obwohl wir das alles nicht für darwinistisch halten, verspüren wir alle das Bedürfnis, das tun zu sollen, wofür wir bestimmt sind – die Aufgabe auszuwählen, für die wir am besten geeignet sind.

Ralph Waldo Emerson schreibt: »Jeder Mensch hat seine Berufung. Die Begabung ist das Entscheidende. Sie gibt eine Richtung vor, in die hin sich alles öffnet. Der Mensch besitzt Fähigkeiten, die ihn zwanglos dazu bringen, immer aufs neue Gebrauch von ihnen zu machen.« Und William Blake: »Wie lächerlich wäre es, wenn das Schaf sich bemühte, wie ein Hund zu laufen, oder der Ochse, daherzutraben wie ein Pferd; genauso lächerlich ist es, einen Menschen zu beobachten, der sich abmüht, einen anderen nachzuahmen. Der Mensch unterscheidet sich stärker von anderen Menschen als Tiere unterschiedlicher Arten.« Äschylus: »Der Charakter ist die Bestimmung.«

Diejenigen, die ein angenehmes Leben führen, meinen, sie seien gegen Druck der natürlichen Selektion mehr oder minder gefeit, weil sie die Muße und die Freiheit besitzen, zu tun, was ihnen beliebt. Sie sind jedoch genauso wie andere Lebewesen auf der Erde der Selektion unterworfen, denn auch sie setzen ihre individuellen Variationen ein, um den Druck der natürlichen Selektion zu verringern. Überall auf der Welt verhalten sich junge Menschen anfangs mehr oder minder gleich, wie ja auch die Jungvögel auf Daphne anfangs ihre unterschiedlichen Schnäbel in mehr oder minder derselben experimentellen Art und Weise einsetzen. Wenn wir ein bißchen älter werden, durchlaufen wir ebenso wie die Finken auf Daphne ein Stadium des wilden Experimentierens. Wenn wir wiederum älter werden, konzentrieren wir unsere Anstrengungen, erneut den Finken vergleichbar, auf einen bestimmten Bereich. Innerhalb der Grenzen unserer eigenen Wahlmöglichkeiten neigen wir in jedem Land dazu, uns Berufe auszusuchen, bei denen wir die Erfahrung gemacht haben, daß es eher unwahrscheinlich ist, daß wir verlieren, getötet oder durch Konkurrenz ausgeschaltet werden. Wir wählen also Berufe aus, in denen unsere

Schwächen uns nur geringfügig schaden werden. Wir versuchen eine Arbeit zu finden, für die unser Schnabel am besten geeignet ist – obwohl das, was wir im Endeffekt finden, selten vollkommen ist, wie schon Darwins Zeitgenosse, der humorvolle Pfarrer Sydney Smith, bemerkte:

> »Wenn wir die unterschiedlichen Lebensabschnitte auf einem Tisch durch Löcher unterschiedlicher Gestalt – einige kreisförmig, manche dreieckig, andere quadratisch, wieder andere rechteckig – und die handelnden Personen mit Holzstücken von ähnlicher Gestalt darstellten, dann würden wir im allgemeinen herausfinden, daß die Dreieckigen in ein quadratisches Loch gerieten, die Rechteckigen in ein dreieckiges und die Quadratischen sich in ein rundes Loch gequetscht haben. Der Büroangestellte und das Büro, der Handelnde und das Getane passen selten so genau zusammen, daß wir sagen könnten, sie seien wie füreinander geschaffen.«

Daher sagt man auch, jemand sei am falschen Platz. Wie schon Mark Twain bemerkte: »Von einem rundlichen Menschen kann man nicht erwarten, daß er gleich in ein quadratisches Loch paßt. Er braucht eine gewisse Zeit, um seine Gestalt zu verändern.«

Auf diese Weise wurden wir zu einem Tier, dessen Existenz auf Entwicklung geradezu angewiesen ist. Wir entwickeln uns außerordentlich rasch weiter, und wir treiben die Evolution in unserer Umwelt voran. Wir haben gelernt, den Darwinschen Prozeß für unsere Zwecke schneller ablaufen zu lassen, als er bei irgendeiner anderen Art auf der Welt vonstatten geht – mit Ausnahme vielleicht der Bakterien mit ihren fliegenden Ringen von Plasmiden und einer Entstehungszeit von zehn Minuten für ein neues Bakterium. Die Tragödie unseres Erfolges besteht in dem, was wir der übrigen Schöpfung antun, die sich langsamer entwickelt.

Wir amtieren erst kurze Zeit, und auch die durchschnittliche Existenz einer Art ist von kurzer Dauer – wenige Millionen Jahre. Eine Art, die nur dadurch überleben kann, daß sie in ihrer Umwelt ständig Umwälzungen in Gang setzt, läuft wie ein kriegerischer Stamm immer Gefahr, ausgelöscht zu werden. Im Augenblick gleicht unser Planet einem geschlossenen Tannenzapfen, den wir allein, mit Hilfe unseres gekrümmten Schnabels, öffnen können, so daß es von unserer Art momentan viel mehr Exemplare gibt als von irgendeinem anderen Vogel im Wald. Doch die schnelle Abfolge von Veränderungen ist nicht immer Fortschritt, und eine Bewegung nach vorne nicht immer ein Voranschreiten.

Wenn die Opuntienfinken auf Daphne Major die Kaktusblüten aufsuchen, knabbern sie manchmal die Narben ab; diese Narben bilden den oberen Teil eines hohlen Rohrs, das wie ein langer, gerader Strohhalm mitten aus jeder einzelnen Blüte herausragt. Wenn die Narbe abgeknabbert ist, ist die Blüte dadurch sterilisiert. Die männlichen Geschlechtszellen des Pollens können die weiblichen Geschlechtszellen in der Blüte nicht mehr erreichen. Die Kaktusblüte vertrocknet, ohne Früchte zu tragen.

Natürlich sind diese Finken völlig abhängig vom Kaktus. Ohne Kaktuspollen, Kaktusnektar, Kaktusfrüchte und Kaktussamen würden sie verhungern. Das Schicksal der Vögel ist so eng mit dem Schicksal des Kaktus verbunden, daß es auf Daphne Major auch mehr Opuntienfinken gibt, wenn die Kakteen zahlreich wachsen. Nimmt die Zahl der Kakteen ab, gibt es auch weniger Finken.

Einmal, im Dezember, kurz bevor die Kakteen auf Daphne zu blühen begannen, sahen sich die Grants mehr als 2000 Kaktusblüten genauer an. Fast die Hälfte der Blüten hatte keine Narben mehr. Auf Genovesa untersuchten die Grants im folgenden Monat mehr als hundert Kaktusblüten; 80 Prozent von ihnen waren angeknabbert. In manchen Jahren zerstörten die Opuntienfinken nahezu jede Kaktusblüte, und in jenen Jahren brachten die Kakteen auf ihrer Insel praktisch keine Früchte oder Samen mehr hervor. Man kann sich nur schwer eine einfachere, akkuratere und schnellere Methode vorstellen, wie sich eine Darwinfinkenart selbst ausrotten kann.

Um herauszufinden, was vor sich ging, wechselten sich die Grants den ganzen Tag über jeweils alle zwei Stunden bei der Beobachtung von siebzehn Kakteenblüten ab. Sie schrieben auf, welcher Fink sich an welcher Blüte Nahrung suchte und was jeder einzelne Fink tat, wenn sich eine Blüte öffnete. Kakteenblüten öffnen sich gewöhnlich morgens zwischen 9 und 11 Uhr. Wenn ein Opuntienfink neben einer offenen Blüte landet, dann drückt er die Narbe mit seiner Kralle zur Seite, so daß er an den Pollen knabbern kann, die sich unten in der Blüte befinden. Manchmal jedoch wird ein Opuntienfink eine Kaktusknospe sehr früh aufsuchen, ein oder zwei Stunden, bevor sie sich öffnet, und die zusammengefalteten Blütenblätter auseinanderreißen, um dort hineinzugelangen, bevor es ein anderer Fink tut. Wenn die Blüte halb geöffnet ist, sticht dem Finken die Narbe wahrscheinlich ins Auge. In dem Jahr, in dem die Studie durchgeführt wurde, ragte auf Genovesa die durchschnittliche Narbe einer Kaktusblüte ungefähr 25 Millimeter hervor. Der durchschnittliche Abstand der Schnabelspitze eines Kaktusfinken zu seinen Augen betrug nur 21 Millimeter. Deshalb bissen die Finken, wenn sie die Blütenknospe gewaltsam öffneten, mit ihrem Schnabel mitunter die Narbe ab. Wie die Grants herausfanden, taten dies nicht alle Opuntienfinken auf der Insel, sondern nur etwa ein Dutzend.

Ein Fink, der Narben abbeißt, ist mit einem Bauern vergleichbar, der sich von der Saat ernährt. Der Vogel beraubt sich seiner Zukunft und der Zukunft seiner Art. Durch die Sterilisierung der Blüten halbiert der Opuntienfink auf Daphne Major seine Jahresernte. Und alles, was diese Vandalen davon haben, ist ein wenig Samenpollen, den die übrigen Vögel nicht bekommen, und ein bißchen Nektar, an den die anderen Vögel nicht herankommen – eine süße Nascherei am frühen Morgen.

Der Darwinsche Prozeß kann dieses räuberische Dutzend nicht davon abhalten, ja tatsächlich verschafft er ihnen sogar noch einen Vorteil, denn sie müssen für ihre gestohlenen Süßigkeiten keinen Extrapreis entrichten. Für sie besteht die gleiche Wahrscheinlichkeit, in der Trockenzeit zu sterben, wie bei den Vögeln, die die Narben unversehrt lassen. In der Trockenzeit ernähren sich die Opuntienfinken ohnehin von einem anderen Kaktus; sie bleiben nicht innerhalb der Grenzen ihres Territoriums, wenn sie hungrig sind. Deshalb wüten die Randalierer gewissermaßen in einer Allmende der Insel und nicht in ihren eigenen Gärten. Ein Fink, der die Blüten in seinem Territorium unversehrt läßt, kann nicht sicher sein, später im Jahr, wenn die Zeiten härter werden, ausreichend Nahrung zu bekommen. Wie die Grants hervorheben, lädt ein Vogel, der sorgsam mit den Narben in seinem Gebiet umgeht, vielleicht sogar andere Vögel zum Wildern auf seinem Territorium ein.

Bei der natürlichen Selektion geht es um den Gewinn für das einzelne Lebewesen. Was für das Einzeltier gut ist, ist gewöhnlich auch für den Schwarm gut. Doch wenn die Bedürfnisse des Einzeltiers mit den Bedürfnissen des Schwarms in Konflikt geraten, triumphiert das Einzeltier, selbst

Das Rupfen von Blütennarben.
Zeichnung: Thalia Grant

wenn dieser private Erfolg zum Niedergang des Schwarms führt. Wenn auf die schreckliche Dürre des Jahres 1977 ein weiteres, so trockenes Jahr gefolgt wäre, dann wären alle Opuntienfinken auf Daphne gefährdet gewesen, und dies nur wegen der Schäden, die ein Dutzend Vögel angerichtet hatten. Diese Vögel hätten möglicherweise darüber entschieden, ob ihre Art auf Daphne Major überlebt hätte oder ausgestorben wäre.

»Der große Gott, der alle Dinge formte, belohnt die Narren und die Missetäter gleichermaßen.« Jedes Jahr bringen die Gewohnheiten der wilden zwölf auf dieser Insel Nachteile für den Schwarm mit sich und erhöhen das Risiko, daß der gesamte Schwarm ausstirbt. Auf der unbewohnten Insel Pinzón, was auf spanisch soviel wie *Fink* bedeutet, starben zu Beginn dieses Jahrhunderts die Opuntienfinken aus. Die Opuntienfinken von Pinzón haben sich möglicherweise selbst den Garaus gemacht. Darwin selbst war (zumindest manchmal) ein Optimist. In der *Abstammung des Menschen* schrieb er:

> »Die Simiadae teilten sich in zwei große Stämme, die Affen der Neuen Welt und die Affen der Alten Welt; aus den letzteren entwickelte sich in ferner Zeit der Mensch, das Wunder und der Stolz des Universums.«

An einer anderen Stelle heißt es:

> »Im allgemeinen hat es mehr Fortschritt als Rückschritt gegeben.«

Vielleicht hatte Darwin recht, was den Fortschritt betrifft, und auch seine Nachkömmlinge, die G.O.D.-Experten, haben recht. Vielleicht wird die Schöpfung von Vielfalt die vielfältigen Zerstörungen überflügeln. Auf lange Sicht werden wir uns vielleicht doch eher als Kinder des Lichts und nicht so sehr als Kinder der Dunkelheit erweisen, der hochtrabenden Anmaßung des Kürzels G.O.D. zum Trotz.

Auf der Erdoberfläche ebenso wie auf der Haut unseres Handrückens gibt es in jeder Zelle seilförmige DNS-Schleifen, und jeder DNS-Strang birgt eine sich verändernde Milchstraße von Atomen, Einblicke in letzte Ursprünge, die so endgültig sind wie der Urknall. Es gibt nichts Fesselnderes, als mit einer Geschwindigkeit von 100 Stundenkilometern von dem gewundenen Asphaltband einer Straße aus Bäume, kahle Stoppelfelder und vielleicht, hoch in der Luft, einen schwarzen Truthahngeier vorbeifliegen zu sehen und gleichzeitig darüber nachzudenken, daß auch diese Szenerie in Bewegung ist – auf eine Weise, die wir gerade erst zu verstehen beginnen. Die Verzweigung der Äste am Baum des Lebens, einschließlich unseres eigenen Zweiges, all dieses Verzweigen setzt sich in diesem Augenblick überall fort, obwohl es, wie die Sterne am Mittag, unserem Blick verborgen ist.

Von Anfang an haben wir die Tiere um uns herum beobachtet, jede Generation hat von der vorigen gelernt, so daß jede wieder mehr verstand als die vorige – wie auf diesen Inseln mit ihren Vögeln, über die der erste Reisende, der über sie schrieb, berichtete, sie seien weder aufregend noch schön, und von denen Darwin selbst sagte, es sei unmöglich, die Bodenfinkenarten voneinander zu unterscheiden. Die Evolution dieser Lebewesen ist heute die besterforschte auf der Erde; die Finken legen Zeugnis ab vom dem, was sich auf der ganzen Welt vollzieht.

Genau das können wir am besten. Wir erweitern den Horizont unseres Wissens, stellen die alten Fragen immer wieder neu, entwickeln sie weiter und mit ihnen uns selbst. Warum gibt es so viele Tierarten, und warum leben wir unter ihnen? Wahrscheinlich wurden diese Fragen schon gestellt, als wir noch in Höhlen lebten – als es noch die gemeinsame Erfahrung unserer Art war, allein auf einer Anhöhe zu stehen und den Blick über die Wildnis schweifen zu lassen. Bei allen Unterschieden hatten wir ein Gefühl der Verwandtschaft mit den Tieren und bei aller Verwandtschaft ein Gefühl des Unterschieds. Unsere Augen blickten aufmerksam umher, und wir streckten unsere Arme nach ihnen aus. Damals, als wir herunter- oder zum Himmel aufblickten, uns umwendeten, um die vorbeiziehenden Vogelschwärme mit unserem Blick zu verfolgen, so daß sich unsere Köpfe auf unseren ungefiederten Schultern drehten, kamen diese Fragen auf: hoch über den Ebenen unserer ersten Stunden, nur beflügelt von unseren Fragen.

Opuntienfink.
Aus: Charles Darwin, Reise um die Welt.
Erlebnisse und Forschungen in den Jahren 1832–1836.
The Smithsonian Institution

Epilog
Gott und die Galapagosinseln

Die Natur ist die Kunst Gottes.

SIR THOMAS BROWNE
Religio Medici, 1642

Haben wir das Recht, anzunehmen,
daß der Schöpfer geistige Kräfte walten läßt,
die denen des Menschen vergleichbar wären?

CHARLES DARWIN
Die Entstehung der Arten

Es ist der März des Jahres 1993 auf Daphne Major. Der Kratersee
füllt sich langsam mit Wasser. Die Tölpel schwimmen wie Enten
auf ihm herum. Die Wege sind mit Gras und Blüten bedeckt – mehr Gras
und Blüten, als Rosemary und Peter jemals auf der Insel gesehen haben.
Wenn es die Kakteen nicht gäbe, könnten die Grants fast glauben, die
Galapagosinseln wären fortgetrieben, ihrem alten Namen *Las Encantadas,* die verzauberten Inseln, gerecht geworden und in gemäßigte Breiten
abgedriftet.

Noch vor wenigen Jahren konnten die Grants ganz um den Hauptkrater
herumgehen und bekamen dabei keinen einzigen Finken zu Gesicht. Jetzt
wäre das nicht mehr möglich. Man stolpert fast über sie. Auch sind die
Vögel unglaublich keck. »Meinst du, sie sind zahm geworden, oder gibt
es einfach mehr von ihnen?« fragt Rosemary Peter. Den ganzen Tag über
fliegen die Darwinfinken von der Lava auf und setzen sich auf ihre
Schultern. Sie schwirren auf Peter zu und landen auf seinem Kopf.

Letztes Jahr gab es einen *Niño.* Im Jahr davor gab es fast einen *Niño,* doch
dann schwächte er sich ab. Dieses Jahr ist es sogar noch nasser als im Jahr
zuvor. »Drei extrem nasse Jahre hintereinander«, sagt Peter. »Nie zuvor

haben wir etwas Ähnliches erlebt. Soweit ich mich erinnere, ist das noch nicht dagewesen.«

»Ich weiß nicht, wie sie das woanders nennen«, sagt Rosemary, »aber auf Daphne ist das ein *Niño*!«

Jedesmal wenn der Regen nicht enden will, kommen sie wieder auf die Standardfloskel der Saison zurück: »Es ist mir egal, wie sie das nennen. Es ist ein *Niño*!«

Sie sind jetzt im 21. Jahr auf den Inseln. Als Peter und Rosemary zum erstenmal hierherkamen, waren sie noch in ihren Dreißigern; jetzt nähern sie sich den Sechzigern. Sie hatten die Rückkehr von *El Niño* befürchtet und sich gefragt, ob sie dann wohl in der Lage wären, all diese Vögel zu beringen. Jetzt stellen sie schon das zweite Jahr hintereinander unter Beweis, daß sie es allein, auf sich gestellt und ohne Mitarbeiter, bewerkstelligen können. Doch Peters Bart hat die letzten kastanienbraunen Strähnen eingebüßt. Auf seinem Kopf ist die Landebahn größer geworden. Wenn sie dieses Jahr nach Princeton zurückkehren, werden seine Freunde bestürzt darüber sein, wie dünn er aussieht.

Wenn die Felsbrocken unter ihren Füßen knirschen und den Abhang hinunterrollen, hört man den Widerhall. Sonst ist außer dem Wind, der ihnen um die Ohren weht, und den Vogelschreien in ihrer Nähe sowie von ganz unten aus dem Krater kein Geräusch zu vernehmen. »Dieses Jahr brüten auf der Insel mehr Vögel als in jedem anderen zuvor«, sagt Peter, »mit Ausnahme vielleicht des Jahres 1984.«

Der erste kleine Vagabund, den Rosemary im Januar vor zwei Jahren am Nordrand der Insel fing, ist tot. Seinen Körper fand man nie. Doch Rosemarys zweiter Fang an diesem Morgen, Nr. 5608 (der Princetonvogel, orange über schwarz, geboren 1983, im Jahr des großen Niño), ist jetzt zehn Jahre alt. Mehr noch, dieses Jahr war er einer der ersten, der brütete. »5608 ist rundum gesund«, sagt Peter. »Er hat's gut getroffen. Erinnerst du dich an 2666? Er ist dieses Jahr wieder aufgetaucht, der älteste *fortis* in unseren Unterlagen. Das verlängert die maximale Lebensspanne eines *fortis* auf fünfzehn Jahre, was wirklich ziemlich bemerkenswert ist.«

»Nr. 2666 *brütete* in diesem Jahr«, bemerkt Rosemary.

»Hm«, brummt Peter und nickt zustimmend. »Immer noch gut dabei.«

Es überrascht ihn, daß die alten schwarzen Männchen wie Nr. 5608 und Nr. 2666 immer noch Weibchen finden. In Zeiten der Dürre, wenn diese

Vögel mit dem Kopf Felsbrocken zur Seite rollen, wetzen manche ihre Federkronen ab, bis sie eine Halbglatze haben; dann wachsen auf den kahlen Stellen wieder braune Federn nach. »Wenn ich ein Weibchen wäre, würde ich mich nicht mit einem dieser Vögel paaren«, sagt er.

»Und dann kriegen sie auch noch von den jüngeren Männchen eins übergebraten«, fügt Rosemary hinzu.

»Na ja, schau doch mich an«, grinst Peter.

Im selben Jahr wird eine Meinungsumfrage zeigen, daß nahezu die Hälfte aller Amerikaner nicht an die Evolution glaubt. Statt dessen glauben die US-Bürger daran, daß das Leben vor etwa 10 000 Jahren von Gott in etwa der Gestalt geschaffen wurde, die es heute hat.

»Die Leute reden über Kreationismus«, sagt Dolph Schluter. »Wir aber können tatsächlich beobachten, wie die Schöpfung sich vollzieht. Wir sollten die Kreationisten auffordern, die Wirksamkeit ähnlicher Prinzipien zu demonstrieren.«

»Man hat den Eindruck, daß es bei ihnen kein offenes Denken gibt«, bemerkt Peter Grant dazu. »Ich treffe nicht häufig auf Fundamentalisten, aber ich gehe ihnen auch nicht aus dem Weg und stelle unbequeme Fragen. Meiner Meinung nach sind sie in dieser Hinsicht einfach zu abgeschottet.« Auch der Guppy-Forscher John Endler spricht nicht gerne mit Kreationisten. »Ich vermeide es«, sagt er. »Es ist einfach Zeitverschwendung. Vor kurzem habe ich im Flugzeug eine Stunde lang mit irgend jemandem über das geredet, was ich tue, und nicht einmal das Wort Evolution erwähnt. Es ist ganz leicht. In der *Entstehung der Arten* verwendet Darwin selbst an keiner Stelle den Begriff *Evolution*. Man spricht einfach über das, was passiert und wie man untersuchen kann, was vor sich geht: Man spricht über Veränderungen, die über zahlreiche Generationen hinweg vor sich gehen. Es wäre interessant, auf diese Weise einmal ein Buch zu schreiben: Erst auf der letzten Seite würde der Begriff *Evolution* fallen!

»Wie auch immer, der Passagier im Flugzeug wurde immer aufgeregter: ›Was für eine tolle Idee, was für eine tolle Idee!‹ Als das Flugzeug schließlich landete, erzählte ich ihm dann, daß man diese tolle Idee Evolution nennt, und er lief puterrot an.«

»Ich habe genau dasselbe gemacht und an keiner Stelle durchblicken lassen, daß es sich um die Evolution handelt. Es kam genau dieselbe

Reaktion«, wirft Rosemary ein. »Ich habe einem Zeugen Jehovas unsere Arbeit auf Daphne beschrieben, und er folgte mir andächtig und sagte: ›Oh, wie faszinierend.‹«

»Er stellte sogar intelligente Fragen«, ergänzt Peter.

»Und ich brachte nicht den Mut auf, zu sagen: ›Nun gut, wissen Sie, was all dies bedeutet …?‹«

Auch Darwin war von Kreationisten umgeben, darunter einige seiner besten Freunde und Mentoren. Nachdem etwa der Geologe Lyell Darwins Taubenschlag besucht hatte, vertrat er die Auffassung, daß, ganz gleich, ob nun die Tiere geschaffen oder nicht geschaffen wurden, die Menschen ganz sicher von der Hand Gottes geschaffen worden seien. Doch Darwin fragte, ob Lyell sich wirklich vorstellen könne, daß »die Gestalt meiner Nase vorherbestimmt worden sei«. Wenn Lyell tatsächlich daran glaube, sagte Darwin, »dann habe ich nichts mehr zu sagen.« Wenn dies nicht der Fall sei und er sich ansehe, was die Züchter dadurch erreicht hätten, daß sie geringfügige Variationen beim Nasenknochen der Tauben selektierten, warum sollte dann unseren eigenen Schnäbeln anderes zugrunde liegen? Die Selektion kann einen Schnabel entstehen lassen; und sie kann auch eine Nase entstehen lassen.

»Wenn denn irgend etwas geschaffen wurde, dann muß es ganz sicher der Mensch gewesen sein«, schrieb Darwin an einen weiteren treuen Freund, den Botaniker Asa Gray: »Das sagt einem die eigene ›innere Stimme‹ (obwohl sie in die Irre führt). Ich kann aber doch nicht einräumen, daß die rudimentären Brüste des Menschen oder die Blase, die er noch immer so entleert, als ginge er auf allen vieren, oder die Stupsnase so geschaffen wurden. Wenn ich nun sagte, ich sei dieser Auffassung, dann müßte ich auf dieselbe unglaubliche Weise wie die Orthodoxen an die Dreieinigkeit glauben. Du sagst, Du bist verwirrt und umnebelt; ich hingegen wate in tiefem Schlamm; die Orthodoxen würden sagen, in übelriechendem, abscheulichem Schlamm; und doch kann ich mich dieser Frage nicht enthalten. Mein lieber Gray, ich schreibe eine Menge Unsinn.«

Es gab eine Zeit, da schien es logisch, daran zu glauben, daß Gott die Planeten auf ihre Bahn um die Sonne schickt. Von regelmäßigen Kreisbahnen nahm man an, daß sie einen Beweis für die Existenz Gottes darstellten, ein himmlisches Argument für die Schöpfung. Die Astronomen stellten sich eine allgegenwärtige, unsichtbare Hand vor, die jede einzelne Weltkugel durch den Himmel lenkte. Diese Vision hatte ihre

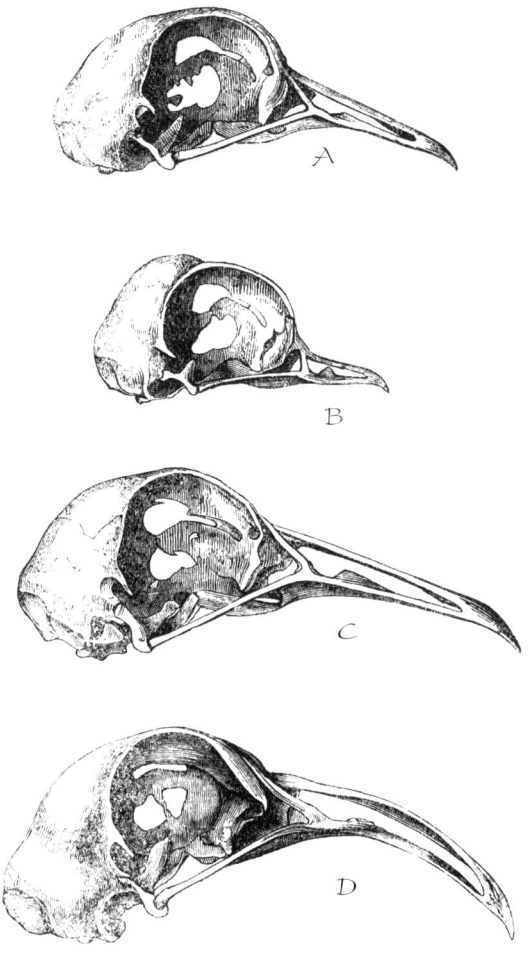

Der Einfluß der Selektion auf die Form von Taubenschädeln.
Die gemeine Felstaube (A) hat Formen hervorgebracht,
die so verschieden sind wie die kurzgesichtige Purzeltaube (B),
die Englische Brieftaube (C) und die Nürnberger Bagdetten (D).
Aus: Charles Darwin, Das Variieren der
Tiere und Pflanzen im Zustande der Domestikation.
The Smithsonian Institution

Überzeugungskraft verloren, nachdem Galilei und Newton die Gesetze der Himmelsbewegung entdeckt hatten (man denke etwa an die Massenträgheit).

Darwin entdeckte Gesetze der Bewegung auf Erden, die so einfach und allgemein waren wie die der Physiker. Er mußte nicht länger annehmen, daß Gottes Hand jede einzelne Entwicklungslinie individuell ins Leben gerufen und wie Ton geformt hatte. Paleys Argumentation zur göttlichen Schöpfung brach in sich zusammen. Doch jenseits dessen räumte Darwin sein Unwissen ein.

»Im tiefsten Inneren bin ich davon überzeugt, daß der ganze Gegenstand zu tiefgründig für den menschlichen Verstand ist«, schrieb Darwin an Asa Gray. »Genausogut könnte ein Hund über Newtons Denken spekulieren. Lasse man doch jedermann hoffen und glauben, was er will.«

Trevor Price beobachtet Laubsänger in Sibirien (»Sibirien steht uns neuerdings offen«, sagt er). Lisle Gibbs untersucht die DNS des Kuckucks und des Kuhstärlings, Peter Boag die DNS der Darwinfinken und Laurene Ratcliffe den Gesang der Spatzen, der Meisen und der Rotschulter-Stärlinge.

Dolph Schluter hat das Gefühl, es sei schon Jahrhunderte her, daß er die Finken auf Pinta beobachtete und sich über Kopfhörer immer Songs der Band »The Clash« anhörte. Jetzt beobachtet er die Fische in seinen Bassins und hört dabei *La Traviata*. Ganze Tage verbringt er bei seinen Stichlingen im Labor und draußen auf dem Paxton-See. Als er vor kurzem neue Teiche auf dem Universitätsgelände in Betrieb nahm, öffnete er eine Flasche Veuve Clicquot. »Wir wollen noch zwanzig Jahre weitermachen«, sagt er, »wer auch immer zuerst altert, die Teiche oder ich.«

Ars longa, vita brevis. Ein Menschenleben erweist sich als eine sehr kurze Zeitspanne. Bisweilen denkt Dolph an seinen Helden David Lack. »Es ist wohl nur ein Gerücht, daß er das gesagt hat«, sagt Dolph. »Ich weiß es nur aus zweiter oder dritter Hand, gedruckt habe ich es nie gesehen. Es ging um die großen Meisen* von Oxford.« Irgend jemand stellte Lack eine Frage zu den Meisen von Wytham Woods.

---

* Anm. d. Übers.: Die Anekdote beruht auf einem Wortspiel, denn das englische Wort für Meise *tit* ist zugleich ein Slangausdruck für die weibliche Brust, auf demselben Niveau wie das deutsche *Titte*.

»›Nun, ich kann diese Frage nicht beantworten‹, sagt Lack, ›weil ich nur Daten über 17 Jahre habe.‹«

»Das überrascht mich nicht mehr. Ich hielt es für komisch, als ich meine Doktorarbeit begann, aber heute liegt es für mich auf der Hand.«

Peter und Rosemary Grant sind derzeit mit den achzehntausendsiebenhundertsoundsovielten Vögeln beschäftigt. »Was hat 18 717 gestern gemacht?« Bald werden sie bei Nummer 18 800 angelangt sein.

Im Spätfrühling dieses Jahres werden sie auf Daphne zwei Dutzend Finkengenerationen brüten und an den Abhängen der alten Schüssel, ihrer Kraterinsel, die die jüngeren Finkenforscher »den größten Aschenbecher der Welt« nennen, sterben gesehen haben. Die Grants werden in der Lage sein, die mächtigen Winde der Selektion zu ermessen, die hier über zwei Dutzend Generationen hinwegbliesen und die Flügel, Beine und Schnäbel der Vögel geformt haben. Doch was sind schon zwei Dutzend Generationen auf den Galapagosinseln? Daphne Major ist, verglichen mit anderen Felsen, eine junge Felseninsel, denn sie ist erst knapp eine Million Jahre alt. Doch sie beherbergt die Asche unzähliger Generationen. Ganze Zeitalter gleichen hier einem Abend, der gerade verstrichen ist. Die Spur der Generationen erstreckt sich ins Nichts, in Vergangenheit und Zukunft, wie ein Schwarm Vögel, der von Horizont zu Horizont den Himmel kreuzt, oder der Zephir, den die Grants selbst an ruhigen Tagen dabei beobachten können, wie er das Meer aufrauht.

In jeder Entwicklungslinie des Lebens, nicht nur bei den Vögeln, sondern auch bei jeder Pflanze und jedem Tier, erstreckt sich die Folge der Generationen von Horizont zu Horizont, »ohne jemals anzuhalten«, wie es im buddhistischen Schrifttum bedauernd heißt: »Immer aufs neue werden sie geboren, altern sie, sterben, gehen in neues Leben über und werden wiedergeboren!«

Unser eigenes Experiment ist zuvor nicht gewagt worden. Kein anderes Lebewesen hat sich auf dieser Entwicklungslinie weiter nach vorne gewagt. Niemand weiß, welche Wege sich uns eröffnen werden, wenn wir uns noch etwas weiter vorwagen. Die langen Spalten voller Kodes in den wasserfesten Notizbüchern der Grants sehen so beliebig, formlos und chaotisch aus wie die Lava. Erst wenn die Grants sich ein Stück weit von ihren Zahlen entfernen, in einigen Monaten oder Jahren, werden sich die neuesten Muster herauskristallisieren, die besondere Vorsehung beim Sturz der Spatzen in diesem Frühjahr.

Die ursprüngliche Bedeutung des Wortes *Evolution* – das Entrollen einer Schriftrolle – weist auf eine Metamorphose hin, wie etwa bei den Motten, Käfern oder Schmetterlingen. Doch die Metamorphose der Insekten findet ihr Ende in der abgeschlossenen, ausgewachsenen Körperform. Die Darwinsche Auffassung von der Evolution zeigt, daß die Schriftrolle beim Entrollen immer noch beschrieben wird. Die Buchstaben entsprechen den Launen des Augenblicks, werden von den Erfordernissen des Tages bestimmt. So, wie wir sind, sind wir noch nicht vollendet, dies ist nicht unser letztes Stadium. Für uns oder welches andere Leben auch immer, für alles, was von Generation zu Generation reist, kann es keine abgeschlossene Entwicklung geben. Das Buch des Lebens wird immer noch geschrieben. Das Ende der Geschichte ist nicht vorherbestimmt. Unsere Evolution geht weiter. Und wenn wir uns umschauen, können wir, wie Belsazar, beinahe die »Hand, die da schreibt« erkennen.

Als die Vorfahren der Darwinfinken dort landeten, waren die Inseln erst kurz zuvor entstanden. Möglicherweise waren sie die ersten Lebewesen, die versuchten, die Früchte der Insel zu fressen und die Samen von der Lava zu picken, die ersten, die auf den halbkahlen Büschen saßen und auf den Kaktusbäumen schliefen.

Einen Spechtfinken kann es nur auf einer Insel ohne Spechte geben und einen Finken, der Blüten aufsucht, nur dort, wo keine Bienen und Kolibris leben – denn auf Inseln, auf die die Bienen vorgedrungen sind, haben ihnen viele Darwinfinken die Blüten wieder überlassen. Als die Finken auf die Inseln kamen, standen ihnen viele Wege offen, und selbst die kleinsten Ausflüge ihrer Nachkommen wurden belohnt. Aus diesem Grund verbreiteten sie sich in so unterschiedlichen Richtungen wie kein anderes Lebewesen auf den Inseln. Und aus diesem Grund entwickelten sie sich auch weiter und schneller als irgendein anderes Lebewesen: Sie kamen einfach zu einem frühen Zeitpunkt auf die Inseln.

Wir selbst entwickeln uns gegenwärtig durch Radiation immer weiter, immer schneller und in immer unterschiedlichere Richtungen als jede andere Art in der Geschichte dieses Planeten – aus einem ähnlichen Grund. Wir sind die ersten Lebewesen, die das eigenartige Territorium erreichten, das wir jetzt okkupieren. Vor allen anderen Lebewesen auf der Erde stolperten wir in unsere neue Nische hinein. Wir entdeckten sie.

»Ungefähr zur Erntezeit fiel ein Schwarm Vögel in Cornwall ein, die nicht viel größer als Spatzen und denen die Äpfel leichte Beute waren«, schrieb Richard Carew im Jahre 1602. »Ihre Schnäbel überkreuzten sich an den Enden, und mit ihrer Hilfe zerteilten sie die Äpfel auf einen Streich, fraßen aber nur die Kerne.« Wie ein plötzlich einfallender Vogelschwarm ergreifen wir Besitz von der Erde und fallen über alle ihre Früchte her.

In den letzten Regenwäldern Afrikas bringen die Schimpansen ihren Kindern bei, wie man mit Steinen Nüsse knackt. Sie machen jene zögernden, bescheidenen Schritte, die sie möglicherweise, wenn die Bedingungen günstig sind und sie über mehrere Generationen hinweg selektiert werden, in eine Richtung lenken könnten, die zu etwas Ähnlichem wie unserer eigenen Nische führt. Menschliche Beobachter bemerkten deutliche Unterschiede in der Intelligenz der einzelnen Tiere. Überall, wo es genetische Variationen gibt, gibt es auch Spielraum für Selektion und Evolution. In jeder Entwicklungslinie von Primaten gibt es wahrscheinlich einige wenige Tiere wie Imo auf ihrer Insel, die ihre Art in unsere Richtung führen könnten. Momentan allerdings ist dieser Weg versperrt. Zumindest im Augenblick ist die Nische des Denkens besetzt.

Bei neunzig Prozent aller Gesetze, so sagt man, geht es um Besitz. Diese Regel läßt sich auf jegliches irdische Leben anwenden. Bevor es Leben gab, ähnelte unser Planet den Galapagosinseln vor Ankunft der ersten Samen: frisch erkaltet, frisch gehärtet und leer. Die ersten Moleküle, die in der Lage waren, Kopien ihrer selbst zu erzeugen, konnten sich in der ihnen eigenen Geschwindigkeit vermehren. Ein Molekül, das sich selbst sprunghaft duplizierte und weitere Exemplare seiner selbst mit individuellen Variationen weitergab, konnte sich immer schneller vermehren und ins Meer ausgeschwemmt werden. Es drang in Myriaden von Meeresbuchten und Rissen im Meeresbett ein und suchte sich überall neue Wege. Diesen Wechselbalgen standen alle Wege offen, auch der Königsweg. Das Molekül, das sich auf die Reise machte, war spiralförmig.

Die Biochemiker können heute mit Hilfe von Computermodellen primitive, sich selbst reproduzierende Moleküle herstellen und sie im Labor synthetisch erzeugen. Einige der neuen Schöpfungen beruhen auf der Spiralstruktur, wieder andere, in die viele Hoffnungen gesetzt werden, sind so wunderlich wie Darwins Kropftauben, Lachtauben und Pfautauben. Es handelt sich hier um eine neue Art von künstlicher Selektion, eine Selektion für das Leben selbst.

426

Nicht nur in den Reagenzgläsern, sondern überall auf der Welt macht die Materie auf diese Weise weiterhin vorsichtige Schritte in Richtung Leben. Im seichten Gewässer der Darwin Bay und in den vulkanischen Schächten am Meeresboden ist die Suppe noch warm. Es gibt mehr unbelebte Moleküle in den Meeren dieses Planeten als Sterne im Universum. Hier und da, dann und wann beginnen einige wenige von ihnen damit, neue Arten von Verbindungen herzustellen, aus denen – wenn die Bedingungen wieder günstig sind und sie Generation für Generation selektiert werden – neues Leben entstehen könnte. In den heißen Quellen auf dem Meeresgrund unterhalb der Galapagosinseln, in den tiefen überfluteten Verwerfungen, die die Geologen Darwinfalten nennen, entwickelt sich die Materie möglicherweise täglich und stündlich in diese Richtung.

Die experimentellen Suppen werden in den Labors hermetisch verschlossen, denn sonst müßte man jedes Experiment abbrechen, bevor es interessant würde, weil die neuen Moleküle in der Suppe durch Bakterien bedroht würden. Die Pyrex-Teiche in Wartestellung sind so keimfrei wie die Meere und Küsten dieses Planeten, bevor das Leben entstand. Doch im Ozean werden die Moleküle ebenso schnell verschlungen, wie sie ihre ersten Schritte hin zum Leben machen. Im Meer hat die Schöpfung nie aufgehört, doch die Nische des Lebens ist bereits besetzt.

Nicht zuletzt aus diesem Grund beschäftigen wir uns mit den anderen Planeten und den anderen Sonnen um uns herum. Sind wir die ersten, oder sind wir lediglich die ersten auf dieser Insel?

Sind wir die einzigen, die das Kunststück der Replikation mit Variation vollbrachten – und darüber hinaus das mit dem gesteigerten Bewußtsein, dem Kreuzschnabel, von dem wir meinen, daß wir damit ganze Welten erobern können?

In unserem Zeitalter der Luftfahrt ist dies die gar nicht so geheime Triebfeder dessen, was uns an fremden und außerirdischen Intelligenzen fasziniert. Was wir hier vor uns haben, ist eine Art, die ihre Chancen und ihre Zukunft ganz bewußt und kalt berechnet: eine ganze Art auf dem Sprung. Wir hocken auf einem einzigen Felsen und wägen unsere Chancen ab, einen anderen zu erreichen. Unsere pubertären Weltraumphantasien sind die Träume einer ganzen Art von Invasion, Expansion und Herrschaft – und es mag sich dereinst begeben. Eines Tages segeln wir vielleicht zwischen neuen verzauberten Archipelen umher, mit *Tribulus*-Samen an unseren Stiefeln.

Gleichzeitig phantasieren wir unaufhörlich über Besucher aus dem All hier auf der Erde. Und eben das täten auch die Darwinfinken, wenn sie zu Phantasien fähig wären. Heute wissen wir, daß auch wir jeden Moment überrascht werden können, wie die Finken auf Santa Cruz inmitten von Anis, Ziegen, Katzen und Feuerameisen oder wie die einstigen Bewohner der Osterinseln, die einmal daran glaubten, daß ihre Einsamkeit größer sei, als sie in Wirklichkeit war, daß sie die einzigen Menschen auf dieser Erde wären.

Während der Bevölkerungsexplosion, die sich dieses Jahr auf der Insel vollzieht, beobachten die Grants von ihrem Zeltlager am Ostrand von Daphne Major aus immer häufiger junge Finken dabei, wie sie aufs Meer hinausfliegen, manchmal ganz allein, manchmal in kleinen Schwärmen, und auf den nächstgelegenen, mondfarbenen Felsen am Horizont zuhalten, Daphne Minor. Einige fliegen in Richtung Santa Cruz, fliegen aufs Meer hinaus, drehen um und kommen zurück. Einige wenige setzen ihre Reise fort und kehren nie zurück. Und dies ist genau die Situation, in der wir uns jetzt auf dem Archipel der Kontinente befinden: Dicht zusammengedrängt, rastlos und anadrom, blicken wir zu den Sternen auf.

D‍ie Darwinfinken haben möglicherweise viel mehr Reisen hinter sich, als wir uns bisher vorgestellt haben. Vor kurzem untersuchte eine Gruppe von Geologen den Meeresboden um die Galapagosinseln herum. Nach Osten hin, in Richtung auf den südamerikanischen Kontinent, berichten sie in der Zeitschrift *Nature,* »förderten wir von einem kleinen Berg im Meer mit einem terrassenförmigen Gipfel große Mengen runder Basaltkiesel zutage.« Sie entdeckten weitere Vulkane am Meeresboden und bargen auch hier Basaltgestein. Obwohl die Kiesel durch ihren Aufenthalt in der Tiefe grünlich-braun gefärbt sind, ähneln sie dem Lavageröll, das am Fuße jeder Klippe auf den Galapagosinseln zu finden ist. Auf dem Meeresgrund nimmt Lava nicht diese Form an; durch das Wogen der Wellen wird sie abgeschliffen, wie Kiesel an einem Strand. Die Steine deuten darauf hin, daß diese versunkenen Inseln einmal aus dem Meer herausragten. Den Berichten der Geologen zufolge sind sie zwischen 5 und 9 Millionen Jahre alt. Der älteste Gipfel auf dem Meeresboden liegt am 85. Längengrad, auf halbem Weg von den Galapagosinseln zum Festland. Als er noch über die Wellen hinausragte, hatte er wahrscheinlich die Größe der Insel Pinzón. Er steigt steil an bis zu einem im wesentlichen flachen Gipfel, sagen die Geologen, mit einer kleinen Spitze am nordwestlichen Rand. Spuren von Terrassen, die die Wellen in unterschiedlicher Höhe eingeschnitten haben, sind zu erkennen »und Reste einer turmartigen Felsformation«. Mit Ausnahme dieser Formation gleicht der versunkene Berg im Profil Daphne Minor. In der Nähe entdeckten die Geologen im Meer noch einen zweiten Berg, der schneller abgesunken zu sein scheint und den sie »FitzRoy« nannten. Die großen Mengen rundgeschliffener Steine und Kiesel, die sie zutage fördern, läßt diese neuen Entdecker versunkener Gestade vermuten, daß zwischen den Galapagosinseln und dem Festland zahlreiche weitere Inseln im Meer verborgen liegen.

All diese Vulkane, die jungen über dem Meeresspiegel und die alten darunter, entstanden, als am Meeresboden Lava durch die Erdkruste emporquoll. Sie markieren heiße Stellen der Erdoberfläche, an denen schon immer Lava ausgetreten ist. Wenn sich die Lithosphären-Platte an der Erdoberfläche ostwärts verschiebt, über diese heiße Stelle hinweg, werden die alten Inseln abgetragen und an ihrer Stelle entstehen neue. Die jüngsten Galapagosinseln befinden sich im Osten, die ältesten im Westen; Daphne liegt genau in der Mitte.

Sie steigen auf, werden von Samen und Vögeln entdeckt, bilden einen Teil der Darwinschen Ketten von Aktion und Reaktion und sinken wieder auf den Meeresgrund zurück, während an ihrer Stelle neue Inseln dem Meer entsteigen. Es hat den Anschein, als ginge dieses Auf und Ab hier, mitten im Meer, schon 80 oder 90 Millionen Jahre vonstatten.

Der Anblick Daphne Majors vermittelt uns einen Eindruck davon, schon bei der ersten Annäherung über das Meer oder wenn wir wieder Abschied nehmen und die Insel wie ein kleines Holzstückchen im Kielwasser des Bootes tanzt. Wir wissen, daß wir einen Ort betrachten, den es schon gab, bevor es uns gab, und der noch existieren wird, wenn wir nicht mehr sind. Eines Tages wird auch diese Insel im Meer versinken, und eine andere wird aus den Fluten aufsteigen. Die Jahreszeiten werden kommen und gehen, und die Kakteen werden es erdulden. Die Wellen werden sich immerfort an ihnen brechen, und die Klippen werden es erdulden. Die Darwinfinken werden ihren Inseln die Treue halten, und nur ein Steinhaufen wird ihr Zeuge sein.

Danksagung

Ich traf die Grants im Januar 1990, als sie gerade zu den Galapagos-inseln aufbrechen wollten. Peter räumte die Kisten beiseite, um mit mir sein Lunch einzunehmen. Noch nie hatte jemand über ihre Arbeit, die sie während ihres gesamten Aufenthalts auf Daphne Major geleistet haben, geschrieben (wenn man einmal von ein paar Glossen in Zeitungen und Zeitschriften absieht); und obwohl Peter mir gegenüber ungeheuer charmant war, bemerkte ich, daß er überhaupt nicht darauf erpicht war, daß ich über ihre Arbeit schrieb. Mitten im Essen sprang er von seinem Stuhl auf, um die Größe ihres Camps auf Daphne abzuschreiten. »Nicht viel größer als dieser Tisch hier«, sagte er fröhlich; für Besucher also viel zu klein.

Nach dem Lunch stellte Peter mir Rosemary und seine jüngere Tochter Thalia vor, die ihre Eltern wieder einmal begleitete. Ich erinnere mich daran, wie ich dachte, daß die drei dazu hätten ausgewählt worden sein können, in dem Stück *Die Schweizer Familie Robinson* mitzuspielen. Doch wiederum war mit dem lockeren Charme Peters eine gewisse Reserviertheit verbunden, ein Widerwille, von irgend jemandem in irgendeine Rolle gedrängt zu werden. Kurz bevor sie nach Ekuador abflogen, schrieb mir Peter noch, daß ich sie doch für ein paar Jahre aus meinem Gedächtnis verbannen solle, bis sie die Möglichkeit hätten, sich ganz in ihre Studie zu versenken. Er hoffte wohl, ich würde nicht über ein Projekt berichten, das noch im Gange war.

Als die Grants in jenem Jahr von den Inseln zurückkamen, trafen sie mich in der Fachbereichsbibliothek für Biologie in Princeton, wo ich gerade die Forschungsberichte ihres Teams las: über 150 wissenschaftliche Artikel und verschiedene Monographien über Darwinfinken. Ich hatte auch schon damit begonnen, weitere Augenzeugenberichte zur Evolution in Aktion zu sammeln, eine Liste von Veröffentlichungen, die jetzt fast 2000 Forschungsberichte und Bücher umfaßt. (Diejenigen, die am meisten zur endgültigen Fassung dieses Buchs beitrugen, sind in der Bibliographie verzeichnet.) Ich war davon überzeugt, daß es sich bei der Arbeit der Grants auf Daphne Major um eines der bemerkenswertesten Projekte handelte, die im Moment auf diesem Planeten durchgeführt werden, und mußte einfach darüber schreiben.

Die Grants freundeten sich mit meinem Buchprojekt an (und hatten Mitleid mit mir). John Tyler Bonner, der mir als erster etwas über die Grants und ihre Arbeit erzählte und der mich bei ihnen einführte, stand mir während der ganzen Zeit unterstützend zur Seite. Ich bin ihm nicht nur für seine Hilfe, sondern auch für seine Freundschaft zu Dank verpflichtet. Über 30 Evolutionsbiologen fanden sich bereit, sich von mir interviewen zu lassen. Marty Kreitman, der damals in Princeton arbeitete, machte mir sein Labor zugänglich; viele Monate verbrachte ich dort und lernte ein wenig davon, wie man sich »auf DNS-Niveau« mit der Evolution beschäftigen kann. Ich genoß die Gastfreundschaft von Kreitman und seinen Mitarbeitern, über die ich gerne mehr geschrieben hätte. Mein Dank gilt auch Hiroshi Akashi, Andrew Berry, Jeffrey Feder, John McDonald, Martin Taylor und Marta Wayne.

Auch bin ich zahlreichen Personen in der Charles-Darwin-Stiftung in Quito und an der Charles-Darwin-Forschungsstation in Puerto Ayora dankbar, die mir dabei halfen, nach Daphne zu reisen. Einen besonderen Dank möchte ich David Anderson aussprechen, einem der früheren Finkenbeobachter aus der Grant-Gruppe, der mich durch verschiedene Feldforschungsgelände führte und mir die Vampirfinken von Española zeigte.

Als ich das Buch zur Hälfte geschrieben hatte, fand ich heraus, daß Thalia, die Tochter der Grants, gleichermaßen eine Künstlerin wie eine Ökowissenschaftlerin ist. (Sie erlernte die Kunst wie die Wissenschaft auf den Inseln.) Weil sich dieses Buch so sehr mit der Abfolge der Generationen – der Finken- und der Wissenschaftlergenerationen – beschäftigt, erscheint es mir angemessen, es mit Zeichnungen aus den Büchern von Charles Darwin und aus dem Skizzenblock von Thalia Grant zu illustrieren.

Peter Boag, John Bonner, John Endler, Lisle Gibbs, Peter und Rosemary Grant, Trevor Price, Laurene Ratcliffe, Dolph Schluter und Frank Sulloway gingen das Manuskript noch einmal auf naturwissenschaftliche und historische Genauigkeit hin durch, und einige von ihnen lasen mehr als eine Fassung; dies taten auch meine Freunde Keith Sandberg und Dick Preston; Floyd Glenn half mir bei einigen Statistiken. Wie schrieb doch Charles Darwin an seinen Freund Hooker? »Ich danke Dir ganz aufrichtig

für all Deine Hilfe; & ob mein Buch nun erbärmlich ist oder nicht, Du hast Dein Bestes getan, um es weniger erbärmlich werden zu lassen.«
Ich hatte außerordentliches Glück mit meinem Lektor, Jonathan Segal, und ich bin ihm dankbar für seine Unterstützung. Ich weiß, daß meine Agentin, Victoria Pryor, mir im großen wie im kleinen mit Rat und Tat zur Seite stand, und ich danke ihr für ihre Hilfe bei diesem Buch. Es war eine Freude, mit Ida Giragossian zusammenzuarbeiten. Auch bin ich Sonny Mehta zu Dank verpflichtet, dessen Enthusiasmus für das Projekt viel zu dem Buch beitrug.
Ich danke meinen Freunden und meiner Familie für die vielfältige Unterstützung. Meine Söhne Aron und Benjamin erfuhren bis jetzt mehr über die Darwinfinken als andere Kinder ihres Alters vor ihnen – mit Ausnahme von Nicola und Thalia Grant. Meine Frau Deborah las zahlreiche Fassungen des Buchs und war für mich der ruhende Pol in stürmischen Zeiten.
Die Arbeit an diesem Buch vermittelte mir eine außergewöhnliche Sicht auf die Evolution in Aktion. Ich kann mir für diese Sicht keinen besseren Ort vorstellen, als am Rande von Daphne Major zu stehen. Ich möchte noch einmal den Grants nicht nur für die Zeit und die Hilfe danken, die sie mir zuteil werden ließen, sondern auch dafür, daß sie mir diese Sicht ermöglichten.

Literaturverzeichnis

Abbott, Ian: *The Ecology and Evolution of Passerine Birds on Islands*, Diss., Monash University, 1972.

Abbott, Ian; Abbott, L. K. und Grant, Peter R.: »Comparative Ecology of Galápagos Ground Finches *(Geospiza* Gould): Evaluation of the Importance of Floristic Diversity and Interspecific Competition«, in: *Ecological Monographs*, 47 (1977), S. 151–184.

Anderson, E.: »Hybridization of the Habitat«, in: *Evolution*, 2 (1948), S. 1–9.

Anderson, E. und Stebbins, G. L., Jr.: »Hybridization as an Evolutionary Stimulus«, in: *Evolution*, 8 (1954), S. 378–388.

Atkins, Sir Hedley: *Down: The Home of the Darwins*, London 1974.

Averill, Anne L. und Prokopy, Ronald J.: »Intraspecific Competition in the Tephritid Fruit Fly, *Rhagoletis pomonella*«, in: *Ecology*, 68 (1987), S. 878–886.

Baker, Allan J.: »Morphometric Differentiation in New Zealand Populations of the House Sparrow *(Passer domesticus)*«, in: *Evolution*, 34 (1980), S. 638–653.

Bakun, Andrew: »Global Climate Change and Intensification of Coastal Ocean Upwelling«, in: *Science*, 247 (1990), S. 198–201.

Bangham, Charles R. M. und McMichael, Andrew J.: »Why the Long Latent Period?«, in: *Nature*, 349 (1990), S. 388.

Barbosa, Pedro und Schultz, Jack C. (Hg.): *Insect Outbreaks*, San Diego 1987.

Beebe, William: *Galápagos: World's End*, New York 1924.

Beer, Gillian: »Darwin's Reading and the Fictions of Development«, in: Kohn, David (Hg.), *The Darwinian Heritage: A Centennial Retrospect*, S. 543–588, Princeton 1985.

Benkman, Craig W. und Lindholm, Anna K.: »The Advantages and Evolution of Morphological Novelty«, in: *Nature*, 349 (1991), S. 519–520.

Berry, R. J.: »Industrial Melanism and Peppered Moths *(Biston betularia* [L.])«, in: *Biological Journal of the Linnean Society*, 39 (1990), S. 302–322.

Berthold, P. u. a.: »Rapid Microevolution of Migratory Behavior in a Wild Bird Species«, in: *Nature*, 360 (1992), S. 668–670.

Beverly, Stephen M. und Wilson, Allan C.: »Ancient Origin for Hawaiian Drosophilinae Inferred from Protein Comparisons«, in: *Proceedings of the National Academy of Sciences*, 82 (1985), S. 4753–4757.

Bishop, J. A. und Cook, Laurence M.: »Moths, Melanism and Clean Air«, in: *Scientific American*, 232 (Januar 1975), S. 90–95.

Bloom, Barry R.: »Back to a Frightening Future«, in: *Nature*, 358 (1992), S. 538–564.

Bloom, Barry R. und Murray, Christopher J. L.: »Tuberculosis: Commentary on a Reemergent Killer«, in: *Science,* 257 (1992), S. 1055–1064.

Boag, Peter T.: »Galápagos Evolution Continues«, in: *Nature,* 301 (1983), S. 12.

Boag, Peter T. und Grant, Peter: »Heritability of External Morphology in Darwin's Finches«, in: *Nature,* 274 (1978), S. 793–794.

Diess.: »Intense Natural Selection in a Population of Darwin's Finches *(Geospizinae)* in the Galápagos«, in: *Science,* 214 (1981), S. 82–85.

Diess.: »The Classical Case of Character Release: Darwin's Finches *(Geospizinae)* on Isla Daphne Major, Galápagos«, in: *Biological Journal of the Linnean Society,* 22 (1984), S. 243–287.

Diess.: »Darwin's Finches *(Geospizinae)* on Isla Daphne Major, Galápagos: Breeding and Feeding Ecology in a Climatically Variable Environment«, in: *Ecological Monographs,* 54 (1984), S. 463–489.

Bonner, John Tyler: *The Evolution of Culture in Animals,* Princeton 1980 (dt.: *Kulturrevolution bei Tieren,* Berlin 1983).

Bowman, Robert I.: »Evolutionary Patterns in Darwin's Finches«, in: *Occasional Papers of the California Academy of Sciences,* 44 (1963), S. 107–140.

Ders.: »The Evolution of Song in Darwin's Finches«, in: Bowman, Robert I. u. a. (Hg.): *Patterns of Evolution in Galápagos Organisms,* San Francisco 1983.

Bowman, Robert I. u. a. (Hg.): *Patterns of Evolution in Galápagos Organisms,* San Francisco 1983.

Brakefield, Paul M.: »Industrial Melanism: Do We Have the Answers?«, in: *Trends in Ecology and Evolution,* 2 (1987), S. 117–122.

Ders.: »A Decline of Melanism in the Peppered Moth, *Biston betularia,* in the Netherlands«, in: Biological Journal of the Linnean Society, 39 (1990), S. 327–334.

Brookfield, J. F. Y.: »The Resistance Movement«, in: *Nature,* 350 (1991), S. 107–108.

Brown, Andrew J. Leigh: »Population Genetics at the DNA Level«, in: *Oxford Surveys in Evolutionary Biology,* 6 (1989), S. 207–242.

Brown, W. L. und Wilson, E. O.: »Character Displacement«, in: *Systematic Zoology,* 5 (1956), S. 49–64.

Brussard, Peter F. (Hg.): *Ecological Genetics: The Interface,* New York 1978.

Bumpus, Hermon Carey, Jr.: »The Elimination of Unfit as Illustrated by the Introduced Sparrow, *Passer domesticus«,* in: *Biological Lectures,* hg. vom Marine Biological Laboratory des Woods Hole Institute, Woods Hole/Mass. 1899.

Ders.: *Hermon Carey Bumpus,* Minneapolis 1947.

Burnet, F.: »Evolution Made Visible: Current Changes in the Pattern of Disease«, in: Leeper, G. W. (Hg.), *The Evolution of Living Organisms,* Melbourne 1962.

Bush, Guy L. u. a.: »Sympatric Origins of *R. pomonella«,* in: *Nature,* 339 (1989), S. 346.

Cairns, John; Overbaugh, Julie und Miller, Stephan: »The Origin of Mutants«, in: *Nature*, 335 (1988), S. 142–145.

Carroll, Scott P. und Boyd, Christin: »Host Race Radiation in the Soapberry Bug: Natural History with the History«, in: *Evolution*, 46 (1992), S. 1052–1069.

Carson, H. L.: »Speciation and Sexual Selection in Hawaiian Drosophila«, in: Brussard, Peter F. (Hg.), *Ecological Genetics*, S. 93–107, New York 1978.

Ders.: »The Galápagos That Were«, in: *Nature*, 218 (1992), S. 202–203.

Carson, H. L.; Chang, Linda S. und Lyttle, Terrence W.: »Decay of Female Sexual Behavior under Parthenogenesis«, in: *Science*, 218 (1982), S. 68–70.

Caugant, Dominique; Levin, Bruce R. und Selander, Robert K.: »Genetic Diversity and Temporal Variation in the *E. coli* Population of a Human Host«, in: *Genetics*, 98 (1981), S. 467–490.

Diess.: »Distribution of Multilocus Genotypes of *Escherichia coli* Within and Between Host Families«, in: *Journal of Hygiene*, 92 (1984), S. 377–384.

Cayot, Linda J.: »Effects of El Niño on Giant Tortoises and Their Environment«, in: Robinson, Gary und del Pino, Eugenia M. (Hg.), *El Niño in the Galápagos Islands: The 1982–1983 Event*, S. 363–398, Quito (Ekuador) 1985.

Chang, C. P. und Plapp, F.W., Jr.: »DDT and Pyrethroids: Receptor Binding and Mode of Action in the House Fly«, in: *Pesticide Biochemistry and Physiology*, 20 (1983), S. 76–85.

Charlesworth, Brian: »Life and Times of the Guppy«, in: *Nature*, 346 (1990), S. 313–315.

Christie, D. M. u. a.: »Drowned Islands Downstream from the Galápagos Hotspot Imply Extended Speciation Times«, in: *Nature*, 355 (1992), S. 246–248.

Clarke, Cyril A.; Clarke, Frieda M. M. und Dawkins, H. C.: »*Biston betularia* (the Peppered Moth) in West Kirby, Wirral, 1959–1989«, in: *Biological Journal of the Linnean Society*, 39 (1990), S. 323–326.

Cohen, Mitchell L.: »Epidemiology of Drug Resistance: Implications for a Post-Antimicrobial Era«, in: *Science*, 257 (1992), S. 1050–1055.

Conant, Sheila: »Geographic Variation in the Laysan Finch *(Telespiza cantans)*«, in: *Evolutionary Ecology*, 2 (1988), S. 270–282.

Dies.: »Saving Endangered Species by Translocation«, in: *BioScience*, 38 (1988), S. 254–257.

Connell, Joseph H.: »Diversity of the Coevolution of Competitors, or the Ghost of Competition Past«, in: *Oikos*, 35 (1980), S. 131–138.

Conze, Edward (Hg.): *Buddhist Scriptures*, Harmondsworth (London) 1971.

Cooke, F. und Buckley, B. F. (Hg.): *Avian Genetics: A Population and Ecological Approach*, New York 1987.

Creed, E. R.: »Industrial Melanism in the Two-Spot Ladybird and Smoke Abatement«, in: *Evolution*, 25 (1971), 290–293.

Ders. (Hg.): *Ecological Genetics and Evolution*, Oxford 1971.

Culliney, John L.: *Islands in a Far Sea*, San Francisco 1988.

Curry, Robert L.: »Breeding and Survival of Galápagos Mockingbirds during El Niño«, in: Robinson, Gary und del Pino, Eugenia M. (Hg.), *El Niño in the Galápagos Islands: The 1982–1983 Event*, S. 449–471, Quito (Ekuador) 1985.

Curry, Robert L. und Grant, Peter R.: »Demography of the Cooperatively Breeding Galápagos Mockingbird, *Nesomimus parvulus*, in a Climatically Variable Environment«, in: *Journal of Animal Ecology*, 58 (1989), S. 441–463.

Darwin, Charles R.: *The Works of Charles Darwin*, hg. von Paul H. Barrett und R. B. Freeman, 29 Bde., New York 1987–1989 (dt.: *Gesammelte Werke*, 16 Bde., Stuttgart 1875–1888).

Ders.: *A Monograph on the Sub-class of Cirripedia*, London 1851–1854.

Ders.: *Geological Observations on the Volcanic Islands and Parts of South America Visited During the Voyage of H. M. S. Beagle*, 2. Aufl., London 1876 (dt.: *Geologische Beobachtungen über die vulkanischen Inseln ...*, in: *Gesammelte Werke*, Bd. 11, II und Bd. 12, I, Stuttgart ²1899)

Ders.: *A Naturalist's Voyage: Journal of Researches into the Natural History and Geology of the Countries Visited During the Voyage of H. M. S. Beagle Round the World, Under the Command of Capt. FitzRoy, R. N.*, 2. Aufl., London 1879 *(dt.: Reise eines Naturforschers um die Welt*, in: *Gesammelte Werke*, Bd. 1, Stuttgart 1875; *Tagebuch naturgeschichtlicher und geologischer Untersuchungen über die während der Weltumsegelung auf H. M. Schiff Beagle besuchten Länder von Charles Darwin, Halle a. d. S. 1893).*

Ders.: *The Autobiography of Charles Darwin and Selected Letters*, hg. von Francis Darwin, New York 1958 (dt.: *Charles Darwin, ein Leben: Autobiographie, Briefe, Dokumente*, München 1982 sowie *Autobiographie*, Leipzig 1959).

Ders.: *On the Origin of Species*, hg. von Ernst Meyer, Faksimile der 1. Aufl., Cambridge/Mass. 1964 (1859) (dt.: *Über die Entstehung der Arten durch natürliche Zuchtwahl oder Die Erhaltung der bevorzugten Rassen im Kampf ums Dasein*, Darmstadt 1966).

Ders.: *Charles Darwin's Natural Selection*, hg. von R. C. Stauffer, Cambridge 1975.

Ders.: *The Collected Papers of Charles Darwin*, hg. von Paul H. Barrett, Chicago 1977.

Ders.: *The Descent of Man, and Selection in Relation to Sex*, Princeton 1981 (1871) (dt.: *Die Abstammung des Menschen und die Zuchtwahl in geschlechtlicher Beziehung*, Stuttgart 1982).

Ders.: *The Correspondence of Charles Darwin*, hg. von Frederick Burkhardt und Sydney Smith, Cambridge 1985– (wird fortgesetzt) (dt.: *Gesammelte Werke*, Bd. 15 und 16, Stuttgart ²1899).

Ders.: *Charles Darwin's Notebooks*, hg. von Paul H. Barrett u. a., Ithaca 1987 (1836–1844).

Ders.: *Diary of the Voyage of the H. M. S. Beagle*, in: *Selected Works*, Bd. 1, New York 1987–1989.

Ders.: *Journal of Researches*, in: *Selected Works*, Bde. 2 und 3, New York 1987–1989. (Ausgew. Kap. in: *Reise um die Welt*, Tübingen 1981).

Ders.: *The Zoology of the Voyage of H. M. S. Beagle*, in: *Selected Works*, Bde. 4–6, New York 1987–1989 (dt.: *Reise um die Welt. Erlebnisse und Forschungen in den Jahren 1832–1836*, in: *Gesammelte Werke*, Bd. 1, Stuttgart 1875).

Ders.: *On the Origin of Species*, in: *Selected Works*, Bd. 16, 6. Aufl., New York 1987–1989 (dt.: *Über die Entstehung der Arten durch natürliche Zuchtwahl oder Die Erhaltung der bevorzugten Rassen im Kampf ums Dasein*, Darmstadt 1988).

Ders.: *The Variation of Animals and Plants under Domestication*, in: *Selected Works*, Bde. 19 und 20, New York 1987–1989 (dt.: *Das Variieren der Tiere und Menschen im Zustande der Domestikation*, in: *Gesammelte Werke*, Bde. 3 und 4, Stuttgart [2]1899).

Dawkins, Richard: *The Blind Watchmaker*, New York 1985 (dt.: *Der Blinde Uhrmacher*, München 1990).

Ders.: »Darwin Triumphant«, in: Robinson, Michael H. und Tiger, Lionel (Hg.), *Man and Beast Revisited*, Washington, D. C. 1991.

DeBenedictis, Paul A.: »The Bill-Brace Feeding Behavior of the Galapagos Finch, *Geospiza conirostris*«, in: *Condor*, 68 (1968), S. 206–208.

Delbrück, Max: »A Physicist Looks at Biology«, in: *Transactions of the Connecticut Academy of Arts and Sciences*, 38 (1949), S. 175–190.

Desmond, Adrian: »Robert E. Granz: The Social Predicament of a Pre-Darwinian Transmutationist«, in: *Journal of the History of Biology*, 17 (1984), S. 189–223.

Desmond, Adrian und Moore, James: *Darwin*, London 1991 (dt.: *Darwin*, München 1992).

Diamond, Jared M.: »Learned Specializations of Birds«, in: *Nature*, 330 (1987), S. 16–17.

Diamond, Jared M. und Case, Ted J. (Hg.): *Community Ecology*, New York 1986.

Diehl, Scott Raymond: *The Role of Host Plant Shifts in the Ecology and Speciation of Rhagoletis Flies« (Diptera: Tephritidae)*, Diss., University of Texas at Austin.

Dillard, Annie: *The Writing Life*, New York 1989.

Dobson, Andrew P. u. a.: »Conservation Biology: The Ecology and Genetics of Endangered Species«, in: Berry, R. J. u. a. (Hg.), *Genes in Ecology*, S. 405–430, Oxford 1992.

Dobzhansky, Theodosius und Pavlovsky, Olga: »Spontaneous Origin of an Incipient Species in the *Drosophila Paulistorum* Complex«, in: *Proceedings of the National Academy of Sciences*, 55 (1966), S. 727–733.

Dobzhansky, Theodosius; Pavlovsky, Olga und Powell, J. R.: »Partially Successful Attempt to Enhance Reproductive Isolation between Semispecies of *Drosopila Paulistorum*«, in: *Proceedings of the National Academy of Sciences*, 45 (1959), S. 419–428.

Dobzhansky, Theodosius und Spassky, Boris: »*Drosophila Paulistorum*, a Cluster of Species *in statu nascendi*«, in: *Proceedings of the National Academy of Sciences*, 45 (1959), S. 419–428.

Dominey, Wallace J.: »Effects of Sexual Selection and Life History on Speciation: Species Flocks in African Cichlids and Hawaiian Drosophila«, in: Echelle, Anthony A. und Kornfield, Irv (Hg.): *Evolution of Fish Species Flocks*, S. 231 bis 249, Orono 1984.

Dowdeswell, W. H.: *The Mechanism of Evolution*, 3. Aufl., London 1963.

Ders.: »Ecological Genetics and Biology Teaching«, in: Creed, E. R. (Hg.): *Ecological Genetics and Evolution*, Oxford 1971.

Echelle, Anthony A. und Kornfield, Irv (Hg.): *Evolution of Fish Species Flocks*, Orono 1984.

Ehrlich, Paul und Ehrlich, Anne: *Extinction*, New York 1981 (dt.: *Der lautlose Tod*, Frankfurt 1983).

Ehrlich, Paul R.; Holm, Richard W. und Parnell, Dennis R.: *The Processes of Evolution*, New York 1974.

Emerson, Ralph Waldo: »Spiritual Laws«, in: *Essays and Lectures*, hg. von Joel Porte, The Library of America, Bd. 15, S. 305–323, New York 1983.

Endler, John A.: *Geographic Variation, Speciation and Clines*, Princeton 1977.

Ders.: »A Predator's View of Animal Color Patterns«, in: *Evolutionary Biology*, 11 (1978), S. 319–364.

Ders.: »Natural Selection on Color Patterns in *Poecilia reticulata*«, in: *Evolution*, 34 (1980), S. 76–91.

Ders.: »Convergent and Divergent Effects of Natural Selection on Color Patterns in Two Fish Faunas«, in: *Evolution*, 36 (1982), S. 178–188.

Ders.: »Natural and Sexual Selection on Color Patterns in Poecilid Fishes«, in: *Environmental Biology of Fishes*, 9 (1983), S. 173–190.

Ders.: *Natural Selection in the Wild*, Princeton 1986.

Ders.: »The Newer Synthesis? Some Conceptual Problems in Evolutionary Biology«, in: *Oxford Surveys in Evolutionary Biology*, 3 (1986), S. 224–243.

Ders.: »Sexual Selection and Predation Risk in Guppies«, in: *Nature*, 332 (1988), S. 593–594.

Ders.: »Conceptual and Other Problems in Speciation«, in: Otte, Daniel und Endler, John A. (Hg.), *Speciation and Its Consequences*, S. 625–648, Sunderland/Mass. 1989.

Endler, John A. und McLellan, Tracy: »The Processes of Evolution: Toward a Newer Synthesis«, in: *Annual Review of Ecology and Systematics*, 19 (1988), S. 395–421.

Evans, L.T.: »Darwin's Use of the Analogy between Artificial and Natural Selection«, in: *Journal of the History of Biology*, 17 (1984), S. 113–140.

Feder, Jeffrey L.: »The Biochemical Genetics of Host Race Formation and Sympatric Speciation in *Rhagoletis pomonella* (Diptera: Tephritidae)«, Diss., Michigan State University 1989.

Ders.: »The Ecology and Genetics of Host Race Formation in *Rhagoletis pomonella*«, Projektantrag, Princeton University 1990.

Feder, Jeffrey L. und Bush, Guy L.: »A Field Test of Differential Host-Plant Usage between Two Sibling Species of *Rhagoletis pomonella* Fruit Flies (Diptera: Tephritidae) and Its Consequences for Sympatric Models of Speciation«, in: *Evolution*, 43 (1989), S. 1813-1819.

Diess.: »Gene Frequency Clines for Host Races of *Rhagoletis pomonella* in the Midwestern United States«, in: *Heredity*, 63 (1989), S. 245–266.

Feder, Jeffrey L.; Chilcote, Charles A. und Bush, Guy L.: »Genetic Differentiation between Sympatric Host Races of the Apple Maggot Fly, *Rhagoletis pomonella*«, in: *Nature*, 336 (1988), S. 61–64.

Diess.: »Are the Apple Maggot, *Rhagoletis pomonella*, and Blueberry Maggot, *R. mendax*, Distinct Species? Implications for Sympatric Speciation«, in: *Entomologia Experimentalis et Applicata*, 51 (1989), S. 113–123.

Diess.: »The Geographic Pattern of Genetic Differentiation between Host Associated Populations of *Rhagoletis pomonella* (Diptera: Tephritidae) in the Eastern United States and Canada«, in: *Evolution*, 44 (1990), S. 570–594.

Diess.: »Regional, Local and Microgeographic Allele Frequency Variation between Apple and Hawthorn Populations of *Rhagoletis pomonella* in Western Michigan«, in: *Evolution*, 44 (1990), S. 595–608.

Fiorito, Graziano und Scotto, Pietro: »Observational Learning in *Octopus vulgaris*«, in: *Science*, 256 (1992), S. 545–547.

FitzRoy, Robert: *Narrative of the Surveying Voyages of His Majesty's Ships Adventure and Beagle, between the Years 1826 and 1836, Describing Their Examination of the Southern Shores of South America, and the Beagle's Circumnavigation of the Globe*, 3 Bde. und Anhang, London 1839.

Fleischer, Robert C.; Conant, Sheila und Morin, Marie P.: »Genetic Variation in Native and Translocated Populations of the Laysan Finch *(Telespiza cantans)*«, in: *Heredity*, 66 (1991), S. 125–130.

Fleischer, Robert C. und Johnston, Richard F.: »Natural Selection on Body Size and Proportions in House Sparrows«, in: *Nature*, 298 (1982), S. 747–749.

Diess.: »The Relationship between Winter Climate and Selection on Body Size of House Sparrows«, in: *Canadian Journal of Zoology*, 62 (1984), S. 405 bis 410.

Ford, E. B.: »Evolution in Progress«, in: Tax, Sol (Hg.), *Evolution after Darwin*, S. 181–196, Chicago 1980.

Ders.: *Ecological Genetics*, 4. Aufl., London 1975.

Freed, Leonard A.; Conant, Sheila und Fleischer, Robert C.: »Evolutionary Ecology and Radiation of Hawaiian Passerine Birds«, in: *Trends in Ecology and Evolution*, 2 (1987), S. 196–203.

Futuyma, Douglas J.: *Evolutionary Biology*, 2. Aufl., Sunderland/Mass. 1986 (dt.: *Evolutionsbiologie*, Basel 1990).

Gao, Feng u. a.: »Human Infection by Genetically Diverse SIV SM-Related HIV-2 in West Africa«, in: *Nature*, 358 (1992), S. 495–499.

Garcia-Bustos, Jose und Tomasz, Alexander: »A Biological Price of Antibiotic Resistance: Major Changes in the Peptidoglycan Structure of Penicillin-Resistant Pneumococci«, in: *Proceedings of the National Academy of Sciences*, 87 (1990), S. 5415–5419.

Gelter, Hans P.; Gibbs, H. Lisle und Boag, Peter T.: »Large Deletions in the Control Region of Darwin's Finch Mitochondrial DNA: Evolutionary and Functional Implications«, in: *Proceedings of the National Academy of Sciences*, im Druck.

Georghiou, George P.: »The Magnitude of the Resistance Problem«, in: Roush, R. T. und Tabashnik, B. (Hg.), *Pesticide Resistance in Arthropods*, S. 14–43, New York 1986.

Gibbons, Ann: »Exploring New Strategies to Fight Drug-Resistant Microbes«, in: *Science*, 257 (1992), S. 1036–1038.

Gibbs, H. Lisle: »Heritability and Selection on Clutch Size in Darwin's Medium Ground Finches *(Geospiza fortis)*«, in: *Evolution*, 42 (1988), S. 750–762.

Gibbs, H. Lisle und Grant, Peter R.: »Adult Survivorship in Darwin's Ground Finch *(Geospiza)* Populations in a Variable Environment«, in: *Journal of Animal Ecology*, 56 (1987), S. 797–813.

Diess.: »Ecological Consequences of an Exceptionally Strong El Niño Event on Darwin's Finches«, in: *Ecology*, 68 (1987), S. 1735–1746.

Diess.: »Oscillating Selection on Darwin's Finches«, in: *Nature*, 327 (1987), S. 511–513.

Diess.: »Inbreeding in Darwin's Medium Ground Finches *(Geospiza fortis)*«, in: *Evolution*, 43 (1989), S. 1273–1284.

Gibbs, H. Lisle; Grant, Peter R. und Weiland, Jon: »Breeding of Darwin's Finches at an Unusually Early Age in an El Niño Year«, in: *Auk*, 101 (1984), S. 873–874.

Gill, Frank B.: »Historical Aspects of Hybridization between Blue-Winged and Golden-Winged Warblers«, in: *Auk*, 97 (1980), S. 1–18.

Ders.: Ornithology, New York 1989.

Gillespie, Neal C.: *Charles Darwin and the Problem of Creation*, Chicago 1979.

Gingerich, Philip D.: »Rates of Evolution: Effects of Time and Temporal Scaling«, in: *Science*, 222 (1983), S. 159–161.

Gish, Duane T.: *Evolution? The Fossils Say No!* San Diego 1979 (dt.: *Fossilien. Stumme Zeugen der Vergangenheit*, Bielefeld 1992).

Godard, R.: »Long-Term Memory of Individual Neighbours in a Migratory Songbird«, in: *Nature*, 350 (1991), S. 228–229.

Gorman, Owen T. u. a.: »Evolution of the Nucleoprotein Gene Influenza A Virus«, in: *Journal of Virology*, 64 (1990), S. 1487–1497.

Gould, Fred: »The Evolutionary Potential of Crop Pests«, in: *American Scientist*, 79 (1991), S. 496–507.

Gould, James L. und Grant Gould, Carol: *Sexual Selection*, New York 1989.

Gould, Stephen Jay: *Hen's Teeth and Horses' Toes*, New York 1983 (dt.: *Wie das Zebra zu seinen Streifen kommt*, Basel 1985).

Ders.: *Wonderful Life*, New York 1989.

Grant, B. Rosemary: »Selection on Bill Characters in a Population of Darwin's Finches: *Geospiza conirostris* on Isla Genovesa, Galápagos«, in: *Evolution*, 39 (1985), S. 523–532.

Grant, B. Rosemary und Grant, Peter R.: »The Feeding Ecology of Darwin's Ground Finches«, in: *Noticias de Galápagos*, 38 (1979), S. 14–18.

Diess.: »Exploitation of Opuntia Cactus by Birds on the Galápagos«, in: *Oecologia*, 49 (1981), S. 179–187.

Diess.: Niche Shifts and Competition in Darwin's Finches: *Geospiza conirostris* and Congeners«, in: *Evolution*, 36 (1982), S. 637–657.

Diess.: »Fission and Fusion in a Population of Darwin's Finches: An Example of the Value of Studying Individuals in Ecology«, in: *Oikos*, 41 (1983), S. 530–547.

Diess.: *Evolutionary Dynamics of a Natural Population*, Princeton 1989.

Diess.: »Natural Selection in a Population of Darwin's Finches«, in: *American Naturalist*, 133 (1989), S. 377–393.

Diess.: »Evolution of Darwin's Finches Caused by a Rare Climatic Event«, in: *Proceedings of the Royal Society of London (B)*, 251 (1993), S. 111–117.

Grant, Bruce und Howlett, Rory J.: »Background Selection by the Peppered Moth (*Biston betularia* Linn.): Individual Differences«, in: *Biological Journal of the Linnean Society*, 33 (1988), S. 217–232.

Grant, Peter R.: »Ecological Compatibility of Bird Species on Islands«, in: *American Naturalist*, 100 (1966), S. 451–462.

Ders.: »Late Breeding on the Tres Marìas Islands«, in: *Condor*, 68 (1966), S. 249–252.

Ders.: »Variation and Niche Width Reexamined«, in: *American Naturalist*, 104 (1970), S. 249–252.

Ders.: »Centripetal Selection and the House Sparrow«, in: *Systematic Zoology*, 21 (1972), S. 23–30.

Ders.: »Convergent and Divergent Character Displacement«, in: *Biological Journal of the Linnean Society*, 4 (1972), S. 39–68.

Ders.: »Interspecific Competition among Rodents«, in: *Annual Review of Ecology and Systematics*, 3 (1972), S. 79–106.

Ders.: »The Classical Case of Character Displacement«, in: *Evolutionary Biology*, 8 (1975), S. 237–337.

Ders.: »Review of D. Lack, 1976, *Island Biology*«, in: *Bird-Banding*, 48 (1977), S. 296–300.

Ders.: »The Feeding of Darwin's Finches on *Tribulus cistoides* (L.) Seeds«, in: *Animal Behaviour*, 29 (1981), S. 785–793.

Ders.: »Speciation and the Adaptive Radiation of Darwin's Finches«, in: *American Scientist*, 69 (1981), S. 653–663.

Ders.: *Ecology and Evolution of Darwin's Finches*, Princeton 1986 (das am häufigsten verwendete Buch dieses Literaturverzeichnisses).

Ders.: »Interspecific Competition in Fluctuating Environments«, in: Diamond, Jared M. und Case, Ted J. (Hg.): Community Ecology, S. 173–191, New York 1986.

Ders.: »Hybridization of Darwin's Finches on Isla Daphne Major, Galápagos«, in: *Philosophical Transactions of the Royal Society of London (B)*, 340 (1993), S. 127–139.

Grant, Peter R. und Boag, Peter T.: »Rainfall on the Galápagos and the Demography of Darwin's Finches«, in: *Auk*, 97 (1980), S. 227–244.

Grant, Peter R. und Grant, B. Rosemary: »Responses of Darwin's Finches to Unusual Rainfall«, in: Robinson, Gary und del Pino, Eugenia M. (Hg.), *El Niño in the Galápagos Islands: The 1982–1983 Event*, S. 417–447, Quito (Ekuador) 1985.

Diess.: »The Slow Recovery of *Opuntia megasperma* on Española«, in: *Noticias de Galápagos*, 48 (1989), S. 13–15.

Diess.: »Sympatric Speciation and Darwin's Finches«, in: Otte, Daniel und Endler, John A. (Hg.), *Speciation and Its Consequences*, S. 433–457, Sunderland/Mass. 1989.

Diess.: »Demography and the Genetically Effective Sizes of Two Populations of Darwin's Finches«, in: *Ecology*, 73 (1992), S. 766–784.

Diess.: »Global Warming and the Galápagos«, in: *Noticias de Galápagos*, 51 (1992), S. 14–16.

Diess.: »Hybridization of Bird Species«, in: *Science*, 256 (1992), S. 193–197.

Grant, Peter; Grant, K. Thalia und Grant, B. Rosemary: »*Erythrina velutina* and the Colonization of Remote Islands«, *Noticias de Galápagos* (1991), S. 3–5.

Grant, Peter R. und Grant, Nicola: »Breeding and Feeding of Galápagos Mockingbirds, *Nesomimus parvulus*«, in: *Auk*, 96 (1979), S. 723–735.

Grant, Peter R. und Horn, Henry S. (Hg.): *Molds, Molecules, and Metazoa*. Princeton 1992.

Grant, Peter R. und Price, T. D.: »Population Variation in Continuously Varying Traits as an Ecological Genetics Problem«, in: *American Zoologist*, 21 (1981), S. 795–811.

Grant, Peter R. u. a.: »Finch Numbers, Owl Predation and Plant Dispersal on Isla Daphne Major, Galápagos«, in: *Biological Journal of the Linnean Society*, 19 (1975), S. 239–257.

Diess.: »Darwin's Finches: Population Variation and Natural Selection«, in: *Proceedings of the National Academy of Sciences*, 73 (1976), S. 257–261.

Diess.: »Variation in the Size and Shape of Darwin's Finches«, in: *Biological Journal of the Linnean Society*, 25 (1985), S. 1–39.

Greene, John C.. *The Death of Adam*, Ames/Iowa 1959.

Greenwood, Jeremy J. D.: »Changing Migration Behaviour«, in: *Nature*, 345 (1990), S. 209–210.

Ders.: »Theory Fits the Bill in the Galápagos Islands«, in: *Nature*, 362 (1993), S. 699.

Gruson, Lindsey: »Throwing Back Undersize Fish Is Said to Encourage Smaller Fry«, in: *New York Times*, 7. Januar 1992, S. C4.

Gustafsson, Lars und Pärt, Tomas: »Acceleration of Senescence in the Collared Flycatcher *Ficedula albicollis* by Reproductive Costs«, in: *Nature*, 347 (1990), S. 279–281.

Gustafsson, Lars und Sutherland, William J.: »The Costs of Reproduction in the Collared Flycatcher *Ficedula albicollis*«, in: *Nature*, 335 (1988), S. 813–815.

Hahn, Beatrice H. u. a.: »Genetic Variation in HTLV-III/LAV over Time in Patients with AIDS or at Risk for AIDS«, in: *Science*, 232 (1986), S. 1548–1553.

Haldane, J. B. S.: »Human Evolution: Past and Future«, in: Jepson, Glenn L.; Simpson, George Gaylord und Mayr, Ernst (Hg.), *Genetics, Paleontology, and Evolution*, S. 405–418, Princeton 1949.

Ders.: »Suggestions as to the Quantitative Measurement of Rates of Evolution«, in: *Evolution*, 3 (1949), S. 51–56.

Hall, G. A. u. a.: »Effects of El Niño-Southern Oscillation (ENSO) on Terrestrial Birds«, in: *19. International Ornithological Congress* (1986), S. 1759–1769.

Hall, Linda M. und Kasbekar, Durgadas P.: »Drosophila Sodium Channel Mutations Affect Pyrethroid Sensitivity«, in: Narahashi, Toshio und Chambers, Janice E. (Hg.), *Insecticide Action*, S. 99–114, New York 1989.

Harris, J. Arthur: »A Neglected Paper on Natural Selection in the English Sparrow«, in: *American Naturalist*, 45 (1911), S. 314–318.

Harris, Lester E., Jr.: *Galápagos*, Nashville 1976.

Harris, Michael P.: *A Field Guide to the Birds of Galápagos*, London 1974.

Harrison, R. G.: »Ecological Parameters and Speciation in Field Crickets«, in: Brussard, Peter F. (Hg.), *Ecological Genetics: The Interface*, S. 145–158, New York 1978.

Hillis, David M. u. a.: »Experimental Phylogenetics: Generation of a Known Phylogeny«, in: *Science*, 255 (1992), S. 589–592.

Hochberg, Michael E. und Lawton, John H.: »Competition Between Kingdoms«, in: *Trends in Ecology and Evolution*, 5 (1990), S. 367–371.

Holt, Robert: »Birds under Selection. Review of *Evolutionary Dynamics of a Natural Population*, by B. Rosemary Grant und Peter R. Grant«, in: *Science*, 249 (1990), S. 306–307.

Ders.: »The Microevolutionary Consequences of Climate Change«, in: *Trends in Ecology and Evolution*, 5 (1990), S. 311–315.

Houde, Anne E. und Endler, John A.: »Correlated Evolution of Female Mating Preferences and Male Color Patterns in the Guppy, *Poecilia reticulata*«, in: *Nature*, 248 (1990), S. 1405–1408.

»A Howling Blizzard«, in: *Providence Journal*, 1. Februar 1898, S. 1.

Hughes, Walter T.: »A Tribute to Toilet Paper«, in: *Reviews of Infectious Diseases*, 10 (1988), S. 218–222.

Huxley, Thomas Henry: *Darwiniana*, New York 1893.

Ders.: *On the Origin of Species, or The Causes of the Phenomena of Organic Nature*, Ann Arbor 1968 (1863).

Ders.: *Evolution and Ethics*, hg. von James Paradis und George C. Williams, Princeton 1989 (1894).

Jackson, Michael H.: *Galápagos*, Calgary/Alberta 1985.

Jepson, Glenn L., Simpson, George Gaylord und Mayr, Ernst (Hg.): *Genetics, Paleontology, and Evolution*, Princeton 1949.

Johnson, Phillip E.: *Darwin on Trial*. Washington, D. C. 1991.

Jones, J. S.: »Models of Speciation – The Evidence from Drosophila«, in: *Nature*, 289 (1981), S. 743–744.

Ders.: »St. Patrick and the Bacteria«, in: *Nature*, 296 (1982), S. 113–114.

Kaneshiro, Kenneth Y.: »Speciation in the Hawaiian Drosophila«, in: *BioScience*, 38 (1988), S. 258–263.

Keeton, William T. und Gould, James L.: *Biological Science*. 4. Aufl., New York 1986.

Kendrick, Amrit Work: »Santa Cruz Fact Sheet«, in: *Noticias de Galápagos*, 46 (1988), S. 5–7.

Kettlewell, H. B. D.: »A Survey of the Frequencies of *Biston betularia* (L.) (Lep.) and Its Melanic Forms in Great Britain«, in: *Heredity* 12 (1958), S. 51–72.

Kettlewell, Bernard: *The Evolution of Melanism*, Oxford 1973.

Kingsland, Sharon: »David Lambert Lack«, in: *Dictionary of Scientific Biography* (1970), S. 521–523.

Dies.: *Modeling Nature: Episodes in the History of Population Ecology*, Chicago 1985.

Kofahl, Robert E.: *Handy-Dandy Evolution Refuter*, San Diego 1977.

Kohn, David (Hg.): *The Darwinian Heritage: A Centennial Retrospect*, Princeton 1985.

Ders.: »Darwin's Principle of Divergence as Internal Dialogue«, in: Kohn, David (Hg.): *The Darwinian Heritage: A Centennial Retrospect*, S. 245–257, Princeton 1985.

Koshland, Daniel E., Jr.: »The Microbial Wars« in: *Science*, 257 (1992), S. 1021.

Köster, Friedemann und Köster, Heide: »Twelve Days among the ›Vampire Finches‹ of Wolf Island«, in: *Noticias de Galápagos*, 38 (1983), S. 4–10.

Kramer, P.: »Man and Other Introduced Organisms«, in: *Biological Journal of the Linnean Society*, 21 (1984), S. 253–258.

Krause, Richard M.: »The Origin of Plagues: Old and New«, in: *Science*, 257 (1992), S. 1073–1078.

Krebs, John R.: »The Case of the Curious Bill«, in: *Nature*, 349 (1991), S. 465.

Krieber, Michel und Rose, Michael R.: »Molecular Aspects of the Species Barrier«, in: *Annual Review of Ecology and Systematics*, 17 (1986), S. 465–485.

Lacey, R. W.: »Evolution of Microorganisms and Antibiotic Resistance«, in: *The Lancet* (1984), S. 1022–1025.

Lack, David: »Evolution of the Galápagos Finches«, in: *Nature*, 146 (1940), S. 324–327.

Ders.: The Galápagos Finches *(Geospizinae)*: A Study in Variation, in: *Occasional Papers of the California Academy of Sciences*, 21 (1945), S. 1–159.

Ders.: »Darwin's Finches«, in: *A New Dictionary of Birds*, S. 178–179, hg. von Sir A. Landsborough Thomson, London 1964.

Ders.: *Ecological Adaptions for Breeding in Birds*, London 1968.

Ders.: »My Life as an Amateur Ornithologist«, in: *Ibis*, 115 (1973), S. 421–431.

Ders.: *Darwin's Finches*, hg. von Laurene M. Ratcliffe und Peter T. Boag, Cambridge 1983 (1947).

Laurie, Andrew: »Marine Iguanas Suffer as El Niño Breaks All Records«, in: *Noticias de Galápagos*, 38 (1983), S. 11.

Leakey, Richard E.: *The Making of Mankind*, New York 1981.

Leeper, G. W. (Hg.): *The Evolution of Living Organisms*, Melbourne 1962.

Levin, Bruce R.; Caugant, Dominique A. und Selander, Robert K.: *The Genetic Response of the Human E. coli Flora to Antibiotic Treatment*, Persönliche Mitteilung, 1991.

Levin, Donald A. (Hg.): *Hybridization: An Evolutionary Perspective*, Strouds-burg/Penn. 1979.

Levy, Avraham A. und Walbot, Virginia: »Regulation of the Timing of Trans-posable Element Excision During Maize Development«, in: Science, 248 (1990), S. 1534–1537.

Levy, Stuart B.: »Emergence of Antibiotic-Resistant Bacteria in the Intestinal Flora of Farm Inhabitants«, in: *Journal of Infectious Diseases*, 137 (1978), S. 688 bis 690.

Lewin, Roger: »Finches Show Competition in Ecology«, in: *Science*, 219 (1983), S. 1411–1412.

Ders.: »Santa Rosalia Was a Goat«, in: *Science*, 221 (1983), S. 636–639.

Lewontin, Richard C.: *The Genetic Basis of Evolutionary Change*, New York 1974.

Ders.: »Adaptation«, in: *Scientific American*, 221 (1978), S. 213–230.

Ders.: *Human Diversity*, New York 1982 (dt.: *Menschen. Genetische, kulturelle und soziale Gemeinsamkeiten*, Heidelberg 1986).

Lewontin, Richard C. und Birch, L. C.: »Hybridization as a Source of Variation for Adaptation to New Environments«, in: *Evolution*, 20 (1966), S. 315–336.

Loughney, Kate; Kreber, Robert und Ganetzky, Barry: »Molecular Analysis of the *Para* Locus, a Sodium Channel Gene in Drosophila«, in: *Cell*, 58 (1989), S. 1143–1154.

445

Lowe, Percy R.:»The Finches of the Galápagos in Relation to Darwin's Conception of Species«, in: *Ibis*, 13 (1936), S. 310–321.

Lyell, Charles: The Principles of Geology, Faksimile der 1. Aufl., 3 Bde., Chicago 1990 (1830–1833).

Mallet, J. L. B.:»Evolution of Insecticide Resistance«, in: *Trends in Ecology and Evolution*, 5 (1990), S. 164–165.

Mani, G. S.:»Theoretical Models of Melanism in *Biston betularia* – A Review«, in: *Biological Journal of the Linnean Society*, 39 (1990), S. 355–371.

May, Robert M. und Dobson, Andrew P.:»Population Dynamics and the Rate of Evolution of Pesticide Resistance«, in: Roush, R. T. und Tabashnik, B. (Hg.): *Pesticide Resistance in Arthropods*, S. 170–193, New York 1986.

Mayr, Ernst: *Animal Species and Evolution*, Cambridge/Mass. 1965 (dt.: *Artbegriff und Evolution*, Berlin 1967).

Ders.: *Populations, Species and Evolution*, Cambridge/Mass. 1970.

Ders.: *The Growth of Biological Thought*, Cambridge/Mass. 1982 (dt.: *Die Entwicklung der biologischen Gedankenwelt. Vielfalt, Evolution und Vererbung*, Berlin 1984).

Ders.:»The Contributions of Birds to Evolutionary Theory«, in: *19. International Ornithological Congress*, S. 2718–2723, 1986.

Ders.: *One Long Argument*, Cambridge/Mass. 1991 (dt.:... *und Darwin hat doch recht. Charles Darwin, seine Lehre und die moderne Evolutionstheorie*, München 1994).

McDonald, John F.:»The Molecular Basis of Adaptation: A Critical Review of Relevant Ideas and Observations« in: *Annual Review of Ecology and Systematics*, 14 (1983), S. 77–102.

Melville, Herman: *The Essential Melville*, New York 1987 (dt.: *Meistererzählungen*, Zürich 1991 bzw. *Die verzauberten Inseln oder Encatadas*, München 1982).

Merlen, Godfrey:»The Nature of El Niño: A Perspective«, in: Robinson, Gary und del Pino, Eugenia M. (Hg.): *El Niño in the Galapagos Islands: The 1982–1983 Event*, S. 133–150, Quito (Ekuador) 1985.

Miller, Julie Ann:»Diseases for Our Future«, in: *BioScience*, 39 (1989), S. 509 bis 517.

Millington, S. J. und Grant, Peter R.:»Feeding Ecology and Territoriality of the Cactus Finch *Geospiza scandens* on Isla Daphne Major, Galápagos«, in: *Oecologia*, 58 (1983), S. 76–83.

Millington, S. J. und Price, Trevor D.:»Birds on Daphne Major (1979–1981)«, in: *Noticias de Galápagos*, 35 (1982), S. 25–27.

Milner, Richard: *The Encyclopedia of Evolution*, New York 1990.

Milton, John: *Paradise Lost, Paradise Reagined and Samson Agonistes*, Garden City/N.Y. 1969 (1667–16/4) (dt.: *Das verlorene Paradies*, Ditzingen o. J.).

Moore, James R.:»Darwin of Down: The Evolutionist as Squarson-Naturalist«, in: Kohn, David (Hg.): *The Darwinian Heritage: A Centennial Retrospect*, S. 435–481, Princeton 1985.

Moorehead, Alan: *Darwin and the Beagle*, Nachdruck, Harmondsworth (London) 1971.

Neu, Harold C.: »The Crisis in Antibiotic Resistance«, in: *Science*, 257 (1992), S. 1064–1073.

Newton, Ian: *Finches*, New York 1973.

Otte, Daniel: »Speciation in Hawaiian Crickets«, in: Otte, Daniel und Endler, John A. (Hg.), *Speciation und Its Consequences*, S. 482–525. Sunderland/Mass. 1989.

Otte, Daniel und Endler, John A. (Hg.): *Speciation und Its Consequences*, Sunderland/Mass. (1989).

Parkin, David T.: »Evolutionary Genetics of House Sparrows«, in: Cooke, F. und Buckley, B. F. (Hg.), *Avian Genetics: A Population and Ecological Approach*, S. 381–406, New York 1987.

Patterson, Colin: *Evolution*, Ithaca 1978.

Pearl, Raymond: »Data on the Relative Conspicuousness of Fowls«, in: *American Naturalist*, 45 (1911), S. 107–117.

Ders.: »The Selection Problem«, in: *American Naturalist*, 51, S. 65–91.

Ders.: »Requirements of a Proof That Natural Selection Has Altered a Race«, in: *Scientia*, 47 (1930), S. 175–186.

Perrins, C. M. und Birkhead, T. R.: *Avian Ecology*, Bishopbriggs (Glasgow) 1983.

Pfeiffer, John E.: *The Creative Explosion*, Ithaca/New York 1982.

Ders.: *The Emergence of Humankind*, 4. Aufl., New York 1985.

Phillips, Rodney E. u. a.: »Human Immunodeficiency Virus: Genetic Variation That Can Escape Cytotoxic T Cell Recognition«, in: *Nature*, 3 (1991) 54, S. 453.

Plapp, Frederick W., Jr.: »Genetics and Biochemistry of Insecticide Resistance in Arthropods«, in: Roush, R. T. und Tabashnik, B. (Hg.), *Pesticide Resistance in Arthropods*, S. 74–85, New York 1986.

Plapp, Frederick W., Jr. u. a.: »Monitoring and Management of Pyrethroid Resistance in the Tobacco Budworm (Lepidoptera: Noctuidae) in Texas, Mississippi, Louisiana, Arkansas, and Oklahoma«, in: *Journal of Economic Entomology*, 83 (1990), S. 335–341.

Plapp, Frederick W., Jr. u. a.: »Management of Pyrethroid-Resistant Tobacco Budworms on Cotton in the United States«, in: Roush, R. T. und Tabashnik, B. (Hg.), *Pesticide Resistance in Arthropods*, S. 237–260, New York 1986.

Porter, Duncan M.: »Vascular Plants of the Galápagos: Origins and Dispersal«, in: Bowman, Robert I. u. a. (Hg.), *Patterns of Evolution in Galápagos Organisms*, S. 33–96, San Francisco 1983.

Ders.: »The *Beagle* Collector and His Collections«, in: Kohn, David (Hg.), *The Darwinian Heritage: A Centennial Retrospect*, S. 973–1019, Princeton 1985.

Ders.: »Darwin Notes on *Beagle* Plants«, in: *Bulletin of the British Museum of Natural History (Historical Series)*, 14 (1987), S. 145–233.

Prevosti, Antonio u. a.: »The Colonization of *Drosophila subobscura* in Chile. II. Clines in the Chromosomal Arrangements«, in: *Evolution*, 39 (1985), S. 838–844.

Ders.: »Clines of Chromosomal Arrangements of *Drosophila subobscura* in South America Evolve Closer to Old World Patterns«, in: *Evolution*, 44 (1990), S. 218–221.

Price, Trevor D.: »The Evolution of Sexual Size Dimorphism in Darwin's Finches«, in: *American Naturalist*, 123 (1984), S. 500–518.

Ders.: »Sexual Selection on Body Size, Territory, and Plumage Variables in a Population of Darwin's Finches«, in: *Evolution*, 38 (1984), S. 327–341.

Ders.: *Memoir of Life on Daphne Major*, unveröffentlichtes Manuskript 1990.

Price, Trevor D. und Boag, Peter T.: »Selection in Natural Populations of Birds«, in: Cooke, F. und Buckley, B. F. (Hg.), *Avian Genetics: A Population and Ecological Approach*, S. 257–287, New York 1987.

Price, Trevor D. und Grant, Peter R.: »Life History Traits and Natural Selection for Small Body Size in a Population of Darwin's Finches«, in: *Evolution*, 38 (1984), S. 483–494.

Price, Trevor D.; Grant, Peter R. und Boag, Peter T.: »Genetic Changes in the Morphological Differentiation of Darwin's Ground Finches«, in: Wöhrmann, K. und Loeschcke, V. (Hg.), *Population Biology and Evolution*, S. 49–66, New York 1984.

Price, Trevor D. u. a.: »Recurrent Patterns of Natural Selection in a Population of Darwin's Finches«, in: *Nature*, 309 (1984), S. 787–789.

Prokopy, Ronald J. und Roitberg, Bernard D.: »Foraging Behavior of True Fruit Flies«, in: *American Scientist*, 72 (1984), S. 41–49.

Prokopy, Ronald J. u. a.: »Associative Learning in Egglaying Site Selection by Apple Maggot Flies«, in: *Science*, 218 (1982), S. 76–77.

Provine, William B.: »Adaptation and Mechanisms of Evolution after Darwin: A Study in Persistent Controversies«, in: Kohn, David (Hg.), *The Darwinian Heritage: A Centennial Retrospect*, S. 825–866, Princeton 1985.

Ders.: »Scientific Supernaturalism. A Review of *The Origin of Species Revisited: The Theories of Evolution and of Abrupt Appearance*, by W. R. Bird«, in: *Biology and Philosophy*, 8 (1993), S. 111–124.

Raimondi, Peter T.: »Adult Plasticity and Rapid Larval Evolution, in a Recently Isolated Barnacle Population«, in: *Biological Bulletin*, 182 (1992), S. 210–220.

Ratcliffe, Laurene M. und Grant, Peter R.: »Species Recognition in Darwin's Finches (*Geospiza* Gould). I. Discrimination by Morphological Cues«, in: *Animal Behaviour*, 31 (1983), S. 1139–1153.

Diess.: »Species Recognition in Darwin's Finches (*Geospiza* Gould). II. Geographic Variation in Mate Preference«, in: *Animal Behaviour*, 31 (1983), S. 1154–1165.

Diess.: »Species Recognition in Darwin's Finches (*Geospiza* Gould). III. Male

Responses to Playback of Different Song Types, Dialects and Heterospecific Songs«, in: *Animal Behaviour*, 33 (1985), S. 290–307.

Ratner, Lee u. a.: »Complete Nucleotide Sequence of the AIDS Virus, HTLV III«, in: *Nature*, 313 (1985), S. 277–284.

Raup, David M.: *Extinction*, New York 1991 (dt.: *Ausgestorben. Zufall oder Vorsehung*, Köln 1992).

Raymond, Michel u. a.: »Worldwide Migration of Amplified Insecticide Resistance Genes in Mosquitoes«, in: *Nature*, 350 (1991), S. 151–153.

Reznick, David und Endler, John A.: »The Impact of Predation on Life History Evolution in Trinidadian Guppies (*Poecilia reticulata*)«, in: *Evolution*, 36 (1982), S. 160–177.

Reznick, David A.; Bryga, Heather und Endler, John A.: »Experimentally Induced Life-History Evolution in a Natural Population«, in: *Nature*, 346 (1990), S. 357–359.

Rheinberger, Hans Jörg und McLaughlin, Peter: »Darwin's Experimental Natural History«, in: *Journal of the History of Biology*, 17 (1984), S. 345–368.

Ricklefs, Robert E.: *Ecology*, 3. Aufl., New York 1990.

Ridley, Mark: *The Problems of Evolution*, Oxford 1985 (dt.: *Evolution. Probleme – Themen – Fragen*, Basel 1992).

Riedl, Helmut: »Analysis of Codling Moth Phenology in Relation to Latitude, Climate and Food Availability«, in: Brown, V. K. und Hodek, I. (Hg.), *Diapause and Life Cycle Strategies in Insects*, S. 233–252, Den Haag 1983.

Robinson, Gary und del Pino, Eugenia M. (Hg.): *El Niño in the Galapagos Islands: The 1982–1983 Event*. Quito (Ekuador) 1985.

Robinson, Michael H. und Tiger, Lionel (Hg.): *Man and Beast Revisited*, Washington, D. C. 1991.

Robson, G. C. und Richards, O. W.: *The Variation of Animals in Nature*, London 1936.

Roush, R. T. und Tabashnik, B. (Hg.): *Pesticide Resistance in Arthropods*, New York 1986.

Ruse, Michael (Hg.): *But Is It Science?*, Buffalo/New York 1988.

Salkoff, Lawrence u. a.: »Molecular Biology of the Voltage-Gated Sodium Channel«, in: *Trends in Neurosciences*, 10 (1987), S. 522–526.

Salvin, O.: »On the Avifauna of the Galápagos Archipelago«, in: *Transactions of the Zoological Society of London*, 9 (1876), S. 447–510.

Schluter, Dolph: »Distributions of Galápagos Ground Finches along an Altitudinal Gradient: The Importance of Food Supply«, in: *American Naturalist*, 63 (1982), S. 1504–1517.

Ders.: »Seed and Patch Selection by Galápagos Ground Finches: Relation to Foraging Efficiency and Food Supply«, in: *Ecology*, 63 (1982), S. 1106–1120.

Ders.: »Character Displacement between Distantly Related Taxa? Finches and Bees in the Galápagos«, in: *American Naturalist*, 127 (1986), S. 95–102.

Ders.: »Morphological Adaptation and Diet in the Galápagos Ground Finches«, in: *19. International Ornithological Congress*, 1986, S. 2283–2295.

Ders.: »Character Displacement and the Adaptive Divergence of Finches on Islands and Continents«, in: *American Naturalist*, 131 (1988), S. 799–824.

Ders.: »Estimating the Form of Natural Selection on a Quantitative Trait«, in: *Evolution*, 42, S. 849–861.

Ders.: »The Evolution of Finch Communities on Islands and Continents: Kenya vs. Galápagos«, in: *Ecological Monographs*, 58 (1988), S. 229–249.

Schluter, Dolph und Grant, Peter R.: »The Distribution of *Geospiza difficilis* in Relation to *G. fuliginosa* in the Galápagos Islands: Tests of Three Hypotheses«, in: *Evolution*, 36 (1982), S. 1213–1226.

Diess.: »Determinants of Morphological Patterns in Communities of Darwin's Finches«, in: *American Naturalist*, 123 (1984), S. 175–196.

Diess.: »Ecological Correlates of Morphological Evolution, in a Darwin's Finch, *Geospiza difficilis*«, in: *Evolution*, 38 (1984), S. 856–869.

Schluter, Dolph und McPhail, J. Donald: »Ecological Character Displacement and Speciation in Sticklebacks«, in: *American Naturalist*, 140 (1992), S. 85–108.

Schluter, Dolph; Price, Trevor D. und Grant, Peter R.: »Ecological Character Displacement in Darwin's Finches«, in: *Science*, 227 (1985), S. 1056–1059.

Schluter, Dolph; Price, Trevor D. und Rowe, Locke: »Conflicting Selection Pressures and Life History Trade-Offs«, in: *Proceedings of the Royal Society of London (B)*, 246 (1991), S. 11–17.

Schluter, Dolph und Smith, James N. M.: »Natural Selection on Beak and Body Size in the Song Sparrow«, in: *Evolution*, 40 (1986), S. 221–231.

Searle, Jeremy B.: »When Is a Species Not a Species?«, in: *Current Biology*, 2 (1992), S. 407–408.

Sheppard, Carol M.: *Benjamin Walsh: First State Entomologist of Illinois and Proponent of Darwinian Theory*, unveröffentlichtes Manuskript, 1993.

Sheppard, P. M.: *Natural Selection and Heredity*, 3. Aufl., London 1967.

Sibley, Charles G. und Ahlquist, Jon E.: *Phylogeny and Classification of Birds*, New Haven/Conn. 1990.

Simberloff, Daniel: »The Great God of Competition«, in: *The Sciences*, 24.4 (1984), S. 16–22.

Smith, G. T. Corley: »Looking Back«, in: *Noticias de Galápagos*, 45 (1987), S. 11–16.

Ders.: »A Brief History of the Charles Darwin Foundation for the Galápagos Islands 1959–1988«, in: *Noticias de Galápagos*, 49 (1990), S. 4–36.

Smith, James N. M. und Sweatman, Hugh P. A.: »Feeding Habits and Morphological Variation in Cocos Finches«, in: *Condor*, 78 (1976), S. 244–248.

Smith, James N. M. u. a.: »Seasonal Variation in Feeding Habits of Darwin's Ground Finches«, in: Ecology, 59 (1978), S. 1137–1150.

Smith, R. C. u. a.: »Ozone Depletion: Ultraviolet Radiation and Phytoplankton Biology in Antarctic Waters«, in: *Science*, 255 (1992), S. 952–959.

Sober, Elliott: *The Nature of Selection*, Cambridge/Mass. 1984.

Ders.: »Darwin on Natural Selection: A Philosophical Perspective«, in: Kohn, David (Hg.), *The Darwinian Heritage: A Centennial Retrospect*, S. 867–899, Princeton 1985.

Steadman, David W.: »The Origin of Darwin's Finches (Fringillidae: Passeriformes)«, in: *Transactions of the San Diego Society of Natural History*, 19 (1982), S. 279–296.

Ders.: »The Status of *Geospiza magnirostris* on Isla Floreana, Galápagos«, in: *Bulletin of the British Ornithological Club*, 104 (1984), S. 99–102.

Ders.: »Holocene Terrestrial Gastropod Faunas from Isla Santa Cruz and Isla Floreana, Galápagos: Evidence for Late Holocene Declines«, in: *Transactions of the San Diego Society of Natural History*, 21 (1986), S. 89–110.

Ders.: *Holocene Vertebrate Fossils from Isla Floreana, Galápagos*, Smithsonian Contributions to Zoology, Nr. 413, Washington, D. C. 1986 (meine wichtigste Quelle für Informationen über *Magnirostris magnirostris*).

Steadman, David W. und Zousmer, Steven: *Galapagos*, Washington, D. C. 1988.

Stone, Irving: *The Origin*, Garden City, New York 1980 (dt.: *Charles Darwin oder Der Schöpfung wunderbare Wege*, München 1981).

Stoppard, Tom: »This Other Eden«, in: *Noticias de Galápagos*, 34 (1981), S. 6–7.

Strong, Donald R., Jr.; Szyska, Lee Ann und Simberloff, Daniel S.: »Tests of Community-Wide Character Displacement against Null Hypothesis«, in: *Evolution*, 33 (1979), S. 897–913.

Strong, Donald, Jr. u. a. (Hg.): *Ecological Communities*, Princeton 1984.

Sulloway, Frank J.: »The *Beagle* Collections of Darwin's Finches (*Geospizinae*)«, in: *Bulletin of the British Museum of Natural History (Zoology)*, 43 (1982), S. 49–94 (Sulloways Veröffentlichungen sind die wichtigsten historischen Quellen für Kapitel 2).

Ders.: »Darwin and His Finches: The Evolution of a Legend«, in: *Journal of the History of Biology*, 15 (1982), S. 1–53.

Ders.: »Darwin's Conversion: The *Beagle* Voyage and Its Aftermath«, in: *Journal of the History of Biology*, 15 (1982), S. 325–396.

Ders.: »Darwin and the Galapagos«, in: *Biological Journal of the Linnean Society*, 21 (1984), S. 29–59.

Sutherland, William J.: »Evolution and Fisheries«, in: *Nature*, 344 (1990), S. 814 bis 815.

Ders.: »Genes Map the Migratory Route«, in: *Nature*, 360 (1992), S. 625 bis 626.

Swarth, Harry S.: »The Bird Fauna of the Galápagos Islands in Relation to Species Formation«, in: *Biological Reviews*, 9 (1934), S. 213–234.

Tax, Sol (Hg.): *Evolution after Darwin*, 3 Bde., Chicago 1990.

Taylor, Martin: *Summary of Research, 1988–Present: Population Genetics of Pyrethroid Resistance in Heliothis*, unveröffentlichtes Manuskript, 1990.

Ders.: *The Evolution of Resistance to Pyrethroids in Tobacco Budworms*, unveröffentlichtes Vorlesungsskript, 1991.

Ders.: *What Are the Gene(s) Conferring Resistance to Pyrethroids in Tobacco Budworm?*, unveröffentlichtes Vorlesungsskript, 1991.

Taylor, Martin u. a.: »Genome Size and Endopolyploidy in Pyrethroid-Resistant and Susceptible Strains of *Heliothis virescens* (Lepidoptera: Noctuidae)«, in: *Journal of Economic Entomology*, 86 (1993), S. 1030–1034.

Diess.: »Linkage of Pyrethroid Insecticide Resistance to Sodium Channel Locus in the Tobacco Budworm«, in: *Insect Biochemistry and Molecular Biology*, 23 (1993), S. 763–775.

Tomasz, Alexander: »Auxiliary Genes Assisting in the Expression of Methicillin Resistance in *Staphylococcus aurelus*«, in: Novick, Richard P. (Hg.), *Molecular Biology of the Staphylococci*, S. 565–583, Weinheim 1990.

Ders.: (1990) »New and Complex Strategies of Beta-Lactam Antibiotic Resistance in Pneumococci and Staphylococci«, in: Ayoub, I. M. u. a. (Hg.), *Microbial Determinants of Virulence and Host Response*, S. 345–359, Washington, D. C. 1990.

Toulmin, Stephen und Goodfield, June: *The Discovery of Time*, New York 1965 (dt.: *Die Entdeckung der Zeit*, München 1970).

Vagvolgyi, Joseph und Vagvolgyi, Maria W.: »Hybridization and Evolution in Darwin's Finches of the Galápagos Islands«, in: *Academia Nazionale Dei Lincei, Atti Dei Convegni Lincei*, 85 (1990), S. 749–772.

Valen, Leigh Van: »Morphological Variation and Width of Ecological Niche«, in: *American Naturalist*, 99 (1965), S. 377–390.

Vitousek, Peter M.: »Diversity and Biological Invasions of Oceanic Islands«, in: Wilson, E. O., (Hg.), *Biodiversity*, S. 181–189, Washington, D. C. 1988.

Vitousek, Peter M.; Loope, Lloyd L. und Stone, Charles P.: »Introduced Species in Hawaii: Biological Effects and Opportunities for Ecological Research«, in: *Trends in Ecology and Evolution*, 2 (1987), S. 224–227.

Vonnegut, Kurt: *Galapagos*, New York 1985 (dt.: *Galapagos. Roman*, München 1990).

Wallace, Alfred Russel: *Contributions to the Theory of Natural Selection*, 2. Aufl., New York 1871.

Ders.: *Darwinism*, New York 1889 (dt.: *Der Darwinismus*, Braunschweig 1981).

Walsh, Benjamin D.: »The Apple-Worm and the Apple-Maggot«, in: *The American Journal of Horticulture*, 2 (1867), S. 338–343.

Weidensaul, Scott: *The Birder's Miscellany*, New York 1991.

Werner, Tracey K.: *Behavioral, Individual Feeding Specializations by Pinaroloxias inornata, the Darwin's Finch of Cocos Island, Costa Rica*, Diss., University of Massachusetts, 1988.

Werner, Tracey K. und Sherry, Thomas W.: Behavioral Feeding Specialization in *Pinaroloxias inornata*, the Darwin's Finch of Cocos Island, Costa Rica«, in: *Proceedings of the National Academy of Sciences*, 84 (1987), S. 5506–5510.

Wiggins, Ira L. und Porter, Duncan M.: *Flora of the Galápagos Islands*, Stanford/Cal. 1971.

Williams, George C.: *Adaptation and Natural Selection*. Princeton 1966.

Williams, L. Pearce: *Album of Science: The Nineteenth Century*, New York 1978.

Wills, Christopher: *The Wisdom of the Genes*, New York 1989.

Wilson, E. O. (Hg.): *Biodiversity*, Washington, D. C. 1988.

Ders.: *The Diversity of Life*, Cambridge/Mass. 1992.

Wood, Thomas K. und Keese, M. C.: »Host-Plant-Induced Assortative Mating in Enchenopa Treehoppers«, in: *Evolution*, 44 (1990), S. 619–628.

Wood, Thomas K.; Olmstead, K. L. und Guttman, S. I.: »Insect Phenology Mediated by Host-Plant Water Relations«, in: *Evolution*, 4 (1990), S. 629–636.

Woodruff, R. C. und Thompson, J. N.: »Hybrid Release of Mutator Activity and the Genetic Structure of Natural Populations«, in: *Evolutionary Biology*, 12 (1980), S. 129–162.

Yang, Suh Y. und Patton, James L.: »Genic Variability and Differentiation in the Galápagos Finches«, in: *Auk*, 98 (1981), S. 230–242.

Young, Robert M.: Darwin's Metaphor, Cambridge 1985.

Zhang, Ying u. a. »The Catalase-Peroxidase Gene and Isoniazid Resistance of *Mycobacterium tuberculosis*«, in: *Nature*, 358 (1992), S. 591–593.

Zimmerman, Elwood C.: »Possible Evidence of Rapid Evolution in Hawaiian Moths«, in: *Evolution*, 14 (1960), S. 137–138.

Ders.: »Adaptive Radiation in Hawaii with Special Reference to Insects«, in: Stern, William L. (Hg.), *Adaptive Aspects of Insular Evolution*, S. 32–38, Pullman (Wash.) 1971.

Register

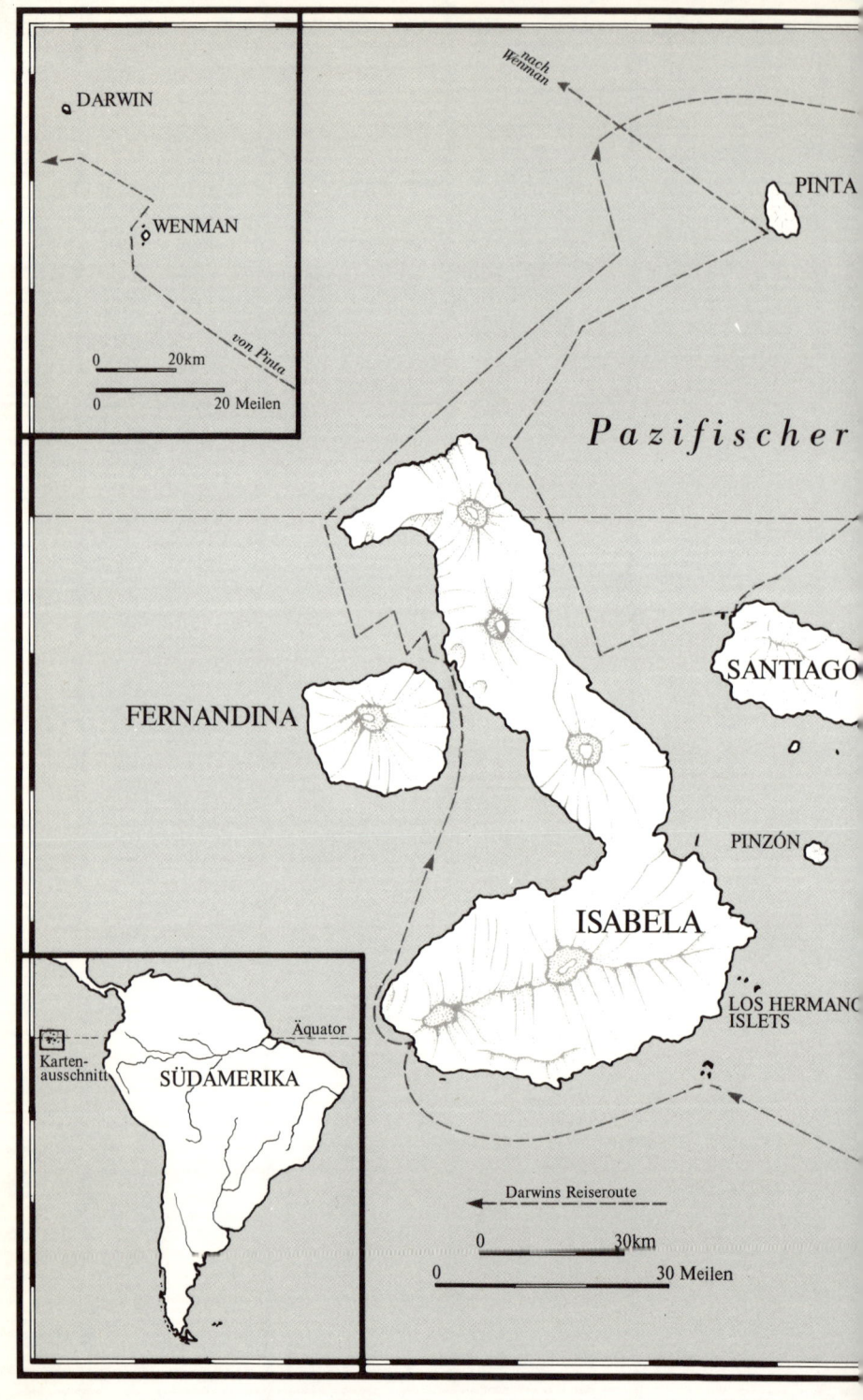

DARWIN

WENMAN

von Pinta

0   20km

0   20 Meilen

nach Wenman

PINTA

Pazifischer

SANTIAGO

FERNANDINA

PINZÓN

ISABELA

LOS HERMANO
ISLETS

Äquator

Karten-
ausschnitt

SÜDAMERIKA

Darwins Reiseroute

0   30km

0   30 Meilen